Mechanisch- und Physikalisch-technische Textil-Untersuchungen.

Mechanisch- und Physikalisch technische Textil-Untersuchungen.

Mit besonderer Berücksichtigung
amtlicher Prüfverfahren und Lieferungsbedingungen,
sowie des Deutschen Zolltarifs.

Von

Dr. Paul Heermann,

Professor, ständiger Mitarbeiter und Leiter der textil-technischen Prüfungen
am Königlichen Materialprüfungsamt der Technischen Hochschule Berlin.

Mit 160 Textfiguren.

Springer-Verlag Berlin Heidelberg GmbH
1912.

ISBN 978-3-662-35619-7   ISBN 978-3-662-36449-9 (eBook)
DOI 10.1007/978-3-662-36449-9

Vorwort.

Vorstehende Arbeit soll eine schlichte und möglichst praktische Zusammenstellung des in der Literatur zerstreut vorliegenden Materials für den täglichen Gebrauch in Fabrik und Laboratorium darstellen. Ein besonderer Stempel wird der Arbeit lediglich dadurch aufgedrückt, daß die im Königlichen Materialprüfungsamt zu Berlin-Lichterfelde angewandten Prüfverfahren und Apparate berücksichtigt werden konnten. Dieses habe ich dem Entgegenkommen des Direktors der erwähnten Anstalt, Herrn Geh. Ober-Regierungsrat Prof. Dr.-Ing. A. Martens zu verdanken, dem ich auch an dieser Stelle meinen verbindlichsten Dank ausspreche.

Die Arbeit bildet zusammen mit meinen beiden früher erschienenen Büchern „Koloristische und textilchemische Untersuchungen" und „Färbereichemische Untersuchungen" gewissermaßen ein Ganzes. In den letzteren sind die chemischen Untersuchungsverfahren der Textil-Erzeugnisse sowie die Prüfverfahren der in der Textilindustrie verwendeten Farbstoffe und Chemikalien, in dem vorliegenden Buch die mechanischen und physikalischen Untersuchungsverfahren abgehandelt. Die vorliegenden 3 Bände umfassen nunmehr nahezu das gesamte Gebiet der „textiltechnischen Untersuchungen".

Als Anhang zu vorstehender Arbeit habe ich die wichtigsten technischen Lieferungsbedingungen und Abnahmevorschriften des Heeres, der Marine, der Artillerie, der preußischen Staatseisenbahnen usw. aufgenommen. Da hier die farbtechnischen und chemischen Vorschriften und Prüfverfahren nicht gut von den mechanischen getrennt werden konnten, habe ich erstere mit eingeschlossen. Dieses erscheint umso berechtigter, als ich die chemischen Prüfungsvorschriften der genannten Behörden in meinen früher erschienenen oben genannten Arbeiten noch nicht berücksichtigt hatte.

Beim Gebrauch des Buches wird dem Leser nicht entgehen, daß einheitliche Begriffe, Grundsätze, Bezeichnungen, Arbeitsverfahren usw. auf dem textiltechnischen Gebiete noch vielfach fehlen. Dies wird natürlich der Praktiker, der sich mit der Materie schon befaßt hat, ohnehin bereits unangenehm empfunden haben. Ich erwähne nur die unzähligen Garnnumerierungssysteme, von denen ein Teil heute schon ein dürftiges Dasein fristet und bei einigem guten Willen der beteiligten Kreise ohne weiteres beseitigt werden könnte. Es ist anzustreben, daß in dieser Beziehung allmählich Wandel geschaffen wird, und daß sich hier, wie auf anderen Gebieten der Materialprüfungen · der Technik, einheitliche Grundsätze und Normen einbürgern. So wenig hierbei allerdings die Kraft des einzelnen ausreicht, so sollte doch ein jeder sein Teil hierzu beitragen. Dies gilt besonders für die Körperschaften der Industrie und des Handels sowie für die größeren und einflußreicheren Prüfstellen. Das Kgl. Materialprüfungsamt z. B. kämpft bereits seit Übernahme der Prüfstelle der Kgl. Zentralstelle für Textil-Industrie im Jahre 1905 (seit dieser Zeit befaßt sich das Amt mit textiltechnischen Prüfungen) mit Ausdauer für die Vereinheitlichung des Prüfungswesens und der Nomenklatur, und es ist nicht zu leugnen, daß seine ernsthaften Bestrebungen, wenn auch langsam, in beteiligten Kreisen Beachtung zu finden und Wurzeln zu schlagen beginnen. „Fruchtbarer als alle Normierungen und die Voraussetzung hierfür ist aber", — um mit den Worten Kuhns zu sprechen —, „daß unser textiles Prüfungswesen auf eine gewisse wissenschaftliche Basis gestellt wird. Dann wird der Prüfraum die Seele der Fabrik werden, der Mittelpunkt aller technischen Kontrolle, deren emsige Kleinarbeit jene stetigen Verbesserungen zeigt, von denen aller technische und kaufmännische Fortschritt und Erfolg abhängt". Auch in dieser Beziehung ist das Königliche Materialprüfungsamt mit

Erfolg bestrebt, nicht nur auf wissenschaftlicher Grundlage fortzuschreiten, sondern die errungenen Fortschritte auch weiteren Kreisen zugänglich zu machen und die unzureichenden Arbeitsverfahren und Hilfsmittel der Altvorderen außer Kurs zu setzen.

Bei der Bearbeitung des Buches bin ich von Herrn Hermann Schütze, Textiltechniker am Kgl. Materialprüfungsamt, unterstützt worden. Besonders hat es sich Herr Schütze angelegen sein lassen, die webetechnischen Teile zu bearbeiten und hier seine praktischen Erfahrungen zur Anwendung zu bringen. Ich spreche Herrn Schütze für seine fleißige und gewissenhafte Mitarbeit besten Dank aus.

Schließlich sei auch den Firmen, die mich durch Lieferungen von Zeichnungen und Klischees unterstützt haben, bester Dank gesagt.

Berlin-Lichterfelde-W., im Mai 1912.

Paul Heermann.

Inhaltsverzeichnis.

Die Lupe und das Mikroskop.[1]

Allgemeines und Theorie.

Lupe und Mikroskop gehören zu den unentbehrlichsten Werkzeugen, deren man sich bei der Untersuchung von Textilien bedient. Sie bezwecken, die Gegenstände dem Auge deutlicher und sichtbar zu machen. Ihre wesentlichen Bestandteile sind die Linsen. Linsen sind Körper aus durchsichtigem, klaren Glas, welche durch zwei Kugelflächen oder eine kugelförmige und eine ebene Fläche begrenzt sind. Die kugelförmigen Flächen können

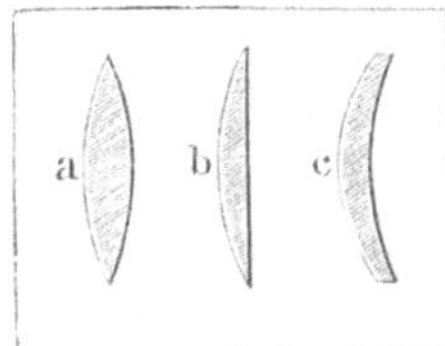

Fig. 1. Sammellinsen.

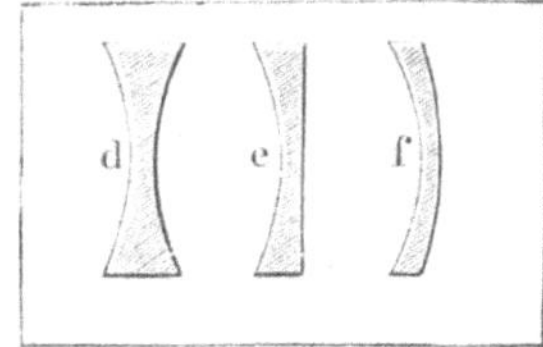

Fig. 2. Zerstreuungslinsen.

positiv (konvex) oder negativ (konkav) sein und auf solche Weise können bikonvexe (a), plankonvexe (b), konvex-konkave (c, f), bikonkave (d) und plankonkave (e) Linsen entstehen (Fig. 1 und 2).

Linsen, bei denen die Konvexfläche vorherrscht, wirken als Sammellinsen oder Vergrößerungsgläser; solche, bei denen die Konkavfläche überwiegt, als Zerstreuungslinsen oder Verkleinerungsgläser.

Alle parallel auf eine Sammellinse auffallenden Strahlen werden nach ihrem Durchgang in einem Punkt vereinigt, welchen man den Brennpunkt oder den Fokus nennt. Die Verbindungs-

---

[1] Vgl. auch Hager-Mez, „Das Mikroskop und seine Anwendung." Berlin, Julius Springer, 1904.

linie zwischen Brennpunkt und Mittelpunkt der Linse heißt die optische Achse der Linse, die Entfernung des Brennpunktes von Linse — die Brennweite oder die Fokaldistanz der Linse. Sie wird in Zentimetern oder Millimetern angegeben.

Man unterscheidet zweierlei Bilder, reelle und virtuelle. Erstere sind wirklich vorhanden und können auf einem Schirm aufgefangen werden; letztere bestehen nur scheinbar. Liegt das Objekt wenig außerhalb der Brennweite einer Bikonvexlinse (wie z. B. bei dem Mikroskopobjektiv), so wird das Bild ein umgekehrtes, reelles und vergrößertes. Liegt das Objekt dagegen innerhalb der Brennweite einer solchen Linse (wie z. B. bei dem Mikroskopokular), so entsteht ein aufrechtes, virtuelles und vergrößertes Bild.

Die Lupe und das „einfache Mikroskop".

Als Lupe wird jede Linse oder Linsenkombination bezeichnet, welche ein Objekt dem Auge direkt als virtuelles, vergrößertes Bild sichtbar macht. Der Strahlengang ist folgender (Fig. 3):

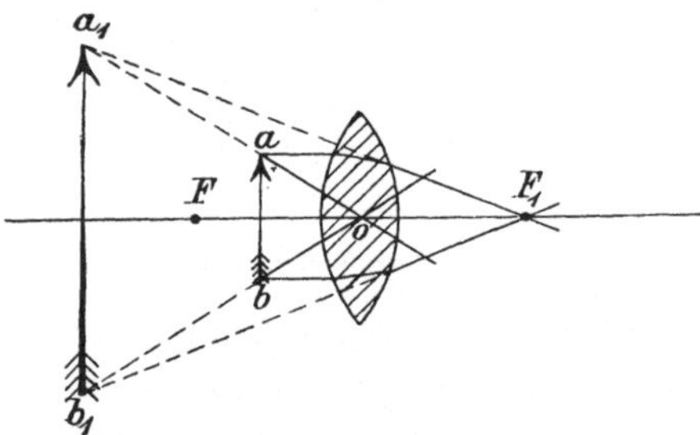

Fig. 3. Wirkung der Lupe und des Mikroskop-Okulars.
(Objekt innerhalb der Brennweite).

Die Vergrößerung einer Lupe erhält man durch das Verhältnis der Bildentfernung zur Objektentfernung, oder indem man die deutliche Sehweite (in der Regel für ein normales Auge zu 250 mm angenommen) durch die Brennweite dividiert:

$$V = \frac{250}{f}.$$

Eine einfache Bikonvexlinse mit gleichen Krümmungsradien eignet sich als Lupe wegen ihrer bedeutenden sphärischen Aberration am wenigsten. Vorteilhafter verwendet man Plankonvexlinsen, deren ebenere Seite dem Objekt zugekehrt wird. Gewöhnliche einfache Linsen eignen sich nur für schwächere Lupen. Besser wird die Aberration durch die Zylinder-, Brewstersche

oder Coddingtonsche Lupe aufgehoben. Die Zylinderlupe
(Fig. 4) besteht aus einem Glaszylinder, an dessen Enden verschieden gekrümmte Linsenflächen angeschliffen sind. Die schwächer
gewölbte Seite wird dem Objekt zugewendet; durch die verhältnismäßig große Länge der Linse werden die Randstrahlen zweckmäßig abgehalten. Letzteres geschieht bei der Brewsterschen
(Fig. 5) und der Coddingtonschen Lupe (Fig. 6) durch geeignete
Einschliffe an den Seiten.

  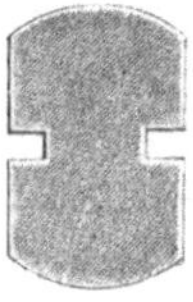

Fig. 4.
Zylinderlupe.

Fig. 5.
Brewsters Lupe.

Fig. 6.
Coddingtons Lupe.

Die Linsen einer Lupe erhalten Fassungen, schwächere oder
stärkere. Bei Einschlaglupen (Fig. 7) sind in der Regel zwei bis
drei verschieden vergrößernde Linsen verwendet, die beliebig,
einzeln oder übereinander benutzt werden können.

 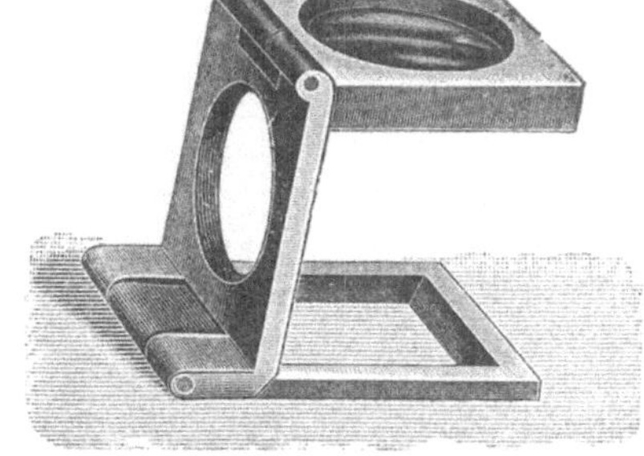

Fig. 7. Dreiteilige Einschlaglupe. Fig. 8. Gewöhnlicher Fadenzähler.

Stärkere Lupen werden auch an Stativen angebracht, die
sogenannten Stativlupen. Die Lupenstative bestehen aus einem
schweren Fuß, auf dem sich ein Lupenträger mit verstellbarem
Arm erhebt. Diese Stativlupen werden vielfach auch zum Präparieren mikroskopischer Objekte benutzt, sie heißen deshalb auch

1*

Präpariermikroskope oder einfache Mikroskope. Letztere Bezeichnung ist als unzweckmäßig zu vermeiden.

Sehr gebräuchlich ist auch der sogenannte Fadenzähler, welcher mit Ausschnitten in allen gewünschten Maßen hergestellt wird, 1 cm, $\frac{1}{4}$ Zoll engl., $\frac{1}{4}$ Zoll franz. usw. (Fig. 8). S. a. w. u. S. 212.

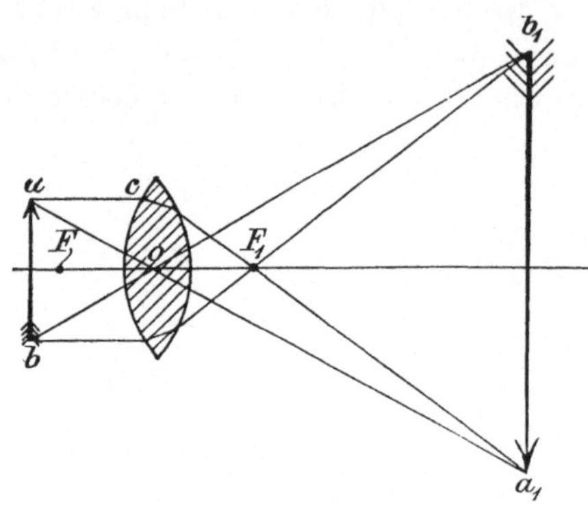

Fig. 9. Wirkung des Mikroskop-Objektivs (Objekt außerhalb der Brennweite).

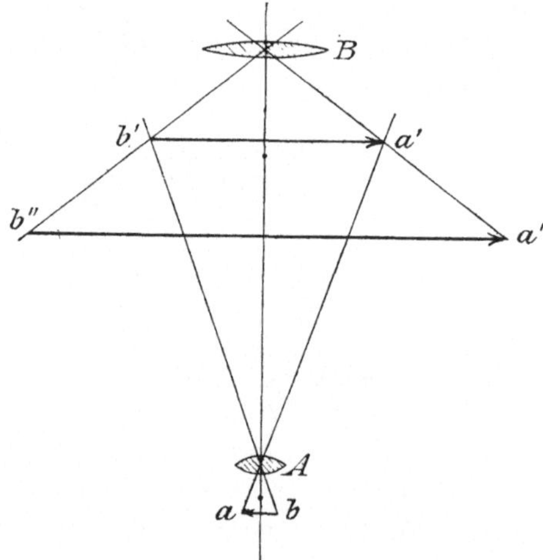

Fig. 10. Strahlengang und Bildkonstruktion im zusammengesetzten Mikroskop.

Das Mikroskop.

Das zusammengesetzte Mikroskop oder schlechtweg das Mikroskop besteht aus zwei Linsensystemen, welche man sich in ihren Wirkungen als zwei einfache Linsen mit gemeinsamer optischer Achse denken kann. Die eine der Linsen A (Fig. 10) ist dem Objekt a b zugekehrt und wird Objektiv genannt; die andere (B) ist nach dem Auge des Beschauers gerichtet und heißt Okular (Fig. 10).

Das Objektiv.

Das Objektiv (Fig. 9) hat eine relativ kurze Brennweite; es ist deshalb leicht, das Objekt so außerhalb derselben zu legen, daß ein umgekehrtes, reelles und vergrößertes Bild in a′ b′ entsteht. Dieses fällt zwischen Okular und seinen Brennpunkt (Fig. 10).

Das Okular wirkt nun als Lupe und macht das Bild unter nochmaliger Vergrößerung als a″b″ dem Auge sichtbar.

In Wirklichkeit sind nun die Objektive der meisten Mikroskope nicht einzelne Linsen, sondern Systeme von Sammellinsen, um möglichst die Fehler der Bilder abzuschwächen. Diese störenden Fehler der einfachen Linsen sind vor allem die chromatische und die sphärische Aberration (Abweichung). Chromatische Aberration wird der Fehler genannt, welcher durch die Zerlegung des weißen Sonnenlichtes in seine Farben beim Durchgang durch Linsen entsteht. Infolge der verschiedenen Ablenkung der einzelnen Lichtstrahlen werden für dieselben verschiedene Brennweiten und Brennpunkte bedingt. Die Folge der chromatischen Aberration ist, daß die Bilder nicht in einer Ebene liegen und das Gesamtbild farbig umsäumt erscheint. Durch Kombination von Linsen verschiedener Art (Brechungsvermögen, Zerstreuungsvermögen) kann der Fehler aufgehoben werden und man erhält sogenannte achromatische Linsen.

Die sphärische Aberration bewirkt, daß die Zeichnung der Bilder verwaschen erscheint. Nur bei Linsen von geringer Krümmung werden alle parallel auf eine Sammellinse auffallenden Strahlen genau im Brennpunkt vereinigt. Je mehr die Flächen einer Linse gekrümmt sind, die Linsen sich also der Kugelgestalt nähern, eine desto größere Brennlinie oder ein Brennraum entsteht an Stelle eines Brennpunktes, weil die Brennweite der Randstrahlen kleiner ist als die der Strahlen in der Nähe der optischen Achse. Die sphärische Aberration nimmt mit der Öffnung der Linse zu und steht mit dem Krümmungsradius, also auch mit der Brennweite, im umgekehrten Verhältnis. Unter Öffnung oder Öffnungswinkel einer Linse versteht man den Winkel, welcher, mit dem Brennpunkt der Linse als Scheitel, von den äußersten die Linse treffenden Randstrahlen gebildet wird. Die Krümmungen der beiden Oberflächen einer bikonvexen Linse lassen sich in einem solchen Verhältnis herstellen, daß die sphärische Abweichung auf das Mindestmaß herabgedrückt wird. Man nennt solche Linsen „Linsen der besten Form“. Eine Linse, welche hinsichtlich der chromatischen und der sphärischen Aberration möglichst korrigiert ist, nennt man eine aplanatische Linse.

Da die Zusammenstellung verschiedener Linsen mit schwächerer Krümmung gleich einer einzelnen Linse mit stärker gewölbten

Flächen wirkt und durch geeignete Kombination einer Anzahl von Linsen die Abweichungen aufgehoben oder stark gemindert werden können, so bestehen alle Mikroskop-Objektive aus mehreren einfachen oder zusammengesetzten Linsen (s. Fig. 11).

Zwecks weiterer Aufhebung der sphärischen Aberration werden die sogenannten Immersionssysteme konstruiert.

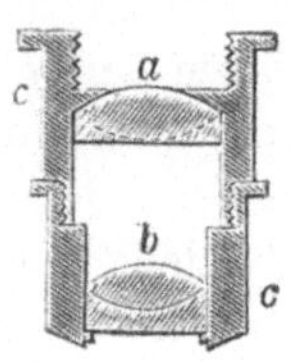

Fig. 11. Zusammengesetztes Objektiv.

Durch Zwischenschalten einer Flüssigkeit von größerem Brechungsexponenten als der von Luft (wie z. B. Wasser) zwischen Deckglas und Frontlinse wird bei diesen Objektiven die Brechung an der untersten Linsenfläche vermindert und bei Systemen für homogene Immersion ganz aufgehoben. Systeme für homogene Immersion heißen solche, bei welchen zwischen Deckglas und Frontlinse eine Flüssigkeit von gleichem Brechungsexponenten (Zedernholzöl) wie der der beiden Gläser verwendet wird. Von diesen Systemen ist beispielsweise das Amicische Mohnöl-Immersionssystem, das Immersionssystem mit Duplexfront u. a. m. besonders zu erwähnen.

Apochromatobjektive nennt man solche achromatische Objektive, bei welchen der als „sekundäres Spektrum“ bezeichnete Farbenrest beseitigt ist. Diese Systeme, die in Deutschland von Zeiß in Jena und Seibert in Wetzlar gebaut werden, kann man als vollkommen bezeichnen. Für textiltechnische Prüfungen werden dieselben kaum benötigt und es genügt deshalb die bloße Erwähnung derselben.

Das Okular.

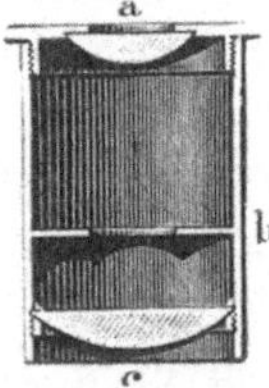

Fig. 12. Huyghenssches Okular.

Das gewöhnliche oder Huyghenssche Okular (Fig. 12) besteht aus zwei Linsen, der Augenlinse (a) und dem Kollektiv (c). Die Augenlinse ist die eigentliche Lupe, welche das vom Objektiv entworfene reelle Bild, unter gleichzeitiger mäßiger Vergrößerung, dem Auge sichtbar macht. Das Kollektiv hat den Zweck, das Gesichtsfeld zu vergrößern und zu ebnen.

Außer dem Huyghensschen ist noch das Ramsdensche Okular, namentlich als Mikrometerokular, zuweilen im Gebrauch. Während bei ersterem die ebenen Linsenflächen nach oben gerichtet sind, haben beim Ramsdenschen Okular die Linsen derart ungleiche Lage, daß die Konvexflächen einander zugewandt sind. Hier erscheint das Bild nicht zwischen Okular und Kollektiv, sondern unterhalb des letzteren, also zwischen Kollektiv und Objektiv.

Einrichtung des Mikroskopes.

Die Teile des Mikroskopes und ihre Benennung sind aus Fig. 13 ersichtlich. Das hier abgebildete Mikroskop ist ein gut ausrüstetes und enthält alle gebräuchlichen Hilfsmittel. In der Regel wird man sich mit einfacheren Apparaten begnügen können, welche die einen oder die anderen Hilfsmittel nicht aufweisen.

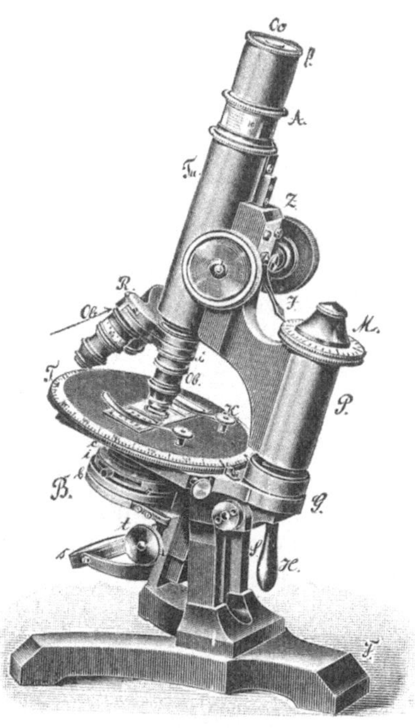

Oc = Okular.
Tu = Tubus.
 A = Tubusauszug.
 R = Revolverobjektivträger
Ob = Objektiv.
α bis β = Tubuslänge.
 Z = Zahn und Trieb zur groben Einstellung.
 M = Mikrometerschraube f. die feine Einstellung.
 J = Index für die Teilung d. Mikrometerschraube.
 P = Prismenhülse.
 T = Objekttisch (drehbarer).
 K = Objektklammern.
 B = Beleuchtungsapparat nach Abbé mit den Unterabteilungen:
 c = Kondensor.
 i = Irisblende.
 b = Blendenträger.
 t = Trieb zum Heben und Senken d. Kondensors.
 s = Beleuchtungsspiegel.
 G = Gelenk z. Schiefstellung.
 H = Hebelchen hierzu, zum Fixieren in jeder Lage.
 S = Säule.
 F = Fuß.

Fig. 13. Ausgerüstetes Mikroskop mit Bezeichnung seiner Teile.

Die Linsen eines Objektivsystemes sind in Messingröhren gefaßt. Mit dem Tubus werden die Objektive in der Regel durch Anschrauben verbunden. Als Tubusgewinde ist von den meisten Werkstätten das etwas 20 mm im äußeren Durchmesser betragende englische Standardgewinde (society screw) angenommen. Zwecks schnelleren Arbeitens werden die größeren und mittleren Mikroskope meist mit dem Revolver-Objektivträger, auch einfach „Revolver" genannt, ausgerüstet.

Die Okulare bestehen meist aus zylindrischen vernickelten Messingröhren, in welche die Linsenfassungen eingeschraubt sind. Die Länge der Röhren wird durch die Brennweite, also durch die Stärke der Linsen bedingt. Je schwächer ein Okular ist, desto länger ist die Röhre.

Die Beleuchtungsvorrichtung aller Mikroskope besteht für durchfallendes Licht vor allem aus einem nach allen Seiten drehbaren Spiegel unter dem Objekttisch. Die eine Seite ist eben und wird für Untersuchungen im parallelen Licht benutzt, die andere ist konkav für das Beobachten in konvergentem Licht. Der Spiegel wirft das parallele oder konvergente Licht durch die Öffnung im Objekttisch auf das Objekt und macht dieses sichtbar.

Der Durchmesser dieser Öffnung im Objekttisch beträgt in der Regel 20 mm und kann, wenn diese Öffnung zu groß ist, verkleinert und das Licht so abgeblendet werden. Dies geschah früher meist durch eine drehbare Scheibe, Scheibenblende, mit verschieden großen Öffnungen (Fig. 14); jetzt sind mehr die Zylinderblenden üblich.

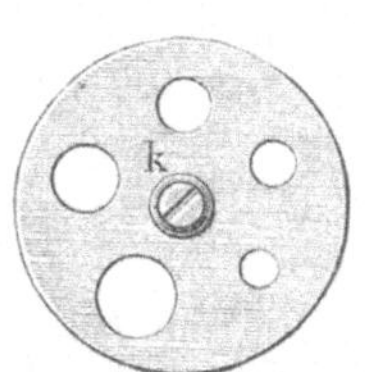

Fig. 14. Drehbare Scheibenblende; bei k der Befestigungsknopf.

Letztere sind kurze, offene Röhren, auf deren oberes Ende man runde Scheiben mit Löchern von verschiedenem Durchmesser aufsetzt. Das Ganze wird in eine federnde Messinghülse unter dem Tischloch eingeschoben.

Noch vollkommener ist die Iriszylinderblende. Hier trägt die Messingröhre in ihrem oben dem Objekt zugewendeten Ende halbmondförmige, gewölbte Stahllamellen, welche durch Verschieben eines seitlichen Knöpfchens so bewegt werden können, daß ein Abblenden in jeder beliebigen Abstufung möglich ist.

Da die einfache Spiegelbeleuchtung bisweilen nicht ausreicht, sind besondere Vorrichtungen getroffen worden, die Lichtstärke zu erhöhen. Am bekanntesten ist der Abbésche Beleuchtungsapparat. Er besteht aus dem Spiegel, der Blendvorrichtung und dem Kondensorsystem.

Das Stativ bildet den Träger des optischen Apparates und hat den Zweck, dem Objekt eine feste und für die Untersuchung geeignete Lage zu geben. Zu ersterem dient der Tubus, zu letzterem der Objekttisch. Der Tubus ist eine zylindrische Messingröhre, welche in ihrem unteren Ende das Objektiv, in ihrem oberen das Okular aufnimmt. Der Objekttisch besteht aus einer kräftigen Messing- oder Hartgummiplatte, deren Ebene senkrecht zur Längsachse des Tubus liegt. Beide sind in der Weise fest miteinander verbunden, daß eine Bewegung des Tubus nur genau in der Richtung der optischen Achse möglich ist.

Tisch und Tubus ruhen auf einer massiven Säule, welche sich auf der Grundlage des Ganzen, dem Fuß erhebt.

Der Objekttisch muß so groß sein, daß Objektträger jeder Ausdehnung sichere Auflage finden. Größere Stative sind vielfach mit einem drehbaren Objekttisch ausgestattet. Für Winkelmessungen ist häufig der Rand des Drehtisches mit Gradteilung versehen. Der Tisch kann durch zwei feingeschnittene Schrauben und einen Federgegendruck zentriert werden; diese Zentriervorrichtung kann etwa 3 mm zum Bewegen des Objektes dienen, eine Entfernung, die bei starker Vergrößerung meist vollständig genügt.

Um ein Abgleiten des Objektträgers bei schief gestelltem Stativ zu vermeiden und um ihm eine feste Lage zu geben, befinden sich auf jedem Objekttisch federnde Klammern, unter welche das Objekt geschoben wird.

Der Tubus ist durch den Tubusträger mit dem Tisch verbunden. An seinem unteren Ende befindet sich das Muttergewinde zur Aufnahme der Objektive oder des Revolvers; in sein oberes Ende werden die Okulare eingeschoben. Das Tubusinnere ist zum Abhalten störender Lichtstrahlen geschwärzt und mit Blenden versehen. Der Tubus wird zum Einstellen des Objekts entweder in einer federnden Messinghülse auf- und abgeschoben oder er besitzt hierzu ein Triebwerk. Das Triebwerk besteht aus einer Triebwalze mit seitlichen großen Knöpfen zum be-

quemen Drehen desselben. Die Triebwalze ist mit dem Tubusträger verbunden und greift mit ihren Zähnen in eine am Tubus
befestigte Zahnstange. Der Tubus gleitet beim Drehen über eine
Führungsfläche am Tubusträger. Neben der groben Einstellung
besitzt jedes bessere Mikroskop die sogenannte Mikrometer-
einstellung.

Zeichenapparate.

Von großer Wichtigkeit für das urkundliche Festlegen
mikroskopischer Bilder sind außer den Mikrophotogrammen
die mikroskopischen Zeichnungen. Die letzteren werden vermittels der sogenannten Zeichenapparate hergestellt. Diese
Hilfsmittel beruhen sämtlich darauf, daß durch Brechung oder
Reflexion an Prismen und Spiegeln das Bild auf die Zeichenfläche
geworfen wird und so gleichzeitig
Objekt und Spitze des Bleistifts dem
Auge sichtbar gemacht werden. Am
meisten eingeführt sind die Zeichenapparate von Nachet, Abbé, Ober-
häuser sowie kleinere Zeichenprismen
und -apparate verschiedener optischer
Werkstätten. Nachfolgend wird in
Kürze der Nachetsche Apparat wieder-
gegeben. Die Zeichenfläche bzw. der
Zeichenstift wird so mit dem Bild des
Objekts zur Deckung gebracht, daß
ein Nachfahren der Konturen mit
dem Stift ohne weiteres möglich ist
(Fig. 15.)

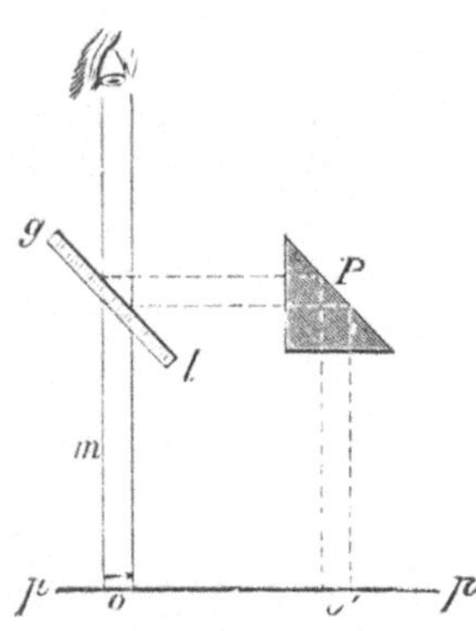

Fig. 15. Strahlengang beim
Nachetschen Zeichenapparat.

g l ist ein um 45⁰ gegen die optische Achse des Mikroskopes (m)
geneigter Spiegel, in dessen Mitte eine kleine durchsichtige Öffnung
durch Wegkratzen des Belages angebracht ist. Das Objekt o wird
durch die Öffnung im Spiegel direkt beobachtet. Die Zeichenfläche
sei o p, die Stiftspitze befinde sich bei o'; die letztere wird durch
das Prisma P (welches auch wie bei Abbé durch einen Spiegel
ersetzt sein kann) nach g l und von hier nach dem Auge reflek-
tiert. Da die vom Objekt ausgehenden Strahlen und die reflektierten
Lichtstrahlen der Zeichenfläche zuletzt die gleiche Richtung

haben, scheinen Objekt und Zeichenspitze dieselbe Lage zu haben und können leicht zur Deckung gebracht werden.

Die Zeichenapparate werden nur zur korrekten, in Verhältnissen und Größen genauen Darstellung der Umrißlinien mikroskopischer Bilder, nicht aber zur Ausführung feinerer Einzelheiten

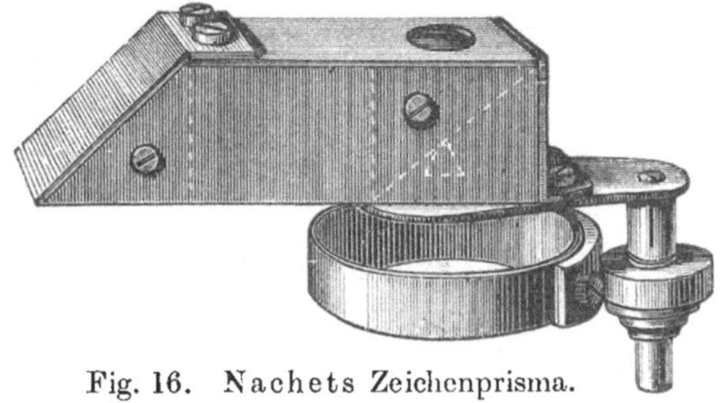

Fig. 16. Nachets Zeichenprisma.

benutzt. Ferner ist der Zeichenapparat das geeignetste Mittel zur Messung mikroskopischer Objekte, indem man dieselben in der Ebene des Tisches zeichnet, dann die Skala eines Objektmikrometers (s. w. u.) an Stelle des Präparates auf den Objekttisch legt und sie bei gleicher Vergrößerung und Tubuslänge ebenfalls in der Ebene des Tisches zeichnet. Diese Zeichnung der Skala kann dann ein für allemal als für die gleiche Vergrößerung bei gleicher Länge des Tubus und gleicher Entfernung des Zeichenblattes anwendbarer, direkter Maßstab benutzt werden.

Mikrophotographische Apparate zum direkten Aufnehmen der Objekte werden von allen größeren Mikroskopfirmen für Hozrizontal- wie für Vertikalstellung des Stativs gefertigt; ebenso Projektionsapparate für Kalk-, Zirkon- und elektrisches Licht. Auf diese Apparate und deren Handhabung kann hier nicht besonders eingegangen werden.

Mikrometer.

Zum Messen der Durchmesser und Längen von Objekten bedient man sich eines Meßapparates, des sogenannten Mikrometers (Fig. 17).

Das Okular-Mikrometer besteht aus einem Glasplättchen, auf welches eine Skala eingeätzt oder eingeritzt ist. In der

Regel ist bei der Skala das Millimeter in 10 oder 20 Teile geteilt. Das Mikrometer wird an die Stelle im Okular eingelegt, an welcher

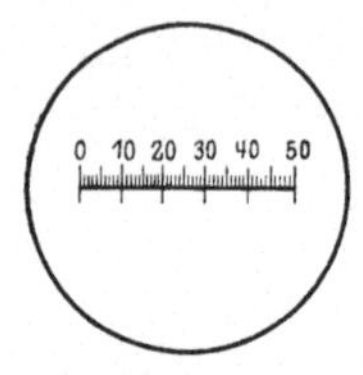

Fig. 17.
Okular - Mikrometer.

das reelle Bild des Objekts erscheint; es kann auf solche Weise mit letzterem verglichen werden. Da das Mikrometer drehbar ist, so kann es beliebig, z. B. senkrecht zur Faserrichtung eingestellt werden, so daß eine genaue Messung möglich ist. Die Augenlinse vergrößert Mikrometer und Objektbild und macht sie dem Auge sichtbar.

Die Fassung der Augenlinse ist, um ein scharfes Einstellen des Mikrometers für jedes Auge zu ermöglichen, in ein Röhrchen eingeschraubt, durch dessen Verschiebung im Okularrohr die Entfernung zwischen Linse und Mikrometer etwas verändert werden kann. Aus der Anzahl der Teilstriche, welche das Objekt einnimmt, und dem vom Optiker angegebenen Mikrometerwert des benutzten Objektivs (ein Mikrometer-Teilstrich ergibt also kein bestimmtes Maß, sondern je nach Vergrößerung ein verschiedenes) erhält man durch Multiplikation die Größe des Objekts. Als Maßeinheit gilt das Mikromillimeter oder Mikron (Plural: Mikra) = 0,001 mm oder als Zeichen µ. Soll der Mikrometerwert des Objektivs bestimmt werden, bzw. der Wert der Teilstriche des Okularmikrometers bei bestimmtem Objektiv, so muß dies durch Vergleichung mit einem Objektiv-Mikrometer ermittelt werden und zwar in der Weise, daß man das Okular-Mikrometer in die Blendung des Okulars einlegt und das Objektiv-Mikrometer auf die Öffnung der Tischplatte setzt und nun bestimmt, wie viele Teilstriche des Okular-Mikrometers solche des Objektiv-Mikrometers decken. Die absolute Größe der Objektiv-Mikrometer-Teilstriche muß bekannt sein; in der Regel ist bei diesem ein Millimeter in 100 gleiche Teile eingeteilt. Wenn also beispielsweise 100 Teile des Okularmikrometers mit 72,5 Teilen des Objektivmikrometers zusammenfallen, so bedeutet ein Teil des Okularmikrometers 0,725 Teile des Objektivmikrometers d. h., wenn ein Teil des Objektivmikrometers 0,01 mm bedeutet, 0,00725 mm sind = 7,25 mmm = 7,25 µ. Die Faser kann auf diese Weise wie an einem Maßstab abgemessen werden, worauf bloß die Umrechnung der abgelesenen Teile in Mikron erfolgt.

Polarisationsmikroskop.

Zur Unterscheidung einiger Fasern, z. B. von Seidenarten, empfiehlt sich manchmal die Verwendung eines Polarisationsapparates in Verbindung mit dem Mikroskop, des sogenannten Polarisations-Mikroskopes. Der Polarisationsapparat besteht aus zwei Teilen: dem Nicolschen Prisma, welches unter dem auf dem Tische des Mikroskopes liegenden Objekte angebracht ist (Polarisator) (Fig. 18) und einem zweiten Prisma, dem Analysator (Fig. 19), das über dem Objekt, am zweckmäßigsten über dem Okular zu stehen kommt. Der Polarisator läßt nur geradlinig polarisiertes Licht vom Spiegel aus in das Objekt treten; der Analysator hat die Aufgabe, das Licht zu analysieren, welches durch das Objektiv getreten ist. Beim Gebrauche dieses Apparates werden nur ganz schwache Vergrößerungen benutzt.

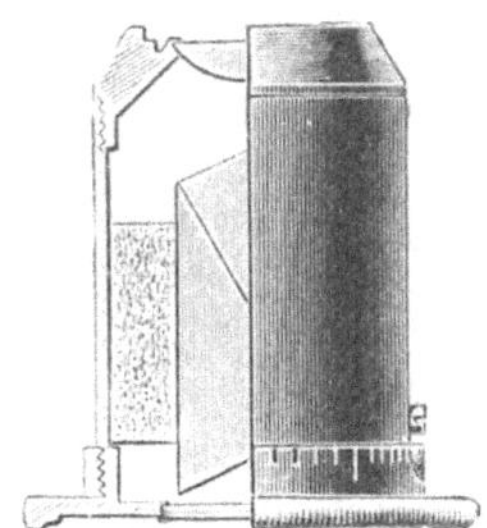

Fig. 18.
Polarisator mit Kondensor.

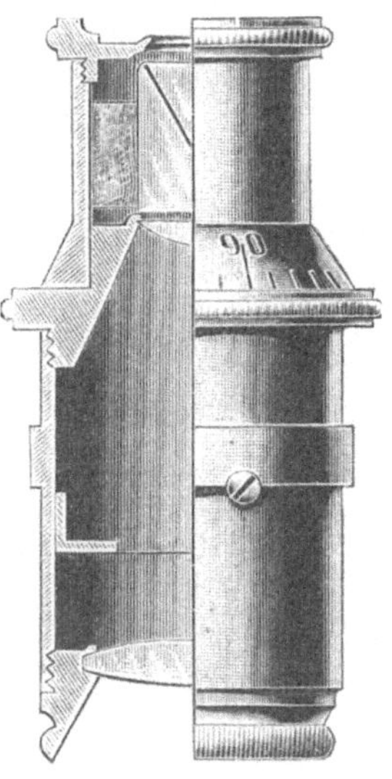

Fig. 19.
Analysator des einfachen
Polarisationsapparates.

Stehen die Prismen von Polarisator und Analysator so, daß die Polarisationsebenen in beiden parallel sind, so ist das Gesichtsfeld hell, bei gekreuzten Schwingungsebenen dagegen schwarzweil in diesem Falle kein Licht durch das Analysatorprisma gehen kann. Die Beobachtungen im polarisierten Licht finden meist bei gekreuzten Nicols statt, weil die Polarisationserscheinungen auf dem schwarzen Hintergrunde besser zur Geltung kommen, als wenn dieselben durch daneben vorbeigehendes Licht gestört werden.

Mikroskopierlampe.

Seit längeren Jahren hat sich die von Arthur Meyer angegebene Mikroskopierlampe bestens bewährt; sie wird beispielsweise von Seibert für Gaslicht hergestellt (Fig. 20). Die Strahlen einer Gasglühlampe werden durch einen Parabolspiegel P an-

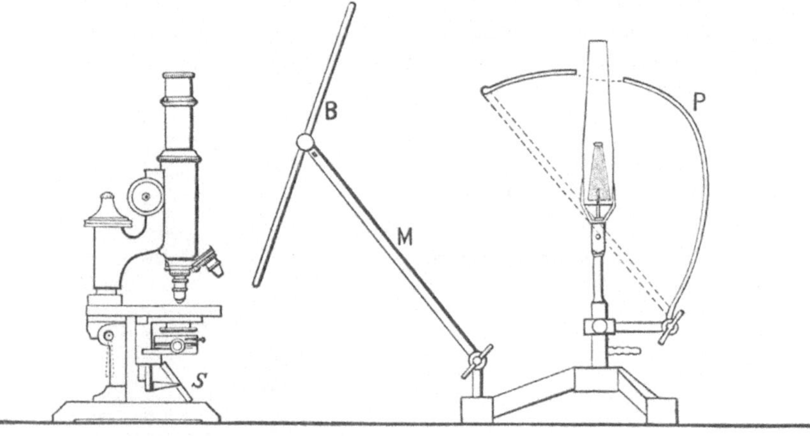

Fig. 20.
Mikroskopierlampe nach Arthur Meyer (etwa $^1/_6$ der natürlichen Größe).

nähernd parallel auf eine matte Scheibe M geworfen. Hierdurch entsteht eine helle gleichmäßige Beleuchtung, welche dem von einer weißen Wolke ausgehenden Licht sehr ähnlich ist. Ein Schirm B schützt die Augen und den Objekttisch vor direkt auffallendem Licht.

Prüfung des Mikroskopes.

Die Prüfung eines Mikroskopes geschieht am einfachsten durch Vergleich mit einem als gut bekannten Vergleichsmikroskop, wobei natürlich darauf zu achten ist, daß Beleuchtung, Objektiv- und Okularvergrößerung bei den zu vergleichenden Mikroskopen möglichst gleich sind.

Man unterscheidet definierende und penetrierende Kraft des Mikroskopes. Die definierende Kraft ist die Fähigkeit, alle Objekte klar und scharf begrenzt zu zeigen; sie ist abhängig von der tunlichst vollkommenen Vereirigung aller von einem Punkte des Objektes ausgehenden Strahlen. Die penetrierende Kraft oder das Abbildungsvermögen ist die Fähigkeit, kleine Einzelheiten und innere Strukturverhältnisse bis zu einer möglichst weitreichenden Grenze der Kleinheit sichtbar zu machen. Sie ist eine Funktion des Öffnungswinkels, nebenbei aber auch der möglichst vollkommenen Korrektur der Aberrationen. Vermittels der sogenannten Probeobjekte oder Testobjekte wird diese definierende und penetrierende Kraft des Mikroskopes vergleichend bestimmt. Allgemein im Gebrauch sind die organischen Testobjekte, z. B. die Schmetterlingsschuppen und die Kieselschalen der Diatomeen. Letztere bieten die mannigfachsten Abstufungen in der Feinheit der Zeichnung und somit in der Schwierigkeit, dieselbe aufzulösen. Die Probeobjekte sind käuflich zu haben.

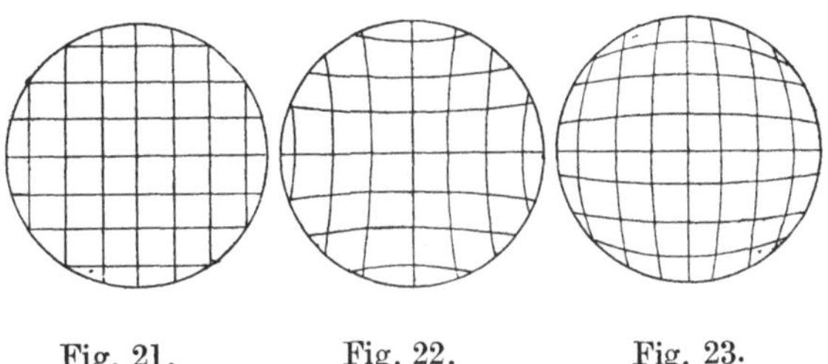

Fig. 21. Fig. 22. Fig. 23.

Weitere Prüfung des Apparates bezieht sich auf die Verzerrung des Bildes und die Krümmung der Bildfläche. Tritt ersterer Fehler auf, so ist die Vergrößerung nicht über das ganze Sehfeld dieselbe; sie kann am Rande größer oder kleiner sein als in der Mitte. Stellt man auf eine gerade Linie ein und führt diese durch das Gesichtsfeld, so muß sie überall gerade bleiben. Ein Quadratmikrometer muß auch im Bilde genaue Quadrate zeigen (Fig. 21.). Ist die Vergrößerung am Rande stärker, so erhält das Bild die in Fig. 22 dargestellte, — ist die Vergrößerung am Rande schwächer, so erhält das Bild die in Fig. 23 dargestellte Verzerrung. Die Ursache dieses Fehlers ist meist mangelhafte Konstruktion des Okulars.

Jedes Mikroskop hat ein etwas gewölbtes Gesichtsfeld; man muß bei scharfer Einstellung der Mitte den Tubus etwas senken, um am Rande deutlich zu sehen. Solange dieser Fehler gewisse Grenzen nicht überschreitet, wirkt er nicht störend und kann vernachlässigt werden.

Zur Prüfung auf Unter- oder Überkorrektur der sphärischen Aberration bedient man sich gleichfalls geeigneter Objekte. Beim Höher- und Tieferschrauben soll die Zeichnung des Bildes am Rande und in der Mitte gleich schnell verschwinden.

Die chromatische Aberration erkennt man leicht bei schiefer Beleuchtung. Bei Unterkorrektur des Objektivs wird das Sehfeld links rötlichgelb und rechts blau erscheinen, wenn man den Spiegel nach links stellt und ein dunkles Objekt im hellen Sehfeld betrachtet. Bei Überkorrektur zeigen sich die Farben umgekehrt. Man benutzt hierbei ein schwächeres Okular.

Das Messen der Vergrößerung geschieht in der Weise, daß man eine feine Teilung auf Glas, deren Strichentfernung genau bekannt ist, als Objekt einstellt, das Bild mit Hilfe eines Spiegel-Zeichenapparates nachzeichnet und die Entfernung der Striche auf der Zeichnung durch die wirkliche Entfernung derselben im Objekt dividiert. Ist so z. B. die Skala in 0,05 mm geteilt und die Entfernung zwischen zwei Strichen in der Zeichnung = 50 mm, so ist die Vergrößerung eine tausendfache.

Behandlung des Mikroskopes.

Das Mikroskop ist zunächst vor Stößen und Fallenlassen zu hüten. Beim Entnehmen aus dem Schrank oder Kasten fasse man es deshalb stets an der Säule oder Prismenhülse über dem Objekttisch oder am Objekttisch, niemals aber am Tubus an, weil dieser leicht aus seiner Führung gleiten kann. Außerdem würde dadurch der Tubus allmählich seine genaue Zentrierung mit der optischen Achse verlieren.

Des weiteren hüte man den Apparat vor der Berührung mit Säuren, ätzenden Flüssigkeiten und Gasen. Diese verderben das gute Aussehen des Instrumentes, verursachen Rosten der Eisenteile und Angreifen der Linsen.

Das Instrument ist ferner vor Staub zu schützen. Dieser gefährdet auf die Dauer den exakten Gang der Bewegungen und kann, da Staub häufig Quarzsplitterchen enthält, die Linsen zerkratzen. Das Mikroskop ist deshalb nach dem Gebrauch sofort in den Schrank oder Kasten zu schaffen oder mindestens mit einer auf der Unterlage dicht schließenden Glasglocke zu bedecken.

Von Zeit zu Zeit putzt man die Messingteile mit einem Leinen- oder Lederlappen ab und bringt einen Tropfen feinen Öles (kein Petroleum!) an die Reibflächen von Zahn und Trieb. Etwaiger Schmutzansatz ist vorher zu entfernen. Spiritus ist beim Reinigen zu vermeiden, da er den Lack der Messingteile löst.

Zum Reinigen der Linsen bedient man sich eines weichen Pinsels und eines feinen, nicht gekalkten Wildlederlappens. Leinewand ist hierzu weniger geeignet. Die Putzlappen sind vor Staub zu schützen. Beim Reinigen der Okularlinsen kann man die Fassungen derselben aus der Röhre schrauben, nur muß man sich das Rohrende, an dem sich Augenlinse bzw. Kollektiv befand, merken. Alles Schrauben muß mit leichter Hand geschehen, da die feinen Schraubgewinde zu leicht überdreht werden.

Im übrigen ist vor einem Auseinanderschrauben einzelner Teile des Stativs, namentlich der Trieb- und Mikrometervorrichtung sowie der Objektive, zu warnen. Die für Zentrierung und guten Gang der Bewegung vorgenommene Adjustierung u. a. wird dadurch leicht gestört. Man unterlasse deshalb beim Zutagetreten von Unregelmäßigkeiten jeden persönlichen Eingriff und überlasse dies lieber der Werkstätte, von der der Apparat stammt.

Bisweilen scheint die Mikrometerschraube zu versagen. Dies ist meist dadurch bedingt, daß sie vollständig herab- oder hinaufgeschraubt ist. Man muß also wieder für mittlere Stellung der Mikrometerschraube sorgen und dann das Objekt mit der groben Einstellung suchen.

Die Objektive für homogene Immersion müssen jedesmal nach dem Gebrauch vollständig von dem Öl befreit werden, damit es nicht festtrocknet. Man tupft erst mit Fließpapier ab und wischt dann schnell mit benzingetränktem Putzleder nach. Lösungsmittel wie Spiritus, Xylol usw. müssen streng vermieden werden, da die Frontlinsen mit Kanadabalsam gekittet sind und diese gelockert werden können.

Gebrauch des Mikroskopes.

Aufstellung des Mikroskopes, Einstellung und Betrachtung des Objektes.

Das Instrument wird auf einem kräftigen, mäßig hohen Tisch, der höchstens 1 m vom Fenster entfernt sein soll, aufgestellt, damit das Licht nicht allzu schräg auf den Spiegel auffällt. Das Fenster soll hinreichendes Licht liefern und helle, farblose (nicht gerippte o. ä.) Scheiben enthalten. Die vordere Objekttischkante soll der Fensterebene parallel laufen, der Spiegel soll nach dem Fenster gerichtet und so gedreht sein, daß er beim Hineinschauen in den leeren Tubus (nach Entfernung von Okular und Objektiv) gerade in der Mittellinie des Objekttisches sich befindet und volles Tageslicht in den Tubus hineinwirft. Direktes, grelles Sonnenlicht, Abbilder von Baumästen, Fensterkreuzen usw. sind schädlich. Bei Benutzung künstlichen Lichtes stellt man die Lampe ungefähr $\frac{3}{4}$ m von dem Mikroskop entfernt auf und läßt das Licht zweckmäßig durch eine blaue Glasscheibe, welche auf den Beleuchtungsapparat gelegt wird, oder durch eine Schicht Kupfersulfatlösung hindurchgehen.

Nach Anbringung von Objektiv und Okular wird das Präparat auf den Objekttisch gebracht und eingestellt. Hat man zunächst mittels der groben Einstellung das Objekt gefunden, so stellt man mit Hilfe der Mikrometerschraube das Bild genau ein.

Bei den Einstellungsversuchen kann es vorkommen, daß man überhaupt nichts findet. In diesem Falle war man mit der Bewegung des Tubus entweder zu schnell vorgegangen und hatte das Auftreten des Bildes nicht beobachtet, weil es schnell wieder verschwand; oder es war überhaupt kein Bild in dem Gesichtsfeld und das Präparat muß entsprechend verrückt werden; oder die Beleuchtung war eine unzweckmäßige zu schwache oder zu starke. Dann muß man entweder für besseres Licht sorgen oder entsprechend abblenden. Schließlich kann noch der Fall eintreten, daß man bei bestimmten Deckglas-Dicken und starken Vergrößerungen überhaupt kein Bild erhalten kann; dann muß das Deckglas durch ein dünneres von 0,15—0,18 mm Dicke ersetzt werden.

Bei richtiger Betrachtung des Bildes hat man insbesondere die günstigste Beleuchtung auszuprobieren. Allgemeine Regeln

hierfür lassen sich nicht aufstellen. Durch Anwendung von Plan-
und Hohlspiegel in verschiedenen Stellungen, Benutzung verschieden starker Abblendung, gerader oder schiefer Beleuchtung
wird das Gewünschte bei einiger Erfahrung bald erreicht.

Alle mikroskopischen Bilder werden in Strukturbilder
und Farbenbilder unterschieden. Das erstere kommt durch
Licht und Schatten zustande; diese suchen wir durch Abblenden
oder schiefe Beleuchtung hervorzurufen. Farbenbilder dagegen
sollen nur die einfachen Umrisse und die Farbentöne zeigen. Hierfür
sind die Strahlen der hellsten Beleuchtung umso besser geeignet,
je genauer senkrecht sie das Objekt durchdringen. Mitunter ist
es zweckmäßig, das auf dem Objekttisch von oben her auffallende
Licht durch einen Schirm abzuhalten, damit man nur durchfallende
Strahlen erhält.

Wenn man in das Okular blickt und das Präparat ein wenig
schiebt, so beobachtet man, daß die Bilder immer von links nach
rechts wandern, wenn man das Präparat von rechts nach links
schiebt, und umgekehrt. Das Mikroskop dreht die Bilder
also um.

Beim Beobachten hält man die rechte Hand stets an der
Mikrometerschraube, um die verschiedenen Ebenen der Objekte
sichtbar zu machen.

Da langes Sehen ins Mikroskop die Augen ermüdet, müssen
von Zeit zu Zeit entsprechende Ruhepausen eingeschoben werden.
Als dringend notwendig muß empfohlen werden, beim Mikro-
skopieren beide Augen offen zu halten und nicht etwa das eine
unbeschäftigte Auge zu schließen; ebenso beide Augen an das
Beobachten im Mikroskop zu gewöhnen.

Da die Gesamtheit des Bildes nur bei schwachen Vergrößerungen erscheint, bei starken aber nur Teile der Objekte sichtbar
sind, durchmustere man das Präparat zunächst mit Hilfe eines
schwächeren Systemes und untersuche dann die Einzelheiten mit
stärkerer Vergrößerung. Eine starke Vergrößerung stellt man besser
durch starke Objektive und schwächere Okulare her als umgekehrt. Eine 3—400-fache Vergrößerung wird für die meisten
Untersuchungen von Fasern ausreichen. Überhaupt wähle man
stets nur eine so starke Vergrößerung, wie sie für den betreffenden
Fall erforderlich ist und beachte, daß Bildschärfe, Lichtstärke

und Ausdehnung der untersuchten Fläche bei schwächeren Linsen immer größer ist als bei starken.

Infolge der im Objekt eingeschlossenen oder dem Glase anhaftenden Luft bilden sich in der Einschlußflüssigkeit häufig Luftbläschen, welche man nicht als mikroskopische Objekte ansehen darf. Die Luftblasen sind durch ihre runde Form (Fig. 24) und die an ihnen stattfindende Lichtbrechung leicht kenntlich. Bei wechselnder Einstellung verschieden aussehend, ist ihr Rand bei mittlerer Einstellung durch seine tief dunkle Farbe und die scharfe Abgrenzung nach außen hin gekennzeichnet, während die Mitte vollkommen klar und sehr stark beleuchtet ist. Das Auftreten dieser Luftblasen ist oft sehr störend für die Betrachtung der Bilder. Durch vorheriges Einlegen des Präparates in Alkohol und Ersetzung des letzteren von der Seite des Deckglases her durch Wasser oder Glyzerin können die Luftblasen vermieden werden. Auch können Präparate durch vorheriges Auskochen mit Wasser von der Luft befreit werden. Das schonendste Mittel zu deren Entfernung ist die Luftpumpe.

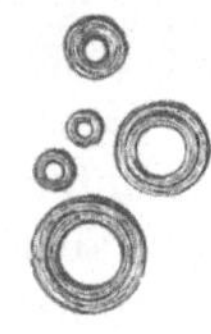

Fig. 24.
Vergrößerte
Luftbläschen.

Die Herstellung von Präparaten.

Jedes für die mikroskopische Betrachtung zubereitete und bestimmte Objekt nennt man „Präparat“. Das Präparat wird auf eine rechtwinklige Glasplatte, den Objektträger, gebracht. Das gebräuchlichste Format der Objektträger ist das englische (76 × 26 mm), neben diesem ist das Gießener oder Vereinsformat (48 × 28 mm) und das Leipziger Format (70 × 35 mm) im Gebrauch.

Zum Schutze vor äußeren Einflüssen und zur Vermeidung des Eintrocknens wird das Präparat mit einem Deckglas bedeckt. Auch diese sind in verschiedenen Formaten und Dicken vorhanden. Am gebräuchlichsten ist die quadratische Form. Ihre Größe schwankt zwischen 10 und 24 qmm; für die meisten Zwecke genügt die meist angewandte Größe von 18 qmm. Die beliebteste Dicke der Deckgläser beträgt 0,15—0,18 mm. Zum Aufbewahren von Dauerpräparaten bedient man sich allgemein der Schutzleisten, d. i. rechteckiger Kartonstücke von etwa 2 mm Dicke, von denen je eines rechts und links vom Präparat aufgeklebt wird. Diese Schutzleisten dienen zugleich als Etiketten für die Bezeichnung des Präparates.

Da die Objekte in der Regel im durchfallenden Lichte untersucht werden und sehr dünn und eben sein müssen, bedürfen sie einer

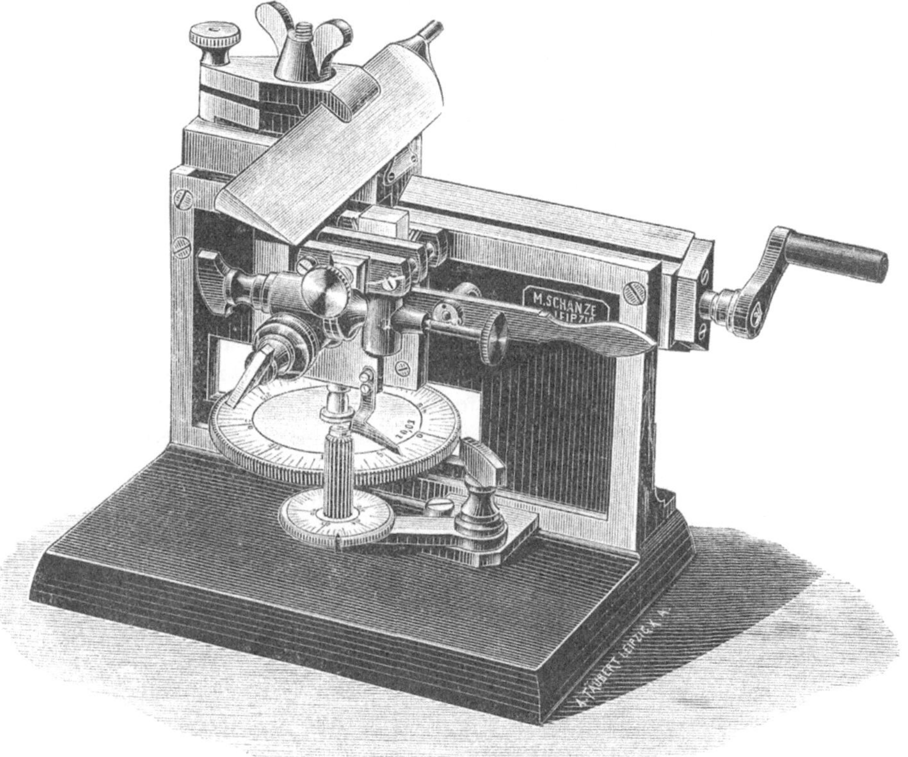

Fig. 25. Mikrotom von M. Schanze, Modell C.

vorhergehenden Vorbereitung, Zerkleinerung, Mazerierung, eines Schnittes. Querschnitte werden entweder vermittels eines guten Rasiermessers oder eines Mikrotoms hergestellt. Vermittels des letzteren ist man in der Lage, Schnitte von beliebiger, genau gewünschter, Feinheit herzustellen. In selbsttätiger Weise wird durch eine Schraubenvorrichtung das zu schneidende Objekt nach jedem Schnitt um ein bestimmtes Maß in die Höhe gerückt, so daß das hobelartig darübergeführte Messer stets gleichstarke Lamellen abschneidet (Fig. 25).

Die Präparate können entweder trocken aufbewahrt (z. B. Haare, Federn, Schuppen u. a. m.) oder zwischen Objektträger und Deckglas eingebettet werden. Die Einschlußmassen müssen Fäulnis, Schrumpfen usw. verhindern. Bewährt haben sich hierfür z. B. folgende Einbettungsmassen: 1. Glyzerin als Universaleinschlußmittel für wasserhaltige Objekte (70 T. konz. Glyzerin, 28 T. destilliertes Wasser, 2 T. konz. Karbolsäure). 2. Glyzeringelatine als bequemste Form der Glyzerinverwendung (300 g feinste Gelatine werden 2 Stunden in 1000 ccm Wasser aufgeweicht, dann auf 50⁰ C erwärmt, 10 ccm konz. Karbolsäure und 500 ccm Glyzerin zugesetzt, einige Zeit bei 50⁰ gehalten und durch den Heißwassertrichter durch doppeltes Papierfilter oder durch Flanell o. ä. filtriert). 3. Chlorcalciumlösung, erhalten durch Lösen von 1 T. Chlorcalcium in 3 T. Wasser und Zusatz einiger Tropfen Salzsäure. 4. Kanadabalsam als Universalmittel für das Einbetten von wasserfreien Präparaten. Dieser wird heute gebrauchsfertig in Tuben in den Handel gebracht. Bei Selbstherstellung verwende man zum Lösen von Kanadabalsam Xylol oder Chloroform (nicht Terpentin), ersetze von Zeit zu Zeit das verflüchtigte Lösungsmittel und bewahre die Lösung in weithalsiger, mit Glaskappe versehener Flasche (Fig. 26) auf.

Fig. 26. Glas für Kanadabalsam.

Zur Konservierung der Dauerpräparate wird um das Deckglas herum ein Lackrand gelegt. Für Kanadabalsampräparate ist dieser Abschluß nicht so notwendig wie für die wasserhaltigen Präparate. Die Qualität dieses, auch „Maskenlack"[1]) genannten Lackes ist sehr wichtig; er wird mit einem feinen Haarpinsel so aufgestrichen, daß er von Deckglas auf Objektträger übergreift.

Reagenzien. Man unterscheidet bei den in der Mikroskopie verwendeten Reagenzien Aufhellungsmittel und eigentliche

---

[1]) Der Maskenlack von Beseler & Co., Berlin, Schützenstraße, wird gerühmt. Brauchbar ist auch eine syrupdicke Lösung von Kanadabalsam in Terpentinöl oder Chloroform.

Reagenzien. Erstere bezwecken, das Präparat tauglicher, besonders durchsichtiger zu gestalten; letztere bestimmte Teile des Präparates kenntlich zu machen. Die Reagenzien werden in besonderen, luftdicht schließenden Fläschchen aufbewahrt, deren Einrichtung aus Fig. 27 ersichtlich ist.

Für Kupferoxydammoniaklösung sind besondere Flaschen konstruiert worden, die den Luftzutritt auch bei Entnahme von Lösung auf ein Mindestmaß herab-setzen. Eine einfache und zweck-mäßige Einrichtung hat beispiels-weise die Flasche von Herzog[1]) (Fig. 28). Eine kleine Spritz-flasche aus braunem Glas von etwa

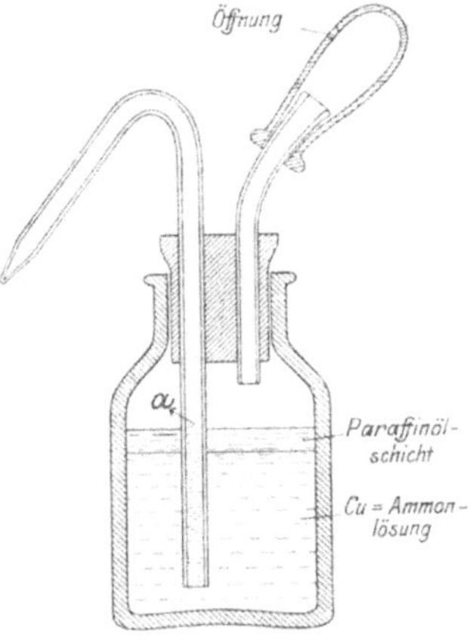

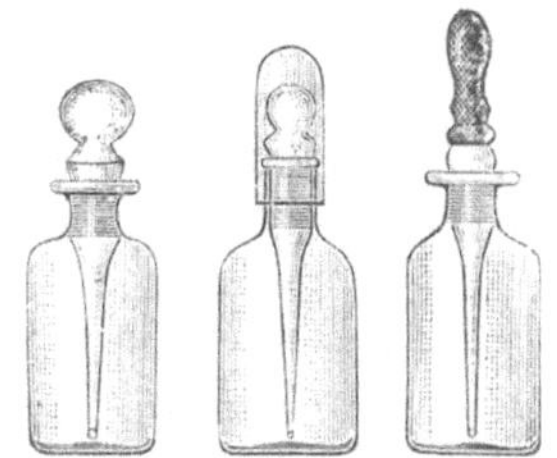

Fig. 27. Flaschen für Reagenzien und Farbstoffe.

Fig. 28. Flasche für Kupferoxyd-ammoniaklösung.

10 ccm Inhalt ist am Blasrohr mit einer durchlochten Gummikappe versehen; die Kupferoxydammoniaklösung befindet sich unter flüssigem Paraffin und nur die geringe Menge Flüssigkeit im Steig-rohr a ist dauernd mit Luft in Berührung. Die Spitze des Spritz-rohres wird nach dem Gebrauch mit Wachs oder Ceresin ver-schlossen. Zur Entnahme von Lösung wird die kleine Öffnung in der Gummikappe zugehalten und die Gummikappe zusammen-gedrückt. In einer derartigen Flasche bleibt die sonst nur kurze Zeit haltbare Lösung viele Monate lang wirksam.

Die Aufhellungsmittel können physikalische und che-mische sein. Physikalische Aufhellungsmittel sind stark licht-brechende indifferente Flüssigkeiten. Zu diesen gehört das

---

[1]) Zeitschr. für wissensch. Mikroskopie und mikroskopische Technik. XXVII, 2. S. 272 ff.

Glyzerin und der Kanadabalsam. Ersteres wird für wasserhaltige, letzterer für wasserfreie Präparate verwendet. — Chemische Aufhellungsmittel bezwecken die Zerstörung von Farbstoffen, Beseitigung von Stärke usw. und somit das klarereHervortreten der Strukturen des Präparates. Zu diesen gehören das Kali- und Natronhydrat, die die Stärke verkleistern, die Eiweißstoffe auflösen und Fette verseifen. Die Wirkung ist eine langsame, sich oft erst in einigen Stunden abspielende; zugleich wirken diese Lösungen quellend. Ferner ist das unterchlorigsaure Natron und Kali (Eau de Labarraque und Eau de Javelle) zu erwähnen. Sie dienen hauptsächlich zum Entfärben der Objekte. Bei zarten Objekten kann auch das Chloralhydrat als milde entfärbendes Mittel Verwendung finden. Auch Essigsäure (Eisessig) wirkt bei tierischen Objekten oft aufhellend.

Als eigentliche Reagenzien sind folgende zu nennen: Äther als Reagens auf Fette, die darin löslich sind.

Alkohol (absoluter) als Reagens auf ätherische Öle und Harze. Die Fette bleiben in denselben ungelöst (freie Fettsäuren sind löslich).

Jod-Jodkalium- oder Jodlösung als Reagens auf Stärke, welche je nach vorhandenen Mengen blau, blauschwarz und schwarz gefärbt wird. Eiweißstoffe werden durch Jod tief gelb oder gelbbraun gefärbt. Nach Herzberg [1]) wird die Jodlösung durch Lösen von 2 g Jodkalium und hierauf von 1,15 g Jod in 20 ccm Wasser und Zusatz von 2 ccm Glyzerin hergestellt. — Nach Hager-Mez (a. a. O.) wird das Reagens bereitet, indem man 1,3 g Jodkalium in 100 ccm Wasser löst und 0,3 g Jod zufügt.

Chlorzink-Jodlösung als Reagens auf Zellulose, die violett gefärbt wird, als Reagens auf merzerisierte Baumwolle (s. d. S. 47). Nach Herzberg [1]) wird dies Reagens wie folgt bereitet: Man stelle zunächst die Lösungen A und B her. Lösung A: 20 g trockenes Zinkchlorid, 10 ccm Wasser. Lösung B: 2,1 g Jodkalium, 0,1 g Jod, 5 ccm Wasser. Man vermische dann A mit B, lasse den entstandenen Niederschlag sich absetzen und gieße die überstehende klare Reaktionsflüssigkeit ab; in diese bringt man ein Blättchen Jod. Auf genaue Innehaltung der Mengenverhältnisse der ein-

---

[1]) W. Herzberg, „Papierprüfung".

zelnen Bestandteile ist zu achten, da schon bei geringen Abweichungen die Wirkung der Lösung beeinträchtigt wird. Beide Lösungen, die vor Licht zu schützen sind, füllt man zum Gebrauch am vorteilhaftesten in braune Pipettenflaschen. Nach Hager-Mez bereitet man das Reagens, indem man 25 g Chlorzink und 8 g Jodkalium in 8,5 ccm Wasser löst und dann soviel Jod beifügt, als sich auflöst.

Jod-Schwefelsäurelösung als Reagens auf Zellulose. Das Objekt wird erst mit der angeführten Jod-Jodkaliumlösung von Hager-Mez getränkt und verdünnte Schwefelsäure (2 T. konz. Schwefelsäure und 1 T. Wasser) zugefügt. Bei solcher Behandlung bläuen sich Zellulosemembranen.

Nach Herzberg (a. a. O.) verhalten sich nachbenannte hauptsächlich für Papier in Frage kommende Fasern zu Jod-Jodkalium- und Chlorzinkjodlösung wie folgt:

Fasern	Färbung in Jod-Jodkaliumlösung	Färbung in Chlorzinkjodlösung
Holzschliff, Rohe Jute. nicht ganz aufgeschlossene Zellstoffe	teils leuchtend gelbbraun, teils gelb, je nach Schichtendicke nnd Verholzungsgrad	zitronengelb bis dunkelgelb
Strohstoff	teils gelbbraun, teils gelb, teils grau	teils gelb, teils blau, teils blauviolett
Holzzellstoff und Adansonia	grau bis braun	blau bis rotviolett
Stroh- und Jutezellstoff	grau	blau bis blauviolett
Esparto	teils grau, teils braun	teils blau, teils weinrot
Manilahanf	teils grau, teils braun, teils gelbbraun	blau, blauviolett, rotviolett, schmutziggelb, grünlichgelb
Leinen, Hanf, Baumwolle	schwach bis dunkelbraun, dünne Lamellen fast farblos	schwach bis stark weinrot

Kupferoxyd-Ammoniak (Kuoxam) als Reagens auf Zellulose bei Untersuchungen von Textilstoffen und Papier. Das Reagens löst Zellulose auf, während verholzte und verkorkte

Pflanzenmembranen sowie tierische Fasern nicht gelöst werden. Aus einer konzentrierten Lösung von Kupfersulfat wird mit Kalilauge Kupferhydroxyd gefällt, ausgewaschen, getrocknet und vor Licht geschützt aufbewahrt. Vor dem Gebrauch wird etwas von diesem Kupferhydroxyd mit konzentriertem Ammoniak übergossen. Dadurch entsteht das blau gefärbte Reagens, das sich in der eben beschriebenen Flasche (Fig. 28) mehrere Monate wirksam hält [1]).

Kupfersulfat in Verbindung mit Kalilauge als Reagens auf Traubenzucker. Die Reaktion tritt nur bei reduzierenden Zuckern ein.

Schultzesches Mazerationsgemisch als Lösungsmittel für Pektinstoffe und Zellulose. Es besteht aus gewöhnlicher Salpetersäure mit einigen Körnchen Kaliumchlorat, worin die zu mazerierenden Objekte gekocht werden.

Phloroglucin-Salzsäure als Reagens auf Holzsubstanz (Lignin). Diese färbt sich durch konzentrierte alkoholische Phloroglucinlösung, gleichzeitig mit 10 proz. Salzsäure angewandt, violettrot bis ziegelrot.

Eisenchlorid als Reagens auf Gerbsäure. Man wendet verdünnte (2—5 proz.) Lösungen an, mit denen Gerbstoff entweder tief grünschwarz oder tief blauschwarz gefärbt wird.

Schwefelsäure, konzentrierte, als Reagens auf verkorkte Membranen, wodurch diese nicht oder nicht wesentlich angegriffen werden, während alle anderen pflanzlichen Membranen zerstört werden; **Schwefelsäure,** verdünnt, als Reagens auf Kalksalze (außer Gips), welche in Gips übergeführt werden. Dieser ist durch seine nadelbüschelartige Kristallisation unter dem Mikroskop sofort zu erkennen.

Chinesische Tusche als Reagens auf Pflanzenschleim. Schleimhaltige Objekte in einer Verreibung mit chinesischer Tusche quellen und treiben die Kohlenflitterchen der Tusche vor sich her. Es entstehen dadurch im sonst dunklen Gesichtsfelde wasserhelle Stellen, welche leicht als Schleim erkannt werden.

---

[1]) Nach J. König wird käufliches reines Kupferhydroxyd (E. Merck) bis zur Sättigung in konz. (24 proz.) Ammoniak eingetragen. Je niedriger dabei die Temperatur gehalten wird (möglichst unter $+ 5^0$ C), desto konzentrierter wird die Lösung (bis zu 40—50 g Cu in 1 l) und desto mehr Zellulose (bis zu 2 T. Zellulose auf 1 T. Cu) vermag sie alsdann aufzunehmen.

Farbstoffe.

Alkannin als Reagens auf Fette. Dieser Farbstoff färbt in allererster Linie die Fette (und Öle, Harze, Kautschuk) intensiv rot, während andere Körper viel schwächer oder gar nicht angefärbt werden. (Käufliches Alkannin wird in absolutem Alkohol gelöst, mit dem gleichen Volumen Wasser verdünnt und filtriert.)

Hämatoxylin färbt fast alle Körper schön violettblau an. (4 T. Hämatoxylin werden in 25 T. Alkohol gelöst, dann 400 T. konzentrierte wässerige Ammoniakalaunlösung zugefügt, 3 bis 4 Tage an der Luft stehen gelassen, filtriert, 100 Teile Glyzerin und 100 T. Methylalkohol zugesetzt und nochmals filtriert. Die Lösung wird bei längerem Stehen immer besser.)

Methylenblau in konzentrierter wässeriger Lösung. Für manche Zwecke wird 1 % Kalilauge zugesetzt.

Man wendet die Farbstoffe in der Regel so an, daß man sie dem fertigen Objekt zusetzt und ihre Wirkung sofort beobachtet. Ein Tropfen des Reagens wird hierzu an den Rand des Deckglases gebracht, um ihn dann unter dasselbe diffundieren zu lassen. Die Lösungen werden rasch angesaugt, wenn man auf der entgegengesetzten Seite des Deckglases ein Stück Filtrierpapier anlegt; soll das Reagens langsam zum Objekt treten, so verbindet man einen Tropfen der Farbstofflösung mit dem Objekt unter dem Deckglas durch einen leinenen oder baumwollenen Faden.

Mikroskopie textiler Faserstoffe[1]).

Bei der mikroskopischen Untersuchung der pflanzlichen Gespinstfasern sind die Begriffe Faser und Zelle (bzw. Elementarorgan) meist streng auseinanderzuhalten. Nur bei Pflanzenhaaren (Baumwolle, Kapok) ist jede unter dem Mikroskop sichtbare Faser zugleich eine Zelle. In allen anderen Fällen sind die Fasern Bündel von Einzelzellen, welche dauernd fest vereinigt bleiben und zwecks näherer Untersuchung der langgestreckten, dickwandigen Zellen erst durch Mazeration (in Kalilauge, Chrom-

---

[1]) Näheres s. v. Höhnel, „Die Mikroskopie der technisch verwendeten Faserstoffe," Hanausek usw. (s. a. Literaturangaben am Schlusse des Buches), denen ich hier im wesentlichen folge.

säure, Salpetersäure und chlorsaurem Kali u. ä.) voneinander getrennt werden müssen. Der Unterschied zwischen Faser und Zelle geht beispielsweise aus folgenden Längenangaben deutlich hervor: Flachsfaser ist bis 1,40 m lang, während die Einzelzelle des die Faser bildenden Zellbündels nur selten die Länge von 40 mm überschreitet. Man hüte sich deshalb, die nachstehenden auf die Einzelzellen bezüglichen Merkmale von Flachs, Hanf, Jute usw. an unmazerierten Fasern suchen zu wollen.

Tierhaare und Wollen bestehen aus Einzelorganen und bedürfen nicht der Mazerierung. Naturseiden bestehen in rohem, basthaltigem Zustande aus je zwei Einzelfasern, die beim Ab kochen oder Entbasten getrennt werden. Kunstseiden bilden lange Einzelfasern oder -fäden. Unter „Fasern" im weiteren Sinne sind nachstehend auch Haare und fadenartige Gebilde (Kunstseide, Glas, Metallfäden usw.) verstanden, die teilweise nicht als Fasern im engeren Sinne aufzufassen sind.

Bei der mikroskopischen Bestimmung von Rohfasern, Gespinsten, Geweben usw. kommt nicht nur die Feststellung der Art des Materials (die qualitative Bestimmung), sondern vielfach auch die Zusammensetzung und das Mengenverhältnis der Einzelbestandteile (quantitative Bestimmung) in Frage. Dies Mischungsverhältnis wird in einwandfreiester Weise durch mechanische oder chemische Trennung der Einzelbestandteile und Wägung der letzteren, bzw. Wägung eines Teiles derselben ermittelt. In Fällen, wo eine Trennung nicht möglich ist, oder wo es nur auf ungefähre Zusammensetzung eines Gemisches ankommt, begnügt man sich vielfach mit der Schätzung auf Grund einer Reihe von mikroskopischen Bildern und unterstützt die Schätzung durch geeignete teilweise Anfärbung (s.w.u.). Über die chemische Trennung der Gespinstfasern ist a. a. O. näher nachzulesen [1]).

Vor der Prüfung sind Rohfasern, Gespinste, Gewebe usw. häufig in geeigneter Weise vorzubereiten. Hierzu gehören die Reinigung, Entfettung, Entschlichtung, Entfärbung, Entschwerung, Entappretierung, Abkochung usw. Die wichtigsten Reinigungsmittel sind: Wasser, Seifen-, Sodalösung; die wichtigsten Entfettungsmittel: Äther und Benzin; für die Entschlichtung und Entappretierung bedient man sich mit Vorteil des Diastafors,

---

[1]) Z. B. Heermann. „Färbereichemische Untersuchungen", 2. Aufl. Julius Springer, Berlin.

heißer wässeriger und schwach saurer Lösungen usw. Als Entfärbungsmittel kommen Säuren, Alkalien, Wasserstoffsuperoxyd,
Hypochlorite (Chlorkalklösung, unterchlorigsaures Alkali), Hydro-
sulfit u. ä. in Betracht. Die Entfärbung muß häufig dort vorgenommen werden, wo durch dunkle oder schwarze Färbung der
Fasern die eigentümlichen Merkmale derselben verdeckt werden.
Die Wahl der Entfärbungsmittel hat sich u. a. nach Art der Färbung und nach Herkunft des Fasermaterials zu richten. So wird
man im allgemeinen bei tierischen Fasern stark alkalische, bei
pflanzlichen Fasern stark saure Hilfsmittel zu vermeiden haben,
um die Struktur der Faser nicht zu verändern und um keine teilweise Lösung der Faser zu verusachen.

Bei Untersuchungen, die Anspruch auf Genauigkeit erheben
sollen, ist ganz besonderer Wert auf die richtigen Durchschnitts-
proben zu legen. Es muß also das gesamte in der Versuchsprobe
vorliegende Material durchsucht und müssen auch Bestandteile
aufgedeckt werden, die nur einen geringen Prozentsatz des Ge-
samtmaterials ausmachen, also unerhebliche Beimengungen darstellen. Deshalb müssen beispielsweise Garne an verschiedenen
Stellen und in ihrem ganzen Querschnitt geprüft werden; Zwirne
müssen auseinandergedreht und in ihren Einzeldrähten untersucht werden usw. Bei der Untersuchung von Geweben schneidet
man sich ein einige Quadratzentimeter großes quadratisches
Stück ab und zerlegt es in seine Kett- und Schußfäden. Das
Stück muß so groß sein, daß alle in dem betreffenden Gewebe
enthaltenen Arten von Garn- und Zwirnfäden darin vorkommen,
was besonders bei groß gemusterten Geweben zu beachten ist.
Kett- und Schußfäden werden alsdann einzeln untersucht.

Schon bei ganz schwacher Vergrößerung (30—60-facher) wird
man sich ein ungefähres Bild der Zusammensetzung machen können.
Bei stärkerer Vergrößerung wird man dann die Einzelheiten der
Fasern weiter zu charakterisieren haben. Kommt man also beispielsweise bei schwacher Vergrößerung auf eine Faser oder eine
Nebenerscheinung, welche nicht mit Sicherheit erkannt werden kann,
dann wechselt man einfach das Objektivsystem aus, um die frag-
liche Faser bei stärkerer Vergrößerung näher zu betrachten und
setzt dann die Untersuchung wieder mit dem schwächeren Linsen-
system fort. Zu diesem Zwecke eignet sich ein Revolverobjektiv
am besten. (Näheres s. a. u. Mikroskop, S. 8).

Von wirtschaftlicher Bedeutung für die Textilindustrie sind etwa folgende Fasern im weiteren Sinne.

I. Pflanzliche oder vegetabilische Fasern.

 A. Bast- oder Stengelfasern (aus dem Bast dikotyler Pflanzen durch besondere Vorbereitung gewonnen).

  Flachs.

  Hanf.

  Jute.

  Nesselfasern (Chinagras, Ramie).

 B. Blattfasern (aus den Blättern monokotyler Pflanzen gewonnen).

  Manilahanf, Neuseeland-Flachs, Domingo-, Aloe-hanf u. a. m.

 C. Fruchtfasern.

  Cocosfaser.

 D. Samenfasern (Samenhaare, aus dem Samen, bzw. der Samenhaut gewisser Pflanzen gewonnen).

  Baumwolle und einige untergeordnete Arten.

 E. Kunstfasern.

  Kunstseide (mit Ausnahme der tierischen Vandura-Kunstseide).

II. Tierische oder animalische Fasern.

 A. Schafwolle oder kurzweg Wolle.

 B. Wollen und Haare von Ziege, Kamel, Rind, Pferd usw.

 C. Die natürlichen Seiden.

III. Mineralische Fasern.

  Asbest, Glas-, Metallfäden (die beiden letzteren sind nicht als Fasern im engeren Sinne anzusehen).

Pflanzliche oder vegetabilische Fasern.

Flachs oder Lein (frz. Lin, engl. Flax).

Der Flachs ist die Bastfaser aus den Stengeln der Lein-pflanze (Linum usitatissimum L.) und ist in Europa angebaut.

Die reine Flachsfaser, das sog. Flachshaar, ist ein feines Bastfasernbündel. Nur schlecht gerottete, gehechelte Sorten zeigen noch Gewebeelemente des Rindenparenchyms, Oberhaut-zellen, Bastmarkstrahlen usw. Im Rohflachs sind alle Gewebe-schichten des Stengels zu finden. Das Elementarorgan der Flachs-

faser, die **Bastfaserzelle**, besteht aus reiner Zellulose. Die
Länge schwankt zwischen 4—66 mm, die Dicke zwischen 12 bis
37 µ. Die Faser läuft spitz aus, ist glatt oder längsstreifig (meist
durch mechanische Verletzungen von der Zurichtung), mit quer-
gestellten Wandverschiebungen und Rißlinien behaftet, englumig,

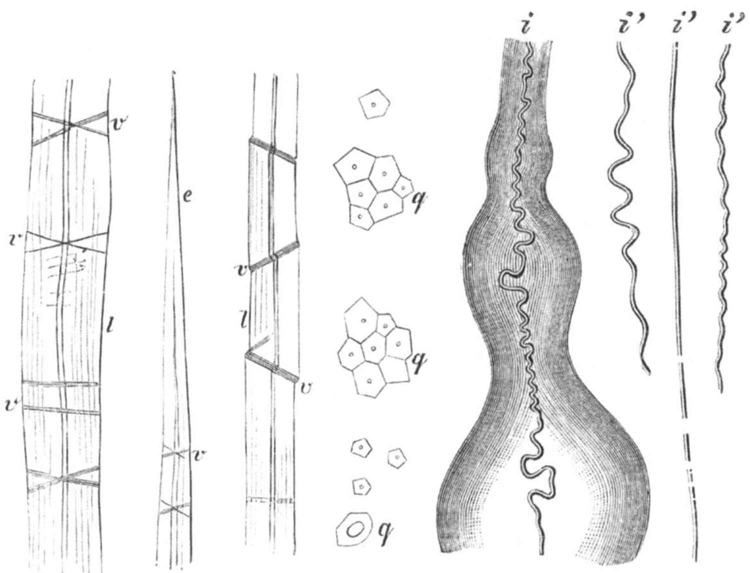

Fig. 29. Flachs- oder Leinfaser
(nach v. Höhnel).
Vergr. 200 und 400. l Längsansichten;
v Verschiebungen; q Querschnitte;
e Spitze.

Fig. 30. Fragment einer
Leinenbastzelle nach Be-
handlung mit Kupferoxyd-
ammoniak. i Innenhaut, i' nach
Einwirkung von Kupferoxydammoniak zurückbleibende Reste
der Innenhäute. Vergr. 400.
(Nach Wiesner).

im Querschnitt ziemlich scharf polygonal mit punktförmigem
Lumen und Protoplasma-Inhalt. Die Zellulosereaktion ist scharf.
Die Faser wird im allgemeinen als unverholzt angesehen. In
Wirklichkeit ist sie aber knotenweise verholzt. Nach **Herzog**
nimmt der Ligningehalt von der Wurzel gegen das obere Ende des
Stengels zu deutlich ab. Bei der Röste verschwindet die unbedeu-
tende Verholzung, so daß gute Flachssorten gänzlich unverholzt
sind und keine Phloroglucin-Reaktion liefern.

Jodschwefelsäure färbt die Mittellamelle nicht gelb, den Querschnitt nicht mit gelbem Saum. Kupferoxydammoniak bringt die Zelle zur Tonnenquellung, der Innenschlauch ist dabei eng und gewunden; außen ist keine Cuticula zu sehen, aber Streifungen. Die Lösung ist keine vollkommene.

Die Bastzellen aus den Schichten der Stengel sind denen des Hanfes in der Form ähnlich (großlumig, Querschnitt abgerundet, relativ dünnwandig), durch die Reaktion und Protoplasmainhalt aber verschieden (Fig 29 und 30).

Hanf (frz. Chanvre, engl. Hemp).

Hanf heißen die bastartigen, 1—2 m langen Fasern aus den Stengeln der Hanfpflanze (Cannabis sativa L.), die auf ähnliche Weise wie der Flachs gewonnen werden. Sie werden meist als Seilergut, aber auch zu Packleinwand, Segeltuch u. a. verarbeitet.

Das Elementarorgan der Hanffaser ist die Bastfaserzelle. Dieselbe ist 5—55 mm lang; sie ist verhältnismäßig dünn 16 bis 50 μ und nicht gleichmäßig dick, oft mit verholzten Fragmenten der Mittellamelle versehen und zeigt Querrisse, Wandverschiebungen und Porenspalten. Das Lumen ist weit, nach der Spitze zu linienförmig, meist ohne Inhalt. Die dickwandigen Enden der Faserzelle sind stumpf abgerundet, auch mit Abzweigungen. Der Inhalt der Zelle ist Luft. Die Querschnitte erscheinen länglichrund; meist in Vereinigung, seltener isoliert; geschichtet und mit deutlicher Mittellamelle. Das Lumen im Querschnitt ist nicht punktförmig, sondern als einfache oder gegabelte Linie. Die Faserzelle ist schwach verholzt. Jodschwefelsäure färbt blau, grünlich oder gelblich; im Querschnitt ist eine gelbe Umrandung kenntlich. Phloroglucin-Salzsäure reagiert nicht merklich rot; anhaftende Partien des Gefäßbündels werden tiefrot. Kupferoxydammoniak verursacht eine tonnenförmige Quellung, dann teilweise Lösung. Bei fehlender Mittellamelle, was oft bei gut gerösteten, sehr feinen Hanfsorten zutrifft, fehlt auch beim Behandeln mit Kupferoxydammoniak der äußere Schlauch und es bleibt nach dem Auflösen der Verdickungsschichten nur der breite und faltige, schraubig gestreifte Innenschlauch zurück.

In dem Parenchymgewebe des Hanfes, welches den Fasern meist noch anhaftet, finden sich oft gut erhaltene Kristalldrusen

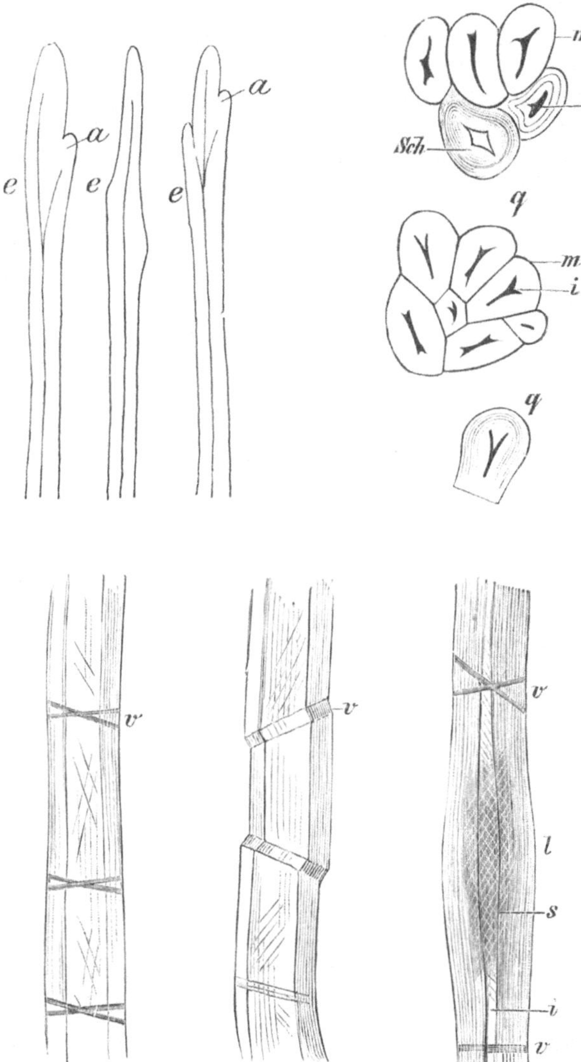

Fig. 31. Hanf (nach v. Höhnel). Bastfaserzellen des Hanfes. Vergr. 290 und 325. e Spitzen mit Abzweigungen a; q Querschnitte mit Mittellamellen m Wandschichtung Sch; Lumina i; l Mittelteile der Fasern mit Verschiebungen v s Streifungen; i Lumen.

von Kalkoxalat und langgestreckte, mit rotbraunem Inhalt gefüllte Zellen.

Die Hauptunterscheidungsmerkmale zwischen Hanf und Flachs sind folgende. 1. Länge und Dicke beider Fasern bieten keine Handhabe zur Unterscheidung. 2. Bei richtigem Mazerierungsgrade bieten die Enden beider Fasern sichere Unterscheidungsmerkmale: Hanf zeigt abgerundete, Flachs spitze Enden. 3. Die gabeligen Enden des Hanfes im Gegensatz zu den gabelfreien

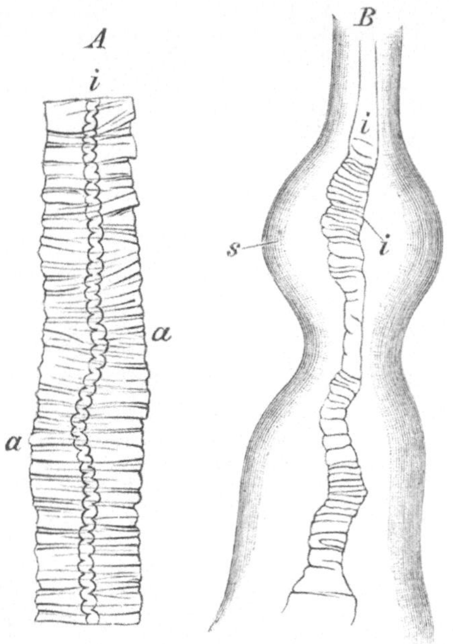

Fig. 32. A Hanffaserfragment aus einem rohen, stark verholzten Hanf nach Behandeln mit Kupferoxydammoniak. a a äußerste verholzte, infolge der Einwirkung des Reagens faltig gewordene Zellhautschicht. i Innenhaut. Vergr. 300. B Fragment einer Hanfbastzelle aus einem sehr gut gerösteten, von der Holzsubstanz völlig befreiten Hanf nach Behandlung mit Kupferoxydammoniak. i Innenhaut; s Verdickungsschichten. Vergr. 400. (Nach Wiesner).

Spitzen der Flachsfaser bilden nur bedingungsweise ein Merkmal zur Unterscheidung. Die Ansichten der Mikroskopiker stehen sich hier gegenüber und scheinbar spielt die Herkunft des Hanfes dabei eine wichtige Rolle. 4. Die Querschnittsform des Hanfes ist abgerundet und zeigt linienförmiges Lumen, diejenige des Flachses scharfeckige Umrandung mit punktförmigem Lumen. Variationen kommen auch hier gelegentlich vor. 5. Die Weite des Lumens (Hanf breiter als Flachs) ist nach Wiesner entgegen v. Höhnel und Cramer kennzeichnend. 6. Die beim Hanf deutlicher als beim Flachs auftretende Schichtenbildung dürfte im allgemeinen nicht als sicheres Merkmal anzusehen sein. 7. Vermittels der Zellulose- und Holzstoffreagenzien kann nur unter strengster Einhaltung besonderer Bedingungen der Bereitung und Anwendung der Reagenzien Hanf von Flachs unterschieden werden (z. B. gelbe Umrandung des Hanfquerschnittes mit Jod-Schwefelsäure).

8. Kristalldrusen von Kalkoxalat sind für das Parenchymgewebe des Hanfes charakteristisch. 9. Schließlich weist das mikroskopische Bild der Hanfepidermis (z. B. sehr spärliche Spaltöffnungen) Unterschiede gegenüber der Leinepidermis (sehr zahlreiche Spaltöffnungen) auf (Fig. 31 und 32).

Jute (frz. Jute, engl. Jute oder Paut-hemp).

Die Jute (Bengalhanf, Calcuttahanf, Dschut) ist die Bastfaser aus den Stengeln der bis 4,5 m langen Jutepflanze (Corchorus olitorius L., Corchorus capsularis L., Tiliaceen).

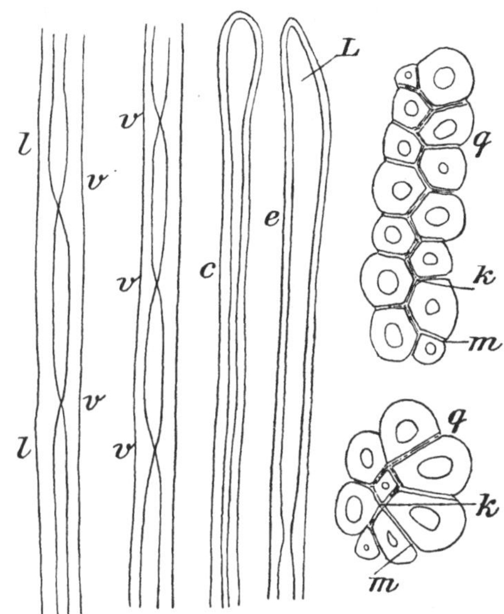

Fig. 33. Jute (nach v. Höhnel). Jutefaser. Vergr. 325. e Spitzen mit weitem Lumen L; l Längsabschnitte mit Verengerungen des Lumens bei v; q Querschnitte mit schmalen Mittellamellen m und knotenartigen Verdickungen an den Stellen, wo je drei Fasern zusammenstoßen.

Das Elementarorgan der Faser, d. i. die Bastfaserzelle, ist 1,5—5, meist 2 mm lang, 20—25 μ breit, zylindrisch im Längsverlaufe, ohne Streifen und Wandverschiebungen, im Lumen wechselnd, an den Enden dünnwandig, spitz oder abgerundet auslaufend und läßt sich leicht anfärben. Der Querschnitt ist polygonal-rundlich, immer in Gruppen vorkommend. Das Lumen ist verschieden weit, in der Regel fast so breit oder breiter als die Wandung; die Mittellamelle ist schmal. Die Zelle ist stark verholzt (Phloroglucin-Reaktion); Jodschwefelsäure färbt gelb, die Holzstoffreaktion ist scharf. Kupferoxydammoniak ist ohne Einfluß. Die rohe Jute enthält im wesentlichen nur Bastfaserbündel (Fig. 33).

Ramie oder Chinagras (frz. Ortie blanche, engl. Rhia fibre).

Die Ramie- oder Chinagrasfaser (Kaukhura, Kaluihanf, Ramié, Ramieh, Rameh, Rhea, die Bezeichnung Ramie ist der malaiische Name für Chinagras) stammt von den Stengeln der nesselartigen Pflanze Böhmeria nivea L.

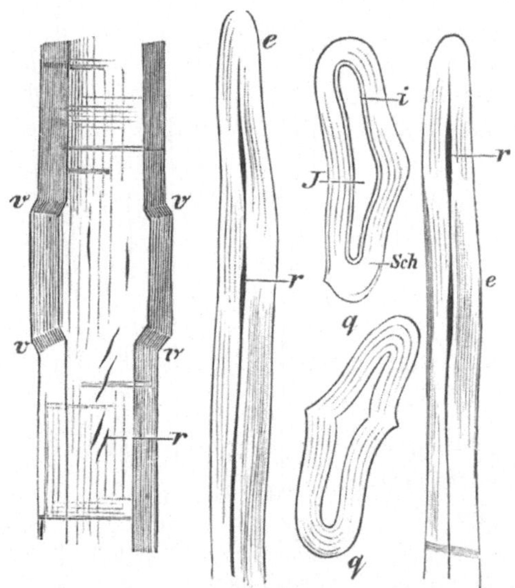

Fig. 34. Ramie- oder Chinagrasbastfaser (nach v. Höhnel). Vergr. 340. q Querschnitte mit Innenschicht bei i; Lumen bei J; Schichtung bei Sch; v Verschiebungen; r Spalten in der Wandung; e stumpfe Spitzen mit Spalten bei r und fadenförmigem Lumen.

Der rohe, gelbbraune, grünlichgelbe Bast — sehr schmale bandartige Streifen — hat im wesentlichen Bastparenchym- und

Bastfaserzellen. Diese sind durch ihre besondere Größe ausgezeichnet; sie sind 60—250 (meist 120) mm lang und bis 80 (meist 50) µ breit, ungleich im Längsverlaufe, reich an Wandverschiebungen, längs- und querspaltig, bandartig, weitlumig, an den natürlichen Enden abgerundet, mit linearem Lumen an der Spitze. Die Querschnitte sind groß, rundlich, länglich, geschichtet, isoliert, selten in Gruppen. „Cotonisierte", seidigglänzende Ramiefaser besteht aus Bastfasern, welche etwas verändert sind. Die Faser besteht aus reiner Zellulose, die Zellulosereaktion ist deutlich und Kupferoxydammoniak verursacht starke Quellung (Fig. 34).

Die Ramiefaser hat die seines Glanzes wegen auf sie gesetzten Erwartungen nicht völlig erfüllt, doch ist sie gegenwärtig für die Herstellung von Glühstrümpfen für Gasglühlicht unentbehrlich.

Nesselfaser (frz. Ortie, engl. Nettle fibre).

Die Nesselfaser wird dem Baste von Urtica dioïca L. (große Nessel) entnommen. Die Fasern sind 4—55 (meist 25—30) mm lang und 20—70 (meist 50) µ breit. Die Faser ist sehr unregelmäßig gebaut, stellenweise eigentümlich aufgetrieben, ungleichförmig gestreift, gefaltet und zum Teil bandartig. Das Lumen ist meist breit, in den Enden häufig linienförmig werdend und enthält fast immer reichliche Inhaltsmassen. Die Enden sind ausgezogen, abgerundet, manchmal quer abgeschnitten oder gabelförmig geteilt. Die Querschnitte sind oval, abgeplattet oder sogar mit einspringenden Wandungen versehen. Diese sind meist dünn (können aber auch sehr mächtig werden) und ausgesprochen geschichtet. Die inneren Verdickungsschichten sind manchmal radial gestreift. Die Faser wurde ehedem zu den Nesseltüchern verwendet.

Manilahanf (frz. Manilla, engl. Manilla-hemp oder Abaca).

Manilahanf (Pinasfaser, Avaka, Abacca, Siamhemp, Pisangfaser, Plantain fibre) ist eine 1—2 m lange, durch Hecheln verfeinerte, von der Musa textilis L., Musa paradisiaca L. u. a. Spezies gewonnene Faser; sie ist gelblichweiß bis braungelb, seidenglänzend, wetterfest, vorwiegend aus Bastfaserzellen gebildet.

Die Bastfaserzelle ist 3—12 mm lang, 16—32 µ breit, ganz verholzt, nicht dickwandig, mit deutlichem regelmäßigen Lumen.

ohne Streifung, im Längsverlauf glatt und gleichmäßig dick. Der
Querschnitt ist länglich-rund, ringförmig in Gruppen. Die Enden
sind sehr spitz und fein. An den Faserbündeln kommen ver-
kieselte, in der Mitte grubig vertiefte, 30 μ lange Plättchen
(„Stegmata") vor. Durch Veraschung der Faser nach Behandlung

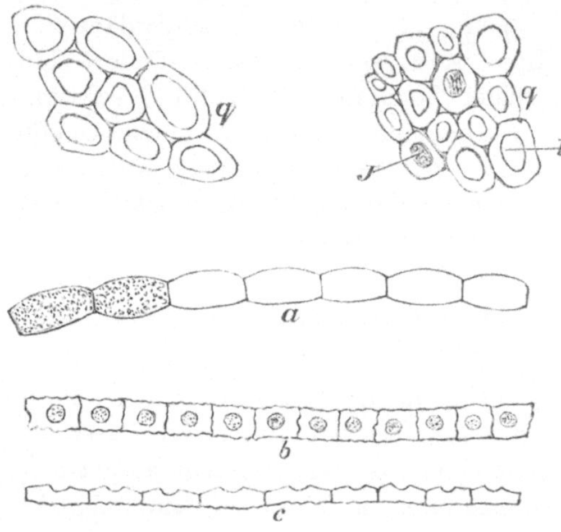

Fig. 35. Manilahanf (nach v. Höhnel). q Querschnitte, l Lumen ohne —,
J Lumen mit Inhalt, a Kieselskelett der Stegmata, b Reihe Stegmata
(Flächenansicht), c dasselbe (Seitenansicht). Vergr. 325.

mit verdünnter Salpetersäure sind die Skelette in perlschnur-
förmigen Strängen oder in plattenförmigen, in Reihen gestellten
Gliedern zu beobachten. Gefäße sind selten, doch sind Spiralbänder
zu finden. Kristalle sind oft vorhanden. Die Faser wird zu Seilen,
Tauen usw. verwertet(Fig. 35).

Neuseeländischer Flachs.

Der NeuseeländischeFlachs (Korati, Korere) von den
Fasern der Blätter der zähen Flachslilie, Phormium tenax
L., ist bis 1 m lang, gelblichweiß, sehr fest, dauerhaft und kommt
als Rohfaser und verfeinert, aber rauher als Hanf, in den Handel.

Die Bastbündel enthalten verholzte Bastfaserzellen, wenig
Gefäße und anhaftende Oberhautzellen. Unveränderte Rohfaser wird fast immer mit rauchender Salpetersäure rot (Hanf

blaßgelb, Flachs nicht gefärbt), mit Chlorwasser benetzt und mit
Ammoniak abgespült — violett (Hanf schwach rosenrot, Flachs
nicht gefärbt). Die reine Faser ist vom Aloehanf und von der
Sanseveriafaser oft kaum zu unterscheiden. Das Lumen ist gleichmäßig breit, Streifungen und Verschiebungen fehlen, die Enden
sind scharf spitzig. Die kleinen Querschnitte schließen entweder

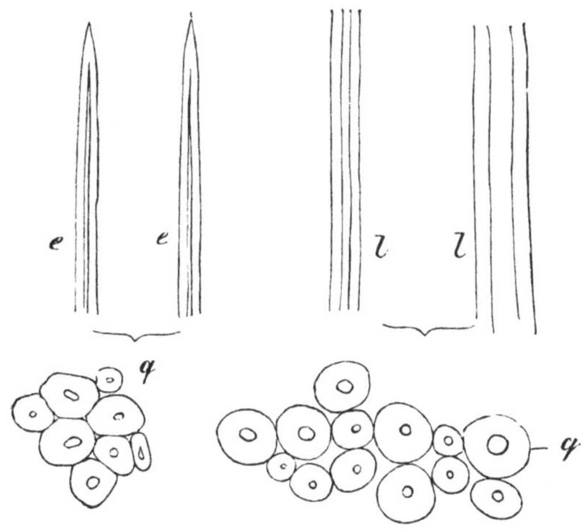

Fig. 36.   Neuseeländischer Flachs (nach v. Höhnel).   Vergr. 325.
e Spitzen: l Längsstücke; q Querschnitte.

polygonal aneinander (dann schwer von Aloe zu unterscheiden)
oder sind fast rund und voneinander getrennt (dann von Aloe
leicht unterscheidbar). Das Lumen im Querschnitt ist rundlich
oder oval, inhaltslos. Mittellamelle ist nicht zu sehen, die Fasern
sind vollständig verholzt. Verwendung: Seile, Bindfaden, Segeltuch u. ä. (Fig. 36).

Domingohanf oder Pitahanf.

Domingo-, Pitahanf, Sisal, Pite, Izzle, Tampicohanf, Mata-
moros, Mexicangrass, Mexicanfibre, fälschlich Aloehanf. Die meist
1 m langen, gelblichweißen Fasern werden nach dem Röstprozeß
auf mechanischem Wege aus den Blättern von Agavearten
(Agave americana, Agave mexicana u. a.) gewonnen. Sie enthalten
neben dem Bastfaserbündel auch Gefäße und parenchymatische
Zellen, in denen oft große Kalkoxalatkristalle enthalten sind.

Jodschwefelsäure färbt gelb. Verwendung: Seiler- und Flechtarbeiten, Teppiche.

Die Sklerenchymfasern sind meist 2,5 mm lang und 24 μ breit; sie sind steif und gegen die Mitte oft auffallend breiter. Die Enden sind breit, das Lumen ist mehrmals breiter als die Wandung. Gegabelte Enden sind selten. Die Querschnitte sind polygonal, fest aneinanderschließend, manchmal mit abgerundeten Ecken. In der Asche werden große Scheinkristalle von kohlensaurem Kalk gefunden, die von Oxalatkristallen herrühren (Fig. 37).

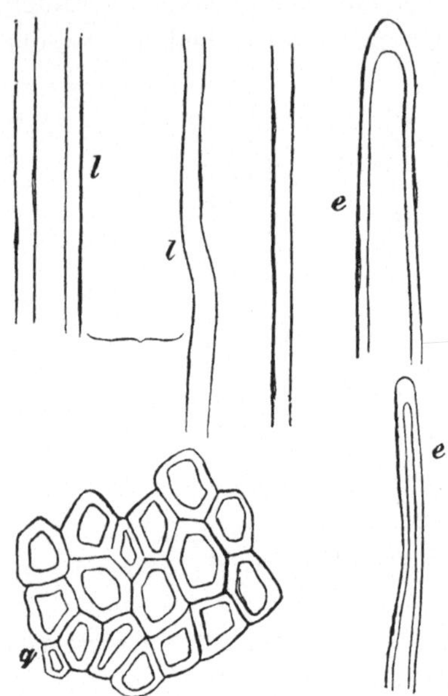

Fig. 37. Pitahanf (Agave americana) nach v. Höhnel. Vergr. 325. e Enden, l Längsansichten, q Querschnitt.

Sisalhanf.

Der Sisalhanf (Agave Sisalana) ist 70—90 cm lang, weiß, im Äußeren dem Domingohanf ähnlich. Holzstoffreaktion mit Phloroglucin-Salzsäure deutlich. In der Asche kommen wetzsteinähnliche Scheinkristalle vor. Verwendung häufig als Ersatz für Jute.

Aloehanf.

Echter Aloehanf, Mauritiushanf, stammt von Aloearten (Aloe perfoliata L.), ist weiß, glänzend, 1,2 m lang. Oberhautreste mit Spaltzellen haften der Faser an. Die Faserzellen sind verholzt. Kristalle sind vorhanden. Feine Fasern werden zu Geweben verwendet. Der Aloefaser ähnlich ist die Sanseveriafaser. Faserlänge: 1,3—3,7 mm, Breite: 15—24 μ. Gleichmäßig breit und meist stark verdickt; Enden meist spitz, manchmal abgerundet; Querschnitte polygonal mit schwach abgerundeten

Ecken. Lumen meist wenig breiter als Wandung, polygonal mit abgerundeten Ecken.

Kurz zu erwähnen sind noch: Piassave (Tikabahanf, Monkeygrass, Paragrass) von der Palme Attalea funifera L.; Raphiabast von der Raphiapalme; Ananasfaser (Silkgrass, Pinna) von der Bromelia Ananas L.; Urena- (Tup-Khadia) und Abelmoschusfaser; Gambohanf (Bombayhanf, Hibiscushanf) von Hibiscus cannabinus.

Cocosfaser.

Die Cocosfaser (Coïr, Coir, Kair) ist eine braune, 33 cm lange Faser aus der faserigen Fruchthülle der Cocosnußpalme (Cocos nucifera L.).

Die Faser ist sehr fest, zähe und zur Herstellung von Bürsten, Seilen, Treibriemen, Matten, Teppichen verwendbar.

Die Cocosfaser besteht aus meist kreisrunden Sklerenchymfasern, Gefäßen und verkieselten Parenchymzellen. Letztere sind in der mit Salpetersäure behandelten Asche perlschnurartig vereinigt (Kieselskelett). Die Sklerenchymfasern sind meist 0,7 mm lang und 20 µ breit, dickwandig, mit unregelmäßigen Lumen (gezähnelt). Porenkanäle.

Baumwolle (frz. Coton, engl. Cotton).

Baumwolle nennt man die den Samen der Gossypium-Arten (Malvaceen) umhüllenden Haare. Von den wichtigsten Spezies sind hervorzuheben: Gossypium barbadense L., Gossypium herbaceum L. (die krautartige Baumwollenpflanze); Gossypium arboreum L. (die baumartige Baumwollpflanze); Gossypium hirsutum L. (die zottige Baumwollstaude); Gossypium religiosum (der Nanking-Baumwollenstrauch) u. a. m. Die Frucht ist eine dreifächerige, wallnußgroße, mit drei Klappen aufspringende dunkelbraune Kapsel, welche sehr viele bräunliche, mit langen weißen und sehr kurzen gelblichen (Grundwolle-) Samenhaaren umgebene, erbsengroße Samen enthält.

Die Baumwolle stammt ursprünglich aus Ostindien oder Arabien und Persien und wird hauptsächlich in Nordamerika, in Ost- und Westindien, in Südamerika, aber auch in Afrika, Australien und dem südlichen Europa angebaut. Gossypium religiosum (China und Ostindien) und Gossypium flavidum (Martinique) liefern eine gelbliche bis rostfarbene Baumwolle (Nanking). Die Grundwolle ist mehr oder weniger gelblich, nur diejenige von Gossypium hirsutum ist smaragdgrün.

Die Befreiung der Wolle von den Kapseln geschieht mit der Hand, die Absonderung der Samenkörner durch die Egreniermaschinen. Die zurückbleibenden Samenkörner werden zur Erzeugung der Linterbaumwolle (Linters), Ölbereitung, zum Verfüttern und Düngen verwendet.

Mikroskopie. Das Baumwollenhaar ist einzellig, von der Basis bis vor die Mitte verbreitert, dann bis zur Spitze in abnehmender Dicke, bandförmig, oft korkzieherartig gewunden, auf der Oberfläche feinkörnelig, auch streifig, ohne Wandverschiebung, nur an einem Ende mit einer natürlichen, kegel-, spatel- oder kolbenförmigen Spitze versehen, an dem anderen Ende abgerissen. Die Länge oder der „Stapel" schwankt von 12 bis 50 mm; die Breite ist unter der Mitte (von der Basis an) am größten und beträgt 12—45 μ. Stapel und Dicke sind für die Spezies und Handelsware charakteristisch (s. u. Dicken- und Längenmessungen S. 121). Die Haare von Gossypium barbadense sind durchschnittlich 25 μ dick und 40 mm lang; von Gossypium herbaceum bis 19 μ, und 10 (Bengalen) bis 19 mm (Mazedonien); von Gossypium arboreum (Indien) 30 μ und 25 mm; von Gossypium acuminatum Meyen (Indien) 29 μ und 28 mm; von Gossypium conglomeratum (Martinique) 26 μ und 35 mm und von Gossypium religiosum 33—40 μ dick und 30 mm lang. Die Farbe der Haare ist weiß, rötlichweiß, grünlich oder gelblich; Nanking-Baumwolle ist braun. Der Glanz ist seidig bis matt. Feinere Haare sind relativ dickwandig, das mit Plasmaresten und Luft gefüllte Lumen ist schmal. Die Haare sind zum Teil gerade gestreckt, dann fast zylindrisch. Der Querschnitt ist eiförmig, ovoid, seitlich stark gequetscht erscheinend. Die Festigkeit ist bei direkter Belastung 2—8 g.

Das Haar ist mit einer verschieden dicken, nicht meßbaren Cuticula umgeben, von der die Körnelung und Streifung herrührt. Die feineren Sorten haben eine schwächere, die gröberen Sorten eine rauhe Cuticula. Das Haar ist nicht verholzt, zeigt die Zellulose-Reaktion (Jodschwefelsäure blau, Chlorzinkjod violett) und quillt in frischem Kupferoxydammoniak blasig oder tonnenförmig an. Dabei trennt sich die nicht quellende Cuticula in fetzenförmigen Stücken ab, zeigt Streifungen und bildet an den Drehungsstellen des Haares Einschnürungen und wulstige Ringe. Die innere Wandschicht bildet mit den Innenresten einen faltigen Schlauch. Die Zellulose wird schließlich in Kupferoxydammoniak („Kuoxam") aufgelöst. Gebleichte, merzerisierte, stark mit Alkalien gewaschene Haare (in Garnen und Geweben) haben nur noch teilweise oder gar keine sichtbare Cuticula, je nach dem Grade der Behandlung[1]). Unreife und tote Baumwolle enthält einen dem Tannin ähnlichen Bestandteil, welcher mitunter beim Färben, Bedrucken usw. Veranlassung zu Fleckenbildung geben kann.

Die Faser besteht zum größten Teil aus Zellulose, die durch anhaltendes Erwärmen mit verdünnter Schwefelsäure in Zucker übergeht, durch kurze Einwirkung von kalter, starker Salpetersäure zu Nitrozellulose (Pyroxylin, Schießbaumwolle) und durch Schmelzen mit Ätznatron zu Oxalsäure verwandelt wird. Die Nitrozellulose bildet das Ausgangsprodukt der Nitro-Kunstseiden und zeichnet sich durch Löslichkeit in Äther-Alkohol aus (Collodium).

Die Baumwolle wird um so höher geschätzt, je feiner, länger, elastischer, zerreißfester, dehnbarer und seidenartiger die Haare sind und je sorgfältiger sie von den Samen und anderen Unreinigkeiten befreit ist.

Man unterscheidet je nach der Länge langstapelige (über 2,6 cm), mittelstapelige (etwa 1,8—2,6 cm) und kurzstapelige (bis 1,7 cm Durchschnittslänge) Baumwolle. Die Herkunft der Baumwolle läßt sich aus dem Stapel nicht erkennen. Immerhin ist es oft möglich, die Baumwolle durch Längenbestimmungen einer bestimmten Längenklasse zuzuweisen, wodurch mitunter die Zugehörigkeit zu einer bestimmten Klasse oder die Mischung von verschiedenen Längenklassen als erwiesen oder ausgeschlossen bezeichnet werden kann. Die durch Spinnerei und sonstige Verarbeitung eintretenden Verkürzungen der Fasern können hierbei nicht als feste Werte eingesetzt und müssen außer acht gelassen werden (s. a. unter Längenmessungen S. 121).

---

[1]) Nach neueren Forschungen wird die Cuticula beim Merzerisieren nicht entfernt, sondern nur leichter löslich gemacht (Minajeff, Lindemann u. a.).

Die Hauptunterschiede der Baumwolle von der Leinenfaser bestehen in der Drehung und Abplattung der Faser, in dem Vorhandensein der Cuticula (Kupferoxydammoniak-Quellung), in den stumpfen Spitzen, in dem Mangel von Verschiebungen und in der regelmäßigen Körnelung und Strichelung der Faser (Fig. 38, 39 und 40).

Handelsmarken. Die verschiedenen Sorten der Baumwolle werden nach der Provenienz oder Herkunft unterschieden. Von jeder Sorte werden wieder verschiedene Qualitäten oder Klassen unterschieden, für deren Bezeichnung auf den Baumwollmärkten Amerikas, Ostindiens und Europas fast allgemein die englischen Ausdrücke nach der „Liverpool Cotton Association" (z. B. fine, good, fair, middling, ordinary und inferior mit den Zwischenstufen good fair, middling fair, good middling usw.) gebräuchlich sind. Die besten Qualitäten liefert das auf geeignetem Boden erzeugte Produkt der ersten Einsammlung von den Kapseln, welche sich nach erlangter Reife von selbst geöffnet haben. Solche Baumwolle ist rein, gleichmäßig und von kräftigem Haar. Die geringeren Qualitäten sind teils auf weniger geeignetem Boden erzeugt, teils aus gewaltsam geöffneten Kapseln gewonnen, daher weniger reif (tote Baumwolle, schlecht färbbar). Sie sind minder gleichmäßig, rotfleckig, von kürzerem Haar, häufig mit Samenschalen oder Knötchen (Finnen oder Graupen) vermischt.

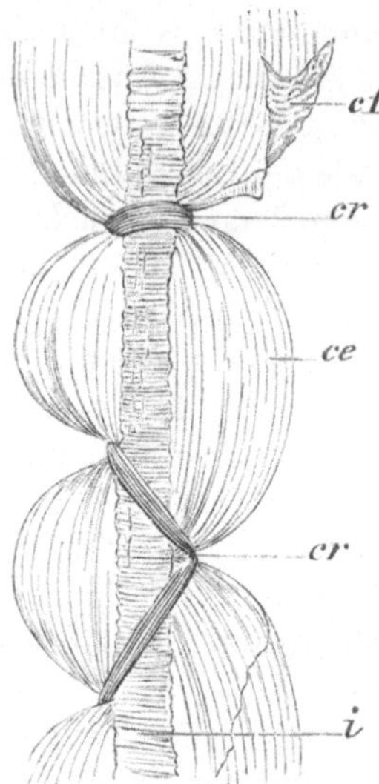

Fig. 38. Baumwolle (nach v. Höhnel). Vergr. 340. Baumwollfaser in Kupferoxydammoniak angequollen. — cf Cuticularfetzen; cr Cuticularring; ce Zellulosebauch; i innere protoplasmatische Auskleidung des Lumens.

1. Die nordamerikanischen Baumwollen (darunter besonders die Sea-Island-Baumwolle von Gossypium barbadense) gehören zu den besten und versehen vorzugsweise die europäischen Fabriken. Sie zeichnen sich durch sorgsame Behandlung, Reinheit und Weichheit aus. Ihr Ton spielt ins Gelbliche, und sie haben häufig eine Länge von 2,8—4,0 cm, mitunter 5 cm und ein 14 bis

25 μ dickes Haar. Nächst der Sea-Island-Baumwolle, der langen
Georgia, kommt die Louisiana-Baumwolle; dann die Texas-
und Alabama- oder Mobile- Baumwolle. Florida-Baumwolle

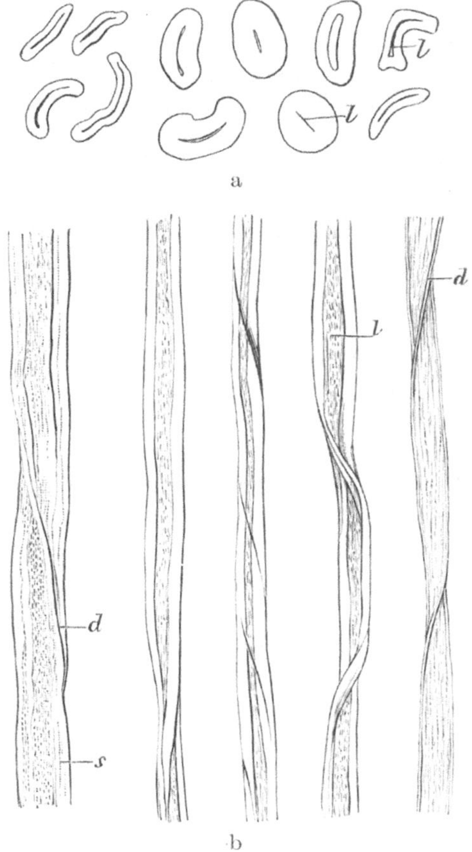

Fig. 39.   Baumwolle und Querschnitte derselben (nach v. Höhnel).
Vergr. 540 und 340. l Lumen, d Drehungsstellen, s Rauhigkeiten der Oberfläche der Cuticula.

steht diesen nach; Tennessee-Baumwolle gehört zu den geringsten
nordamerikanischen Baumwollen (z. T. grob, kraftlos, finnig,
weiß bis graublau, matt und glanzlos, bis 2,5 cm lang und 19 μ
breit).

Kurze Georgia oder **Upland** werden die Baumwollen aus Nord- und Süd-Carolina genannt (weiß bis grau); ihr Stapel beträgt nur 2 cm.

2. **Südamerikanische** Baumwollen sind insbesondere durch die **brasilianischen** Sorten vertreten. Es sind im allgemeinen gute Sorten bis auf mangelhafte Behandlung und dadurch entstandene Unreinheit, so daß sie bedeutenden Abgang erleiden. Die beste Brasilwolle ist die **Pernambuco**-Baumwolle, welche den Rang der Sea-Island einnimmt. Das Haar ist 3—3,8 cm lang und 19 μ dick. Eine vorzügliche Sorte ist die **Ceara** (3 cm lang, 21 μ dick); weitere Sorten sind **Alagoas**, **Bahia**, **Para-**, **Maçaio-**, **Maranham-**, **Paraiba**-Baumwolle usw.

Fig. 40.   Querschnitte toter oder unreifer Baumwolle.

Die Kolonien **Guayanas** liefern die **Surinam-**, **Demerary-**, **Berbice-**, **Essequibo-** und **Cayenne**-Baumwollen.

Kolumbische Baumwollen sind die **Varinas-**, **Barcelona-Puerto Cabello-**, **Caracas-**, **Laguayra-**, **Cumana-**, **Valenzia-** und **Cartagena**-Baumwollen. — Die **peruanischen** Sorten (**Lima**, **Payta**, **Piana**) stehen den columbischen etwa gleich.

3. Die **westindischen** Baumwollen sind vorzüglich, meist lang und zart, aber schlecht gereinigt. Hierher gehören **Domingo**- oder **Hayti-**, **Portorico-**, **Guayanilla-**, **Cuba-**, **Curaçao-**, **Jamaika-**, **Barbadoes-**, **Trinidad-** und andere Baumwollen.

4. Die **ostindischen** Baumwollen, meist als **Surate** bezeichnet, sind beträchtlich kürzer (2—3 cm lang, 30 μ dick).

5. **Afrikanische** oder **ägyptische** Baumwolle wird hauptsächlich durch die **Mako-** oder **Jümel-** (Jumel) Sorten vertreten. Sie ist gleichmäßig rötlichgelb, ungleich, oft finnig und besseren amerikanischen Sorten nachstehend. Die aus Samen von Sea-Island gezogene **Sea-Island-Mako**-Baumwolle ist besser. Eine geringere Sorte ist die **Alexandriner**.

6. **Europäische** Baumwolle. Die beste ist die **spanische** (Motril). Die **neapolitanische** (Castellamare), die **sizilianische** (Biancacella) und die **römische** sind gering. Unterge-

ordnet sind die levantischen, in steter Zunahme die kaukasischen Sorten begriffen.

7. Australische Baumwollen werden in Neusüdwales-Queensland und im Norden von Neu-Seeland gebaut. Ohne große Bedeutung.

8. Deutsche Kolonial-Baumwolle wird in Ostafrika und Togo gebaut. Die Güte derselben wird gelobt, aber ihre Mengen sind auf dem Weltmarkt vorläufig noch verschwindend; immerhin sind die Fortschritte bemerkenswert. Die Ernte 1910/11 in Ostafrika betrug etwa 3800 Ballen zu 500 Pfund, diejenige in Togo 2500 Ballen zu 500 Pfund.

9. Caravonica-Baumwolle, neuerdings auch in den Schutzgebieten angepflanzt, stellt eine verbesserte Peru-Baumwolle dar und stammt von einem perennierenden Baum von 3—6 m Höhe. Sie hat woll- oder seidenartigen Charakter. Nach Hanausek [1]) ist die Caravonica ein langstapeliger Baumwolltyp, nach den Breitenmaßen von der 2. oder 3. Feinheitsklasse, ist ziemlich egal und kennzeichnet sich mikroskopisch durch eigenartige Struktureigentümlichkeiten der Cuticula, ferner durch abgerundete oder abgeplattete Spitzen, die je nach dem Verdickungsgrad das Lumen nur undeutlich oder sogar breit und deutlich erkennen lassen und endlich durch den noch anhaftenden verholzten Fuß der Basis, infolgedessen das Haar die ganze geschlossene Zelle darstellt. Die festgestellten morphologischen Eigenschaften deuten auf eine gute Qualität dieses Typs. In der Praxis ist die Caravonica-Baumwolle auch schon recht gut beurteilt worden.

Merzerisierte Baumwolle.

Durch Merzerisierung der Baumwolle wird die mikroskopische Struktur der einzelnen Fasern verändert. In erster Linie wird durch den Prozeß der Merzerisation die Cuticula der Baumwolle verändert. Werden demnach merzerisierte Fasern mit Quellungsmitteln, z. B. Kupferoxydammoniak behandelt, so treten die charakteristischen Cuticular-Einschnürungen der ge-

---

[1]) Näheres s. Leipziger Monatsschrift für Textilindustrie 1910. S. 186 **T. F. Hanausek:** „Über Caravonica-Baumwolle".

quollenen Faser nicht mehr wie bei roher Baumwolle auf. Es wird vielmehr nur ein ganz gleichmäßiges Anquellen der Faser ohne Verkürzung derselben beobachtet; ebenso wird keine darmartige Windung und Faltenbildung des Innenschlauches beobachtet. Das merzerisierte Baumwollhaar ist an und für sich schon gestreckter und zeigt keine oder nur geringe Drehung; die Faser hat vielmehr die Form eines ziemlich geraden, runden, scheinbar massiven und glatten Stabes. Außerdem erscheint das merzerisierte Baumwollhaar an sich schon etwas gequollen, und die Breite desselben beträgt meist 20—35 µ. Manchmal können an ihr Eindrücke und Buckel wahrgenommen werden. Das Lumen ist meist dicklinienförmig, stellenweise auch wieder weiter und sehr verschieden, sowie in der Breite plötzlich wechselnd. Es kann auch stellenweise ganz fehlen oder punktförmig auftreten. Die Querschnitte sind meist rund und besitzen eine mehr oder weniger deutliche, runde, zentrale Öffnung. Ein körniger Inhalt ist fast immer anzutreffen. — Da die Einwirkung des Merzerisationsprozesses verschieden scharf sein kann, da ferner auch Bleichvorgänge und scharfe alkalische Eingriffe ähnliche Strukturveränderungen der Baumwollfaser verusachen können, ist es für den Mikroskopiker mitunter sehr schwer, ein endgültiges Urteil darüber abzugeben, ob merzerisierte oder nicht merzerisierte Baumwolle vorliegt. Das Urteil wird mitunter dahin gehen, daß das Versuchsobjekt mehr der rohen oder mehr der merzerisierten Baumwolle ähnelt.

Auch in chemischer Beziehung wird die Baumwollfaser durch die Merzerisation nachweislich geändert, aber auch hier gilt das soeben Gesagte, daß im Hinblick auf die mehr oder weniger scharfen Eingriffe und analogen Behandlungen Grenzfälle eintreten können, wo nicht mit Sicherheit gesagt werden kann, ob tatsächlich Merzerisation angenommen werden muß oder nicht. Merzerisierte Baumwolle hat beispielsweise größere Affinität zu sauren und basischen Farbstoffen (Methylenblau u. a.) als rohe Baumwolle. Ferner läßt sie sich mit Hilfe von Chlorzinkjodlösung und Jodjodkaliumlösung von roher Baumwolle unterscheiden. Legt man die Faser in eine dieser Lösungen während etwa 3 Minuten ein und spült dann in Wasser aus, so wird die rohe Baumwolle schnell entfärbt, während die merzerisierte Faser längere Zeit blau bleibt. Je länger die Faser blau bleibt, als desto schärfer kann der Merzerisationsprozeß angenommen werden (Entstehung von Amyloiden durch das Merzerisieren).

Hübner bestimmt Merzerisation und Grad der Merzerisation wie folgt. 1 g Jod und 20 g Jodkalium werden in 10 ccm Wasser gelöst. Von dieser Auflösung werden 10 bis 15 Tropfen zu 100 ccm einer Auflösung von 280 g Chlorzink in 300 ccm Wasser gegeben. Die merzerisierte Baumwolle färbt sich durch das Reagens um so tiefer, je vollständiger die Merzerisation vor sich gegangen ist. Unmerzerisierte Baumwolle bleibt ungefärbt.

Beim Ansengen mit einer Flamme unterscheidet sich die stark merzerisierte Baumwolle von der Rohbaumwolle dadurch, daß der Faden nicht nachglimmt, während Rohbaumwolle merklich nachglimmt (wie Zunder). Gebleichte Baumwolle verhält sich in dieser Richtung wie merzerisierte. Ferner ist gebleichte oder merzerisierte Baumwolle im allgemeinen leichter wassersaugend oder netzbar. Diese letzteren Unterscheidungsmerkmale dürften aber wohl gegenüber wissenschaftlichen chemisch-mikroskopischen Ermittelungen zurücktreten.

Kapok.

Unter den verschiedensten Namen (Kapok, Pflanzendunen, édedron végétal, Paina limpa, patte de lièvre, Ceiba-, Bombaxwolle usw.) kommen die Samen- und Fruchthaare verschiedener Wollbäume (der Bombaceen) als Ersatz für Baumwolle und mit ihr gemischt auf den Markt. Hauptsächlich wird Kapok als Polstermaterial verwendet; zum Verspinnen weniger, obwohl auch hierin große Anstrengungen und Erfolge zu verzeichnen sind [1].

Die Bombaxwollen stellen gelbliche bis braune, ohne Längsleisten, an der Basis mit Querleisten versehene oder netztüpfelige, 1—3 cm lange, 20—50 μ dicke, im Querschnitt runde, einzellige, konische Haare dar. Jodschwefelsäure färbt braun, Kupferoxydammoniak verursacht schwache Quellung, Inhalt ist Luft und Protoplasmarest; alle Pflanzendunen sind verholzt und zuweilen mit einer dünnen, glatten Cuticula überzogen.

---

[1] D.R.P. 230 142 von Kommerzienrat Stark in Chemnitz. Vgl. a. Leipziger Monatsschrift für Textilindustrie 1911. Nr. 4, S. 137 ff.

Die Unterscheidung der verschiedenen Arten ist schwierig und meist ohne praktische Bedeutung. Die Hauptrepräsentanten sind: Bombaxhaare von **Bombax Ceiba** (Fig. 41), Bombax pentandrum, Ochroma Lagopus u. a. m.

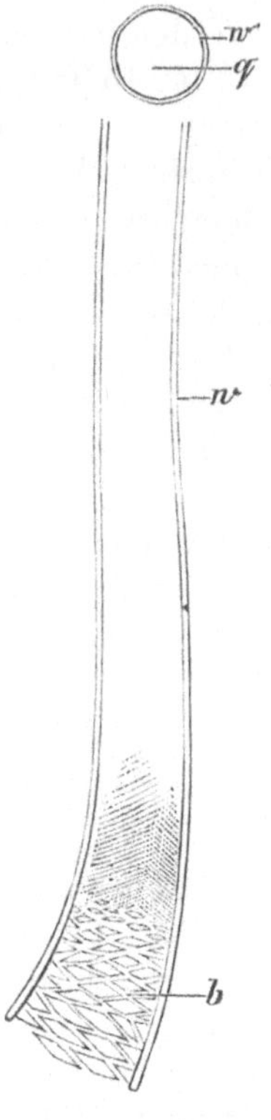

Vegetabilische Seide (Pflanzenseide) ist das Produkt von verschiedenen Samenhaaren der Apocyneen und Asclepiadeen. Sie sind 1—6 cm lang, 35—60 μ dick, gelb oder rötlichgelb, im Querschnitt rund und verholzt, an der Basis manchmal angeschwollen. Netzförmige Verdickungsleisten. Jodschwefelsäure reagiert gelbbraun, Phloroglucin-Salzsäure färbt rot, Kupferoxydammoniak verursacht keine Quellung. Die Haare sind unelastisch, daher brüchig, zum Verspinnen kaum gebraucht, als Watte und Polstermaterial geeignet.

Kunstseiden.

Als Kunstseide kommt eine Anzahl von künstlich erzeugten Fasern in den Handel, die sich sämtlich durch ihr glänzendes, seidenartiges Aussehen auszeichnen. Die Herstellung derselben erfolgt im Grundsatze in der Weise, daß die in einem gummiähnlichen, dickflüssigen Zustande befindliche Masse durch Röhren mit sehr engen Ausflußöffnungen gepreßt und nach dem Austritte durch geeignete Flüssigkeiten koaguliert, denitriert usw. wird.

Je nach der Grundsubstanz, aus der die Kunstseiden erzeugt werden, unterscheidet man folgende wichtigste Abarten:

Fig. 41. Pflanzendune von Bombax Ceiba (nach v. Höhnel). Vergr. 340. b Basis, w Wandung, q Querschnitt. An der Basis eine netzförmige Verdickung.

1. **Nitrozellulose**- oder **Collodium**-Seiden werden aus Nitrozellulose oder Pyroxylin, bzw. Collodium hergestellt. Hierher gehören die ältesten Kunstseiden, die Soie française von **Chardonnet**, die Soie artificielle, die Soie de France von du Viviers,

Lehners Kunstseide, Artiseta, Cadorets Kunstseide, Besançon-Kunstseide, Frankfurter Kunstseide, die ohne jegliche Beize besondere Verwandtschaft zu basischen Farbstoffen haben.

2. Zelluloseseiden, Kupferoxydammoniakseide, Siriusseide, Elberfelder Glanzstoff, Jülicher Seide usw. enthalten die reine, nicht nitrierte Zellulose als Grundsubstanz. Hierher gehören die Verfahren von Langhans, Pauly (Zelluloseseide, Glanzstoff), Dreaper und Tompkins, Fremery und Urban u. a. m. Diese Kunstseiden haben ausgesprochene Verwandtschaft zu substantiven Baumwollfarbstoffen.

3. Viskoseseiden enthalten als Grundstoff die Viskose (Zellulosexanthogenat) und wurden zuerst nach dem Verfahren von Charles Henry Stearn hergestellt. In Deutschland wird dieses Erzeugnis von den „Fürst Guido Donnersmarckschen Kunstseiden- und Acetatwerken" in Sydowsaue bei Stettin auf den Markt gebracht[1]). Färberisch steht die Viskoseseide dem Glanzstoff nahe, zeigt aber auch erhebliche Verwandtschaft für basische Farbstoffe.

4. Von untergeordneter Bedeutung war je die Gelatine- oder Vandura-Seide von Millar und v. Hummel.

5. Die neuere Acetatseide (Zelluloseacetat) wird heute noch nicht in größerem Maßstabe zu Textilzwecken technisch verwendet.

Während die besseren Kunstseiden die Naturseide in bezug auf Glanz und Spiegelung wesentlich übertreffen, stehen sie ihr in bezug auf Festigkeit, Dehnbarkeit und Haltbarkeit, besonders in nassem Zustande merklich nach, was ihre Verwendung für viele Zwecke unmöglich macht. Vor allen Dingen eignen sich die Kunstseiden nicht als Kettgarne; dagegen sind sie schon besser als Einschlag für Seiden-, Schappe- und Baumwollgewebe, für Krawatten u. ä. zu gebrauchen. Die Hauptverwendung finden sie für Dekorations- und Vorhangstoffe, für Posamentenartikel, für die Litzenfabrikation, als Effektfäden, neuerdings auch als künstliches Roß und Menschenhaar (Meteorseide, Sirius, Helios, Viscellin, Panseide, Acetatrosshaar, Kunsthanf). Für letztere Zwecke werden sie z. T. nach besonderen Verfahren des hohen Glanzes beraubt.

---

[1]) Nach Zeitungsnachrichten sind diese Werke mit der Elberfelder Glanzstofffabrik vereinigt worden.

Die Unterscheidung der künstlichen Seiden von den natürlichen kann zum Teil auf mikroskopischem, z. T. auf chemischem Wege erfolgen.

Mikroskopisch unterscheiden sich die künstlichen Seiden von der echten Seide in der Regel durch die bedeutendere Dicke [1] und durch die durchgreifende Verschiedenheit der Gestaltung ihrer Oberfläche und ihrer Querschnittsformen. Chemisch unterscheiden sie sich durch die Unlöslichkeit in 10 proz. Natron- oder Kalilauge, durch die Art des Verbrennens und den dabei auftretenden Geruch, durch den hohen Stickstoffgehalt der Naturseide (Nitrokunstseiden sind nur in geringem Grade stickstoffhaltig, 0,05—0,15 % N.) u. a. m. Schwieriger ist die Unterscheidung der verschiedenen Kunstseiden untereinander. Aber auch hier wird der geübte Mikroskopiker an Hand von Vergleichsobjekten meist zu einem sicheren Schluß gelangen.

Am schwierigsten werden Gemische verschiedener Kunstseiden und die Mengenverhältnisse derselben zu bestimmen sein. Solche Aufgaben werden aber wohl kaum an den Praktiker herantreten.

Charakteristisch für alle Kunstseiden (außer Gelatineseide) ist die Doppelbrechung; im polarisierten Licht betrachtet, zeigen sie das schönste Farbenspiel.

Kupferoxydammoniak löst sowohl die natürlichen als auch die künstlichen Seiden bei erhöhter Temperatur (außer Gelatineseide). Alkalische Kupferglyzerinlösung löst Naturseide (echte Maulbeerseide in der Kälte, Tussahseide beim Erwärmen, desgleichen Gelatineseide) auf, künstliche Seiden werden gar nicht oder sehr wenig angegriffen. Von halbgesättigter Chromsäurelösung werden schon nach kurzem Stehen in der Kälte alle künstlichen Seiden gelöst; Essigsäure wirkt weder in der Kälte noch in der Hitze lösend. Millons Reagens färbt die Naturseiden beim Kochen violett, läßt dagegen die Kunstseiden ungefärbt. Jodlösung färbt die Kunstseiden intensiv rotbraun. Beim Auswaschen nehmen die Collodiumseiden vorübergehend eine graublaue Färbung an, die Zelluloseseide wird dagegen rasch farblos,

---

[1] Es kann dies aber niemals ein ausschlaggebendes Merkmal sein, da die Technik der Kunstseiden sich von Tag zu Tag ändert und heute in der Tat Kunstseiden erzeugt werden, die in Dicke der Naturseide gleichkommen.

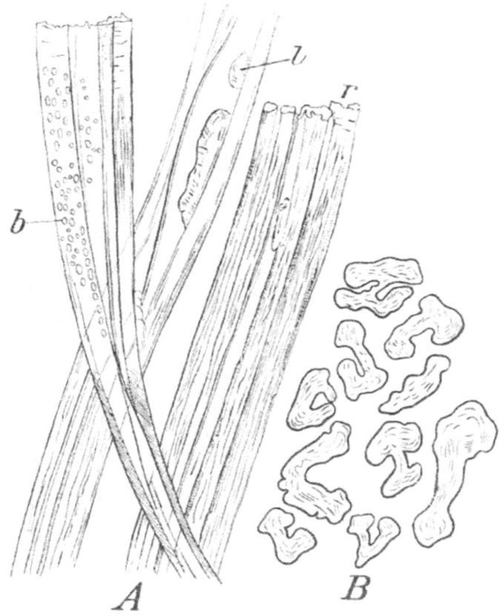

Fig. 42. Lehnerseide (nach Hassack). Lehners Kollodiumseide aus Glattbrugg. Vergr. 140. A Längsansicht; b feine Luftbläschen im Faden; l Luftblasen im Scheinlumen; r Rißende; B Querschnitte.

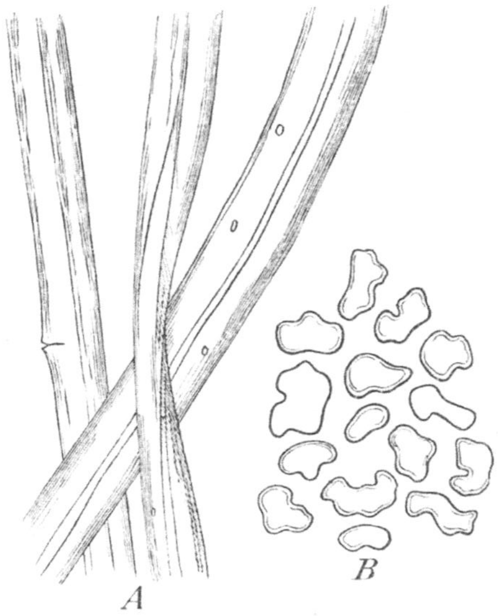

Fig. 43. Chardonnetseide (nach Hassack). Kollodiumseide aus Près de Vaux. — Vergr. 140. A. Längsansicht; B Querschnitte.

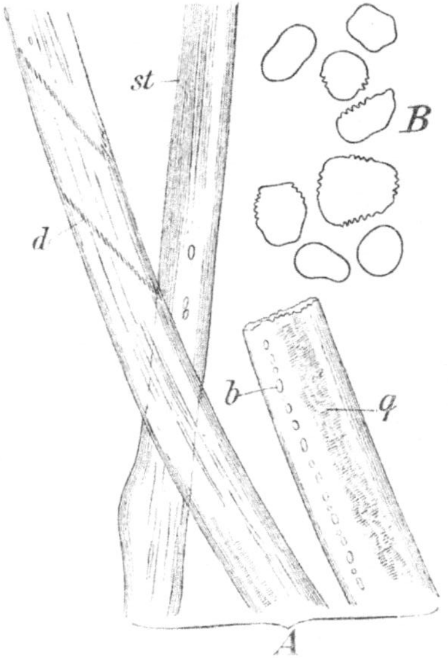

Fig. 44. Paulyseide (n. Hassack). Paulys Zelluloseseide aus Oberbruch. Vergr. 140. A Längsansicht; d Druck- (kreuzungs-) stelle; st feine Riefen; b Luftbläschen; q zarte Querlinien im Innern; B Querschnitte.

ohne vorübergehend eine bläuliche Färbung anzunehmen. Diphe nylaminschwefelsäure färbt die Collodiumseiden blau, die Zelluloseseide gar nicht und echte Maulbeerseide und Tussahseide schwach bis deutlich braun.

Beim Verbrennen entwickeln die Kunstseiden (außer Gelatineseide) nicht den unangenehmen Geruch verbrannter Haare oder Federn wie Naturseide. Ihr Geruch gleicht demjenigen von verbrennender Baumwolle oder verbrennendem Papier. Die Zelluloseseide verbrennt leicht, fast ohne Rückstand, die Chardonnetseide ebenso leicht mit Hinterlassung von wenig grauer bis weißer Asche; dagegen verbrennt Lehnerseide schwer und langsam, verascht nur unvollkommen und hinterläßt viel kohligen Rückstand.

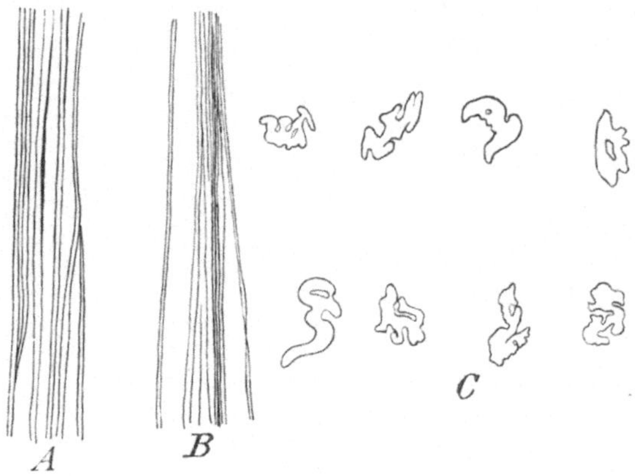

Fig. 45. Chardonnetseide aus Sulfitzellulose (nach v. Höhnel). Vergr 290
A und B Längsansichten; C Querschnitte.

Aus vorstehenden Abbildungen sind die (Fig. 42—45) strukturellen Eigentümlichkeiten der wichtigsten Kunstseiden ersichtlich. Zwecks näheren Studiums wird auf v. Höhnel, „Die Mikroskopie der technisch verwendeten Faserstoffe," S. 221 ff, Alois Herzog, „Die Unterscheidung der natürlichen und künstlichen Seiden," u. a. m. verwiesen.

A. Herzog untersuchte die absolute Festigkeit von Roßhaar-Ersatzprodukten pro 1 qmm (Festigkeitsmodulus) im trockenen und feuchten Zustande und fand folgende Werte:

Acetatroßhaar . . trocken: 10,6—16,8 kg; feucht: 8,0—13,1 kg
Panseide . . . . ,, 20 ,, ,, 4,0 ,,
Meteor . . . . . ,, 21,7 ,, ,. 1,8 ,,
Helios . . . . . ,, 20,9—23,9 ,, ,, 2,5—3,1 ,,
Viscellin . . . . ,, 23 —24,7 ,, ,, 6,7—9,0 ,,
Sirius . . . . 3,3—4,0 ,,

Stroh, Holz, Rohr, Kautschuk, Papier.

Außer den beschriebenen textilen Rohmaterialien, welche stets einen mehr oder minder mühevollen Spinnprozeß durchmachen müssen (Kunstseide ausgeschlossen), um in Garne für Zwecke der Weberei übergeführt zu werden, gibt es noch eine Reihe von pflanzlichen Rohstoffen, die in der Weberei vereinzelt Anwendung finden, die aber einem Spinnprozeß nicht unterliegen und die von der Gruppe der eigentlichen Spinnfasern zu trennen sind. Diese Rohstoffe sind: Das Stroh, das Holz, das Rohr und der Kautschuk. Sie seien nur kurz erwähnt.

Von Strohsorten wird hauptsächlich für Zwecke der Weberei das Weizenstroh, seltener Reis- und Maisstroh verwendet. Unter ersteren ist besonders das Marzolanostroh (ein Sommerweizenstroh Italiens) besonders geschätzt.

Die Streifen werden möglichst lang von einem Knoten zum anderen (etwa 250—300 mm) und etwa 0,8—1,5 mm breit geschnitten. Die Hauptverwendung findet das Stroh als Schuß bei der Weberei von Matten und Tischdeckchen (Kette ist dann meist Leinen), für feinere Strohgewebe (mitunter mit Seide als Kette), für Strohhut-Geflechte u. ä. Es ist schon makroskopisch leicht als Stroh zu erkennen.

Die für die Weberei brauchbaren Holzarten müssen weich, von feinem geradfaserigem Gefüge und möglichst weiß sein. Diesen Ansprüchen genügt am besten das Weiden-, Pappel- und Lindenholz. Die Streifen werden bis zu einer Länge von 1 m aus dem noch frischen (grünen) Holz geschnitten. Sie finden dann unmittelbar Verwendung als Schuß (bei Baumwoll- oder Seidenzwirn-Kette); weitere Artikel sind Rollvorhänge, Glashausdecken, und Tischdecken (Kette aus Leinen- oder Hanfzwirn).

Von den verschiedenen Rohrarten verwendet man hauptsächlich das spanische Rohr und das Bambusrohr. Beide Rohrarten werden in Streifen gespalten und so verarbeitet (z. B. zu Sesselgeflechten). Hier sei auch das in Spanien stark verbreitete Esparto-Gras erwähnt, aus dessen Blättern und Halmen man Flechtwerke, Stricke und Taue verfertigt.

Der Kautschuk ist der erhärtete Milchsaft von Euphorbiaceen usw., zumal von der Siphonia elastica. Er stellt in reinem Zustande eine weiße amorphe Masse dar und ist durch Lösen in Chloroform und Ausfällen mit Alkohol rein darstellbar. Kautschuk ist auch künstlich vor einigen Jahren gewonnen worden. Der technischen Darstellung des künstlichen Kautschuks wird entgegengesehen. Seine wichtigsten und besonders geschätzten physikalischen Eigenschaften sind die Dehnbarkeit und Elastizität, sowie seine Biegsamkeit und Falzfähigkeit. Durch Schwefelbehandlung wird der Kautschuk „vulkanisiert“ und in dieser Form als Kautschukfäden u. ä. in der Weberei zur Erzeugung von Hosenträgern, Strumpfbändern, Gummibändern, Sattelgurten usw. verarbeitet. Ferner findet der Kautschuk bei der Zubereitung wasserdichter Gewebe zur Imprägnierung bei der Herstellung luftundurchlässiger Stoffe (z. B. Ballonstoffe) Verwendung. Über die Bestimmung der Wasser- und Wasserstoffundurchlässigkeit s. S. 232 ff.; näheres über die chemische und mechanische Prüfung des Kautschuks s. Hinrichsen und Memmler, der Kautschuk und seine Prüfung [1]).

Untergeordnete Bedeutung hat die Verarbeitung von Papierstoffen zu Garnen, Bindfäden u. ä. Erzeugnissen. Das Papierstoffgarn, auch Silvalin genannt, wird aus fein gemahlenem Papierstoff hergestellt, indem aus demselben auf einer Papiermaschine 3—10 mm breite Bändchen gebildet werden. Aus diesen wird Vorgarn gebildet, das auf einer Zwirnmaschine eine feste Drehung erhält. Solche Garne werden als Einschlaggarne bei Leinen- oder Baumwollkette (für Sackdrell), als Einlage für Bindfäden u. ä. benutzt. Die Zusammensetzung wird meist auf mikroskopischem und chemischem [2]) Wege ermittelt.

---

[1]) Leipzig 1910, Verlag von Hirzel.
[2]) Näheres s. W. Herzberg, „Die Papierprüfung “ Verlag von Julius Springer.

Analytische Übersichtstabelle der wichtigsten pflanzlichen Textilfasern.

(Nach Hager-Mez.)

(Sämtliche in basischem Zinkchlorid und 10 proz. Natronlauge unlöslichen Textilfasern, also außer Seide und Tierhaaren, umfassend.)

A. Fasern außerordentlich lang und (meist) dick, gleichmäßig zylindrisch, mit starker Längsstreifung, ohne Innenraum (Lumen) und ohne Spitzen: Kunstseiden.

B. Fasern mit einfachem oder mehrfachem Lumen, mit Spitzen; natürliche Fasern.

    I. Durch Behandlung mit Kupferoxydammoniak ist eine Cuticula nachweisbar (Pflanzenhaare); niemals mehrere Zellen zu einer Faser vereinigt.

        a) Haarbasis mit netzförmiger Membranverdickung; Zellen nicht oder kaum gedreht: Kapok, Silk-Cotton (Ceiba, Eriodendron, Bombax).

        b) Ohne Membranverdickungen; gedrehte Fasern: Baumwolle (Gossypium).

    II. Zellen ohne Cuticula (Sklerenchymfasern); stets mehrere oder viele Zellen zu einer Faser vereinigt.

        a) Wenigstens die dicken Fasern (mit Kalilauge mazerieren!) enthalten (Spiral-) Gefäße (Fasern von monokotylen Pflanzen).

            1. Veraschte Fasern zeigen sehr auffällige rundliche Kieselkörper: Manilahanf (Musa).

            2. Kieselkörper fehlen.

                α) In der Asche finden sich reichlich klumpenartige, nicht kristallinische Körner von (aus Calciumoxalat entstandenem) Calciumoxyd: Padang (Pandanus utilis).

                β) In der Asche keine oder deutlich kristallinische Calciumoxydkörner.

                    * Fasern enthalten stets Parenchymzellen mit großen, prismatischen Kalkoxalatkristallen: Pita, Sisalhanf (Agave). Mauritiushanf (Fourcroya).

  ** Fasern enthalten keine größeren Kristalle; in anhängendem Parenchym höchstens Rhaphiden.

    § Maximalbreite (Maximaldurchmesser oder Breite der dicksten Stellen der Sklerenchymfasern) der Zellen 8—19, meist 13 μ: **Neuseeländischer Flachs** (Phormium).

    §§ Maximalbreite der Zellen 27—42 μ: **Karoà** (Bromelia).

b) Alle Fasern ohne Gefäße (Fasern von dikotylen Pflanzen).

  1. Lumen der Zellen sich nicht auffallend verengend und erweiternd.

    α) Querschnitte der Zellen polygonal oder rundlich.

      * Kupferoxydammoniak löst die Fasern momentan: **Jercum-Fibre** (Calotropis gigantea).

      ** Kupferoxydammoniak löst allmählich oder nicht.

        § Lumen eng, strichförmig, stets schmaler als $^1/_3$ der Zellbreite.

          † Maximaldurchmesser der Zellen 12—26, meist 15—17 μ: **Flachs** (Linum usitatissimum).

          †† Maximaldurchmesser der Zellen 20 bis 35 μ: **Nessel** (Urtica dioica).

        §§ Lumen weiter, $^1/_3$ der Zellbreite oder mehr.

          † Zellquerschnitt mit Jodschwefelsäure blau oder grünlich gefärbt; Enden der Zellen nicht halbkugelig; Maximaldurchmesser 15—28 μ: **Hanf** (Cannabis).

          †† Zellquerschnitt mit Jodschwefelsäure kupferrot; Enden der Zellen halbkugelig; Maximaldurchmesser 20 bis 42 μ: **Sunn** (Crotalaria juncea).

    β) Querschnitte der Faserzellen unregelmäßig, zusammengedrückt: **Ramie** (Böhmeria).

  2. Lumen der Zellen sich im Verlauf derselben Bastzelle wechselnd auffallend verengend und erweiternd.

α) Die Außenkontur der Zellen geht mit der Innen-
kontur parallel; die Bastzellen zeigen auf ihrer
Außenseite Einbuchtungen und Höcker: Chikan-
Khadia (Sida retusa).

β) Die Außenkontur der Bastzellen verläuft gerade;
deswegen sind Außen- und Innenkontur nicht
parallel.

* Lumen der Bastzellen streckenweise vollständig, ohne auch nur als Linie sichtbar zu
bleiben, verschwindend.

§ Querschnitt durch Jodschwefelsäure blau gefärbt: Gambohanf (Hibiscus cannabinus).

§§ Querschnitt mit Jodschwefelsäure rotbraun
oder tief goldgelb gefärbt: Tup-Khadia
(Urena sinuata).

** Lumen der Bastzellen überall, wenn auch
stellenweise nur strichförmig, sichtbar.

§ Faserbündel ohne Kalkoxalat-führendes Parenchym: Jute (Corchorus).

§§ Faserbündel Reihen von Parenchymzellen
enthaltend, welche je einen Kalkoxalat-
kristall einschließen: Rai-bhendá (Abel-
moschus).

Wollen und Tier-Haare.

Allgemeine Bemerkungen.

Bei den meisten Säugetieren unterscheidet man zwei verschiedene Arten von Haaren, das Grannen-, Borsten- oder
Stichelhaar und das Pelz-, Flaum- oder Wollhaar. Während
das erstere beim Sommerkleid sehr im Übergewicht ist, entwickelt
sich das Wollhaar in beträchtlicher Menge zum Winter, um im
Sommer wieder abgestoßen zu werden. Bei einer Reihe von Tieren
(Schafen, Kamelen) ist das Wollhaar fast ausschließlich entwickelt.
Die Einzelelemente stehen bei ihm sehr dicht nebeneinander, sind
fein, aber fest und stark gekräuselt und sehr elastisch. Die Kräuselung in Verbindung mit dem sogenannten Fettschweiß vereinigt
die benachbarten Haare zu „Stapeln“, und auch diese hängen

untereinander so fest zusammen, daß beim Scheren des Tieres die abgeschnittene Wolle zu einer gemeinsamen Masse, dem „Vließe", vereinigt bleibt. Die Einzelelemente der Wolle sind wie die meisten Säugetierhaare kegelförmige oder zylindrische, vielfach von einem Markstrang der Länge nach durchzogene Gebilde, bedeckt mit ziegelartig übereinandergreifenden Schüppchen, welche sich schon bei geringer Vergrößerung durch dicht und unregelmäßig nebeneinanderliegende Linien oder Risse kennzeichnen (s. Figuren w. u.).

Von den für die Beurteilung des Wertes der Wollen wichtigen Fragen werden hauptsächlich zwei auf mikroskopischem Wege entschieden, nämlich die Feinheit und die Treue des Haares. Je feiner ein Haar, desto wertvoller (innerhalb gewisser Grenzen) ist dasselbe und desto gekräuselter ist es auch.

Unter Treue des Haares versteht man, daß alle Teile desselben möglichst gleiche Dicke aufweisen. „Untreue" (abgesetzte) Wolle wird während schlechter Enährungs- und Krankheitsperioden des Tieres gebildet.

Außer zahlreichen Schafrassen liefern noch Ziegen und Kamele brauchbare „Wolle" [1]. Von der Angoraziege, die besonders in Kleinasien gezüchtet wird, stammt die Mohairwolle oder Angorawolle, die sich durch seidenartigen Glanz auszeichnet. Sie ist in ihrem Bau der Schafwolle verwandt, unterscheidet sich aber leicht von ihr durch die Eigentümlichkeit, daß die Cuticularplättchen die Breite fast der ganzen Haaroberfläche einnehmen. Dementsprechend findet man die Mohairwolle fast nur mit großzackigen Querlinien überdeckt, während die bei der Schafwolle häufig vorkommenden schräg gestellten Längs-Verbindungslinien fehlen.

Das Vließ des zweihöckerigen Kamels sowie des Dromedars wird in gleicher Weise wie die Wolle der neuweltlichen Kamelarten, des Lamas und seiner Verwandten benutzt.

Der Schaft und der obere Teil der Wurzel haben annähernd die gleiche Struktur. Der unterste, breiteste Teil der Wurzel ist die Haarzwiebel (oberhalb der „Hals") mit der Haarpapille. Das Haar besteht aus der Epidermis (Cuticula), der Rinden-

---

[1] Wird von „Wolle" schlechtweg gesprochen, so wird darunter immer nur Schafwolle verstanden.

substanz (Faserschicht) und der Marksubstanz. Die Markzellen sind verschieden entwickelt, meist rundlich parenchymatisch, auch faserig. Der Inhalt ist häufig Luft oder ein Farbstoff und dann den Querwänden angelagert. Resorbieren die Zellwände, dann entsteht auch ein offener Markkanal (Borsten, Pelzhaare der Marder). An der Spitze und an der Basis fertig gebildeter Haare fehlt das Mark. Feine Haare haben meist nur Markinseln oder sind markfrei.

Nach der Entwicklung der Haare werden unterschieden: 1. Stichelhaare, gerade, straff, kurz, spröde, markführend, als Tast- oder Spürhaare (Wimperhaare, Lippenhaare) oder als Haarkleid (Pferd, die meisten Raubtiere); 2. Grannenhaare, länger als die Stichelhaare, gewellt, meist markführend (Zackelschaf, Newleicester Rasse); 3. Borstenhaare, sich durch besondere Dicke und Straffheit auszeichnend; 4. Flaum-, Pelz- oder Wollhaare, gekräuselt, schlicht, meist markfrei (Merinos, Electoralschaf, Negrettischaf, Unterkleid vieler Säugetiere in der kalten Jahreszeit): 5. Ein Gemenge von Grannen- und Wollhaaren (deutsches, australisches Schaf).

Schwefelsäure, Chromsäure, Kalilauge, Kupferoxydammoniak und Ammoniak mazerieren die Haare in die einzelnen Elemente. Zucker und Schwefelsäure färben die Tierhaare rosa, Millons Reagens fällt ziegelrot, kochende Pikrinsäure gelb, kochende Salzsäure löst nicht sofort, kochende Natron- oder Kalilauge dagegen leicht. Tierische Haare, in Kalilauge gelöst, geben mit Nitroprussidnatrium prächtige rote bis rotviolette Färbung. Alkalische Bleilösung färbt Tierhaare beim Erwärmen braun bis schwarz und gibt mit einer Lösung von Tierhaaren in Alkali Braun- bis Schwarzfärbung. Seide, da schwefelfrei, reagiert weder mit Nitroprussidnatrium noch mit alkalischer Bleilösung (Unterscheidung von Seide und Tierhaaren, Nachweis von Tierhaaren bzw. Wolle in Seide!). Die Hornsubstanz der Wolle (Keratin) enthält neben Kohlenstoff, Sauerstoff und Wasserstoff noch etwa 17 % Stickstoff und schwankende Mengen Schwefel (1—5 %). Der Aschengehalt der Wollen beträgt 0,5—3,5 %; ihr spezifisches Gewicht beträgt bei $19^0 = 1,3{-}1,4$.

Schafwolle.

Die Schafwolle des Handels kann aus dreierlei verschieden zusammengesetzten Hauptsorten bestehen.

1. Aus reinen Wollhaaren (eigentliche Schafwolle) besteht das Produkt, das von den Merinoschafen (und deren Abkömmlingen und Verwandten, wie sächsisches, Electoral-, Negrettischaf), ferner von zwei englischen Rassen (dem Southdown- und Hampshiredownschaf) herrührt.

2. Aus reinen Grannenhaaren besteht die Schafwolle der Newleicesterrasse.

3. Aus einem Gemenge von Grannen- und Wollhaaren besteht das Produkt der ordinären Landrassen (deutsches Schaf, osteuropäische Rassen, australische, südamerikanische u. a.).

Die Wollen der zahlreichen Rassen sind in mikroskopischer Beziehung mehr oder weniger verschieden; außerdem zeigt dasselbe Haar an verschiedenen Stellen (Basis, Mitte, Spitze) sehr verschiedene Eigenschaften. Lammwolle ist mit natürlichen Spitzen versehen, Schurwolle in nur ganz geringem Maße. Immerhin ist die Schwierigkeit groß, die einzelnen Wollarten mit Sicherheit zu bestimmen.

Bei Bestimmung des Wertes der Wolle sieht man vorzüglich auf Reinheit, Farbe, Glanz, Kräuselung, Länge, Festigkeit, Feinheit, Treue, Milde (Weichheit), Elastizität und Geschmeidigkeit.

Merinowolle und ihre Verwandten.

Diese sind durch ihre Dünne (12—37 μ) charakterisiert, ferner durch die sich deutlich dachziegelförmig deckenden Epidermisschuppen. Das Mark fehlt stets. Etwaige Markinseln sind als Fehler zu betrachten. Die Faserschicht ist deutlich längsgestreift. Die Schuppen sind am Vorderrande deutlich verdickt; die Wolle erscheint stets deutlich gezackt oder gesägt. Als Typus hierfür dient die Merinoauszugswolle (Fig. 46). Dieser ähnlich ist die Wolle der Rambouilletrasse (Fig. 47). Die Faserschicht derselben ist grobstreifig, markfrei und das Haar deutlich gezähnt.

Die Wollsorten der edlen sächsischen Electoralrasse und der österreichischen Imperialrassen sind im ganzen feiner, im übrigen von den Merinowollen mikroskopisch nicht zu unterscheiden.

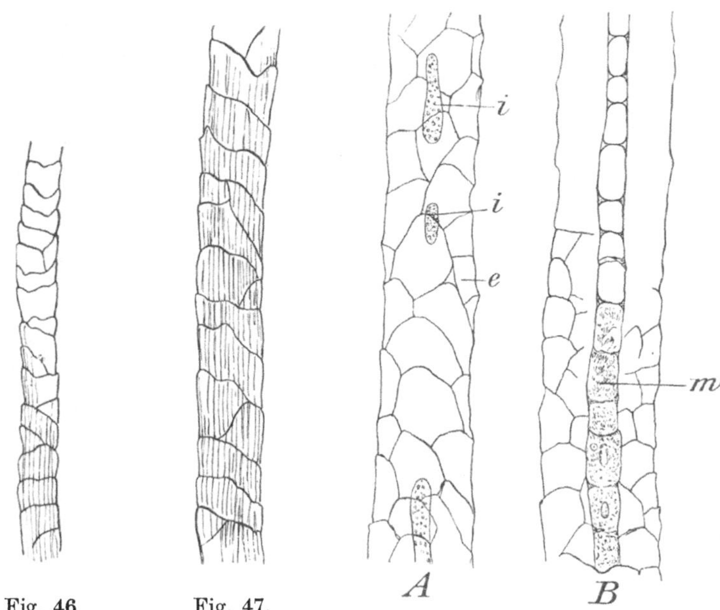

Fig. 46.   Fig. 47.

Fig. 46. Merino (nach v. Höhnel). Feinste Merinowolle. Vergr. 340. Man sieht die zylindrischen Schuppen und unten die Faserstreifung.
Fig. 47. Rambouillet (nach v. Höhnel). Rambouilletwolle. Vergr. 340.

Fig. 48. Leicesterwolle (nach v. Höhnel). Englische Leicester-Schafwolle. Vergr. 340. Sind Grannenhaare. A Haarstück mit Markinseln i; B Haarstück mit Markzylinder m. Die Epidermisschuppen stoßen fast plattenförmig zusammen und sind etwas konkav.

Leicester- und Newleicesterwolle.

Diese bestehen nur aus Grannenhaaren von 30—60 μ Dicke. Die Haare sind sämtlich von fast gleicher Dicke, im äußersten Teil etwa 30 μ, nach innen bis zu etwa 60 μ dick. Der äußerste Teil (3—4 cm) ist stets markfrei, mit deutlichen, zackigen und sich dachziegelförmig deckenden Schuppen. Weiter nach innen treten einzelne schmale und längliche Marzkellen auf, teilweise auch kurze Markzylinder, die meist nur $^1/_4$—$^1/_5$ der Faserbreite besitzen und streckenweise fehlen. In der Mitte der Faser tritt mitunter ein undeutliches, plattenartig angeordnetes Schuppengewebe auf. Einige Zentimeter vor der Basis der Haare wird der Markzylinder kontinuierlich und nimmt schließlich die Hälfte der Haarbreite ein. Die Gesamtlänge der Haare schwankt in der Regel zwischen 10—20 cm (Fig. 48).

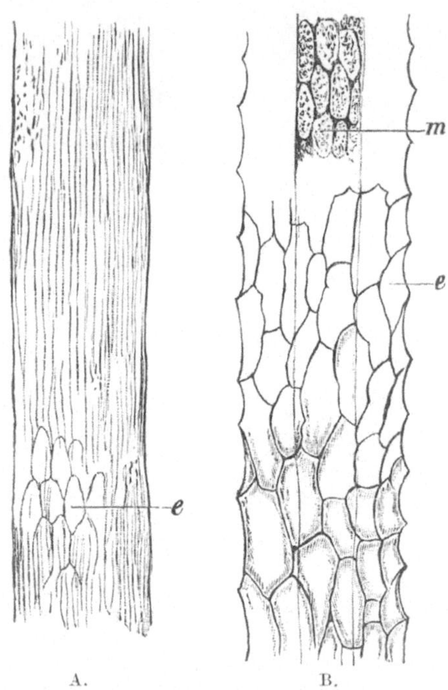

Fig. 49. Ungarische Landwolle (nach v. Höhnel). Vergr. 340. Sind Grannenhaare. Dicke 55—65 μ. A nahe der Spitze, ohne oder bei e mit Andeutung der Epidermis, mit grober Faserstreifung. B Mitte eines Haares. m mehrreihiger Markzylinder, e muschelig konkave, plattenförmig aneinanderstoßende Epidermiszellen.

Gewöhnliche Landwollen.

Die gewöhnlichen Landwollen sind beispielsweise durch die gemeine ungarische Landwolle vertreten. Diese besteht erstens aus etwa 10—15 cm langen und 80 μ dicken Grannenhaaren, die einen breiten, kontinuierlichen Markzylinder aufweisen und ganz steif, fast borstenartig straff und schlicht sind (Fig. 49). Zweitens sind Wollhaare vorhanden, die nur 5—7 cm lang und etwa 30 μ dick sind. Letztere sind markfrei, grobbogig, sehr gleichmäßig und stellenweise ganz glatt und ungezähnt. Dadurch sind sie sofort von Merinowollhaaren zu unterscheiden, welche ungleichmäßige Dicke und starke Sägezähne besitzen.

Andere Landwollen sind z. B. die gemeine wallachische Schafwolle, die ungarische Zackelwolle, die deutsche

Landwolle, die gemeine böhmische Landwolle u. a. m.,
welche z. T. recht verschiedene Struktur zeigen.

Gerberwolle.

Haarwurzeln oder -zwiebeln fehlen den normalen Wollen
meist, da die Wollen nicht gerauft, sondern geschoren werden. Nur
die sogenannte Gerberwolle, welche beim Enthaaren der vorher
mit Kalkmilch o. ä. behandelten Felle gewonnen wird, ferner die
Rauf- und die Sterblingswolle, welche von abgezogenen Fellen
durch Enthaaren (Ausraufen) gewonnen werden, zeigen Haar-
zwiebeln, welche stets leicht an ihrer Färbung und eiförmigen
Gestalt zu erkennen sind.

Wolle, welche behufs Entfernung vom Felle gekalkt wurde,
ist stets an ihrer Brüchigkeit, an dem Mangel an Fett und an dem
Luftreichtum auch mikroskopisch zu erkennen.

Färbung der Schafwolle.

Die Schafwolle ist fast stets weiß, selten grau, braun bis
schwarz. Dadurch unterscheidet sie sich wesentlich von den Haaren
des Kamels, der Lamas, Alpakas, Vicognas u. a., welche fast immer
grau bis rotbraun gefärbt sind. Die verschiedenen, von gelb, grau
bis braun und schwarz schwankenden Naturfarben der Haare
und Wollen sind viel widerstandsfähiger gegen Säuren und Alkalien, Reduktions- und Oxydationsmittel und außerdem anders
in der Faser verteilt als die künstlichen Färbungen der Haare. Der
Naturfarbstoff ist vornehmlich in den Fasern und Markzellen in
körniger Form enthalten. In den letzteren sind die Körner meist
gehäuft, in den Fasern stehen sie in Längsreihen. Schwach gefärbte Fasern zeigen die Wandung stets farblos, dunkelgefärbte
Haare zeigen auch mit Farbstoff imprägnierte Wandungen der
Zellen. Künstlich gefärbte Haare zeigen den Farbstoff stets in
der Wandung, die gleichmäßig gefärbt erscheint. Bei künstlich
gefärbten Fasern tritt daher das Lumen der Elemente zurück,
während es bei den naturfarbigen Wollen und Haaren überhaupt
durch den Farbstoff erst deutlich wird. Es erscheinen daher natur-
farbige Wollen von den streifenförmig angeordneten Farbstoff-
körnchen deutlich gestreift, was bei künstlich gefärbten Fasern
nie der Fall ist (v. Höhnel).

Kunstwolle.

Unter Kunstwolle versteht man dasjenige Erzeugnis, welches aus alten oder neuen Wollabfällen oder aus Lumpen wiedergewonnen ist. Allgemein unterscheidet man folgende Arten von Kunstwolle:

1. Shoddy ist diejenige Kunstwolle von größerer Länge (20 mm), die aus rein wollenen Wirkwaren, alten Strümpfen ungewalkten Kammgarngeweben usw. wiedergewonnen und für sich allein zu Shoddygarn verspornen wird.

2. Mungo ist kurzfaseriges Material (5—20 mm) aus gewalkten Stoffen, namentlich Tuchresten, das nur unter Zusatz von längerer Wolle oder auch von Baumwolle zu Garn versponnen wird. Tuchscherwolle kommt in schlechter Mungo vor.

3. Extraktwolle oder Alpakka [1]) nennt man diejenige Kunstwolle, die aus Abfallgeweben mit gemischten Fasern (Wolle und pflanzlichen Fasern) durch Karbonisierung (Salzsäure, Schwefelsäure, Chloraluminium, Chlormagnesium und Chlorzink) hergestellt wird. Die Faser ist meist kurzfaserig und erscheint unter dem Mikroskop häufig stark angegriffen.

Bei dem großen Wertunterschiede (Schafwolle etwa 4—6 mal so teuer als Lumpenwolle) und der umfangreichen Erzeugung der Kunstwolle (33 % der verarbeiteten Wolle ist etwa Kunstwolle) ist die Frage nach dem Vorhandensein von Kunstwolle außerordentlich wichtig. Während es nun aber an der Hand mikroskopischer und mikrochemischer Prüfung leicht ist, Pflanzenfasern und Seide nachzuweisen, so ist es doch mit erheblichen Schwierigkeiten verknüpft, zu entscheiden, ob und wieviel Kunstwolle in einem Garn oder Gewebe vorhanden ist.

Bei der Prüfung von Wolle auf Anwesenheit von Kunstwolle wird man zunächst zweckmäßig bei schwacher Vergrößerung auf Baumwolle, Seide, Leinen usw. untersuchen. Durch Zusatz von Kupferoxydammoniak wird man zuerst Quellung und Lösung von Seide und Baumwolle, später Quellung von Leinen und zuletzt von Wolle beobachten. Schließlich wird die Wollfaser selbst genauer geprüft. — Durch Abkochen mit Natronlauge wird die Baum-

---

[1]) Nicht zu verwechseln mit Alpakawolle, dem Haar des Lamas, Auchenia Paco. Alpakka-Kunstwolle wird meist gleichfalls „Alpaka" geschrieben, was zu Verwechslungen Veranlassung geben kann.

wolle (und andere pflanzliche Fasern) isoliert und in ihrer Menge bestimmt.

Wichtige Verdachtsmomente für das Vorliegen von Kunstwolle sind folgende: 1. Die Anwesenheit verschiedenartig gefärbter (bzw. überfärbter) pflanzlicher Fasern, zumal Baumwolle. 2. Das Fehlen von Schuppen und Vorhandensein aufgesplissener, pinselartiger Enden der Wollhaare; Aufspleißungen des Wollhaares im Längsverlauf (Naturwollen haben meist scharf abschneidende Enden und nur selten Aufspleißungen im Längsverlauf). 3 Unregelmäßiger Durchmesser des Haares, plötzliche Verengungen und Erweiterungen. 4. Das Vorhandensein fremder und heterogener Fasern (Fig. 50).

Dagegen ist das Vorhandensein von Spuren ungefärbter pflanzlicher Spinnfasern an sich noch unverdächtig. Ebenso dürfen Wollen, die nach dem Abkochen mit Kalilauge reichlich Bastfasern, Stacheln und Gefäßbündel aufweisen, nicht als Kunstwolle bezeichnet werden, da unreine Naturwollen dieselben Verunreinigungen enthalten können. Auf der anderen Seite dürfen Wollen ohne pflanzliche Fasern, Seide usw., nicht ohne weiteres als reine Naturwollen bezeichnet werden. Ebenso wie gute Fasererhaltung der Wollfaser nicht als sicheres Kennzeichen für Naturwolle anzusehen ist. — Die Länge der Fasern kann nur ausnahmsweise als Merkmal für das Vorhandensein von Kunstwolle angezogen werden. Das gleichzeitige Vorhandensein von Woll- und Grannenhaaren ist als natürliche Erscheinung der Naturwollen anzusehen.

Chemisch unterscheiden sich Kunst- und Naturwollhaare nicht wesentlich voneinander.

Nach Pinagel [1]) soll bei der Begutachtung darüber, ob Kunstwolle vorliegt oder nicht, sehr vorsichtig zu Werke gegangen werden. Vor allem sei zu bedenken, daß auch Naturwolle im Laufe der regelmäßigen Bearbeitung und Ausrüstung Deformationen im großen Maßstabe aufweist. Die hochfeinen Spitzen der Kardendisteln berauben die Haare z. T. der Schuppen der Haaroberfläche und verkürzen das Material, Schwefelsäure und Alkalien verursachen Spaltungen, Splitterungen und sonstige Zersetzungen der Haare, Oxydationsmittel und Bleichkompositionen der Färberei

---

[1]) Leipziger Monatsschrift für Textilindustrie 1909, S. 125.

können weitere Deformationen der ursprünglichen Haarstruktur bedingen usw. Nach Pinagel sei nichts irriger, als aus einem zersplitterten oder sonstwie anormalen Haar einen Schluß auf Vorhandensein von Kunstwolle zu ziehen. Ein Mittel, das Vorkommen geringer Mengen von Kunstwolle auf Grund wissenschaftlicher Beobachtungen nachzuweisen, gebe es nicht. Es sei nur dann möglich, wenn merkliche Mengen des Fasermaterials ihrer Beschaffenheit nach nicht zu dem verwandten Wollmaterial gehören können. Der sicherste Beweis werde stets durch die Vorlage der Spinnbücher und die zeugeneidliche Vernehmung der in Betracht kommenden Personen erbracht.

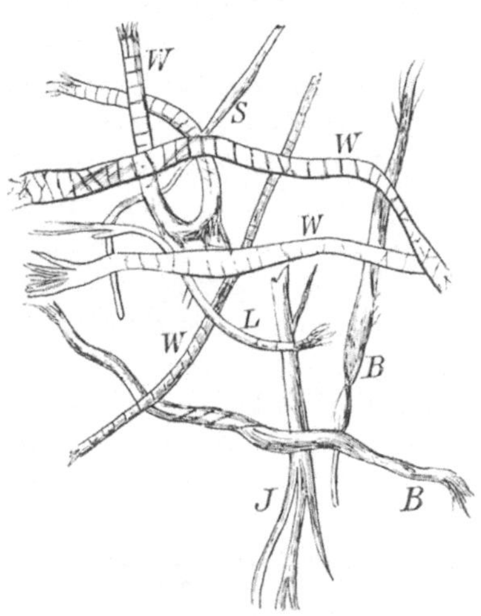

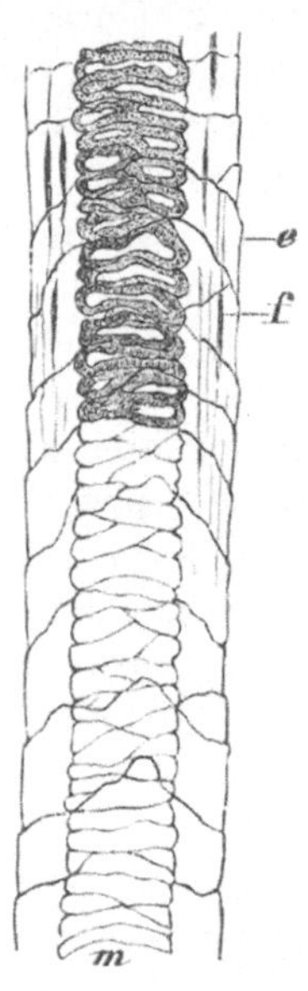

Fig. 50. Kunstwollgarn (nach Herzfeld). Vergr. 70. W Wolle, B Baumwolle, L Leinen, S Seide, J Jute.

Fig. 51. Ziegenhaar (nach v. Höhnel). Mitte eines Grannenhaares. Vergr. 340. m Mark, f Faserspalten, e sich dachziegelförmig deckende Epidermisschuppen.

Ziegenhaare.

Von den Ziegen (Capra hircus) stammen hauptsächlich vier verschiedene Haararten des Handels: 1. das gemeine Ziegenhaar, 2. das Geißbarthaar, 3. die sogenannte Mohair- oder Angorawolle und 4. die Tibet- oder Kaschmirwolle.

Gemeines Ziegenhaar.

Es besteht fast nur aus Grannenhaaren, ist weiß, gelblich-braun bis schwarz, 4—10 cm lang, hat als Raufwolle immer Haar-zwiebeln (im Schafte 80—100 μ dick), ein 80 μ breites Mark und nur dünne Faserschicht. Kurz vor der Spitze ist das Haar bis 130 μ breit, das Mark hat 6—10 Zellreihen. Es ist leicht knickend, die Cuticularschuppen sind hoch, querbreit und scharfrandig. An der Spitze ist es feingesägt; es zeigt Faserspalten (Fig. 51).

Geißbarthaar.

Die Geißhaare (Ziegenbarthaare) sind grannig, etwa 30 cm lang, steif; an der Basis 100 μ dick und ohne Mark. Weiße Ziegenflaumhaare (Südrußland) und bräunlicher Ziegenflaum (Böhmen) sind Haare, die den im Freien lebenden Ziegen auch selbst ausfallen. Meist sind sie mit Haarzwiebeln versehen. Die Epidermiszellen an der Basis sind sehr schmal und feingezähnt, sich dachziegelförmig deckend.

Mohair- oder Angorawolle.

Diese stammt von der An-goraziege (Capra hircus ango-rensis, Kleinasien). Das Haar ist geschmeidig, weiß, grau oder schwarz, 12—18 cm lang, im Mittel 42 μ dick (vereinzelt bis 60—100—150 μ dick und den gemeinen Ziegenhaaren ähnlich), hat dünne, flache, halb- bis ganz-zylindrische Schuppen mit grob-zähnigem Rand, grobstreifige, nicht körnelige Oberfläche, kein Mark, keine Randsägung. Die

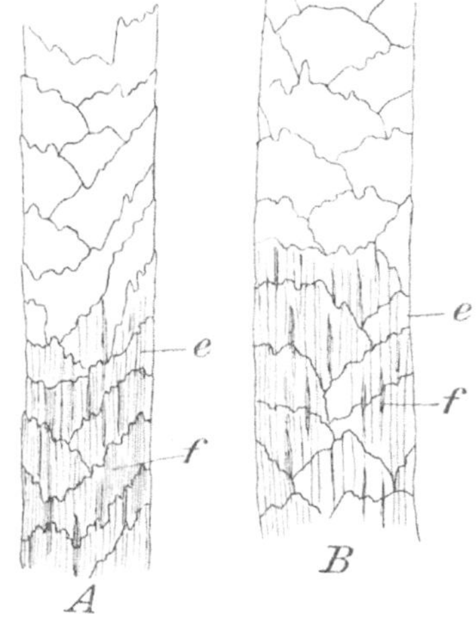

Fig. 52. Mohairwolle — oder Angora (nach v. Höhnel). Vergr. 340. Sind Grannenhaare. Markfrei. Epidermisschuppen e sehr dünn, dachziegelförmig sich deckend, mit gezähneltem Vorderrande. Grob-streifig, mit großen Faserspalten f. A Prima-, B Sekundasorte.

Faserspalten sind regelmäßig und breit. Natürliche Enden (Fig. 52).

Tibet- oder Kaschmirwolle.

Diese stammt von der Kaschmirziege (Capra hircus laniger), wird durch Ausrupfen gewonnen und bildet weiße, graue oder braune Rohwolle, welche nach der Reinigung nur 20 % schöne, weiche spinnbare Wolle liefert. In der Rohwolle sind Grannen- und Flaumhaare enthalten. Das Wollhaar ist etwa 7 cm lang, oben etwa 7 μ dick, bis 26 μ nach unten zu wachsend, meist ohne natürliche Spitze (die abgebrochen ist), grobwellig, stielrund, mit hohen, halb- oder ganzzylindrischen Schuppen bedeckt, am Faserrand fein gesägt, grobstreifig und mit Faserspalten, markfrei, ohne Haarzwiebel. Die Grannenhaare sind etwa 12 cm lang, an der Basis 70—80 μ dick, markführend, im ganzen dem gemeinen Ziegenhaar ähnlich.

Kamelhaare.

Die echte Kamelwolle, vom Kamel stammend, besteht aus a) sehr feinen, welligen, grauen bis braunen, über 10 cm langen, 10—16 μ dicken, markfreien Wollhaaren und b) meist dunkelbraunen bis schwarzen Grannenhaaren. Das Wollhaar ist fein und regelmäßig längsstreifig, die Schuppen sind langzylindrisch; der Rand der Schuppen ist nicht gezähnelt. Die Grannenhaare sind meist nur 5—6 cm lang und bis 70—80 μ dick. Sie gleichen den Grannenhaaren des Kalbes, aber die Schuppen sind derber, daher der Faserrand deutlich gesägt. Der Markzylinder ist sehr groß und kontinuierlich. Der reichliche braune Farbstoff ist auch in Form von größeren Knoten vorhanden (nebst der Körnerform).

Die Grannenhaare der Kamelwolle unterscheiden sich von den Grannenhaaren des Rindes durch geringere Dicke, derbere Epidermis, schmälere Markzellen und derben Querwänden, meist dunklere Färbung mit Farbstoffknoten (Fig. 53).

Kamelziegenhaar.

Die Kamelziegen (Auchenia) liefern meist seidenartige Wollen; von ihnen stammen vier verschiedene Wollarten des Handels, die nur zum geringsten Teil von praktischer Bedeutung sind. 1. Huanaco (Auchenia Huanaco) ist von geringer Bedeutung; 2. von dem Lama (Auchenia Lama) kommt die ebenfalls

unbedeutende Lamawolle; 3. die Alpakawolle (Auchenia Paco)
ist meist schön rotbraun bis schwarz, seltener weiß und grau.
Diese kommt gegenwärtig in Europa noch viel vor; 4. die Vicogne
(Vicunna, Vicugnawolle von Auchenia Vicunna) kommt heute
schon selten in Europa vor. Sie ist 5 cm lang, seidig, bräunlich
bis schwarz. Die „Vigognegarne" des Handels bestehen aus
Baumwolle, gemengt mit
Schafwolle.

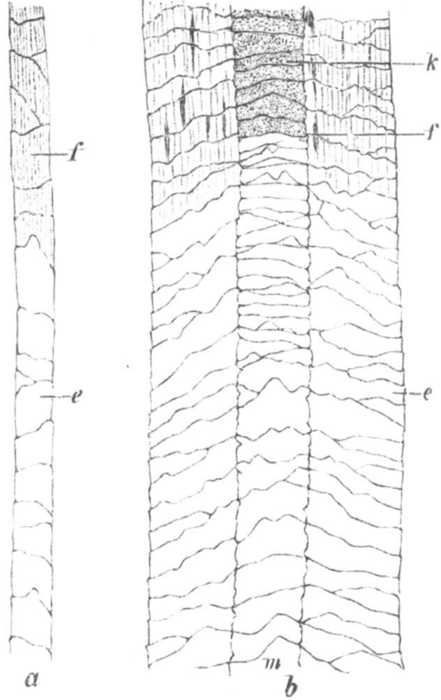

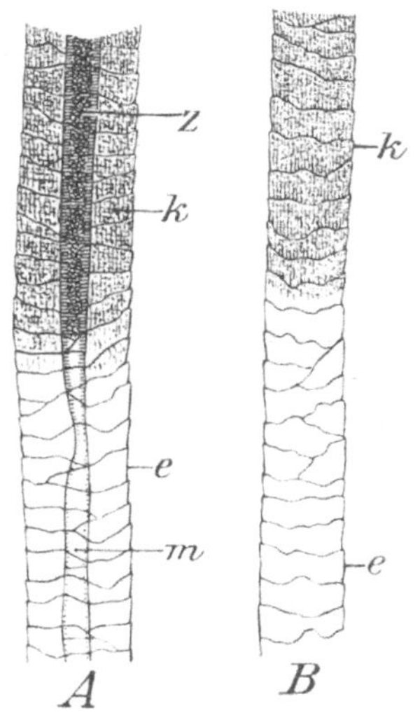

Fig. 53. Kamelhaar (nach v. Höhnel).
Vergr. 340. a Wollhaar, b Grannenhaar.
Das Wollhaar ist markfrei, zeigt zylindrisch
ineinandergeschobene Epidermisschuppen
(e) und eine feine Längsstreifung mit
braunen Körnchenreihen (f); das Grannenhaar zeigt einen breiten Markzylinder (m),
der aus einer Reihe flacher, dünnwandiger
Zellen mit feinkörnigem Inhalt (k) besteht. Die Faserschicht zeigt Körnchen-
streifen und grobe braune Farbstoffknoten (f). Die Epidermisschuppen (e)
sind niedrig, dünn, sehr breit.

Fig. 54. Alpakawolle
(nach v. Höhnel). Vergr. 340.
A markhaltiges Grannenhaar,
B markfreies Wollhaar. e Epidermisschuppen, sehr dünn und
breit; Faserschicht mit Körnchenreihen k; m Markzylinder,
am Rande wie fein gesägt, aus
schmalen Zellen Z aufgebaut.

Alpakawolle.

Die Wolle hat Grannen- und Flaumhaare, welche 10—30 cm lang sind. Die braunen und schwarzen Haare sind am meisten geschätzt. Die Wollhaare sind 10—15 cm lang, 15—20 μ dick, markfrei, längsstreifig. Die Grannenhaare, die in geringem Maße vorkommen, sind 20—30 cm lang, unten 35 μ dick, haben volles Mark und grobkörnigen Inhalt; das Mark ist etwa 15 μ breit. Die Schuppen der Alpakahaare sind höchst fein, fehlen jedoch meist (Fig. 54).

Kalb- und Kuhhaare.

Die Kalb- und Kuhhaare sind fast stets geäscherte oder gekalkte (mit Kalkmilch-behandelte) Raufhaare und zeigen deshalb fast immer die Haarzwiebel. Diese Haare werden von Hand (z. B. zu groben Tierhaargarnen) versponnen und zu Fußabstreichern, groben Teppichen und Decken verarbeitet. Sie sind weiß, rötlich oder schwarz gefärbt und matt. Kalb- und Kuhhaare haben denselben anatomischen Bau (Fig. 55 und 56) und erscheinen in drei typischen Abstufungen entwickelt.

1. Dicke, steife, 5—10 cm lange Grannenhaare mit länglichen Haarzwiebeln. Der fast ebensolange Hals weist einen einreihigen Markzylinder oder Markinseln auf. Hier sind die Epidermisschuppen sehr dünn, gezähnelt, sich dachziegelförmig deckend. Die Dicke des Halses ist 120 μ, von da ab langsam bis 130 μ wachsend, bei 75 μ breitem Markzylinder. Gegen die farblose Spitze des Haares treten deutlich Faserspalten auf; kurz vor der Spitze verschwindet der Markzylinder und die Faserspalten werden deutlicher.

2. Feinere Grannenhaare, im ganzen den ersten ähnlich; der Hals ist 75 μ breit und markfrei. Der Markzylinder wird rasch dicker und besteht aus dünnwandigen Zellen, stellenweise wie gefächert. Die Epidermiszellen decken sich dichtschuppig, sind fast zylindrisch, schmal, feingezähnelt. Der Markzylinder löst sich 1 cm über dem Grunde in Markinseln auf, die bis zur Mitte beobachtet werden; hier verschwinden sie völlig und treten gegen die Spitze wieder auf, wo sie wieder in einen kontinuierlichen Zylinder übergehen, der kurz vor der Spitze verschwindet.

3. Feinste, 1—4 cm lange, markfreie Wollhaare, oft nur 20 μ dick. Epidermiszellen sind grob, der Rand der Faser grob und deutlich gesägt. Meist mit Zwiebel, natürlicher Spitze und deutlichen Faserspalten. Daneben kommen ebenso feine Haare mit kontinuierlichem oder unterbrochenem Markzylinder vor, der nur an Spitze und Basis fehlt

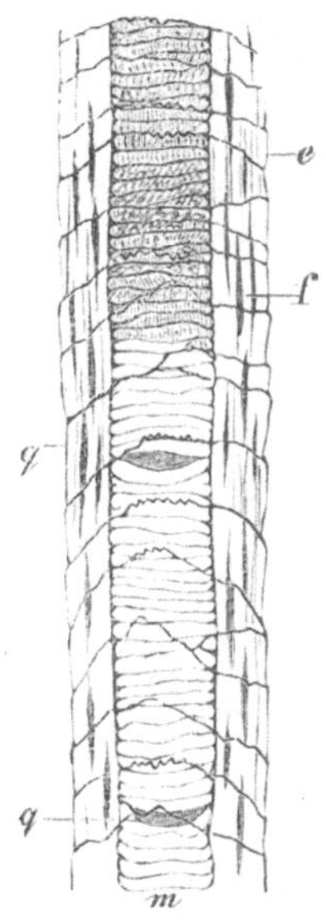

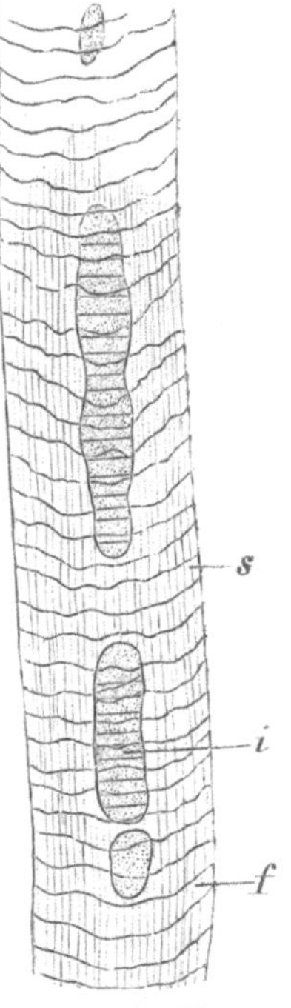

Fig. 55. Kuhhaar (nach v. Höhnel). Mitte eines Grannenhaares. Vergr. 340. m Mark, f Faserspalten, e sich dachziegelförmig deckende Epidermisschuppen, q charakteristische Querspalten.

Fig. 56. Mitte eines Kalbsgrannenhaares (nach v. Höhnel). Vergr. 340. Man sieht die sehr dünnwandigen Markzellen, welche Markinseln (i) bilden, grobstreifige die Faserschicht f und die schmalen, dünnen, dachziegelförmig sich deckenden Epidermiszellen s.

Rehhaare.

Es sind 2—4 cm lange, dicke, spröde, unten weiße, oben braune Haare, meist mit Zwiebel und Spitze. Die Zwiebel ist klein (90 μ breit und 300 μ lang) und geht in einen etwa 250 μ langen

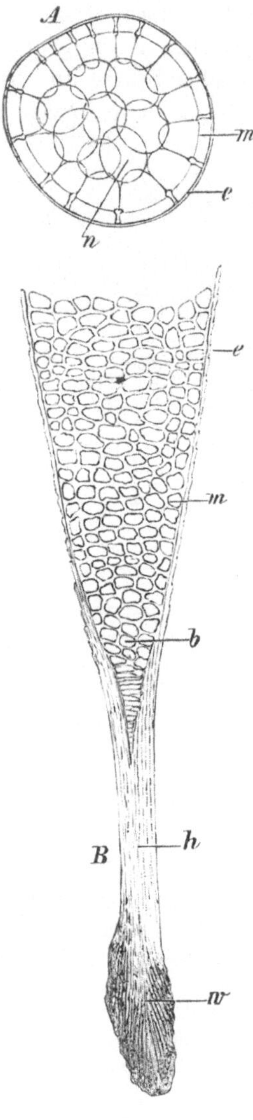

Hals über, der nur 60 μ dick und markfrei ist (s. Fig. 57). Der Halsteil besteht aus körnchenfreien Fasern, mit häufigen, breiten Faserspalten und aus einer sehr zarten Epidermis. Von hier ab wird das Haar plötzlich kegelförmig dicker und schwillt bis zu einer Dicke von 360—400 μ an. Die zarte Epidermis ist kaum sichtbar; die ganze Breite des Haares wird von großen Markzellen erfüllt. Gegen die Spitze hin wird das Haar wieder dünner mit braunem Farbstoff. Weiter gegen die Spitze werden die Zellwände selbst braun und treten braune Inhaltskörper auf. An der äußersten Spitze besteht das Haar nur aus der Faserschicht und der Epidermis.

Neben diesen dicken Haaren kommen auch dünne, ganz braune, kürzere Haare vor; sowie auch Übergänge beider Unterarten; die Dicke derselben geht bis 150 μ.

Fig. 57. Grobes Rehgrannenhaar (nach v. Höhnel). Vergr. 90. A Querschnitt in der Mitte des Haares. B Basis des Haares mit Hals h und Wurzel (Zwiebel) w. m derbwandige Markzellen der äußersten Schicht, n dünnwandige Markzellen des Innern, e Epidermis; im Halse h kurze Faserspalten.

Schweinsborsten.

Die Schweinsborsten sind von Natur aus weiß, gelb, rosa, braun, schwarz oder grau oder beliebig künstlich gefärbt; sie sind unter dem Mikroskop streifig und von besonderer Dicke (500 μ).

Der untere Teil ist marklos oder hat unterbrochenen Markzylinder; der obere Teil hat mächtiges Mark, das im Querschnitt sternförmig erscheint (s. Fig. 58 c). Die Epidermis ist mehrschichtig und besteht aus 3—4 und mehr Lagen von dünnen Schuppen, welche sich dachziegelförmig decken und deren dünne Ränder gezähnelt sind (Fiz. 58).

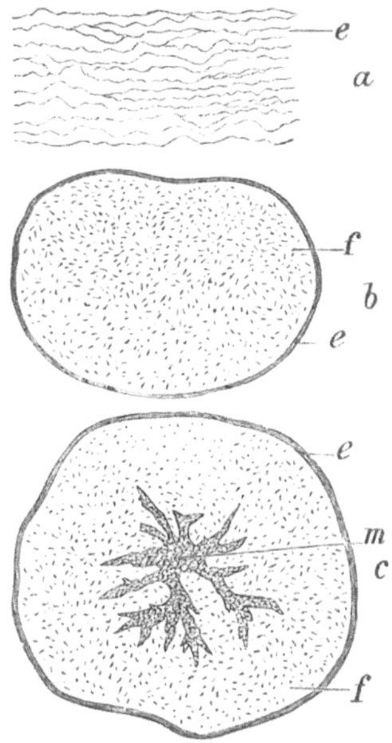

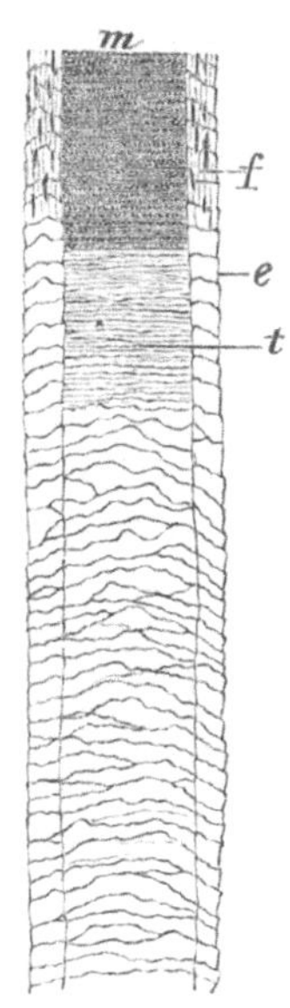

Fig. 58. Schweinsborste (n. v. Höhnel). a (Vergr. 340.) Stück der mehrschichtigen Epidermis, aus dünnen, sich dachziegelförmig deckenden Zellen e bestehend. b und c Querschnitte (Vergr. 90). b näher der Basis, c über der Mitte derselben Borste, e Epidermis, f derbwandige Faserschichten, m strahliger Markkörper.

Fig. 59. Weißes Roßhaar (nach v. Höhnel). Vergr. 90. Mächtiger Markzylinder m, aus ganz schmalen, dünnwandigen Zellen t bestehend, e Epidermis. Die Faserschicht enthält kurze, breite Faserspalten f.

Roßhaare.

Die Roßhaare sind sehr verschieden dick (80—400 μ) und sehr verschieden lang, außen meist ganz glatt und häufig künstlich schwarz gefärbt. Schwarze Haare sind undurchsichtig und strukturlos, müssen deshalb für die genaue mikroskopische Untersuchung tunlichst entfärbt werden. Weiße Haare geben bei 90 facher Vergrößerung nach vollständigem Eindringen der Zusatzflüssigkeit in das Mark das Bild wie Fig. 59. Man sieht eine äußerst zarte und glatte Epidermis, welche aus schmalen, gezähnelten Zellen besteht. Die Faserschicht zeigt zahlreiche kurze, breite Spalten und der starke Markzylinder besteht in der Längsansicht aus 1—2 Reihen von ganz schmalen, blättchenförmigen Zellen mit sehr dünnen Wänden und einem feinkörnigen Inhalt.

Die Seide.

Die Seiden sind das Sekret gewisser Raupen oder Seidenspinner, also ein tierisches Produkt. Die „edle Seide" wird von der Raupe des Maulbeerspinners (Bombyx mori) erzeugt. Außer dem Maulbeerspinner gibt es noch eine größere Zahl von „wilden Spinnern", die die „wilde Seide" erzeugen. Von diesen sind die wichtigsten der Tussahspinner (Bombyx Mylitta, Bombyx Selene u. a.) und der Yamamay-Spinner, nach denen die wilden Seiden als „Tussah-Seide" oder „Tussur-Seide" und „Yamamay-Seide" bezeichnet werden. In Handel und Gewerbe ganz untergeordnete Seiden werden von der Fagararaupe (Bombyx Cynthia), von den Spinnern der Bombyx Pernyi, Bombyx Polyphemus, Bombyx platensis, Bombyx Faidherbii u. a. m. gesponnen.

Die edle Seide.

Der Morusspinner, der die edle Seide erzeugt, lebt von den Blättern des weißen Maulbeerbaumes (Morus alba). Die Raupe besitzt zur Bildung des Seidenfadens für die zwei Fibroinfäden unter dem Darmkanal zwei starke Seitendrüsen; in einem zweiten Paare von Drüsen ist das Sericin angesammelt. Bevor die zwei Fibroinfäden zum Austritt gelangen, werden dieselben von dem Sericin umhüllt, was zusammen die sogenannte Rohseide bildet. Aus dem Faden bildet die Raupe ein eiförmiges, 3—6 cm langes, dichtes Gehäuse, den Kokon. Der übrige Teil besteht aus einem einzigen, 300—900 m langen Doppelfaden, der abhaspelbaren Seide. Im allgemeinen rechnet man auf 12 bis 18 kg Kokons ein Kilogramm Rohseide. Die abgehaspelte, rohe Seide ist also von einem leimartigen Überzuge (Bast, Sericin)

bedeckt und hat weiße, gelblichweiße, gelbe, gelblich-grüne usw.
Farbe. Dieser Überzug, der die
Seide hart und steif macht, wird
durch Kochen mit Seifenwasser
oder Seifenschaum (das De-
gummieren, Entschälen,
Entbasten, Abkochen, Ab-
ziehen der Seide) entfernt,
worauf der Faden sein eigentlich
schönes Ansehen, größere Weichheit, den nach ihm benannten
Seidenglanz und Seidengriff,
(Krachen, Craquant, Seiden-
schrei, Knirschen) erhält. Dabei
verliert die Seide je nach Art und
Herkunft an Gewicht etwa 18 bis
24 %. Die Benennungen ,,cuit'',
,,mi cuit'', ,,souple'' (halb ent-
bastet) bezeichnen die Grade der
Abkochung. Der äußere Flaum,
welcher sich nicht abhaspeln läßt,
sowie alle verwirrten Fäden,
fehlerhaften Kokons und der Abfall beim Haspeln der Seide
geben die Flockseide. Aus
dieser wird die Floret- und
Schappe-(Chappe-) Seide gesponnen, welche namentlich zu
Sammet verarbeitet wird. Eine
noch geringere Sorte, auch aus
den Abfällen der Schappe-Seide
gesponnen, stellt die Bourette-
Seide dar.

Die edle Seide des Maulbeerspinners zeigt unter dem Mikroskop entweder einen einfachen
oder einen Doppelfaden ohne
oder mit Sericinhülle. Letztere
ist glatt, faltig, wulstig, un-

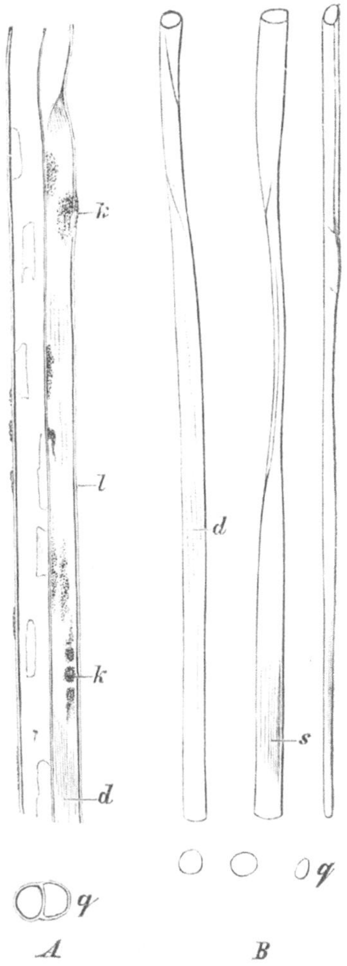

Fig. 60. Organzinseide (nach
v. Höhnel). Vergr. 340. A unge-
kochte, B abgekochte Seide;
k Körnerhäufchen auf der Sericin-
schicht l, welche den Fibroinfaden
d überzieht; s zarte Längsstreifung,
q Querschnitte der Rohseide und
des Fibroinfadens.

gleich dick und oft querspaltig. Die Fibroinfäden sind annähernd zylindrisch, dann im Längsverlauf auch bandartig. Luftkanäle und Schuppen sind nie, Längsstreifen selten vorhanden. Die Fibroinfäden der äußeren und inneren Schicht des Kokons sind ungleich dick. Die abhaspelbare Seide ist gleichmäßiger, kann aber am Anfang und am Ende eines Kokons um etwa 10 % differieren. Die Breite des einzelnen Kokonfadens im entbasteten Zustande schwankt zwischen 8—16 μ (im Mittel 12—14 μ), je nach Herkunft. China- und Kantonseiden sind feiner und etwa 8—10 μ dick, japanische und italienische Seiden dicker, etwa 12—16 μ.

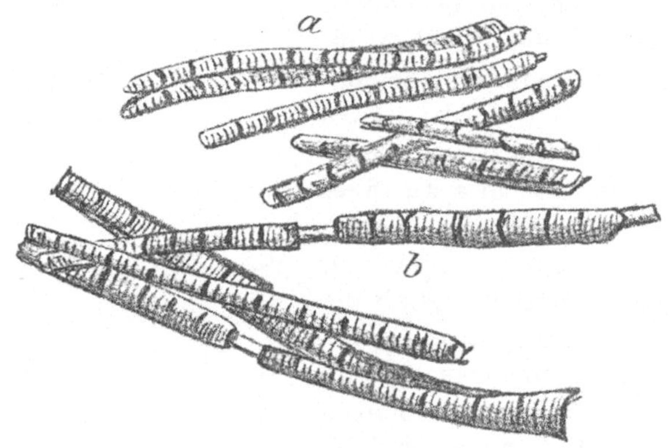

Fig. 61. Beschwerte Seide (nach Herzfeld). a mit 160/180 % Beschwerung, b mit 350/400 % Beschwerung.

In chemischer Beziehung sind die Seiden (auch wilde) als Eiweiß-Körper aufzufassen. Die edle Seide löst sich allmählich in 10 proz. heißer Kali- oder Natronlauge auf, wenngleich merklich schwerer als Wolle und Tierhaare; Kupferoxydammoniak löst schwer. Zucker und Schwefelsäure färben sie unter Auflösung rosenrot (Eiweißreaktion), Salzsäure unter allmählicher Auflösung rötlich bis violett. Die Seide verbrennt ähnlich wie Wolle und entwickelt einen ähnlichen Geruch. Sie ist schwefelfrei und gibt deshalb nicht (wie es Wolle tut) beim Erhitzen in alkalischer Bleilösung Schwärzung, ebenso beim Zusatz von Nitroprussidnatrium zu der alkalischen Auflösung keine Rot- bzw. Violettfärbung. Von Baumwolle und pflanzlichen Fasern aller Art kann sie durch Alkalien oder basisches Chlorzink, von Wolle durch ihre

Löslichkeit in basischem Chlorzink getrennt werden. Der Stickstoffgehalt des Seidenfibroins beträgt 18,33 % (nach anderen Angaben bis herunter zu 17,3 %). Aus dem Stickstoffgehalt des Materials kann auf solche Weise der Fibroingehalt berechnet werden. Man nimmt hierbei meist den von Steiger und Grünberg gefundenen Stickstoffgehalt von 18,33 % an[1]); Wolle darf in dem Gemisch nicht zugegen sein.

Beschwerte Seide erscheint unter dem Mikroskop meist genau wie reine, unbeschwerte Seide. Nur bei besonders hohen Beschwerungen erhält man unter Umständen ein verändertes Bild mit deutlicher, schichtenförmiger Ansammlung der Beschwerungsstoffe (s. Fig. 60 und 61).

Tussahseide.

Die wilden Seiden, von denen die Tussahseide technisch die weitaus wichtigste ist, unterscheiden sich von der edlen Seide zunächst durch die merklich größere Faserdicke. Die Tussahseide von Bombyx Mylitta schwankt in der Dicke zwischen 14—75 μ und ist im Mittel etwa 40 μ dick, von Bombyx Selene (27—41 μ) im Mittel etwa 34 μ. Sie ist deutlich gelb bis braun gefärbt (Yamamayseide ist unter dem Mikroskop farblos); der Querschnitt ist dreiseitig; am Rande ist eine Rindenschicht von feineren Fibrillen sichtbar; die innere Schicht ist lockerer. Im Längsverlaufe ist sie fibrillös, streifig, teilweise flachgedrückt; Luftkanäle sind fast immer, stellenweise auch Kreuzungsstellen vorhanden (Fig. 62). — In chemischer Beziehung verhält sich Tussahseide der edlen Seide ähnlich. Sie ist in Salzsäure schwerer, in kaustischen Alkalien nur teilweise löslich. Die Trennung der edlen und wilden Seiden auf chemischem Wege wird nach v. Höhnel beispielsweise durch Säuren erreicht (s. v. Höhnel a. a. O. S. 211 ff.).

Asbest.

Asbest (Amianth, Bergflachs, Bergseide, Federalaun) ist eine Abart des Tremoliths (Hornblende) und besteht aus sehr

---

[1]) Näheres über die Trennung verschiedener Fasern auf chemischem Wege s. Heermann: „Färbereichemische Untersuchungen"; — über die Bestimmung des Fibroingehaltes s. Heermann: „Koloristische und textilchemische Untersuchungen". Beide im Verlage von Julius Springer.

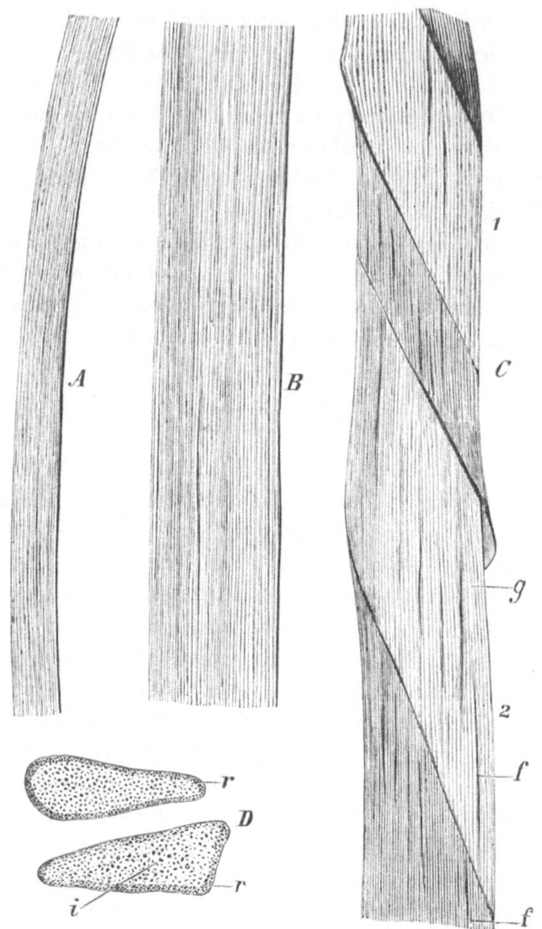

Fig. 62. Tussahseide von Bombyx Selene (nach v. Höhnel). A Seitenansicht, B und C Flächenansichten des einfachen Fibroinfadens, C 1, 2 dünne
Kreuzungsstellen, r dichtere Rindenschicht der Faser, i lockere Innenschicht,
f Luftkanäle, g Fibrillen.

weichen und etwas elastischen, lose miteinander verbundenen,
bis über $^1/_3$ m langen Fasern (Nadeln), welche meist gleichlaufend,
leicht voneinander trennbar, durchscheinend und grünlichweiß
selten gelblich oder rötlich sind. Er besitzt Perlmutterglanz, fühlt
sich sanft und seidig an und hat ein spezifisches Gewicht von 1,9

bis 3, die Härte von 5,5—6. Er besteht aus Magnesia, Kalk und Kieselsäure mit wechselnden Mengen von Wasser und Eisenverunreinigungen. In Säuren ist er unlöslich. Die Hauptfundorte von sehr langfaserigem, zartem und meist geschätztem Asbest sind Kanada und Gundagai (Neusüdwales).

Man benutzt den Asbest vielfach zu feuerfesten Geweben, Seilen und als geschätztes Dichtungs- und Wärmeschutzmittel zu Platten. Zylindern usw. Der Rohasbest wird durch Reißmaschinen zerteilt oder durch Walzwerke gequetscht und in Kochkesseln vollkommen in seine faserigen Elemente zerlegt. Die Trennung der längeren von den kürzeren Fasern geschieht mit dem Reißwolf, die weitere Verarbeitung mit der Vorspinnkrempel. Das Feinspinnen erfolgt mit zwei- bis dreimaliger Streckung auf Spindelbänken. Das Asbestgarn wird gezwirnt geflochten und verwebt wie andere Garne, mit oder ohne Verwendung anderer Fasern, z. B. Baumwolle.

Mikroskopisch läßt sich Asbest von sämtlichen pflanzlichen und tierischen Fasern durch seine mineralisch-kristallinische Struktur und seine Feinheit (Elementarfasern bis 0,5 μ breit) sofort unterscheiden. Chemisch ist er von den genannten Fasern durch seine Unverbrennlichkeit, Unlöslichkeit in Säuren, und chemische Zusammensetzung unterschieden.

Der geringere Serpentin-Asbest enthält etwa 13 % Wasser (Glühverlust), zeigt ein spezifisches Gewicht von 2,3—2,8 und ist durch konzentrierte Säuren (Salzsäure, Schwefelsäure) leichter angreifbar, als der vorerwähnte Hornblenden-Asbest. Von letzteren ist wieder der sibirische Asbest gegen Säuren der widerstandsfähigste. Infolge geringen Angebotes kann er aber nur einen geringen Teil des Bedarfes decken. Unter den Serpentin-Asbesten ist der kanadische der reinste und begehrteste.

Glas.

Glas, ein Doppelsilikat des Calciums mit einem Alkalimetall (Kalium, Natrium) oder mit Bleioxyd, kann zu feinen Fäden bis zu der metrischen Nummer 5000 ausgezogen und zu Geweben als Schuß in Seidenstoffen, Phantasieartikeln usw. verwendet werden. Seine Anwendung ist aber eine sehr beschränkte und ohne Bedeutung.

Die Glasfäden werden ohne weiteres makro-und mikroskopisch, sowie auf chemischem Wege und durch die Glühprobe erkannt.

Metalle.

In der Textilindustrie werden zu Weberei- und ähnlichen Zwecken sowohl unedle als auch edle Metalle verwendet.

Von unedlen Metallen sind die wichtigsten: Eisen, Kupfer und Messing. Neben einfachen kommen auch gezwirnte Drähte vor.

Die wichtigsten Drähte aus edlem Metall sind: Silber- und Golddraht. Der echte Silberdraht besteht aus Feinsilber, der echte Golddraht aus vergoldetem Feinsilber. Die Vergoldung kann eine leichtere, galvanische, und eine dickere, Feuervergoldung sein. Erstere ist die meist angewendete. Im Gegensatz zu echtem Golddraht würde man Draht, der aus Feingold besteht, massiven Golddraht bezeichnen.

Der unechte Silberdraht besteht aus Kupfer mit Silberüberzug; unter unechtem Golddraht versteht man meist Messingdraht, mitunter auch — vergoldeten Kupferdraht. Unechten Golddraht bezeichnet man auch mit leonischem (oder lyonischem) Golddraht. Die Metallfäden aus edlen Metallen verwendet man meist in der durch Auswalzen entstandenen Bandform als sogenannten Lahn, der dann durch Zusammenzwirnen mit einem Seiden- oder Wollfaden (Brillantwolle) oder durch Umspinnen des letzteren in die Fadengestalt gebracht wird. Der Goldfaden in alten goldgewirkten Geweben, der sogenannte zyprische Faden, besteht aus einem Kernfaden von Leinen oder Seide, der mit einem vergoldeten Darmhäutchen umwickelt wurde.

Metalldrähte und Lahn verwendet man zu Borten, Tressen, Bändern, Schnüren sowie zu Posamentierarbeiten sonstiger Art, dann zu Gold- und Silberbrokaten, zu Gobelins für Gold- und Silberstickereien usw.

Bei der Untersuchung der Metallfäden kommt in erster Linie die chemische Analyse zu Wort. Die Fäden haben bei edlen Metallen stets einen vorgeschriebenen Feinsilber- oder Feingold-Gehalt zu erfüllen, der je nach dem Erzeugnis und der Bestimmung desselben sehr schwankend ist (s. a. Anhang, Vorschriften und Lieferungsbedingungen).

Messung und Regelung der Luftfeuchtigkeit.

Die atmosphärische Luft enthält stets eine bestimmte Menge Wasserdampf. Die Anzahl Gramme Wasserdampf in einem Kubikmeter Luft (g/1 cbm) nennt man den absoluten Feuchtigkeitsgehalt der Luft. Bei einer bestimmten Temperatur kann die Luft nur einen bestimmten Höchstgehalt an Wasserdampf aufnehmen; diesen Punkt nennt man den „Taupunkt". Jedes Mehr würde sich als Wasser, Tau, Nebel oder Regen niederschlagen. In der Regel enthält die Atmosphäre nun aber nicht den Höchstgehalt von Wasserdampf, ist also nicht „gesättigt". Das Verhältnis des tatsächlich vorhandenen Wassergehaltes in 1 cbm Luft zu dem bei der jeweiligen Temperatur möglichen Höchstgehalt in 1 cbm Luft nennt man die „relative Feuchtigkeit" und drückt diese in Prozenten des möglichen Höchstgehaltes aus:

$$\frac{\text{jeweiliger Wassergehalt in g/cbm}}{\text{höchster Wassergehalt in g/cbm}} \cdot 100.$$

Ist beispielsweise der absolute Feuchtigkeitsgehalt der Luft bei 18° C = 10 g in 1 cbm, so ergibt sich hieraus als relativer Feuchtigkeitsgehalt:

$$100 \cdot \frac{10}{15,3} \text{ oder } = 65,36\ \%.$$

Aus nachstehender Tabelle [1]) ist der absolute Feuchtigkeitsgehalt der mit Wasserdampf gesättigten Luft bei den Temperaturen zwischen 0 und 100° C ersichtlich. (s. S. 84.)

Nicht der absolute, sondern der relative Luftfeuchtigkeitsgehalt ist bei der Prüfung der Textilien ausschlaggebend, denn die Luft gibt um so leichter ihr Wasser an andere hydroskopische Gegenstände ab, je näher ihr Wassergehalt an denjenigen des Sättigungspunktes kommt.

Da nun einerseits alle Textilfasern bis zu einem gewissen Grade hydroskopisch sind, d. h. die Eigenschaft besitzen, aus der sie umgebenden Luft eine gewisse Menge Feuchtigkeit aufzu-

---

[1]) Kohlrausch: „Praktische Physik" 1905 und Rietschel, „Heizungs- und Lüftungs-Anlagen".

	In 1 cbm Luft			In 1 cbm Luft
bei − 10° C =	2,3 g		bei + 17° C =	14,4 g
„ − 5° C =	3,4 g		„ + 18° C =	15,3 g
„ 0° C =	4,9 g		„ + 19° C =	16,2 g
„ + 1° C =	5,2 g		„ + 20° C =	17,2 g
„ + 2° C =	5,6 g		„ + 21° C =	18,2 g
„ + 3° C =	6,0 g		„ + 22° C =	19,3 g
„ + 4° C =	6,4 g		„ + 23° C =	20,4 g
„ + 5° C =	6,8 g		„ + 24° C =	21,6 g
„ + 6° C =	7,3 g		„ + 25° C =	22,9 g
„ + 7° C =	7,7 g		„ + 26° C =	24,2 g
„ + 8° C =	8,3 g		„ + 27° C =	25,6 g
„ + 9° C =	8,8 g		„ + 28° C =	27,0 g
„ + 10° C =	9,4 g		„ + 29° C =	28,5 g
„ + 11° C =	9,9 g		„ + 30° C =	30,1 g
„ + 12° C =	10,6 g		„ + 35° C =	39,3 g
„ + 13° C =	11,3 g		„ + 40° C =	50,8 g
„ + 14° C =	12,0 g		„ + 50° C =	82 g
„ + 15° C =	12,8 g		„ + 60° C =	130 g
„ + 16° C =	13,6 g		„ + 80° C =	294 g
			„ + 100° C =	589,6 g

nehmen [1] (näheres siehe u. Konditionierung), anderseits aber der Feuchtigkeitsgehalt der Fasern einen geringeren oder größeren Einfluß auf deren physikalische Eigenschaften hat (näheres s. u. Festigkeitsprüfungen), so ist es für genaue Materialprüfungen erforderlich, unter stets gleichem relativen Feuchtigkeitsgehalt der Atmosphäre zu arbeiten. Dieses ist aber nur dann möglich, wenn die Untersuchungsstelle mit den nötigen Einrichtungen zum Messen und zum Regulieren der Luftfeuchtigkeit ausgestattet ist. In geringerem Maße spielt die Temperatur des Arbeitsraumes eine Rolle. Fälschlicherweise wird in Laienkreisen bisweilen angenommen, daß einer bestimmten Temperatur stets eine und dieselbe Feuchtigkeit entspricht.

Das Messen der Luftfeuchtigkeit[2].

Im wesentlichen kommen in Betracht die Feuchtigkeitsmesser von Koppe (bzw. Saussure) und derjenige von Lam-

---

[1] In trockener Luft aber wiederum bis zu einem gewissen Gleichgewichtszustand abzugeben.

[2] Näheres s. A. und H. Wolpert, „Die Methoden der Hygrometrie,“ Löwenthal, Berlin 1898 und Willkomm a. a. O.

brecht. Beide beruhen auf der Eigenschaft der Haare, sich
bei zunehmender Feuchtigkeit zu längen, bei abnehmender —
zu verkürzen. Man hat insbesondere gefunden, daß sich ein
sorgfältig entfettetes Menschenhaar bei einer bestimmten Feuchtigkeit mit großer Genauigkeit auf ein und dieselbe Länge einstellt.

Koppe (System Saussure) verwendet ein einzelnes Haar
(Frauenhaar), das über einen Rahmen gespannt ist. Es ist oben
um einen Stift geschlungen, unten um
ein am Gestell drehbar gelagertes
Röllchen geführt, daran befestigt und
mit einem Gewicht von etwa 0,5 g belastet. Das Gewicht kann auch durch
eine Feder ersetzt werden. Auf der
Achse der Rolle ist ferner ein Zeiger
angebracht, welcher sich über eine
Skala bewegt. Verkürzt sich nun das
Haar, so schlägt der Zeiger nach links
aus, wird es bei zunehmender Feuchtigkeit länger, so bewegt sich der Zeiger
nach rechts. Die Skala ist so eingerichtet, daß sie unmittelbar die relative Feuchtigkeit ablesen läßt (Fig. 63).

Das Einstellen des Apparates ist sehr
einfach. Man benetzt hierzu den beigegebenen mit Gaze bespannten Rahmen,

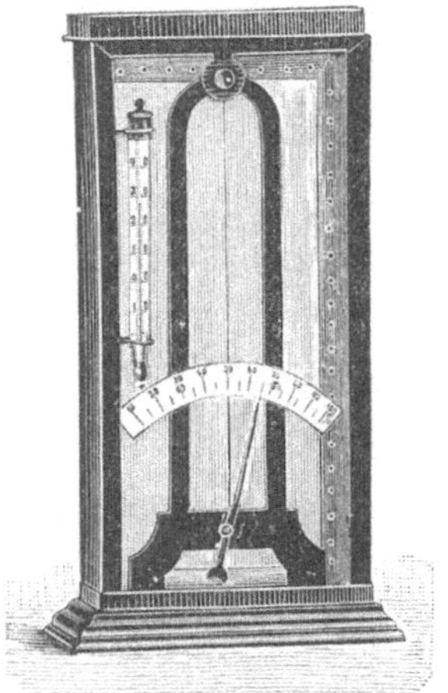

Fig. 63. Hygrometer
nach Koppe.

bringt ihn in den Rahmen des Apparates ein und bedeckt letzteren.
Die Luft wird sich nun bald mit Feuchtigkeit sättigen und der
Zeiger auf 100 vorrücken. Rückt der Zeiger trotz einer leichten
Erschütterung des Apparates nicht so weit oder zu weit vor, so
wird vermittels des beigegebenen Schlüssels durch Drehung des
oberen Stiftes der Zeiger auf 100 gebracht. Bleibt der Zeiger noch
nach geraumer Zeit auf 100 stehen, so kann die Einstellung auf
den Höchstpunkt als beendigt angesehen werden. Der Vollständigkeit halber wird in ähnlicher Weise der Nullpunkt kontrolliert bzw.
eingestellt. Er wird gefunden, indem man den ganzen Apparat
unter eine Glasglocke mit vollständig trockener Luft bringt und
so lange beobachtet, bis der Zeiger seine Stellung nicht mehr ändert.
Die Schwierigkeit liegt hier in der völligen Austrocknung der Luft,
die sich durch Filtration der Luft durch Chlorcalcium, Schwefel-

säuremonohydrat, Phosphorpentoxyd oder ähnliche Hilfsmittel erreichen läßt, was aber weit mehr Mühe bereitet und Zeit beansprucht, als umgekehrt die Sättigung der Luft mit Wasserdampf.

Für genaue Untersuchungen reicht die erwähnte Kontrolle des Apparates übrigens nicht aus. Das Königliche Materialprüfungsamt benutzt zu der Einstellung des Haarhygrometers das Aspirationshygrometer (s. w. u.).

Das Hygrometer von Lambrecht (s. Fig. 64) beruht auf demselben Grundsatz, hat jedoch statt eines Haares einen Strang von mehreren Haaren. Die einzelnen Haare können sich allerdings nie ganz gleichmäßig ausdehnen; die Folge davon ist, daß der Zeiger meist um einen Punkt pendelt. Eine zweckmäßige Verbesserung gegenüber dem Saussureschen Haarhygrometer ist darin zu erblicken, daß der Haarstrang unten nicht über eine Rolle geführt ist, also auch nicht der Beanspruchung unterworfen ist, die durch das beständige Umbiegen und Strecken des Haares verursacht wird. Der Apparat hat ferner den Vorzug größerer Haltbarkeit und ist zum Aufhängen an die Wand eingerichtet.

Das Polymeter von Lambrecht enthält außerdem auf der Feuchtigkeitsskala und einem beigegebenen Thermometer noch verschiedene Angaben über den Taupunkt und die größte Sättigungsspannung [1]) der betreffenden Temperatur.

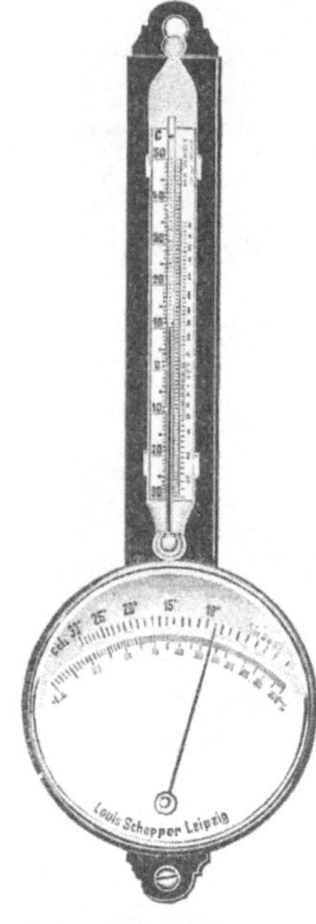

Fig. 64.
Hygrometer nach
Lambrecht.

---

[1]) Auf der Feuchtigkeitsskala ist außer den Feuchtigkeitsgraden noch eine zweite Gradteilung so angebracht, daß man die zu einer Zeigerstellung gehörende Temperatur nur von der jeweiligen Lufttemperatur abzuziehen braucht, um den Taupunkt der vorhandenen Temperatur zu finden. Ferner besitzt das Thermometer rechts eine zweite Skala, welche die zu den linksstehenden Temperaturen erforderliche größte Sättigungsspannung und die ungefähre Sättigungsmenge des Dampfes in Grammen auf 1 cbm angibt. Aus diesen Ablesungen kann man annähernd die jeweilige

Hygrometer und Polymeter sind von Zeit zu Zeit auf die Richtigkeit ihrer Anzeigen zu prüfen. Brüggemann[1]) hängt zu diesem Zwecke den Apparat an die Wand und benetzt den Haarstrang am besten mit einem Zerstäuber solange, bis das Wasser abtropft, wobei zu vermeiden ist, daß sich das Wasser an Hebel und Achse ansetzt oder der Haarstrang an der Gehäusewand festklebt. Das überschüssige Wasser ist dann mittels Löschpapier

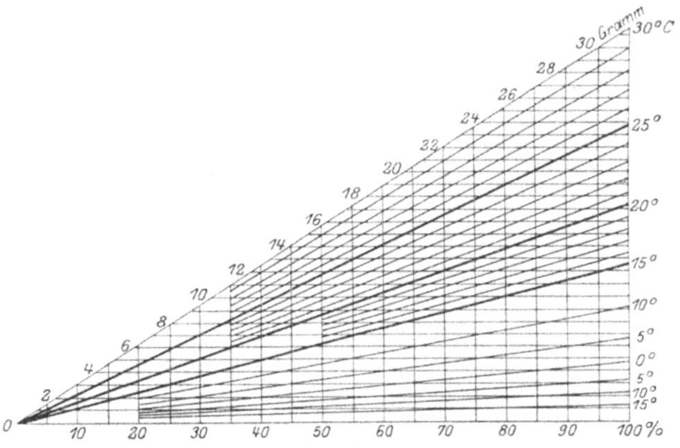

Fig. 65. Diagramm zur Reduktion der relativen Feuchtigkeit und der Temperatur in absolute Feuchtigkeit und zur Bestimmung des Taupunktes.

abzusaugen. Nach etwa einer Stunde wird die Anfeuchtung wiederholt und nach weiteren 15—20 Minuten wird das Instrument — wenn es richtig anzeigt — 95 % Feuchtigkeit angeben; andernfalls ist es auf 95 % einzustellen. Nur in dichtem Nebel zeigt der Appa-

Dampfspannung und den absoluten Feuchtigkeitsgehalt der Luft berechnen Denn es ist bei f % relativer Sättigung der herrschende absolute Wasser-

gehalt $= \dfrac{f}{100}$ multipliziert mit dem an dem Thermometer abgelesenen

Höchstgehalt an Wasser, der bei dieser Temperatur möglich ist. Desgleichen findet man die vorhandene Spannung des in der Luft befindlichen Wasserdampfes, wenn man mit demselben Faktor die von dem Thermometer angezeigte, bei der betreffenden Temperatur mögliche Höchstspannung multipliziert.

[1]) „Die nötigen Eigenschaften der Gespinste und deren Prüfung," 1897, S. 154.

rat auf 100 %. Nach mindestens 24 Stunden kann der Apparat in Gebrauch genommen werden.

Vermittels des vorstehenden Diagramms (Fig. 65) können auf einfache Weise ohne Berechnung aus der am Hygrometer abgelesenen relativen Feuchtigkeit und aus der jeweilig herrschenden Temperatur die absolute Feuchtigkeit und der Taupunkt abgeleitet werden.

1. Beispiel. Ablesung am Hygrometer: 65 %, Ablesung am Thermometer: 10⁰ C. Geht man auf dem Diagramm vom Schnittpunkt der beiden Linien (65 % rel. Feucht. und 10⁰ C) in der Horizontalen nach links, so findet man 6 g, d. h. es sind in 1 cbm dieser Luft 6 g Wasserdampf enthalten (absolute Feuchtigkeit); verfolgt man die Horizontale nach rechts, so findet man den Taupunkt bei 3⁰ C, d. h. die Luft kann von 10⁰ bis auf 3⁰, also um 7⁰ abgekühlt werden, bis Niederschlag oder Taubildung erfolgt.

2. Beispiel. Ablesung am Hygrometer: 65 %, Ablesung am Thermometer: 25⁰C. Dann ist die absolute Feuchtigkeit = 15,3 g, der Taupunkt liegt bei 18⁰ C.

Aspirations-Psychrometer (von August).

Es ist das genaueste physikalische Instrument zur Bestimmung der Luftfeuchtigkeit und Justierung der vorerwähnten Apparate. Es besteht aus einem Barometer und zwei nebeneinander angeordneten Thermometern, von denen das eine am Quecksilbergefäß mit einem feuchten Lappen umgeben ist. Ferner ist ein kleiner mit Uhrwerk betriebener Ventilator vorhanden, welcher die Luft nach dem feuchten Thermometer saugt. Um ein gegenseitiges Beeinflussen der beiden Thermometer zu verhüten, sind diese durch eine Wand getrennt. Während nun das trockene Thermometer die jeweilige Zimmertemperatur angibt, zeigt das feuchte Thermometer einen niedrigeren Stand und zwar einen um so niedrigeren, je schneller die Wasserverdunstung an der Quecksilberkugel vor sich geht, also je trockener die Luft ist. In mit Wasserdampf gesättigter Luft zeigen dagegen beide Thermometer gleich hoch an. Aus diesem Grunde ist es wichtig, die zirkulierende Luft in möglichst innige Berührung mit dem feuchten Läppchen zu bringen, was Aufgabe des Ventilators ist. Aus dem Barometerstand, der Zimmertemperatur und dem Stand beider Thermometer (und der psychrometrischen Differenz) kann man nun den relativen Feuchtigkeitsgehalt des Arbeitsraumes berechnen. Ein Beispiel der Berechnung wird nachfolgend an Hand der abgekürzten Psychrometer-Tabellen [1]) gegeben. Jedesmalige Umrechnung wird dadurch unnötig.

Beispiel der Benutzung der abgekürzten Psychrometertafeln [2]). Die Temperatur t des trockenen Thermometers sei 25,0° C. Die Temperatur t' des feuchten Thermometers sei 19,1° C. (Der Luftdruck sei 755 mm.)

Aus Tafel I erhält man mit der Temperatur t' (= 19,1) das Maximum e' der Spannkraft = 16,42 mm (durch Interpolation von 19° und 20° zu berechnen).

In derselben Horizontalreihe findet man den Korrektionsfaktor — 0,019. Mit diesem Faktor ist die psychrometrische Differenz t — t' = 5,9 zu multiplizieren; das Produkt gibt — 0,019 × 5,9 = — 0,11. Es ist e' = 16,42 um 0,11 zu verkleinern (16,42 — 0,11 = 16,31).

Das dritte Glied derselben Formel, die sogenannte Abzugszahl ergibt sich aus der Tafel II und zwar findet man mit der psychrometrischen Differenz t — t' = 5,9 die Abzugszahl 3,51.

Es ist dann die Spannkraft des in der Atmosphäre vorhandenen Wasserdampfes

$$e'' = 16,31 - 3,51 = 12,80 \text{ mm.}$$

Will man die relative Feuchtigkeit berechnen, so hat man der Tafel I die der Temperatur t = 25,0 des trockenen Thermometers entsprechende höchste Spannkraft e = 23,52 zu entnehmen. Die relative Feuchtigkeit ist dann

$$F = 100 \cdot \frac{12,80}{23,52} = 54,4 \text{ \% rel. Feuchtigkeit.}$$

Nachstehend werden die abgekürzten Tafeln I und II zur annähernden Berechnung wiedergegeben. Dieselben beziehen sich auf den Barometerstand von 755 mm. Die Korrektionen für Barometerstände befinden sich in ausführlichen Tafeln und können für technische Prüfungen vernachlässigt werden [3]).

---

[1]) Z. B. „Psychrometer-Tabellen nach Wilds Tafeln" von C. Jelinek, Wien. Kommissionsverlag bei Wilhelm Engelmann in Leipzig.

[2]) Nach Jelinek (a. a. O.) S. 7 ff.

[3]) Nur in Höhenpunkten, wo wesentlich niedrigere **Barometer**stände herrschen (etwa 660 mm und weniger) ist diese Korrektion notwendig.

Tafel I.

Druck gesättigten Wasserdampfes in Millimetern.

Temperatur Celsius	Druck in mm	Korrektionsfaktor für t—t′	Temperatur Celsius	Druck in mm	Korrektionsfaktor für t—t′
0	4,57	0,000	21	18,47	— 0,020
1	4,91	— 0,001	22	19,63	— 0,021
2	5,27	— 0,002	23	20,86	— 0,022
3	5,66	— 0,003	24	22,15	— 0,023
4	6,07	— 0,004	25	23,52	— 0,024
5	6,51	— 0,005	26	24,96	— 0,025
6	6,97	— 0,006	27	26,47	— 0,026
7	7,47	— 0,007	28	28,07	— 0,027
8	7,99	— 0,008	29	29,74	— 0,028
9	8,55	— 0,009	30	31,51	— 0,029
10	9,14	— 0,010	31	33,37	— 0,030
11	9,77	— 0,011	32	35,32	— 0,031
12	10,43	— 0,012	33	37,37	— 0,032
13	11,14	— 0,013	34	39,52	— 0,033
14	11,88	— 0,014	35	41,78	— 0,034
15	12,67	— 0,015	36	44,16	— 0,035
16	13,51	— 0,016	37	46,65	— 0,036
17	14,39	— 0,017	38	49,26	— 0,037
18	15,33	— 0,018	39	52,00	— 0,038
19	16,32	— 0,019	40	54,87	— 0,039
20	17,36	— 0,019			

Tafel II.

Abzugstafel.

Wenn das feuchte Thermometer über Null ist.

0,5941 (t—t′).

Psychrometrische Differenz, t—t′, in Graden Celsius	Abzugszahl, Grade Celsius	Psychrometrische Differenz, t—t′, in Graden Celsius	Abzugszahl, Grade Celsius
0	0,00	13	7,72
1	0,59	14	8,32
2	1,19	15	8,91
3	1,78	16	9,51
4	2,38	17	10,10
5	2,97	18	10,69
6	3,56	19	11,29
7	4,16	20	11,88
8	4,75	21	12,48
9	5,35	22	13,07
10	5,94	23	13,66
11	6,54	24	14,26
12	7,13		

Die Regelung der Luftfeuchtigkeit.

Das Königliche Materialprüfungsamt hat als Normal-Luft-feuchtigkeit eine solche von 65 % rel. angenommen und führt sämtliche Wägungen, Reiß-, Dehnungs-, Falzversuche u. ä. in einem Raume aus, der stets auf 65 % rel. Feuchtigkeit gehalten ist[1]). Alle zu prüfenden Versuchsstücke müssen vor Ausführung der Prüfung längere Zeit in diesem Raume zugebracht haben, um sich der Feuchtigkeit anzupassen, zu „akkomodieren". Die Fest-legung dieser Anpassungszeit kann nicht allgemein geschehen; in der Regel läßt man das Versuchsmaterial mindestens 2—3 Stunden in dem Raume liegen; diese Zeit reicht aber für besonders trockene oder besonders feuchte Ware bei weitem nicht aus und bei genauen Bestimmungen sind 24 Stunden bis mehrere Tage notwendig (s. a. die verschiedenen amtlichen Prüfungsvorschriften im Anhange dieses Buches).

Die Luftbefeuchtung in kleinen Räumen wird am einfachsten durch Besprengen des Fußbodens, durch Aushängen feuchter Tücher oder durch Aufstellung bzw. Verdampfung von Wasser in offenen Gefäßen bewerkstelligt. Für die kontinuierliche Luftbefeuchtung großer Versuchs- oder Arbeitsräume werden von verschiedenen Maschinenfabriken besondere Wasserzerstäubungs-Apparate her-gestellt. Die Wirkung dieser Apparate besteht z. B. darin, daß Wasser aus feinen Düsen gegen feine Siebe gespritzt wird und den Apparat in Form von feinen Bläschen verläßt. Die einzelnen Systeme unterscheiden sich durch Zuführung von Druckwasser, Preßluft, frischer Außenluft, direktem Dampf, Abdampf und a. m. Von einer guten Anlage muß verlangt werden, daß der Raum gleichmäßig befeuchtet wird und keine trockenen Zonen gebildet werden, daß Lufterneuerung, Abkühlung und Erwärmung leicht durchführbar sind, daß die Unkosten der Luftbefeuchtung möglichst geringe sind und keine erheblichen Bedienungs- und Wartungskosten entstehen.

Will man in einem Raume eine bestimmte Luftfeuchtigkeit erreichen, so stellt man zunächst die gerade herrschende Raum- und Außen-Luftfeuchtigkeit fest. Bei trockener Raum- und ge-

---

[1]) Andere Institute gestatten einen Spielraum von 55—65 % rel. Feuchtigkeit u. ä.

nügend feuchter Außenluft wird in vielen Fällen durch Öffnen der Fenster und Inbetriebsetzung der Ventilatoren der gewünschte Feuchtigkeitsgrad erreicht. Genügt dies nicht, so werden die Befeuchtungsapparate angestellt usw. Ungleich größere Schwierigkeiten bereitet es, bei zu feuchter Innenluft und gleichzeitig feuchter Außenluft den gewünschten Zweck zu erreichen. In solchem Falle muß man sich durch Heizen des Raumes, durch Aufstellen oder Aushängen Wasser anziehender Stoffe u. ä. zu helfen suchen. Besonders ist darauf zu achten, daß der Raum frische, reine Luft enthalte (da unreine Luft die Regelung der Feuchtigkeitsverhältnisse erschwert) und daß die Feuchtigkeit in dem ganzen Raum gleichmäßig ist.

Für besondere Versuche ist es manchmal erforderlich, eine von dem Versuchsraum abweichende bestimmte Feuchtigkeit zu erzeugen. Hierzu bedient man sich eines doppelwandigen, luftdicht schließenden Glaskastens, in welchem man die gewünschte Feuchtigkeit herstellt. Die Austrocknung der Luft bis zur absoluten oder annähernden Trockenheit erreicht man durch Aufstellen von Chlorcalcium, konzentrierter Schwefelsäure, Phosphorpentoxyd u. ä. hydroskopischen Mitteln, bzw. durch Filtration der Luft durch eines dieser Mittel. Mit Wasserdampf gesättigte Luft wird durch entsprechende Befeuchtung, Einblasen von Dampf u. dgl. erzeugt. Durch Aufstellen von Gefäßen mit Chlorcalciumlösung von bestimmter Konzentration (250 g Chlorcalcium in 755 ccm Wasser gelöst) wird die eingeschlossene Luft auf die relative Feuchtigkeit von 90—95 % gebracht. Schwefelsäure von 37,7 % hat nach Regnault eine Tension von 10,83 mm (bei 20° C), was einer relativen Feuchtigkeit von 62,4 % entspricht.

In den Glaskasten kann ein elektrisch betriebenes Flügelrad eingebaut werden, das die gleichmäßige Luftverteilung herbeiführt. Alle Einstellungen der Feuchtigkeit und der Temperatur können von außen bequem abgelesen werden.

In Ermangelung einer solchen Vorrichtung genügt für kleinere Versuche bisweilen schon eine luftdicht schließende Glasglocke.

Die Temperaturen des Raumes werden in bekannter Weise vermittels des Thermometers nach Celsius reguliert. Die Réaumur-Einteilung ist nicht zu empfehlen, da sich alle wissenschaftlichen Angaben und Tabellen in Deutschland auf Celsius-Einteilung, Zentigrade, beziehen. In England ist das Fahrenheit-

Thermometer herrschend, bei welchem der Gefrierpunkt des Wassers bei 32⁰, der Siedepunkt des Wassers bei 212⁰ liegt. Zur Umrechnung von (C = Celsius, R = Réaumur, F = Fahrenheit)

^{0}C in ^{0}R multipliziert man mit 4 und dividiert durch 5;

^{0}C in ^{0}F multipliziert man mit 9, dividiert durch 5 und addiert 32;

^{0}R in ^{0}C multipliziert man mit 5 und dividiert durch 4;

^{0}R in ^{0}F multipliziert man mit 9, dividiert durch 4 und addiert 32;

^{0}F in ^{0}C subtrahiert man 32, multipliziert mit 5 und dividiert durch 9;

^{0}F in ^{0}R subtrahiert man 32, multipliziert mit 4 und dividiert durch 9.

Die Konditionierung
oder Trockengehaltsbestimmung.

Alle Textilfasern nehmen — wie vorstehend ausgeführt — mehr oder weniger Wasser aus der Atmosphäre auf, die tierischen Fasern im allgemeinen mehr, als die pflanzlichen. Diese Aufsaugefähigkeit der Fasern an Wassergehalt, der in der Regel in Prozenten des Trockengewichtes angegeben wird, ändert sich mit der relativen Luftfeuchtigkeit. E. Müller[1]) hat hierüber grundlegende Versuche angestellt und den Wassergehalt der wichtigsten Textilfasern bei verschiedenen Luftfeuchtigkeiten (von 44—80 % rel.) ermittelt. S. umstehende Tabelle.

Zu dieser Tabelle ist zu bemerken, daß die ermittelten Werte nur als Durchschnittswerte Geltung haben. Fasern desselben Materials, aber verschiedener Herkunft weichen bezüglich der Wasseraufnahmefähigkeit voneinander mehr oder weniger ab. Sehr umfangreiche Untersuchungen nach dieser Richtung hin sind mit Baumwollsorten verschiedener Herkunft gemacht worden [2]). Man hat ein ganzes Jahr hindurch jeden Monat eine große Anzahl Proben (bis zu 300) von jeder Baumwollart auf den Wassergehalt hin untersucht. Nachfolgende Tabelle gibt eine Zusammenstellung

---

[1]) E. Müller, Ziviling. 1882, S. 157 ff.
[2]) Leipziger Monatsschrift für Textilindustrie 1901, Nr. 50.

Relativer Feuchtigkeitsgehalt der Luft		Absoluter Luftfeuchtigkeitsgehalt in g/1 cbm	Lufttemperatur t°C	Anzahl der Beobachtungen	Prozentualer Wassergehalt von												
						Baumwolle		Flachs		Seide		Kammzug		gewasch. Wolle		ungew. Wolle	
Psychrometer von August %	Hygrometer v. Klinkerfues %				Luft	beobachtet 1	berechnet 2	1	2	1	2	1	2	1	2	1	2
44,3	43,0	8,76	22,43°	3	0,726	6,32	6,22	7,65	7,68	8,58	8,65	12,06	12,18	12,00	12,18	10,98	9,75
46,3	44,2	8,13	20,16°	5	0,674	6,61	6,44	8,00	7,91	8,86	8,81	12,44	12,44	12,28	12,44	11,05	10,26
49,9	48,4	8,76	20,13°	4	0,726	6,87	6,75	8,30	8,24	9,01	8,99	12,77	12,75	12,65	12,75	11,09	11,06
52,4	50,9	9,83	21,48°	5	0,814	7,14	6,94	8,57	8,44	9,12	9,07	13,06	12,91	13,17	12,91	11,64	11,56
53,4	54,2	8,69	18,70°	6	0,720	7,17	7,10	8,70	8,61	9,22	9,21	13,19	13,13	12,95	13,13	11,92	11,90
54,5	52,3	9,36	19,68°	5	0,776	7,14	7,17	8,72	8,68	9,22	9,23	13,18	13,18	12,97	13,18	11,87	12,10
55,4	52,2	10,33	21,38°	5	0,857	7,21	7,21	8,73	8,71	9,23	9,22	13,23	13,19	13,21	13,19	12,02	12,23
56,4	56,0	9,45	19,40°	3	0,783	7,36	7,34	8,59	8,96	9,17	9,33	13,26	13,36	13,97	13,36	12,10	12,53
57,5	57,4	9,26	18,31°	9	0,768	7,42	7,46	8,92	9,08	9,36	9,41	13,46	13,50	13,41	13,50	12,54	12,81
58,5	60,3	7,90	15,44°	7	0,655	7,48	7,61	9,12	9,24	9,47	9,54	13,64	13,70	13,30	13,70	13,03	13,15
59,4	60,1	8,29	15,75°	6	0,687	7,57	7,69	9,21	9,35	9,52	9,58	13,72	13,77	13,26	13,77	13,23	13,34
60,6	61,6	8,29	15,40°	8	0,687	7,62	7,80	9,25	9,42	9,58	9,65	13,76	13,90	13,56	13,90	13,33	13,63
61,3	61,4	11,54	19,54°	12	0,957	7,61	7,76	9,20	9,30	9,58	9,56	13,72	13,78	13,55	13,78	13,32	13,61
62,2	60,3	12,88	22,14°	5	1,067	7,75	7,77	9,28	9,31	9,57	9,53	13,77	13,75	13,88	13,75	13,53	13,69
63,9	63,2	12,12	20,83°	3	1,004	7,93	7,96	9,53	9,50	9,70	9,65	13,99	13,96	13,98	13,96	14,35	14,13
64,3	62,2	12,66	22,24°	5	1,049	8,22	7,96	9,66	9,50	9,76	9,63	14,04	13,93	14,60	13,93	14,43	14,16
65,5	63,8	13,31	22,80°	4	1,103	8,17	8,04	9,74	9,59	9,79	9,67	14,16	14,01	14,41	14,01	14,65	14,39
66,3	66,0	14,07	23,60°	3	1,167	8,10	8,09	9,71	9,64	9,74	9,68	14,16	14,04	14,27	14,04	14,78	14,53
67,2	66,4	14,32	23,53°	4	1,187	8,17	8,17	9,77	9,72	9,78	9,73	14,22	14,12	14,43	14,12	14,98	14,73
68,6	68,6	13,31	22,08°	4	1,103	8,55	8,33	10,10	9,89	10,00	9,84	14,52	14,31	15,02	14,31	15,75	15,11
70,0	70,0	15,89	24,70°	1	1,317	8,26	8,38	9,98	9,94	9,96	9,83	14,38	14,31	14,25	14,31	14,94	15,29
79,3	78,0	11,32	16,85°	2	0,938	9,47	9,41	11,04	11,04	10,30	10,53	15,37	15,49	16,23	15,49	17,34	17,75

der höchsten, niedrigsten und der Gesamtmittelwerte des Wassergehaltes von Baumwollen verschiedener Provenienz an. Bildet man
für die Arten der einzelnen Länder noch die Gesamt-Mittelwerte,
so findet sich, daß die amerikanische Baumwolle durchschnittlich
am meisten Wasser enthalten hat (9,5 %); dann kommt die ägyptische Baumwolle mit 8,7 % und schließlich die indische Baumwolle mit 7,65 % Wasser. Dabei zeigt besonders die amerikanische
Baumwolle noch eine starke Verschiedenheit in den einzelnen
Arten [1]).

Herkunft der Baumwolle	Maximum %	Minimum %	Jahresmittel(beobachtet) %	GesamtMittelwert %
Amerika:				
Texas	14,8	6,9	9,2	
Orleans	9,9	7,8	9,7	
Memphis	9,8	7,1	9,4	
Sea Islands	9,9	7,4	9,6	
Savannah	16,2	10,7	13,8	
Norfolk	10,3	8,4	9,4	9,5
Florida	8,9	7,2	8,7	
Maceios	8,1	—	8,1	
Paraibas	8,3	—	8,3	
Wilmington	10,1	—	10,1	
Brésil	11,8	7,5	9,5	
Peru	9,8	7,5	9,1	
Ägypten:				
Ashmouni	9,5	6,8	8,4	
Gallini	10,8	7,1	9,3	8,7
Brown	8,7	7,8	8,3	
Indien:				
Surate	7,7	6,2	7,5	
Dholleia	8,1	6,4	7,0	7,65
Bengalen	8,2	—	8,2	
Tinnevelly	7,9	—	7,9	

Der Wassergehalt der Textilfasern stellt nun in der Tat einen
sehr wichtigen wirtschaftlichen Faktor dar. Werden beispiels-

---

[1]) J. Storhay, „L'industrie textile," Paris.

weise von jemandem 1000 kg Baumwolle gekauft, die insgesamt 100 kg Wasser enthalten, so werden diese 100 kg Wasser zum Preise der Baumwolle bezahlt. Wird dann dieser Posten Baumwolle später bei trockenem Wetter wieder weiter gehandelt und wiegt er dann nur noch 950 kg, indem sich die fehlenden 50 kg Wasser verflüchtigt haben, so müßte der Verkäufer die 50 kg auf sein Verlustkonto buchen. Um diesen Mißständen nach Möglichkeit zu begegnen, hat man sich im Verkehr zwischen Erzeugern und Abnehmern auf einen bestimmten zulässigen und gesetzlich festgelegten Wassergehalt geeinigt, der etwa dem mittleren Feuchtigkeitsgehalte des jeweiligen Materials entspricht. Zur ständigen Überwachung dieses Feuchtigkeitsgehaltes sind Anstalten ins Leben gerufen worden, die Konditionierungs-Anstalten, deren Aufgabe es ist, das ihnen vorgelegte Material auf den Wassergehalt zu prüfen und das „legale Handelsgewicht" festzustellen und amtlich zu beglaubigen. Das Verfahren besteht im Grundsatze darin, daß eine größere Anzahl Proben (von etwa 1 kg) demselben Ballen entnommen wird und die Proben dann in besonderen Trockenöfen, den sogenannten Konditionier-Apparaten, bis zum gleichbleibenden Gewicht getrocknet werden[1]). Mit Hilfe des so gefundenen Mittels wird dann das Trockengewicht der ganzen in Frage stehenden Partie berechnet. Dem ermittelten Trockengewicht rechnet man alsdann noch den erwähnten zulässigen Feuchtigkeitsgehalt (die „Reprise") zu und erhält damit das „Handelsgewicht". Über die Höhe des „legalen" Wassergehaltes ist man heute zu folgender Einigung gelangt. Dem ermittelten Trockengewicht werden folgende Prozentsätze zugeschlagen[2]) (die „Reprise"):

Für Seide und Kunstseide . . . . 11 %
Für Streichgarn und Kunstwollgarn . . . . . . 17 „
Für Wolle, Plöcke in gewaschenem Zustande, Kämmlinge . . . . 17 „

---

[1]) Die Trocknung ist meist nicht absolut, sondern kann durch Erhöhung der Temperatur oder durch Fortsetzung der Trocknung meist noch etwas weitergetrieben werden.

[2]) Vgl. Satzungen der Krefelder, Elberfeld-Barmer usw. Konpitionierungs-Anstalten, 1910.

Für alle anderen wollenen Garne, einschließlich Mo-
    hair, Genappe, Alpaka, Kammgarn sowie Kamm-
    zug . . . . $18\frac{1}{4}$ %
Für Baumwollgarn (Imitatgarn) . . . . $8\frac{1}{2}$,,
Für Leinen, Ramie und Hanfgespinst . . . . . 12 ,,
Für Jutegarn . . . . $13\frac{3}{4}$,,
Für Mischgarne aus Wolle und Baumwolle (Halb-
    wollgarn) . . . . 10 ,,
Für Mischgarn aus Wolle und Seide . . . . . . 16 ,,

Nach den Bestimmungen der Krefelder Konditionieranstalt
vollzieht sich die Trocknung nach dem System Corti durch Einblasen heißer Luft, die beim Eintritt in die Seide eine Temperatur von 140^0 C, beim Eintritt in die Kunstseide 120^0 C
und beim Eintritt in die übrigen Garne eine solche von 110^0 C
zeigt. — Die Elberfelder Konditionieranstalt trocknet nach ihren
,,Satzungen und Bestimmungen'' in demselben Cortischen Apparat
in einem Heißluftgebläse Seide und Kunstseide bei 140^0 C,
sonstige Garne bei 105—110^0 C. [1] Die Probestränge aus Rohseide werden bei diesen Temperaturen 1 Minuten getrocknet und
dann deren Gewicht eingetragen, ebenso nach einer weiteren
5 Minuten dauernden Einwirkung des Heißluftstromes. Alsdann ist
bei unbeschwerten Seiden Gewichtsbeständigkeit eingetreten, so
daß die Austrocknung als vollendet angenommen wird. Beschwerte Seiden zeigen bei längerer Erhitzung weitere Abnahmen, die aber nicht auf Feuchtigkeitsverlust, sondern auf
Verdampfung oder Zersetzung der Beschwerung zurückzuführen
sind. Diese Gewichtsabnahmen kommen bei Feststellung des
Konditionsgewichtes nicht in Betracht, so daß auch die Trocknung dieser Öl, Seife und dergleichen enthaltenden Seiden in
20 Minuten beendet ist. — Garne sowie Kunstseide bedürfen
einer längeren Austrocknung bis zu dem Zeitpunkte, wo dieselben
weniger als 0,03 % an Gewicht verlieren. Alsdann wird Gewichts-
konstanz angenommen; Seiden müssen weniger als 0,02 % Ge-
wichtsabnahme nach erneuter Trocknung erleiden, wenn deren
Gewicht als gleichbleibend angenommen werden soll.

---

[1] Besteht die Partie aus Cops, so wird eine Anzahl derselben ab-
gewunden und wie bei Garn verfahren.

Heermann, Mech. u. physik.-techn. Textilunters.   7

Was die zu konditionierende Menge betrifft, so schreibt die Krefelder Anstalt vor, daß eine durch drei teilbare Anzahl Stränge ausgewählt wird, welche in drei Lose verteilt wird. Die Zahl dieser Stränge wird so bemessen, daß jedes Los nicht unter 250 und nicht über 500 g wiegt. Dabei ist nicht allein darauf zu sehen, daß Stränge aus allen Teilen des Ballens genommen, sondern auch, daß die aus den verschiedenen Teilen des Ballens herstammenden Stränge möglichst gleichmäßig auf die drei Lose verteilt werden. Die Elberfelder Anstalt bemißt die zu trocknenden Bündel auf 250—750 g bei sonst gleicher Arbeitsweise.

Der höchste zulässige Unterschied zwischen beiden ersten Austrocknungen wird für Seide auf $1/3$ und für Kunstseide und Garn auf $1/2$ % festgesetzt. Findet sich demnach, daß der Gewichtsverlust von beiden Losen bis auf $1/3$, bzw. $1/2$% übereinstimmt, so wird die Austrocknung als genügend angesehen. Dem so ermittelten Trockengewicht wird dann der erwähnte, für jede Gattung des Materials festgelegte, Feuchtigkeitsprozentsatz („die Reprise") zugerechnet und darnach das Handelsgewicht des ganzen Ballens (nach Abzug des Taragewichtes vom Bruttogewicht) berechnet.

Wenn der Unterschied zwischen den Gewichtsverlusten der beiden Lose mehr als $1/3$, bzw. $1/2$ % beträgt, aber weniger als 1 %, so wird auch das dritte Los in gleicher Weise getrocknet. Überschreitet alsdann der größte Unterschied der drei Austrocknungen nicht 1 %, so wird das Mittel derselben der Berechnung zugrunde gelegt. Andernfalls werden bei Rohseide meist neue Proben gezogen, während bei Kunstseide und Garn die drei Lose nochmals getrocknet werden und das Durchschnittsergebnis der endgültigen Feststellung des Handelsgewichtes zugrunde gelegt wird.

Nach dem Entwurf für Baumwoll-Konditionen, beschlossen von den Verbänden der Baumwollgarn-Verbraucher [1]) ergibt sich das rechtmäßige Berechnungsgewicht (Handelsgewicht) gleichfalls, indem auf das bei 105—110° C ausgetrocknete Gewicht der rohen Baumwollgarne $8 1/2$ % zugeschlagen werden. Bei naßgezwirnten Garnen sind besondere Vereinbarungen zu treffen. Zur Bestimmung des Feuchtigkeitsgehaltes einer Garnlieferung sind der Konditionieranstalt bei Bündelgarnen

---

[1]) Sitzung vom 26. April 1911 in Berlin.

aus jedem Ballen 3—4 Stränge, bei Copsgarnen aus jedem Faß
oder jeder Kiste von etwa 200 kg Bruttogewicht 9—10 Cops
aus verschiedenen Lagen zur Untersuchung zu übergeben. Die
Proben sind sofort, nachdem sie gezogen sind, in luftdicht geschlossenen Gefäßen, welche möglichst zu füllen sind, zu trans-
portieren, damit eine Veränderung des Feuchtigkeitsgehaltes
möglichst ausgeschlossen bleibt. Die Entnahme der Proben hat
in Gegenwart von bevollmächtigten Vertretern beider Teile zu
erfolgen. Entsendet eine Partei innerhalb von sechs Tagen nach
Abgang einer Aufforderung mittels eingeschriebenen Briefes
keinen Vertreter, so hat die auffordernde Partei das Recht, die
Muster allein zu entnehmen. Diese Proben sind bei 105—110⁰ C
bis zur absoluten Trockenheit zu bringen. Dieses Trockengewicht
ergibt bei Hinzurechnung von $8\frac{1}{2}$ % Feuchtigkeit das zu be-
rechnende Handelsgewicht. — Überschreitet die so gefundene
Feuchtigkeit den Satz von $8\frac{1}{2}$ %, so hat der Verkäufer dem Käufer
die Differenz zum Garnpreise zu vergüten. Ist die Feuchtigkeit
geringer als $8\frac{1}{2}$ %, so kann der Verkäufer sich die Differenz her-
auszahlen lassen, vorausgesetzt, daß die Garnnummer keine
größere als die vorgesehene, gestattete (s. S. 105) Abweichung
aufweist. Bei mehr als 12 % Feuchtigkeit ist die Ware als nicht
lieferbar zu betrachten.

Konditionierung der für den Kleinhandel
bestimmten Garne[1]).

Die zur Untersuchung bestimmten Garne sind in ihrer handels-
mäßigen Aufmachung gut verpackt mit einem Begleitscheine,
welcher die Bezeichnung der Probe (Nummer, Zeichen u. dgl.),
die Angabe der Art des Garnes (Baumwolle, Halbwolle, Kammgarn oder Streichgarn) und den Namen des Einsenders enthalten
muß, an die mit der Untersuchung zu betrauende Anstalt einzusenden.

Zur Bestimmung des Trockengewichtes wird das Garn unter
sorgfältiger Sammlung etwaiger Abfälle aufgelockert, bzw. abgewickelt und nebst den Abfällen in einem Konditionierapparat
bei einer Temperatur von 105—110⁰ C getrocknet, die Austrock-

---

[1]) Bekanntmachung vom 20. Nov. 1900, Reichsgesetzblatt 1900,
S. 1014.

nung gilt als erreicht, wenn das Garn in den letzten 10 Minuten nach Angabe der mit dem Apparat verbundenen Wage weniger als 0,05 % an Gewicht verloren hat.

Bei Mengen von 1—10 g einschließlich kann die Trocknung auch in einem Wägegläschen in einem doppelwandigen Lufttrockenschrank stattfinden. In diesem Falle werden zunächst das Wägegläschen und der zugehörige Glasstöpsel durch starke Anwärmung getrocknet. In diesem Zustande wird das Gläschen zugestöpselt und leer gewogen. Nachdem sodann das Garn in das Gläschen hineingetan worden ist, wird das letztere offen in den Lufttrockenschrank gestellt, welcher auf einer Temperatur von 105—110⁰ C gehalten wird. Nach Verlauf von etwa 4 Stunden wird das Gläschen möglichst innerhalb des Schrankes mit dem Stöpsel, welcher sich ebenfalls während der Trocknung im Schrank befand, geschlossen, dann herausgenommen und gewogen. Das Trockengewicht ergibt sich dann als Differenz des zuletzt bestimmten Gewichtes des Gläschens mit dem Garn und des vorher ermittelten Gewichtes des leeren Gläschens. Bei den kleinsten Mengen von 1 und 5 g ist diese Methode besonders zu empfehlen.

Bei Mengen von 20 g und darüber kann das Trockengewicht in gleicher Weise an einer etwa 10 g betragenden Probe ermittelt werden. Diese Probe ist an möglichst vielen verschiedenen Stellen der Packung zu entnehmen. Vor der Trocknung ist in diesem Falle das Nettogewicht der Probe, sowie dasjenige der Gesamtmenge festzustellen. Das Entsprechende gilt für den Fall, daß nur ein Teil der Gesamtmenge im Konditionierapparat zur Trocknung gelangt.

Jede Wägung wird durch zwei, unabhängig voneinander arbeitende Personen ausgeführt.

Dem so ermittelten Trockengewicht wird der im § 3 der Bekanntmachung des Bundesrats vom 20. Nov. 1900 angegebene Normalfeuchtigkeitszuschlag [1]) zugerechnet (s. oben).

Liegt Anlaß zur Vermutung vor, daß die Beschwerung des Garnes durch Schlichtung, Appretur, Ölung usw. das durch die Fabrikation bedingte Maß überschreitet, oder ist eine Feststellung nach dieser Richtung hin ausdrücklich beantragt, so wird die

---

[1]) Für Kammgarn 18¼ %, für Streichgarn 17 %, für Mischgarne (halbwollene) 10 %.

Untersuchung nach den einschlägigen Methoden durch vereidigte Sachverständige ausgeführt.

Beispiel I. Ein Strang „Mischgarn" (Halbwolle) mit der Gewichtsangabe 5 g möge nach 4 stündiger Trocknung im Trockenschrank mit dem Wägegläschen, dessen Gewicht mit Stöpsel 50,52 g beträgt, 54,80 g wiegen. Dann ist das Trockengewicht des Stranges 54,80 — 50,52 = 4,28 g, also das wahre Handelsgewicht: 4,28 + 4,28 . 10 : 100 = 4,71 g. Die Abweichung vom Sollgewicht beträgt sonach 0,29 g gegen 0,5 g gestattete Abweichung (§ 4 der Bekanntmachung); das Garn ist also nicht zu beanstanden.

Beispiel 2. Aus einem Päckchen „Mischgarn" (Halbwolle) mit der Gewichtsangabe 200 g, welches ohne Verpackung 201,54 g wiegt, wird eine Probe von 10,16 g entnommen. Letztere möge nach 4 stündiger Trocknung im Trockenschrank mit dem Wägegläschen, dessen Gewicht mit Stöpsel 50,52 g beträgt, 59,22 g wiegen. Dann ist das Trockengewicht der Probe 59,22 — 50,52 = 8,70 g, also ihr wahres Handelsgewicht 8,70 + 8,70 . 10 : 100 = 9,57 g. Somit ergibt sich das wahre Handelsgewicht des ganzen Päckchens Garn zu 9,57 . 201,54 : 10,16 = 189,84 g oder abgerundet 189,8 g. Die Abweichung vom Sollgewicht beträgt also 10,2 g gegen 6 g gestattete Abweichung; das Garn ist also zu beanstanden.

Beispiel 3. Ein Päckchen Kammgarn mit der Gewichtsangabe 100 g möge nach längerer Trocknung im Konditionierapparat 84,22 g, 10 Minuten später 84,21 g wiegen. Da die Abnahme nur 0,01 g, also weniger als 0,05 % = 0,04 g beträgt, kann die Trocknung als beendet angesehen werden. Das wahre Handelsgewicht ermittelt sich hiernach zu 84,21 + 84,21 . 18,25 : 100 = 99,58 g, also abgerundet 99,6 g. Die Abweichung vom Sollgewicht beträgt also nur 0,4 g gegen 3 g gestattete Abweichung; das Garn ist also nicht zu beanstanden.

Konditionier-Apparate.

Die Konditionierapparate oder Trockengehaltsprüfer zur Bestimmung des Trockengehaltes bzw. des Handelsgewichtes von Seide, Wolle, Baumwolle usw. als Garn oder loses Material, von Halbstoffen, Zellstoffen usw. unterscheiden sich zunächst in dem

System dadurch voneinander, daß das betreffende Material a) durch (in einem besonderen Calorifère auf bestimmte Temperaturen) vorerwärmte Luft getrocknet wird, b) daß die Luft in dem Apparate selbst vermittels Gas, Benzin, Wasserdampf, Elektrizität erhitzt wird.

Letztere Apparate sind die einfacheren und kommen meist dort zur Anwendung, wo kein kontinuierlicher Trocknungsbetrieb vorhanden ist; erstere finden sich besonders in den Trocknungsanstalten mit kontinuierlichem Betrieb (Seidentrocknungsanstalten).

Fig. 66 zeigt einen Schopperschen Trockengehaltsprüfer mit Gas- oder Benzinheizung.

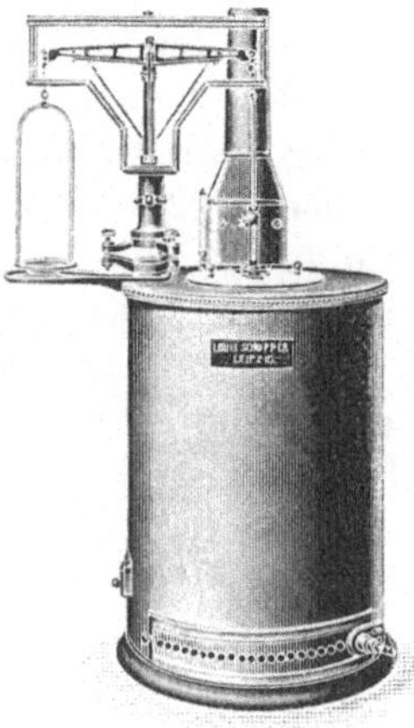

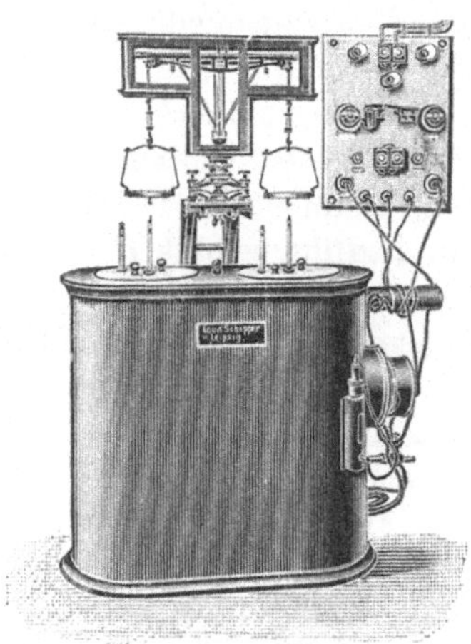

Fig. 66. Konditionierofen mit Gas- oder Benzinheizung (Schopper).   Fig. 67. Konditionierofen mit Dampf- und elektrischer Heizung (Schopper).

Der Apparat ist mit feiner Präzisionswage in einem Glasgehäuse ausgestattet. Das Gehäuse kann auf Wunsch weggelassen werden, doch ist es immer ratsam, es mit zu benutzen, da die Wage dann vor schädlichen, äußeren Einflüssen geschützt ist. Die Wage ist entweder auf den Apparat montiert oder so angeordnet, daß das Wägen der Probe im Trockenraum möglich ist. Der Gasbrenner ist in den Apparat eingebaut und der Gashahn als Feineinstell·ventil mit Skala konstruiert. Der Benzinbrenner wird besonders geliefert; er ist mit Manometer und Druckpumpe zur Flammen- und Temperatur-Regulierung versehen.

Ähnlich gebaut ist der Apparat für Dampfheizung. Dieser ist überall dort zu empfehlen, wo eine Dampfanlage vorhanden ist und wo Temperaturen bis zu 100° C ausreichen. In den meisten Fällen wird ein solcher Apparat aber wegen der verlangten höheren Temperaturen nur zum Vortrocknen zu verwenden sein.

Fig. 67 zeigt den von der Firma L. Schopper in Leipzig für das Königliche Materialprüfungsamt in Gr.-Lichterfelde gebauten Trockenprüfer [1]). Er hat zwei Kammern und ist mit einem Ventilator zum Durchdrücken von Luft durch das Trockengut versehen; die eine Kammer wird mit Dampf, die andere elektrisch geheizt. Bei dem Bau ist besonders auf geringe Wärmeausstrahlung und gute Wärmeausnützung Rücksicht genommen. Wenn das Abzugsrohr mit einer gut ziehenden Esse verbunden werden kann, ist der Ventilator überflüssig.

Talabot konstruierte zuerst im Jahre 1841 einen Konditionier-Apparat mit Warmluft-Zuführung. Persoz und Rogeat verbesserten denselben später. Diese Apparate älterer Konstruktion sind später in fast sämtlichen Trocknungsanstalten einheitlich durch das Cortische System ersetzt worden. Die zum Trocknen bestimmten Stränge wurden früher an Krönchen in den Apparat gebracht. Die heiße Luft wurde durch den Zug des Schornsteins durch die Apparate gesogen und trocknete das Material, je nach der Natur desselben, in etwa $1—1\frac{1}{2}$ Stunden. Bei dem Cortischen Apparat wird das Trockengut in ein Aluminiumkörbchen gelegt, welches einen Boden aus Drahtgeflecht hat, so daß die Luft ungehindert hindurchstreichen kann. Das Körbchen wird, mit dem Trockengut gefüllt, in den Zylinder gelassen, in welchen es genau paßt und zwar so, daß die heiße Luft nicht daran vorbei, sondern durch das Material hindurchstreichen muß. Hierbei gehen in der Minute $2\frac{1}{2}$ Kubikmeter Luft hindurch. Bis zur völligen Austrocknung sind auf solche Weise etwa nur 25 Minuten notwendig.

Fig. 68 [2]) zeigt die innere Anordnung des Cortischen Apparates, den die Mailänder Konditionsanstalt (Società Anonima

---

[1]) Vgl. auch W. Herzberg, „Die Papierprüfung." III. Aufl., S. 139.
[2]) Von der Elberfeld-Barmer Seiden-Trocknungs-Aktiengesellschaft frdl. zur Verfügung gestellt.

Cooperativa per la Stagionatura e l'Assaggio delle Sete ed Affini, Milano) bei sämtlichen europäischen Anstalten der Vereinigung zwecks einheitlicher Untersuchungsmethoden aufgestellt hat.

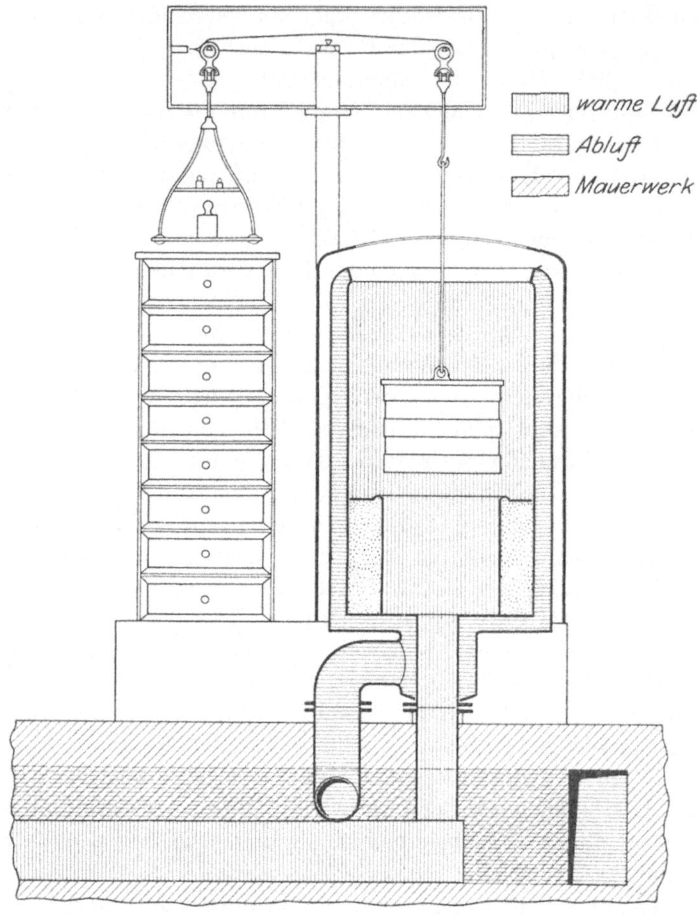

Fig. 68.   Cortischer oder Verbands-Konditionier-Apparat.

Abweichungen von der Baumwollgarn-Sollnummer.

Im Handelsverkehr mit Garnen ist es seit Jahren als ein schwerer Übelstand empfunden worden, daß es an einheitlichen, in Streitfällen klar und bündig entscheidenden Bedingungen fehlte. Um diesem Mangel abzuhelfen, haben sich die Baumwollgarn-Verbraucher zu folgenden Grundsätzen bezüglich der Abweichungen von der Baumwollgarn-Sollnummer, der sogenannten Toleranz, geeinigt [1]).

„Der Durchschnitt der an den Proben ermittelten Nummer für jeden einzelnen Ballen oder jede einzelne Kiste gilt als maßgebend für das betreffende Kollo, und sodann gilt der Durchschnitt aller vorhandenen Kolli als Durchschnitt der Numerierung für die ganze der Musterziehung unterzogene Menge der angefochtenen Garnsendung. Ausgenommen von der Einbeziehung in diese Durchschnittsberechnung sind jedoch die Ergebnisse jener Ballen oder Kisten,

welche bis einschließlich Nr. 14 . . .	bis 5	%
Nr. 14 bis Nr. 24	„ 4	„
Nr. 24 bis Nr. 60	„ 3	„
über Nr. 60	„ $2\frac{1}{2}$	„

nach oben oder unten von der zu liefernden Nummer abweichen. Diese auszuscheidenden Ballen oder Kisten kann der Käufer gegen Ersatz aller seiner Spesen dem Verkäufer zur Verfügung stellen. Bei feiner gelieferten Garnen findet keine Vergütung statt.

Die Grenze, innerhalb welcher bei zu grober Numerierung eine Vergütung nicht stattfindet, wird mit 2 % festgesetzt. Ist die Differenz eine größere, so ist das ganze Plus nach Maßgabe des Verbrauches bei Verarbeitung der Garne zu vergüten, doch braucht der Verkäufer eine Vergütung nicht zu leisten, wenn er die bemängelten Mengen innerhalb von 2 Wochen gegen richtig numerierte Garne umtauscht.“ Die Beanstandung muß spätestens 6 Wochen nach Empfang der Ware geschehen, es sei denn, daß es sich um heimliche Fehler handelt.

---

[1]) Entwurf für Baumwoll-Konditionen, beschlossen von den Verbänden der Baumwollgarn-Verbraucher am 26. April 1911. § 7 des Entwurfes. S. a. S. 98.

Bei Lieferungen von anderen Garnen als Baumwollgarnen bestehen zurzeit keine festen Abmachungen bezüglich der erlaubten Abweichungen von der Sollnummer.

Garn-Numerierungs-Systeme.

Der Feinheitsgrad des Gespinstes wird durch die Nummer, Feinheitsnummer oder den Titer zum Ausdruck gebracht. Diese Numerierung oder Titrierung wird für Garne aller Materialien insofern einheitlich gehandhabt, als das Verhältnis zwischen einer bestimmten Fadenlänge und deren Gewicht der Nummer zugrunde gelegt wird. Hierbei sind zweierlei Grundsysteme im Gebrauch. Werden die Längeneinheiten, die gewogen werden, mit L bezeichnet und die zur Wägung verwandten Gewichtseinheiten mit G, so drückt

a) $\dfrac{L}{G}$ aus, wie viele Längeneinheiten auf eine Gewichtseinheit gehen, z. B. die Anzahl Meter in einem Gramm;

b) $\dfrac{G}{L}$ gibt dagegen an, wie viele Gewichtseinheiten eine Längeneinheit wiegt, z. B. die Anzahl Gramme in 9000 m.

Ersteres System (Angabe von Längennummern) kann man kurzweg als Längen-Numerierungssystem, letzteres (Angabe von Gewichtsnummern) als Gewichts-Numerierungssystem bezeichnen. Nach dem ersten System werden Baumwolle, Flachs, Wolle usw., nach dem zweiten Seide, (Jute) numeriert. Die höchsten Nummern z. B. bei Baumwolle usw. bezeichnen demnach die feinsten, bei Seide die gröbsten Garne und umgekehrt die niedrigsten Nummern bei Baumwolle die gröbsten und bei Seide die feinsten Garne.

Große Verschiedenheiten entstehen bei beiden Grundsystemen ferner dadurch, daß sowohl als Längen- wie auch als Gewichtseinheiten verschiedene Einheiten eingeführt sind. Die Numerierung der Garne ist dadurch eine recht verwickelte geworden, deren Vereinheitlichung auf dem metrischen, weil einfachsten Systeme angestrebt werden sollte und in letzter Zeit auch tatsächlich angestrebt wird [1]).

Längen-Numerierungs-Systeme.

Unter diesen Systemen bildet die englische Nummer in England und dessen Kolonien, in Deutschland, Österreich-Ungarn, Italien, Rußland, in der Schweiz, in Schweden, Norwegen und in den Vereinigten Staaten von Nordamerika heute noch das herrschende System. Außer der englischen Nummer kommen noch zwei andere Nummern hauptsächlich in Betracht, die metrische Nummer und die französische Nummer. In sehr beschränktem Maße kommt noch zur Anwendung die niederländische und die österreichische Nummer.

In nachfolgendem werden die verschiedenen Nummern wie folgt abgekürzt bezeichnet:

Die metrische Nummer = Nm,
die englische Nummer = Ne,
die französische Nummer = Nf,
die niederländische Nummer = Nn,
die österreichische Nummer = No.

Die metrische oder internationale Garn-Numerierung.

Die metrische Nummer oder metrische Feinheitsnummer zeigt an, wie viele Längeneinheiten von 1000 Metern (d. h. Kilometern) ein Kilogramm wiegen, oder wieviel Meter auf ein Gramm gehen.

Diese Numerierung wird heute auch als internationale und das System als internationales System bezeichnet (außer bei Seide); es ermöglicht die Feinheitsbestimmungen nach einfachster Art[1]). Trotzdem hat sie sich für Baumwolle sehr schwer und nur vereinzelt Eingang verschafft. Nach obiger

---

[1]) Selbst in England werden diese Bestrebungen immer sichtbarer. So sprach sich Ende 1910 zu Manchester eine Versammlung von Textilindustriellen zugunsten des metrischen Systems aus (Leipziger Monatsschrift für Textilindustrie 1910, S. 1219).

Begriffsbestimmung wird die metrische Nummer demnach durch folgende Formel zum Ausdruck gebracht:

$$N_m = \frac{L_{km}}{G_{kg}} = \frac{L_m}{G_g} = \frac{Meter}{Gramm}.$$

Wenn z. B. 50 000 m oder 50 km eines Garnes 1 kg erfüllen, so ist die metrische Nummer 50; wenn auf 1 g Garn 20 m gehen, so ist die metrische Nummer = 20 usw.

Die Strangeinteilung beim metrischen System ist folgende. Es ist:

1 Strang (Strähn, Strähne, Schneller, Zahl, écheveau) = 1000 m
1 Gebinde (échevette) = 100 m.

Nach den Beschlüssen des Internationalen Kongresses zu Paris 1900 hat diese metrische Nummer für alle Gespinste mit Ausnahme der einfachen und gezwirnten Seide, Geltung und ist somit zur internationalen Nummer erhoben worden. Die Strähnlänge für alle Arten abgehaspelter Garne ist mit tausend Meter unter dezimalen Unterteilungen festgesetzt.

Jedes Weifensystem ist zulässig unter der Bedingung, daß es 1000 m auf den Strähn ergibt. Die gebräuchlichsten Weifenumfänge betragen 1 m, 1,25 m, 1,37 m (= 1½ Yard), oder 1,4286 m. Bei Baumwollgarn sind in einem Gebinde meist 70 Fäden vereinigt, wonach sich der Haspelumfang zu 100 : 70 = 1,4286 m berechnet.

Die englische Baumwollgarn-Numerierung.

Die Einheit des englischen Längenmaßes ist das Yard.
1 Yard = 3 Fuß = 36 Zoll = 0,9144 Meter.
1 Meter = 1,09363 Yard = 3,2809 Fuß = 39,3708 Zoll.
Die Einheit des englischen Gewichtes ist das Pfund.

1 Pfund engl. (lb) = 16 Unzen (ounces oder oz.) = 7000 grains (gr) = 453,598 Gramm (g) = rund 453,6 g.
1 Kilogramm (kg) = 2 Pfund deutsch = 2,204 Pfund engl. = 1000 g.

Die englische Baumwollnummer gibt an, wie viele Längeneinheiten von 840 Yards ein Pfund engl. wiegen.

Strangeinteilung:

1 hank (Zahl, Schneller, Strang) = 840 Yards = 768 m.
1 hank = 7 Gebinde (leas) = 560 Fäden (threads).

1 Gebinde = 120 Yards = 109,7 m = 80 Fäden.
1 Faden = 1,5 Yard = 1,3714 m (= Weifenumfang)
(oder = 1 Yard = 0,9144 cm).

Bedeutet also Le die englische Längeneinheit (in Schnellern oder hanks) und Ge die englische Gewichtseinheit (in englischen Pfunden), so lautet die Formel für die englische Nummer:

$$N_e = \frac{L_e}{G_e}.$$

Werden statt der Schneller oder hanks für geringere Mengen, Yardlängen zugrunde gelegt, so rechnet sich die Formel (da $L_e = L_y : 840$ ist) um in:

$$N_e = \frac{L_y}{840\,G_e} = 0,00119\,\frac{L_y}{G_e},$$

wo L_y die Längeneinheit in Yards bedeutet. Wiegen z. B. 42 Yards 0,1 Pfund engl., so ist die englische Nummer $= 0,00119 \cdot \dfrac{42}{0,1}$ oder rund 0,5.

Soll die Länge in Metern, das Gewicht in Kilogramm (G kg) ausgedrückt werden, so erhält man (da $Ge \times 0,4536 = G\,kg$ ist) die Formel:

$$N_e = 0,00059\,\frac{L_m}{G_{kg}},$$

und soll die Länge in Metern und das Gewicht in Grammen ausgedrückt werden, so kommt man zu dem 1000 mal größeren Wert der Formel:

$$N_e = 0,59\,\frac{L_m}{G_g} \quad \text{oder} = 0,59\,N_m.$$

Mit anderen Worten: Zur Umrechnung der metrischen Nummer in die englische Nummer wird erstere mit 0,59 multipliziert, umgekehrt durch 0,59 dividiert.

Die französische Baumwollgarn-Numerierung.

Die französische Nummer zeigt an, wie viele Längeneinheiten von je 1000 Metern oder Kilometern ein halbes Kilogramm wiegen. bzw. wie viele Meter auf 0,5 g gehen.

Dieses in Frankreich, zum Teil im Elsaß und einigen süddeutschen Spinnereien gebräuchliche Numerierungssystem unterscheidet sich vom metrischen eigentlich nur durch die Gewichtseinheit des ½ kg oder des deutschen Pfundes an Stelle des Kilogramms. Die französische Nummer ist also halb so groß wie die metrische:

$$N_f = 0.5 \, \frac{L_m}{G_g} \text{ oder } = 0,5 \, N_m.$$

Bei Garn 40 er metrisch erfüllen 40 km = 1 kg; bei demselben Garn erfüllen also nur 20 km = ½ kg. 20 ist demnach die französische Nummer dieses Garnes.

Strangeinteilung:
1 écheveau = 1000 m.
1 écheveau = 10 Gebinde (échevettes) = 700 Fäden (fils).
1 Gebinde = 100 m = 70 Fäden.
1 Faden = 1,4286 m (= Weifenumfang) (oder = 1 m Weifenumfang).

Da die französische Nummer sich nur wenig von der englischen unterscheidet, wäre die Einführung des französischen Systems in Deutschland an Stelle des englischen viel leichter durchführbar, als diejenige des metrischen Systems mit dem beträchtlichen Sprung. Da der französischen Nummer ferner das internationale Maß- und Gewichtssystem (Meter, Gramm) zugrunde liegt, könnte sie auch zweckmäßig als internationales System angenommen werden.

Die österreichische Baumwollgarn-Numerierung.

Die österreichische Baumwollnummer zeigt an, wie viele Längeneinheiten von 1487,5 Wiener Ellen ein österreichisches Pfund (560 g) wiegen.

1 Schneller = 1487,5 Wiener Ellen.
1 Wiener Elle = 2,465 österreichische Fuß.
1 österreichischer Fuß = 0,31611 Meter.

Demnach ist:
1 Wiener Elle = 0,7792 Meter und
1487,5 Wiener Ellen = 1159 Meter = 1267,6 Yards.
1 Strang (Zahl) = 7 Gebinde.

1 Gebinde = 100 Faden.

1 Gebinde = 1487,5 : 7 = 212,5 Wiener Ellen.

Umfang des Haspels = 212,5 : 100 = 2,125 Wiener Ellen = 1,6558 m.

1 österreichisches Pfund = Go = 560 g = 0,56 kg.

Die österreichische Nummer wird also sein:

$$N_o = 0{,}483 \frac{L_m}{G_g} = 0{,}483 \, N_m \,.$$

Die niederländische Baumwollgarn-Numerierung.

Die niederländische Nummer zeigt an, wie viele Längeneinheiten von 840 Yards ein halbes Kilogramm wiegen.

Diese Numerierung hat demnach Längen- und Gewichtseinheiten verschiedenen Systemen entnommen.

Die niederländische Nummer steht in folgendem Verhältnis zu der metrischen:

$$N_n = 0{,}651041 \, N_m.$$

Ein Schneller wird in 7 Gebinde à 80 Faden (wie englische hanks) eingeteilt. Der Haspelumfang beträgt 1,5 Yard oder 54 englische Zoll = 1,3712 m.

Gebräuchliche Gespinstnummern für Baumwollgarne.

Die Spinnfähigkeit der Baumwolle geht etwa bis Nr. 300 engl. Feinere Nummern als 240 kommen praktisch höchst selten vor. Von Nummern über 20 sind nur die geraden Nummern gebräuchlich, also 22, 24, 26, 28, 30 usw. Bei den feinen Garnen zählt man von 5 zu 5, bei den hochfeinen (über 100) von 10 zu 10. Die gröbsten Garne haben die Nr. $\frac{1}{2}$—2. Für Talglichte dient Mulegarn Nr. 8—12; für Wachs- und Stearinkerzen Nr. 20—40, für gewebte hohle Lampendochte Nr. 12—30. Für Strumpfwirkerei werden die Nummern 6—36, seltener auch 80—90 verarbeitet.

Umwandlungstafel der Numerierungssysteme für Baumwollgarne.

Metrische Nr. Nm		Englische Nr. Ne		Franzöz. Nr. Nf		Österreich. Nr. No		Niederl. Nr. Nn
1	=	0,59	=	0,5	=	0,483	=	0,651
1,694	=	1	=	0,8475	=	0,818	=	1,103
2	=	1,18	=	1	=	0,966	=	1,302
2,07	=	1,222	=	1,035	=	1	=	1,3478
1,535	=	0,90629	=	0,768	=	0,74193	=	1

Zwirne.

Die Nummer gezwirnter Garne gibt man durch die Nr. des einfachen Fadens unter Angabe der Fadenzahl an, aus welchem der Zwirn hergestellt ist. Nr. 40/2 fach oder 2/40 heißt also: Zwei einfache Fäden, von denen jeder die Nr. 40 hat, sind zusammengezwirnt.

Die Strähnlänge des Zwirns beträgt nicht wie die des einfachen Fadens (z. B. bei dem englischen System) 768 m, vielmehr ist von derselben für das Einzwirnen im Mittel 1,5 % (beim englischen System also etwa 12 m) abzurechnen, so daß ein Zwirnsträhn engl. im Durchschnitt 756 m mißt. Bei groben Garnen und fester Drehung beträgt diese Korrektur mehr, bei feinen Garnen und loser Drehung — weniger.

Die Numerierung von Flachs-, Werg- und Hanfgarnen.

Die Internationale oder metrische Nummer hat einen Weifenumfang von 2 und 2½ m.

Die gebräuchlichste englisch-irische Nummer (Längennummer) zeigt an, wie viele Gebinde von je 300 Yards Länge ein Pfund engl. wiegen.

Haspelumfang = 2½ Yards (oder seltener 3 Yards).

Fadenzahl eines Gebindes = 120, also ist die Gebindelänge = 120 . 2,5 = 300 Yards = 274,32 Meter.

1 Schock à 10 Bündel, à 5 Stück (hasp), à 4 Strähn (hank). à 12 Gebinde (lea) = 720 000 Yards oder 658 368 Meter [1]).

---

[1]) Oder auch: 1 Schock à 2 Pack, à 6 Bündel. à 5 Stück, à 4 Strähne, à 10 Gebinde, à 300 Yards = 720 000 Yards.

Da also die englische Baumwollnummer auf 840, die Leinennummer auf 300 Yards bezogen wird, so entspricht Nr. 1 engl. Baumwollnummer = Nr. 2,8 engl. Leinennummer.

Man unterscheidet bei Leinengarn nach der Art des Spinnens trocken gesponnenes und naß gesponnenes Garn. Das erstere besitzt in der Regel höhere Festigkeit, während durch Naßspinnen höhere Nummern erhalten werden können; beide Garne sind leicht durch ihr Äußeres zu erkennen. Die aus den Abfällen der Flachsspinnerei hergestellten Werggarne (und die Heedegarne, Tow-line) lassen sich ebenfalls sehr leicht von Flachsgarn unterscheiden. Der Werggarnfaden weist viele knotige Stellen, von mitversponnenen Schäberesten herrührend, auf, während der Flachsfaden solche nicht zeigt.

Man spinnt den Flachs in Deutschland trocken etwa von Nr. 10 bis 30, naß bis Nr. 80, in Belgien und Schottland bis Nr. 200. Werg spinnt man trocken etwa von Nr. 6—20, naß bis Nr. 35. Die letzteren Garne dienen zu geringeren Geweben als Kette, mit loser Drehung und in gebleichtem Zustande als Schuß für Halbleinen.

Man unterscheidet ferner das Handgespinst vom Maschinengespinst dadurch, daß sich ersteres fetter und glatter anfühlt, elastischer, stellenweise schwächer und im Umfange weniger gerundet ist, sich auch nicht aufrollt, während Maschinengarn sich steifer und rauher anfühlt, von gleichförmiger Dicke und vollkommener Rundung ist.

Von anderen im Gebrauch befindlichen Numerierungen des Flachsgarnes seien erwähnt:

Die österreichische Leinennummer zeigt an, wie viele Strähne (von 3600 Wiener Ellen) 10 Pfund engl. wiegen. 10 Pfund engl. = 8,1 Wiener Pfund.

1 Schock à 12 Bündel à 20 Strähne à 30 Gebinde à 40 Stück à 3 Wiener Ellen = 864 000 Wiener Ellen. Ein Strähn hat demnach 3600 Wiener Ellen (à 0,77921 Meter) oder 2805,156 Meter. Weifenumfang = 3 Wiener Ellen.

Die französische Nummer zeigt an, wieviel Kilometer ½ Kilogramm wiegen. Sie ist also mit der französischen Baumwollnummer identisch und ist auch teilweise in Belgien im Gebrauch.

1 Schock à 12 Bündel à 50 000 Meter = 600 000 Meter.
Der Weifenumfang beträgt 2½ Meter.

Deutsche (schlesische) Nr. s. Spalte 6 der Tabelle auf S. 115.

Die Numerierung von Jutegarn.

Die gebräuchlichste englische Nummer zeigt an, wie viele Gebinde von je 300 Yards Länge ein Pfund engl. wiegen. Sie ist also mit der englischen Flachsnummer identisch.

Haspelumfang = 2½ Yards.

1 Bündel à 16—20 Umfänge 20 Strähne à 5 Gebinde à 15 bis 120 Fäden.

Diese englische Jutenumerierung, Längennumerierung, gilt im Handel, während in den Fabriken, die zugleich spinnen und weben, die sogenannte schottische Gewichtsnummer gebräuchlich ist.

Die schottische oder Belfaster Jutenummer zeigt an, wie viele Gewichtseinheiten von je 1 Pfund engl. eine Längeneinheit (Spyndle oder Spindel) von 14 400 Yards oder rund 13 167 Meter erfüllen.

Jute wird demnach sowohl nach dem Längen- als auch nach dem Gewichtssystem numeriert.

1 Spyndle à 8 Strähne à 6 Gebinde = 5760 Fäden à 2,5 Yards = 14 400 Yards, oder 1 Spyndle à 8 Strähne à 6 Gebinde à 120 Fäden à 2½ Yards = 14 400 Yards.

Man unterscheidet wie bei Leinen Jute-line und Jute-tow (Werggarn). Bei ersterem kommen die Nummern 12—24 vor, während die gröberen Nummern von Nr. ¼ an in der Regel in Towgarn gesponnen werden.

In Holland wird die Feinheit der Jute auch durch die Zahl angegeben, die anzeigt, wie viel Hektogramm eine Länge von 150 Meter erfüllen.

Die Numerierung von Ramiegarn (Chinagras, Nessel).

Die Ramie wird entweder nach der englischen Flachsnummer oder nach der metrischen (internationalen) Nummer (Anzahl Kilometer in 1 Kilogramm) angegeben.

Umwandlungstafel für die gebräuchlichsten Numerierungen von Gespinsten aus Baumwolle, Leinen und Jute. (Nach E. Müller.)

1	2	3	4	5	6	7
Metrische oder internationaleNr. (Anzahl km in 1 kg)	Englische Baumwoll-Nr. (und Florettseide) (Anzahl von je 840 Yards in 1 Pfund engl.)	Französ. Baumwoll- und Leinen-Nr. (Anzahl km in ½ kg)	Englische Leinen- und Jute-Nr. (Anzahl von je 300 Yards in 1 Pfund engl.)	Österreich. Leinen-Nr. (Anzahl von je 3600 WienerEllen in 10 Pfd. engl.)	Deutsche Leinen-Nr. (Anzahl von je 1152 Ellen in 2,4 Pfd.)	Schottische Gewichts-Nr. für Jute (Anzahl Pfd. engl. in 14400 Yards)
1	× 0,590	× 0,500	× 1,65	× 1,62	× 1,67	29,0 :
× 1,69	1	× 0,847	× 2,8	× 2,74	× 2,84	17,1 :
× 2,00	× 1,18	1	× 3,30	× 3,24	× 3,34	14,5 :
× 0,606	× 0,358	× 0,303	1	× 0,982	× 1,01	48,0 :
× 0,617	× 0,364	× 0,309	× 1,02	1	× 1,03	47,0 :
× 0,599	× 0,353	× 0,299	× 0,988	× 0,971	1	48,4 :
29,0 :	17,1 :	14,5 :	48,0 :	47,0 :	48,4 :	1

Anmerkung. Beim Gebrauch dieser Tabelle ist zu beachten, daß, um das Verhältnis zweier höheren Nummern der Gespinste zu finden, bei den Spalten 1 bis 6 die Verhältniszahlen mit den Nummern zu vervielfältigen sind, während bei Spalte 7 (Jute, schottische Gewichts-Nr.) eine Division durch die Nummern stattzufinden hat. Beispiel: Nr. 1 metrisch = Nr. 1,65 Leinen engl.; Nr. 20 metrisch = Nr. 33 Leinen engl.; Nr. 1 Baumwolle engl. = Nr. 17,1 Jute schottisch; Nr. 50 Baumwolle engl. = Nr. 0,342 Jute schottisch (17,1 : 50 = 0,342).

Die Numerierung der Wollgarne.

Man hat versucht, sowohl für Streichgarn, als auch für Kammgarn die einheitliche metrische Nummer durchzuführen, was bis jetzt jedoch nur beim Kammgarn erreicht ist, während bei Streichgarn noch immer eine in den verschiedenen Ländern abwechselnde Numerierung im Gebrauch ist. So unterscheidet man eine preußische, sächsische, böhmische, niederländische, französische, englische Weife usw. Früher haspelte man das Kammgarn in Deutschland und Österreich übereinstimmend mit dem englischen Baumwollgarn.

Die metrische oder internationale Nummer zeigt an, wieviel Längen von je 1 Kilometer das Gewicht eines Kilogramms erfüllen. Vorzugsweise für Kammgarne im Gebrauch.

1 Strähn à 10 Gebinde = 730 Fäden = 1000 Meter; oder
1 Strähn à 10 Gebinde = 800 Fäden = 1000 Meter.
Haspelumfang also = 1,37 oder 1,25 Meter.

Die englische Wollnummer zeigt an, wieviel Längen von je 560 Yards („Conets") ein Pfund engl. erfüllen (s. a. unter Baumwolle).

1 Strähn (hank) = 7 Gebinde = 560 Fäden = 560 Yards = 512 m.
Haspelumfang = 1 Yard.

Die preußische oder Berliner Wollnummer zeigt an, wieviel Stück (à 1467 Meter) auf ein Berliner Handelspfund (à 467,7 g) oder meist auf ein Zollpfund (à 500 g) gehen (stückig Streichgarn-Numerierung).

Niederländische Haspelung in zwei Abarten:
a) 1 Stück à 4 Zahlen à 220 Fäden = 2200 Berliner Ellen = 1467 m.
Haspelumfang = 2½ Berliner Ellen oder 1,666 m.
b) 1 Stück à 20 Gebinde à 44 Fäden = 2150 Berliner Ellen = 1434 m.
Haspelumfang = 2,44 Berliner Ellen = 1,63 m.
c) rheinische Haspelung:
1 Stück à 10 Gebinde = 1000 Fäden = 2000 Brabanter Ellen = 1390 m.
Haspelumfang = 2 Brabanter Ellen = 1,39 m.
d) Cockerillsche Weife, auch in Belgien gebräuchlich:
1 Stück à 2240 Berliner Ellen = 1494 m.

Man spricht von 2-, 3-, 4- usw. stückigem Garn zu 2200 Berliner oder 2000 Brabanter Ellen usw.

Die sächsische Wollnummer zeigt an, wieviel Stück (s. preußische Nummer) auf 500 g gehen.

a) 1 Stück à 5 Gebinde à 80 Fäden = 800 Leipziger Ellen = 452 m.
Haspelumfang = 2 Leipziger Ellen = 1,133 m.
b) 1 Zahl à 4 Gebinde à 80 Fäden = 800 Leipziger Ellen = 452 m.
Haspelumfang = 2½ Leipziger Ellen = 1,412 m.

c) 1 Strähn à 5 Gebinde à 80 Fäden = 1200 Leipziger Ellen
= 678 m.

Haspelumfang = 3 Leipziger Ellen = 1,695 m.

d) 1 Stück à 4 Strähne à 3 Gebinde = 2400 Leipziger Ellen
= 1356 m.

e) 1 Stück à 2200 Leipziger Ellen = 1243 m.

Die Wiener Wollnummer zeigt an, wieviel Strähne (à 1371 m) auf ein Wiener Pfund (560 g) gehen. In Österreich fast überall gebräuchlich.

1 Strähn à 20 Gebinde (Klapp) = 880 Fäden = 1760
Wiener Ellen = 1371 m.

Haspelumfang = 2 Wiener Ellen = 1,558 m.

In Böhmen haspelt man noch häufig 1 Strähn = 800 Leipziger Ellen und numeriert nach 1 Pfund engl. (453,6 g). Haspelumfang 2 Leipziger Ellen.

Die französische Wollnummer zeigt an, wieviele Strähne ½ kg wiegen (seltener Pariser Pfund von 489,5 g).

a) Sedan und Umgegend:

1 Strähn (écheveau) à 22 Gebinde (macques) = 968 Fäden
= 1493,6 m.

Haspelumfang = 1,543 m. Einheitsgewicht 500 g, seltener
das Pariser Pfund von 489,5 g.

b) Elboeuf:

1 Strähn = 3600 m. Haspelumfang = 2 m. Einheitsgewicht 500 g.

Umwandlungstabelle für Wollgarnnummern verschiedener Systeme.

metrische Nr.	preußische Nr.	sächsische Nr.	österreich. Nr.	englische Nr.	elboeufer Nr.	sedaner Nr.
1	0,34	1,11	0,41	0,885	0,139	0,328
2,94	1	3,26	1,2	2,6	0,41	0,96
0,90	0,306	1	0,37	0,8	0,125	0,3
2,44	0,83	2,7	1	2,16	0,34	0,8
1,13	0,38	1,25	0,46	1	0,157	0,37
7,2	2,45	8,0	2,93	6,37	1	2,36
3,05	1,04	3,4	1,25	2,7	0,42	1

Die Numerierung von Kunstwollgarn.
(Vigogne, Shoddy usw.).

Das Kunstwollgarn wird fast überall, England ausgenommen, nach dem internationalen, metrischen System, in England meist wie Baumwollgarn (1 Strähn = 840 Yards), numeriert.

Die Titrierung der gehaspelten Seide.
(Edle Seiden und wilde Seiden.)

Die Numerierung oder wie es heißt die „Titrierung" der gehaspelten Seide (Grège, Organzin, Trame usw.), die Bestimmung des „Titers", geschieht nach dem Gewichtsnumerierungssystem, also (neben der schottischen Jute-Numerierung s. d.) entgegengesetzt zu allen anderen Fasern. Es geht von einer Einheitslänge aus und gibt an, wieviel Gewichtseinheiten auf diese Längeneinheit gehen. Man nimmt also eine Probesträhne von bestimmter Länge und wiegt dieselbe. Das Gewicht, in bestimmten Einheiten ausgedrückt, das auf eine bestimmte Längeneinheit bezogen ist, nennt man den Titer (titre) der Seide. Je höher der Titer oder das Gewicht ist, desto gröber wird die Seide sein, umgekehrt wie bei den übrigen Gespinsten, wo mit wachsender Nummer die Feinheit des Gespinstes zunimmt.

Die ursprünglich angewandten Gewichtseinheiten waren das alte Pariser Pfund (489,5 g), das alte Turiner Pfund (368,8 g) und das alte Mailänder Markgoldgewicht (235 g). Die ursprünglich angewandte Längeneinheit war 9600 aunes oder 11 400 Meter und der 24. Teil dieser Länge = 400 aunes oder 476 m. Infolge der entstandenen Verwirrung ist man dann nach den Beschlüssen der Wiener und Brüsseler Internationalen Kongresse (1873 und 1874) zu einem „internationalen Titer" übergegangen, der sich hingegen nicht allgemein einführen ließ. Vor einer Reihe von Jahren ist dann dieser „alte internationale Titer" wieder umgestoßen worden und man hat einen „neuen internationalen" oder „legalen" Titer aufgestellt, der seitdem fast ausschließlich in der ganzen Seide erzeugenden und verbrauchenden Welt eingeführt ist. Wenn man heute schlechtweg von dem „internationalen" Titer spricht, so ist darunter stets der neue und nicht der alte internationale Titer gemeint.

Der legale oder (neue) internationale Titer zeigt an, wieviel Gewichtseinheiten (von 0,05 g = denier[1])) die Längeneinheit von 450 Meter, oder wieviel Gramm die Längeneinheit von 9000 m wiegt.

Haspelumfang = meist 1,125 m.

Der alte internationale Titer zeigte an, wieviel Gewichtseinheiten (deniers à 0,05 g) die Längeneinheit von 500 Meter wog.

Nach diesem, heute kaum noch gebrauchten, Titer wurde also angezeigt, wieviel $^1/_{10}$ Milligramm ein Meter Garn, oder wieviel Gramm die Länge von 10 000 Meter wiegt, während nach dem heute allgemein gebräuchlichen legalen Titer das Gewicht von 9000 Meter, ausgedrückt in Grammen, zum Ausdruck gelangt. Der legale Titer ist also um $^1/_{10}$ oder 10 % geringer als der alte internationale.

Umwandlungstafel für verschiedene Seidentiters.

Legaler oder internat. Titer	Alter internat. Titer	Alter Turiner Titer	Alter Mailänd. Titer	Alter französ. Titer	Alter Lyoner Titer
1	1,111	0,992	1,035	0,996	1,046

Verhältnis der metrischen Nummern zum legalen Seidentiter.

Metr. Nr.	Legale Denier-Titer	Metr. Nr.	Legale Denier-Titer	Metr. Nr.	Legale Denier-Titer
10	900	70	128,5	130	69,22
20	450	80	112,5	140	64,28
30	300	90	100	150	60
40	225	100	90	160	56,25
50	180	110	81,81	180	50
60	150	120	75	200	45

Die wichtigsten Seidentiters sind für Organzin 18/19—24/26, für Trame 20/22—36/38, für Grège 9/11—11/13 den.

---

[1]) 1 denier, italienisch „denaro", ist also 0,05 g; abgekürzt wird für deniers geschrieben: „d", oder „den." oder „drs".

Die Numerierung der gesponnenen Seide.
(Edle und wilde Seiden).

Im Gegensatz zu der gehaspelten Seide wird die gesponnene Seide (Schappe-, Chappe-, Florett-, Bourette-Seide [1]) usw.) nach dem Längen-Numerierungssystem numeriert.

Die metrische Nummer gibt wiederum an, wie viele Schneller von je 500 Meter Länge ½ Kilogramm wiegen, oder wieviel Kilometer ein Kilogramm, wieviel Meter ein Gramm erfüllen.

Haspelumfang = 1,25 m (auch 1 und 1,4286 m).

400 Fäden = 1 Schneller (Strähn, Masten, écheveau) von 500 m Länge. 1 Schneller = 4 Gebinde.

Die englische Nummer ist dieselbe wie bei Baumwolle; ebenso die Stranglänge und die Einteilung des Stranges (s. d.).

Die französische Schappenummer entspricht der französischen Baumwollnummer.

Haspelumfang = 1,25 m.

Die Numerierung der Kunstseiden.

Die Kúnstseiden werden nach verschiedenen Systemen numeriert, meist nach dem Denier-System der gehaspelten Naturseide (s. d.).

Das Messen und Wägen.

Da die Maße (Länge, Breite, Dicke) und die Gewichte von Fasern, Gespinsten und Geweben wichtige Eigenschaften der Fasern und Fasererzeugnisse sind und in vielfacher Beziehung die Güte und den Wert des Materials bedingen, so stellen sie einen wichtigen Gegenstand der Prüfungstechnik dar.

Maße und Gewichte sind, wenn nicht geeicht, stets auf ihre Richtigkeit zu prüfen.

---

[1]) Die gesponnenen Seidengarne kommen unter mancherlei Namen in den Handel, so z. B. noch als Crescentin-, Galettam-, Fiorettino-, Sambatella-Garne usw. und werden aus den Abfällen der Haspelseide gesponnen. Die Abgänge von Florettseide werden wiederum zu Bourette-Seide (Bour de soie) verarbeitet.

Das Messen und Wägen der Fasern.
Längenmessungen.

Bei kurzen Fasern wird die Faserlänge vermittels eines mit Okularmikrometer ausgestatteten Mikroskopes ermittelt (s. a. u. Mikroskop). Die Fasern werden zu diesem Zwecke zunächst von etwaig anhaftendem Schmutz und Fett mit indifferenten Mitteln (Benzin, Wasser, verdünnte neutrale Seifenlösung u. ä.) gereinigt und, falls sie noch zu Faserbündeln vereinigt sind, durch Schütteln in einer mit Schüttelgranaten und Mazerier-Flüssigkeit gefüllten Flasche in ihre Elementarfasern zerlegt, „mazeriert" (s. a. u. Mikroskop, die Herstellung von Präparaten). Hierauf werden die Fasern getrocknet und entweder in trockenem Zustande oder unter Befeuchtung mit einem nicht quellenden Mittel wie Öl oder flüssiges Paraffin (Wasser und wässerige Lösungen bewirken in der Regel eine störende Quellung, die sich allerdings mehr bei Breiten- als Längenmessungen geltend macht) auf einen Objektträger gebracht und bei durchfallendem Licht gemessen. Man wählt in der Regel zweckmäßig eine nur geringe, etwa 30—50 fache Vergrößerung. Die Fasern sollen möglichst einzeln und gerade gestreckt gelagert sein. Sind die Fasern länger als die Teilung des Mikrometers oder liegen sie nicht gestreckt, so muß man ihre Länge stückweise messen und die einzelnen Längenabschnitte addieren. Um eine Ermüdung des Auges, die auf die Dauer eintritt, zu vermeiden, kann man die Fasern entweder durch geeignete Farbstoffe (Methylenblau u. ä.) färben, oder man bedient sich einer Glasscheibe (Farbenfilters), die in den Tubus des Mikroskops eingelegt wird.

Bei längeren Fasern (z. B. Baumwollfasern), die man mit bloßem Auge oder mit der Lupe klar erkennt, kann man das Mikroskop entbehren. Solche Fasern werden durch Auflegen auf eine Glasplatte mit darunter befindlichem Maßstab ausgemessen. Man erfaßt die einzelnen Fasern mit einer feinen Druck-Pinzette und streckt sie auf der Glasplatte möglichst gerade. Um die Fasern in der gestreckten Lage zu erhalten, werden sie durch einen auf die Glasplatte gebrachten Öltropfen gezogen. Stehen ausreichend dünne Glasplatten zur Verfügung, so genügt zum Messen ein unter die Platte gelegter Papiermaßstab; andernfalls benutzt man einen in Glas eingeätzten Maßstab, den man zweckmäßig auf eine schwarze Unterlage bringt, bzw. auf eine Unterlage, deren Färbung sich von derjenigen des Versuchsobjektes deutlich genug abhebt. Der Maßstab soll Millimeter-Teilung haben und ist zweckmäßig mit einer dünnen Glasscheibe zu bedecken. Ferner wird über dem Maßstab ein Stativ-Vergrößerungsglas angebracht und festgestellt, ob man eine Einzelfaser hat, oder ob nicht zwei oder mehr Fasern scheinbar zu einer Faser vereinigt sind. Schließlich wird die Länge der Faser nach dem Maßstab, mit oder ohne Zuhilfenahme der Lupe, unmittelbar abgelesen. — Bei scharf gedrehten Garnen ist besonders darauf zu achten, daß die Fasern nicht verletzt werden. Zu diesem Zweck wird ein Faden völlig aufgedreht und lose auseinandergezogen. In besonderen Fällen wird auch der Querschnitt des Garnes gewählt (s. u. harte Kammgarne S. 145).

Solche Faserlängenmessungen werden bei Baumwolle und Baumwollerzeugnissen häufig zur Ermittelung des Stapels und des Mischungsverhältnisses vorgenommen [1]). Unter „Stapel" versteht man die mittlere Länge des längsten Fasermaterials. Spricht man also von einer Stapellänge von 20 mm, so bedeutet das, daß die durchschnittliche Länge der längsten Fasern 20 mm beträgt, nicht aber, daß jede Faser die Länge von 20 mm besitzt.

Was die Zahl der auszuführenden Längenmessungen zwecks Beurteilung des wirklichen Stapels betrifft, so hängt diese ganz von dem Versuchsmaterial ab. Bei Gespinsten werden in der Regel mindestens 50—100 Fasern gemessen, wenigstens aber so viele Messungen ausgeführt, wie die Faseranzahl des Querschnitts beträgt. Die erhaltenen Werte werden meist in bestimmte Klassen oder Gruppen geteilt; bei Baumwolle sind die Klassen in der Regel folgende:

$$\begin{aligned}
\text{I. Klasse} &= \text{über 26 mm}\\
\text{II.} \quad „ \quad &= \text{18—26 „}\\
\text{III.} \quad „ \quad &= \text{12—17 „}
\end{aligned}$$

(Vereinzelte Fasern unter 12 mm Länge werden hierbei meist nicht mitgerechnet, da angenommen wird, daß die Verkürzungen durch die mechanische Bearbeitung des Materials entstanden sind.)

---

[1]) Gleichzeitig kann auch die Zahl der Einzelfasern im Querschnitt festgestellt werden.

Aus der Anzahl der Werte für jede einzelne Klasse oder Gruppe berechnet man schließlich das prozentuale Verhältnis derselben.

In ähnlicher Weise läßt sich auch das wirkliche Mittel der Faserlänge berechnen. Hierzu braucht man nur die Gesamtlänge aller gemessenen Fasern durch die Anzahl derselben zu dividieren. Auch diese Berechnungsart gibt ein klares Bild über die Faserlänge des Materials. — Schließlich kann auch noch die durchschnittliche Länge der einzelnen Gruppen festgestellt werden.

Wollen und Haare werden in derselben Weise gemessen mit dem Unterschiede, daß das Öl zwecks Streckung des Haares fortgelassen wird. Das Haar wird lediglich vermittels der Fingerspitzen gestreckt. Bei der großen Elastizität der tierischen Fasern ist es sehr wichtig, hierbei die richtige Spannung anzuwenden (s. a. altes Verfahren zur Zollabfertigung harter Kammgarne S. 145).

Breiten- oder Dickenmessungen.

Die Breite oder Dicke (auch Feinheit genannt) der Fasern wird am sichersten mit Hilfe von Mikroskop und Okularmikrometer festgestellt (s. S. 11). Da die Breite der Fasern meist nicht überall gleich groß ist, mißt man zweckmäßig jede einzelne Faser nahe der Wurzel, dann in der Mitte und schließlich nahe der Spitze und bildet nötigenfalls das Mittel der drei Ergebnisse. Bei Fasern wie Seide und Kunstseide, die keine Wurzeln und Spitzen haben, fällt diese Mittelbildung fort. Je feiner ein Fasermaterial ist, desto höher ist im allgemeinen sein Wert, weil mit der Feinheit auch andere geschätzte Eigenschaften Hand in Hand gehen.

Bei Baumwolle kann man auch nach Johannsen [1]) die Feinheit der Fasern durch Auszählen der Fasern mittels des Mikroskopes, Feststellung der Länge, des Gewichts und der Nummer eines Gespinstes berechnen. In ähnlicher Weise wird auch bei der Zollabfertigung die Feinheit der Kammgarne bestimmt (s. u. harte Kammgarne S. 145).

Max Kohl hat einen handlichen Woll-Dickenmesser konstruiert, vermittels dessen man die Dicke von Wollhaaren und feinen Garnen messen kann. Man bringt auf einen Objektträger eine kleine Anzahl der zu prüfenden Fasern (gereinigt

---

[1]) „Handbuch der Spinnerei", 1902, S. 73 ff.

und wieder getrocknet), präpariert sie mit Kanadabalsam, zieht sie glatt und bedeckt das Ganze mit einem Deckglas. Nun erwärmt man das Präparat mäßig und drückt das Deckglas zwecks Vertreibung der eingeschlossenen Luft fest auf. Dann legt man das Präparat unter das Mikroskop und stellt ein, bis die Fasern nebeneinanderliegend im Gesichtsfeld erscheinen. Alsdann dreht man das Mikrometer am Okular so lange, bis ein Strich des Fadenkreuzes parallel zu den Fasern liegt, schließlich dreht man an der seitlich angebrachten Mikrometertrommel, bis das Strichkreuz sich mit den Kanten der zu messenden Fasern deckt und liest ab. Hierauf dreht man, bis sich das Strichkreuz mit der anderen Faserkante deckt und liest wiederum ab. Die Differenz ergibt die Dicke der Faser. Ein Strich der inneren Teilung entspricht 0,2 mm und ein Intervall der äußeren Trommel = 0,002 mm.

Die Steuerbehörden verwenden einen solchen Apparat mit eingelegtem Okular- und Objektmikrometer, direkt zwei Mikron (0,002 mm) angebend. Für Dickenmessungen feiner Fasern ist der Apparat nicht zu empfehlen.

Ein ähnliches optisches Meß-Instrument (indirekte Meßmethode) ist das Dollondsche Eriometer [1]. Es beruht darauf, daß ein Schieber um die Faserdicke mittels einer Mikrometerschraube verschoben wird; das Maß der Verschiebung kann an einem Nonius abgelesen werden. Die Einheit der Verschiebung wird 1⁰ Dollond genannt. 1⁰ Dollond ist $\dfrac{1}{10\,000}$ engl. Zoll = 0,00254 mm. Diese Einheit ist für feine Differenzen zu groß, da man bei der Prüfung der Wollqualität nicht nur den Durchschnittswert, sondern auch die Gleichmäßigkeit, die Feinheitsschwankungen zu ermitteln hat.

In der Praxis schließt man auch aus der Anzahl der Kräuselungsbögen der Wollhaare auf die Feinheit. Die Anzahl derselben kann mit dem Wollklassifikator von Sorge [1] bestimmt werden. Seine Anwendung ist aber nur auf die Streichwollen beschränkt, da er die Feinheit auf Grund der Kräuselungen bestimmt, die bei Kammwollen in feineren Qualitäten zwar auch vorhanden sind, aber während des Spinnprozesses z. T. beseitigt werden, so daß für die Bestimmung der Wollqualität

---

[1] Näheres s. Zipser, „Die textilen Rohmaterialien", 1905, S. 58 ff.

in Gespinsten und Geweben die Kräuselung nicht als Maßstab
für die Feinheit benutzt werden kann. Auch bei gewalkten
Stoffen kann die Kräuselung nicht benutzt werden, da die
Wollfasern während der Verarbeitung zu viele Veränderungen
erfahren (Marschik). Der Klassifikator besteht aus einer sechs-
seitigen, drehbar gelagerten Scheibe von je 26 mm Seitenlänge.
Jede dieser Seiten enthält regelmäßige Auszähnungen und zwar
ist jedesmal die nächstfolgende Seite gröber geteilt als die vorhergehende. Ferner sind die Feinheitssorten und die entsprechenden
Feinheitsgrade verzeichnet. Nach dieser Einteilung werden bezeichnet:

1. A A A oder S. E. (Super-Electa) mit 32 Bögen auf 1 Zoll
   rhein. = 26 mm.
2. A A   oder E. (Electa)   ,, 28   ,,   ,,   ,,
3. A   ,, P. (Prima)   ,, 24   ,,   ,,   ,,
4. B   ,, S. (Sekunda)   ,, 20   ,,   ,,   ,,
5. C   ,, T. (Tertia)   ,, 16   ,,   ,,   ,,
6. D   ,, Q. (Quarta)   ,, 12   ,,   ,,   ,,

Außerdem unterscheidet man noch

7. E oder Quinta
8. F ,, Sexta.

Die Sorten 1—4 gelten als feine Wollen, diejenigen von 5—6
als Mittelwollen und 7—8 als ordinäre Wollen.

In besonderen Fällen stellt man auch Querschnitte von
Fasern her und mißt diese.

Die durchschnittlichen Haardicken und die metrischen
Feinheitsnummern der erwähnten Wollklassen (Streichwollen) sind nach E. Müller [1]) etwa folgende:

	Haardicke in μ	Metrische Feinheitsnummer
1.	15—17	4300—3300
2.	17—20	3300—2500
3.	20—23	2500—1800
4.	23—27	1800—1300
5.	27—33	1300— 900
6.	33—40	900— 600
7.	über 40	unter 600.

---

[1]) „Handbuch der Spinnerei“. S. 320 ff.

Nach der Anzahl der Kräuselungsbögen gibt Müller[1]) folgende Unterabteilungen an:

4—5 Grad Dollond durchschnittl. 28—32 Bögen auf 1 Zoll rhein. = 26 mm.

6	,,	Dollond	,,	26—28	,,	,,	,,
7	,,	,,	,,	24—26	,,	,,	,,
8	,,	,,	,,	22—24	,,	,,	,,
9	,,	,,	,,	20—22	,,	,,	,,
10	,,	,,	.,	18—20	,,	,,	,,
10—11	,,	.,	,,	16—18	,,	,,	,,
11—12	,,	,,	,,	12—16	,,	,,	,,

Hiernach läßt sich also aus der Anzahl Bögen auf 26 mm rückwärts ein Schluß auf die durchschnittliche Feinheit des Haares ziehen.

Karmarsch-Fischer[2]) geben für verschiedene Wollen folgende Dicken an:

Elektoralwolle . . . . 13—31 μ
Negrettiwolle . . . . 15—26 ,,
Böhmische Mestizenwolle . . . . 17—36 ,,
Schottische Tuchwolle . . . . 25—51 ,,
Leicesterwolle vom Bocke . . . . 32—40 ,,
,,   ,,   Mutterschar   . . . 28—44 ,,
,,   ,,   Lamme . . . . . . 23—39 ,,
Ungarische Zackelwolle . . . . 20—68 ,,

S. Marschik[3]) schlägt vor, die einheitliche Wollklassifikation nach der Faserdicke in Mikron vorzunehmen und die Feinheitsnummer der Wolle (nicht zu verwechseln mit der metrischen Feinheitsnummer) als Faserdicke in Mikron anzugeben.

Die Dicke oder die Feinheit der Faser bedingt (bei gleichbleibendem spezifischen Gewicht) die Feinheitsnummer derselben. Unter metrischer Feinheitsnummer versteht man die 1 g erfüllende Meterlänge bzw. die Anzahl Meter, welche 1 g wiegt (s. a. Numerierungssysteme S. 107). Die metrische Feinheits-

---

[1]) „Handbuch der Spinnerei", S. 322.
[2]) „Mechanische Technologie", III. T. S. 320.
[3]) Leipziger Monatsschr. f. Text.-Ind. 1912, S. 54 ff.

nummer der wichtigsten Fasern wird in der Literatur [1]) wie folgt
angegeben:

Hanf	4280—4600
Manilahanf	5430—5910
Italienischer Hanf	5700—6310
Baumwolle (Sea-Island)	6000—6320
Baumwolle (New-Orleans)	5500
Baumwolle (Ostindische)	3000
Baumwolle nach A. Herzog im Mittel	4200
Belgischer Flachs	6640—7670
Neuseeländischer Flachs	7360—8090
Jute	7920—8630
Wolle (Cotswoldbock)	560
Wolle (Southdownbock)	980
Wolle (Pommersches Landschaf)	1510
Wolle (Edelste sächsische Merinowolle)	3080
Roher Kokonfaden [2]) (aus 2 Kokonfäden bestehend) von klassischer (Japan- und Italiener-) Seide	3000—3500
Entbasteter Kokonfaden (aus 1 Kokonfaden bestehend) von klassischer (Japan- und Italiener-) Seide	7500—9000
Roher Kokonfaden [2]) (aus 2 Kokonfäden bestehend) von asiatischer (China- und Kanton-) Seide	4500—5500
Entbasteter Kokonfaden (aus 1 Kokonfaden bestehend) von asiatischer (China- und Kanton-) Seide	11000—14000

Das Wägen der Fasern.

Das Wägen der Fasern geschieht vermittels einer beliebigen,
genügend genauen Balkenwage, einer sogenannten chemisch-
analytischen Wage. Fig. 69 zeigt beispielsweise eine kurzarmige
Wage mit kurzem, schnellschwingendem Balken und langer
Zunge, gleichzeitiger Balken-, Gehänge- und Schalen-Arretierung

---

[1]) Müller, „Handbuch der Spinnerei", S. 29.
[2]) Berechnet nach Gianolis und Ristenparts Veröffentlichungen,
Chem. Zeitg. 1900, S. 620, Lehnes Färber-Zeitung 1907, S. 298 u. a. m.

und mit Vorrichtung zum Verschieben der Reitergewichte. Mittel- und Endachsen sind aus Achat und auf Achaten spielend, die Schalen sind platin-plattiert. Der Kasten ist von Mahagoniholz, hat Vorderschieber, 2 Seitentüren und ist auf tiefschwarzer Glasplatte montiert. Die Wage hat eine Empfindlichkeit von

Fig. 69. Kurzarmige chemische Wage.

$1/_{10}$ mg, die Tragkraft beträgt in der Regel 200 g. Fig. 70 zeigt einen Satz zugehöriger Präzisions-Bruchgramme in Plattenform aus Platina, Neusilber oder Aluminium.

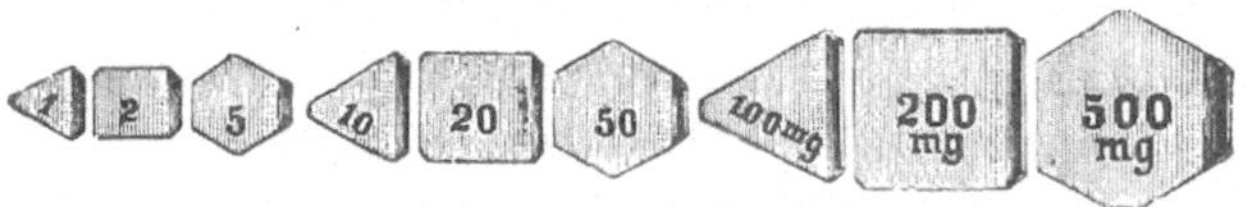

Fig. 70. Präzisions-Bruchgramme.

Die Wage soll vor Ingebrauchnahme auf ihre Richtigkeit und Empfindlichkeit geprüft werden, desgleichen der Gewichtssatz. Sie ist in einem Raum aufzustellen, der möglichst frei von sauren oder ätzenden Gasen ist und ist außer Gebrauch immer geschlossen zu halten. Während des Wägens ist Zugluft zu vermeiden. Die Gewichtssätze und Wagenteile sind stets sauber zu halten und die Wage von Zeit zu Zeit zu reinigen und von neuem auf ihre Richtigkeit zu prüfen.

Das Messen und Wägen der Gespinste.

Mit dem Sammelnamen Gespinste bezeichnet man im weiteren Sinne alle fadenförmigen Erzeugnisse, wie sie in der Weberei, Wirkerei usw. vorkommen, ganz gleich ob sie aus einem einheitlichen Rohmaterial ausgewalzt oder ausgezogen (Metalle, Glas), ausgepreßt (Kunstseide), aus einem Naturprodukt abgewickelt bzw. abgehaspelt (gehaspelte Naturseide), oder ob sie durch mechanisches Vereinigen einzelner Fasern entstanden bzw. wirklich gesponnen sind.

Längenmessungen.

Mit der Vervollkommnung der Erzeugung von Gespinsten und den immer größer werdenden Ansprüchen seitens der Abnehmer ist die Kontrolle der Gespinste und (in der Fabrikation) auch der Vorgespinste eine allgemeine geworden. So wägt man schon den Kammzug, um den Abgang zu ermitteln; auch der spätere Wickel wird durch Abrollen mit dem Maßstab gemessen. Für die Kontrolle des nun folgenden Vorgespinstes sind verschiedene Apparate gebaut, von denen derjenige von Hermann erwähnt sein möge (Hersteller: Louis Schopper, Leipzig).

Im weiteren Verlauf des Spinnprozesses entsteht das Feingespinst, d. i. das einfache Garn, wie es in den Handel kommt; durch Zusammendrehen zweier oder mehrerer solcher Fäden entsteht endlich der Zwirn.

Die Garne ebenso wie die Zwirne werden je nach ihrer Bestimmung in verschiedenen Aufmachungen in den Handel gebracht. Die älteste und heute noch herrschende Form ist der Strang, auch Hank, Strähne, Strähn, Strahn, Zahl oder Schneller genannt. In neuerer Zeit werden auch Kötzer oder Cops (Copse), wie sie von den Feinspinnmaschinen kommen, auf den Markt gebracht. Eine weitere Form ist die Spule, entweder mit kreuzweise oder parallel verfaufenden Fadenwindungen, ersterenfalls als Kreuzspule (×-Spule), letzterenfalls einfach als Spule, Kanette, Pfeife, Röllchen oder Bobine bezeichnet. Die für den Kleinhandel bestimmten Nähgarne werden ferner, auf Sterne oder in Knäuel gewickelt, verkauft.

Die Feinheit aller Gespinste wird durch die Nummer oder den Titer ausgedrückt (s. Numerierungssysteme S. 106). Die Bestimmung der Nummern erfolgt durch Wägung einer bestimmten Gespinstlänge. Hierbei kann man naturgemäß zweierlei Wege einschlagen. Man mißt entweder eine bestimmte Länge und wägt, oder man mißt solange, bis ein bestimmtes Gewicht erfüllt ist. Das einfachste und in der Praxis meist gehandhabte Verfahren, zu „sortieren" oder zu „titrieren" ist das erstere, indem man eine stets gleiche Länge (100, 250, 500 m oder Yards, bei Seide 450 m oder ein Mehrfaches von 450) abhaspelt und auf einer die Garnnummer bzw. den Titer sofort anzeigenden Wage wägt. Zwecks Feststellung des sich dem mathematischen Mittel möglichst annähernden Durchschnittswertes, unter Ausschaltung örtlicher Feinheitsschwankungen, mißt man grundsätzlich eine möglichst große Fadenlänge. Es würde nun zu zeitraubend sein, solche Fadenlängen von Hand mittels eines Maßstabes abzumessen. Ferner würde bei der natürlichen Elastizität der Gespinste die mit der Hand bewirkte Anspannung, durch verschiedene Personen ausgeführt, schwankende Werte ergeben. Aus diesen Gründen werden die Fadenlängen meist unter Zuhilfenahme von Präzisionsweifen mit selbsttätigen Fadenspannvorrichtungen abgemessen. Nur bei ganz groben oder starren Garnen, z. B. bei Bindegarn aus Manila, Bindfäden und dergl. mißt man in Ermangelung geeigneter Vorrichtungen mit der Hand ab, indem man ein Bandmaß von etwa 10 Metern am Fußboden abrollt, eine größere Anzahl Meter des Versuchsmaterials auf einmal abmißt und dann zur Wägung bringt.

Der Haspel oder die Weife.

Die genaue gleichmäßige und möglichst schnelle Abmessung der erforderlichen Längen wird durch den Haspel (oder die Weife) bewerkstelligt. Dieser besteht aus einer sechsarmigen Krone mit einem Umfang von 1 m (bzw. 1, $1\frac{1}{2}$, $2\frac{1}{3}$, 3 usw. Yards). Durch eine Kurbel wird die Weife in Drehungen versetzt

und diese werden durch ein Zählwerk mit Zifferblatt registriert.
Nach einer bestimmten Anzahl von Umdrehungen (50 oder
100 m, oder 80 Yards = 1 Gebind) wird durch das Zählwerk
eine Glocke zum Ertönen gebracht. Der Faden wird vom Strähn
oder Cops [1]) aus durch die Finger, bzw. durch Fadenführer
nach der Krone geleitet und hier befestigt. Um das Garn leichter
abnehmen zu können, ist ein Arm beweglich gestaltet und kann
zurückgeschlagen werden. (Bezüglich des Feuchtigkeitsgehaltes
wird auf S. 93 verwiesen.) Von den zahlreichen Modellen und
Bauarten seien nachstehend einige erläutert.

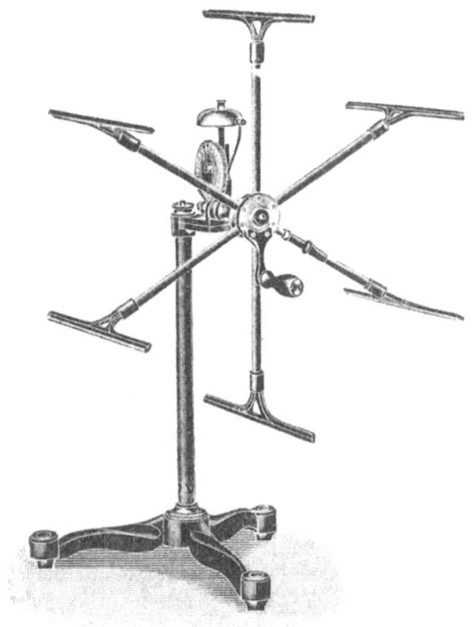

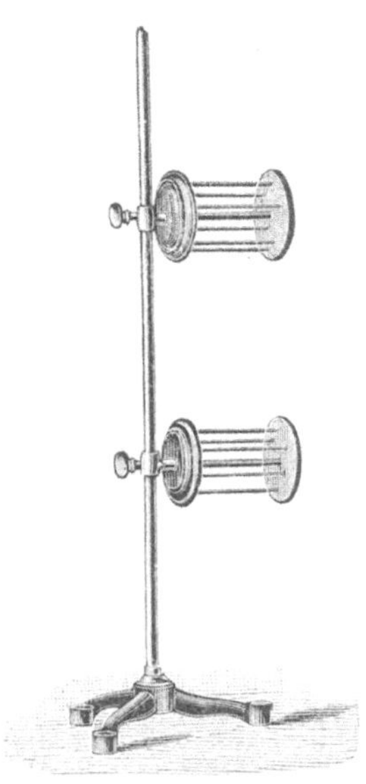

Fig. 71. Einfache Garnweife mit
Zählwerk und Glocke.

Fig. 72. Verstellbarer
Strähnhaspel.

Fig. 71 zeigt eine einfache Garnweife für alle Gespinste
mit Zählwerk und Glocke (Schlagwerk), Fig. 72 den dazu gehörenden verstellbaren Strähnhaspel oder die Rolle zum Abweifen des
Originalsträhnes.

---

[1]) Cops werden bei genauen Prüfungen vorher in Strähnform
gebracht und bei normaler Feuchtigkeit (65 % rel. Feucht.) ausgelegt,
da die Feuchtigkeitsregulierung der Cops sonst nur äußerst langsam
stattfindet.

Fig. 73 zeigt eine Präzisionsweife für Leinen- und Jutegarn englischer Numerierung. Dieselbe besitzt Differential-Antrieb. Eine Kurbelumdrehung gibt der Weifkrone zwei Umdrehungen. Außerdem besitzt die Weife ein Zählwerk, seitlich verschiebbare Fadenführer und verstellbare Strähnhaspel. Der Umfang der Krone beträgt 1½, 2½ oder 3 Yards.

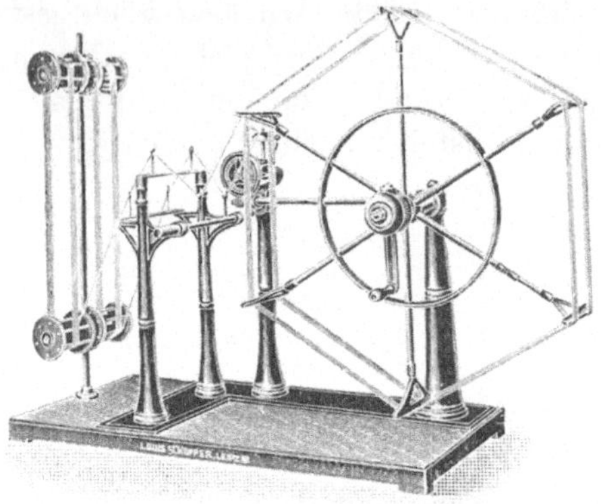

Fig. 73. Präzisionsweife für Leinen- und Jutegarn (Schopper).

In Fig. 74 ist eine Präzisionsweife für Seidengespinste wiedergegeben. Sie ist mit Differential-Antrieb (wie vorstehende Weife) und mit Reformhaspeln nach Schwarzenbach und Ott in Lang-

Fig. 74. Präzisionsweife für Seidengespinste (Schopper).

nau (Schweiz) ausgestattet. Die Arme dieses Haspels sitzen in einer radial federnden, diametral leicht verstellbaren Nabe, wodurch es ermöglicht ist, durch einen Handgriff den Umfang des Haspels zu ändern. Von den Haspeln aus, die durch ein

Schleifgewicht an ihrer Nabe gebremst werden, gehen die Fäden durch feststehende Fadenführer über eine aus Glasstäben gebildete, drehbare Trommel. Diese soll den Fäden eine gleichmäßige Spannung verleihen. Alsdann gehen die Fäden durch seitlich verschiebbare Fadenführer nach der Weifkroıe. Die Fadenführer werden vom Zählwerk aus zwangläufig um soviel seitlich verschoben, daß sich der Faden auf der Krone stets genau neben den benachbarten legt und er so in Schraubenwindungen um die Krone herumläuft. Andernfalls würde sich ein Faden auf den andern legen und der Weifumfang sich vergrößern, somit die Länge des Strähns größer ausfallen als beabsichtigt war. Der Umfang der Krone ist gemäß dem internationalen Seiden-Titriersystem auf 1,125 m bemessen und das Zählwerk zählt bis zu 4000 Umgängen, entsprechend 4500 m.

Außer den erwähnten, in der Praxis eingeführten und meist ausreichenden Weifen sind noch besondere Präzisionsweifen konstruiert worden, die möglichst alle Fehlerquellen zu vermeiden suchen und durch Ausschaltung des subjektiven Empfindens größtmögliche Genauigkeit anstreben.

Solche sind beispielsweise die Präzisions-Garnweife für öffentliche Institute mit Vorrichtung zum selbsttätigen Regeln der Fadenspannung nach Dalèn und mit Schreibapparat nach E. Müller; ferner die Normal-Garnweife für öffentliche Institute nach S. Hartig. Diese beiden werden von L. Schopper in Leipzig gebaut.

Dickenmessungen der Gespinste[1]).

Das Messen der Gespinstdicke kommt nur vereinzelt vor, da die Dicke oder die Feinheit bis zu einem gewissen Grade schon in der Garnnummer zum Ausdruck gelangt.

Bei feinen Gespinsten bedient man sich vorkommenden Falles der gleichen Apparate wie bei Faser-Dickenmessungen (s. S. 123).

Dickere Erzeugnisse, wie Manila-Bindegarn, Jutesackband, Bindfaden u. a. m. mißt man mit der Schublehre (Drahtlehre

---

[1]) Auf die häufig zu Irrtümern Anlaß gebende Bezeichnung „Stärke“ des Garnes oder Gespinstes wird ausdrücklich hingewiesen, da „Stärke“ mehrsinnig verstanden werden kann, als Dicke, als Festigkeit und als Stärkemasse (Appretur- und Schlichtemittel).

weniger geeignet) oder mit dem sogenannten Schraubenmikrometer.

Die Schublehre kann mit oder ohne Nonius, ferner als Präzisions-Schublehre mit Zeiger und Zifferblatt usw. ausgestattet sein. Die Skala kann ferner nach dem metrischen System, in Pariser, Londoner, Leipziger, Rheinische Zolle usw. geteilt sein; die Ausstattung kann eine einfachere und eine bessere sein. Fig. 75 zeigt eine einfache Schublehre aus Stahl. Das Versuchsstück wird zwischen die zwei Schnäbel gelegt, der verschiebbare Schnabel soweit herangeschoben, bis die Peripherie an drei Stellen anliegt, ohne dabei gedrückt zu werden und dann wird abgelesen.

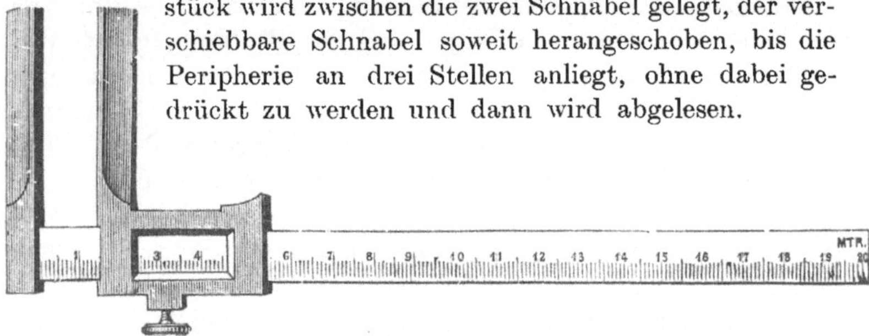

Fig. 75.   Schublehre aus Stahl (Max Kohl).

Fig. 76 zeigt ein Schrauben-Mikrometer aus Neusilber mit Gefühlsschraube. Man legt das zu messende Gespinst o. ä. zwischen die beiden Backen und dreht die Gefühlsschraube so lange, bis die beiden Backen knapp an dem Versuchsstück anliegen, oder man stellt die Backenentfernung so ein, daß sich der Faden ohne Widerstand eben noch glatt zwischen den Backen hindurchführen läßt. Die Teilung reicht von

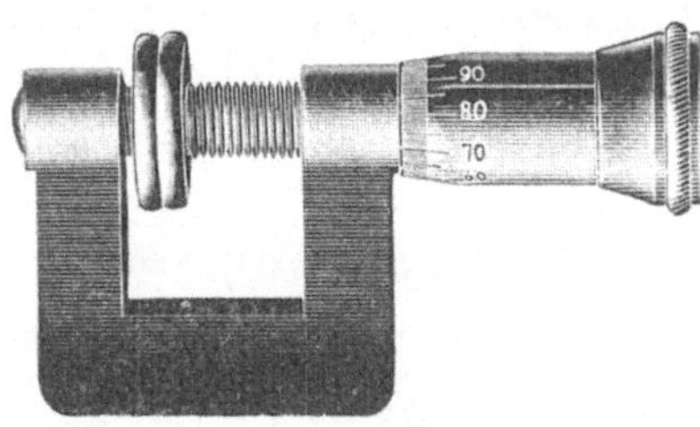

Fig. 76.   Schraubenmikrometer (Schopper).

0—10 mm und ist in $^1/_{100}$ mm ablesbar.

Will man sich schnell darüber unterrichten, ob zwischen mehreren Garnen bezüglich der Dicke überhaupt ein erheblicher Unterschied besteht, so fertigt man aus jeder Probe kleine Versuchssträhne von gleicher Fadenzahl an (bzw. zählt eine bestimmte Zahl loser Fäden ab), schlingt je zwei Vergleichsobjekte wie die Glieder einer Kette durcheinander und dreht das ganze zusammen (siehe

Fig. 77). Fühlt man nun mit den Fingerspitzen dem Draht entlang von einer Probe über die Verbindungsstelle hinweg zur anderen, so wird man etwa vorhandene Dickenunterschiede innerhalb gewisser Grenzen wahrnehmen. Außerdem werden bei erheblichen Unterschieden die Dickenverhältnisse mit bloßem Auge leicht beurteilt.

Das Wägen der Garne und Gespinste.

Ebenso wie die Maße des Gespinstes in den verschiedenen Stufen der Entstehung kontrolliert werden, so werden auch die Gewichte des Rohmaterials, der Zwischenerzeugnisse und des fertigen Feingespinstes überwacht. Hierzu ist eine große Zahl von geeigneten Wagen konstruiert worden: Balkenwagen zum Abwägen roher Wolle, Baumwolle, Kämmlingswagen, Wagen für Batteurwickel, Vorgarnwagen für Strecken- oder Krempelband, Flyerlunte usw. Diese Wagen unterscheiden sich voneinander vielfach nur durch die geeignetere Anordnung, die Form der Schalen, durch das unmittelbare Ablesen der Nummern u. a. m.

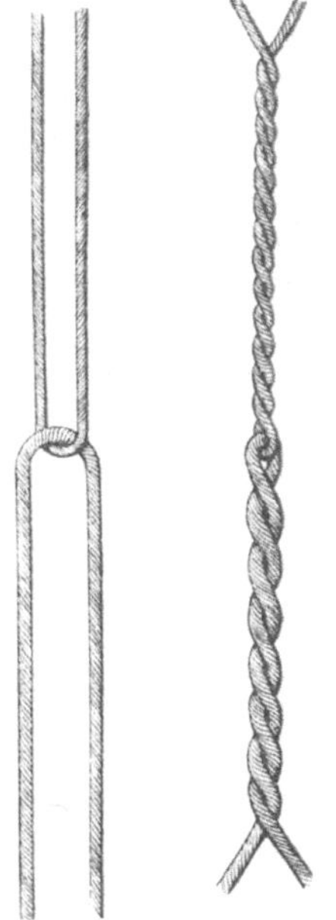

Fig. 77. Dickenvergleich zweier Garne.

Zum Wägen des Feingespinstes, also des fertigen Garnes oder des Zwirnes kann grundsätzlich jede Balkenwage Verwendung finden. Sie soll vor allem genügend empfindlich sein und bei einer Belastung von 200 g eine Genauigkeit von 0,005 g besitzen.

Da das Wägen hauptsächlich zu dem Zweck der Nummerbestimmung ausgeführt wird, hat man zur Beschleunigung der Arbeit Garnsortierwagen, auch Sektor- oder Quadrantenwagen genannt, konstruiert. Dieselben zeigen beim Anhängen der Längeneinheit die Garnnummer unmittelbar an, ohne daß man erst eine Wägung mit Hilfe von Gewichtssätzen und die Umrechnung auszuführen braucht. Sie haben eine für die meisten technischen Zwecke genügende Genauigkeit und sind in der Praxis allgemein eingeführt. Statt der Wägeschale, wie bei gewöhnlichen Balkenwagen, haben sie zur Aufnahme des Garnes einen Haken und statt der Gewichtsschale ein mit dem Zeigerhebel starr verbundenes Gegengewicht. Die Wagen sind auf einem Dreifuß montiert und mittels Stellschraube bei unbelasteter Wage auf den Nullpunkt der Skala einstellbar. Durch Belastung des Garnhakens schlägt der Zeiger aus und zeigt das Gewicht, bzw. die statt des Gewichtes auf der Skala verzeichnete, entsprechende Garnnummer unmittelbar an.

Die Genauigkeit der Wage ist u. a. von der Größe des Gradbogens und von dem Meßbereich (Nummernumfang), abhängig. Aus diesem Grunde ist es vorteilhaft, dem Gradbogen einen möglichst großen Radius zu geben und den Meßbereich zu beschränken, d. h. jede Wage oder jede Skala für eine beschränkte Gruppe von Garnnummern einzurichten. Man bedient sich also zweckmäßig für verschiedene Erzeugnisse verschiedener Spezialwagen oder bringt an einer und derselben Wage verschiedene übereinander angeordnete Skalen an. Für gröbere Garne wird im letzteren Falle eine entsprechend kürzere Fadenlänge gewählt, oder es wird der Zeigerarm mit einem weiteren, geeigneten Gewicht belastet.

Ferner werden Wagen gebaut, die die Garnnummern verschiedener Numerierungs-Systeme gleichzeitig anzeigen. Dies wird durch Anordnung verschiedener Skalen übereinander, von denen jede ein besonderes Nummersystem zeigt, erreicht.

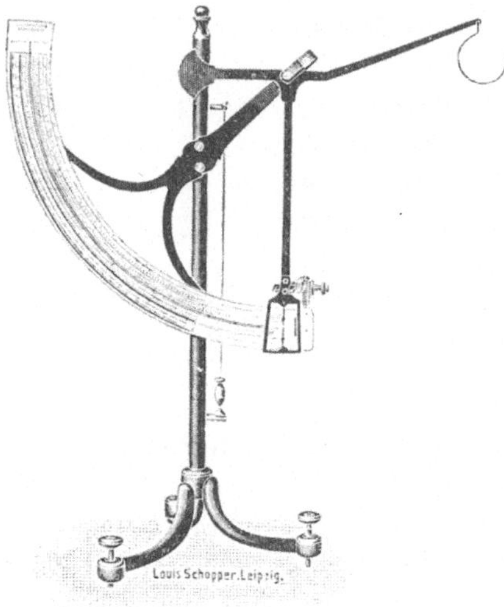

Fig. 78.　Universal-Garnsortierwage.

Nachstehend seien einige solcher Garnwagen wiedergegeben.

Fig. 78 zeigt eine Garnsortierwage für folgende Numerierungsarten:

1. Metrische Numerierung,
2. Englische Baumwollgarn-Numerierung,
3. Englische Wollgarn-Numerierung,
4. Englische Leinengarn-Numerierung,
5. Sächsische Vigognegarn-Numerierung,
6. Zählig sächsische Numerierung,
7. Stückig Streichgarn-Numerierung.

In Fig. 79 ist die mikrometrische Wage nach Saladin wiedergegeben. Dieselbe gibt die metrische Nummer beim Anhängen von 5, 25 und 50 m, oder in entsprechender Ausführung

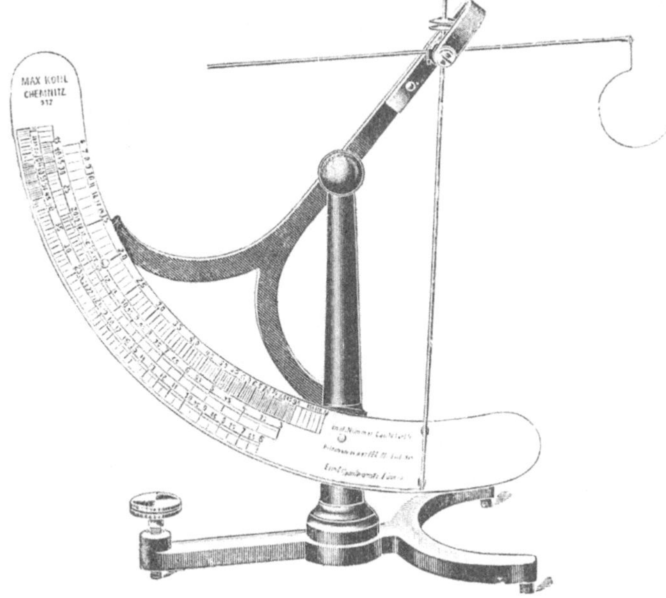

Fig. 79. Garnsortierwage nach Saladin (Max Kohl).

die englische Baumwollnummer beim Anhängen von 4, 20 und 40 Yards genau an. Das Abmessen der Fadenlängen geschieht mittels eines der Wage beigegebenen ½-Yard-Maßstabes. Die Fäden müssen auch hier beim Abmessen genau neben- und nicht übereinander liegen.

Von anderen besonders konstruierten Wagen seien hier nur erwähnt die Reziprok-Wage nach Amsler-Laffon [1]) und die mikrometrische Wage von Staub.

Seidelsche Präzisions-Garnwage.

Die allerjüngst konstruierte Seidelsche Präzisions-Garnwage stellt nach Marschik [2]) eine bedeutsame Neuerung dar. Die Wage besteht aus einem sehr leichten und empfindlichen Wagebalken, der mittels Stahlschneide im Aufhängungspunkt unterstützt ist. Der Wagebalken ist ferner an beiden Enden in Bügeln geführt. Dies ist zwar auch bei der Stübchen-Kirchner-Garnwage der Fall, doch sind die Bügel hier nicht so hoch. Ein Adjustierlot ist bei der Wage entbehrlich, und es genügt, den Wagebalken mittels der Adjustierschraube parallel zur Skalentafel einzustellen. Der Wagebalken besitzt auf jedem Hebelarm je ein Laufgewichtchen, welches als Garnhaken ausgebildet ist. Der rechtsseitige Haken wird immer am Ende in einen eigens dazu vorhandenen Einschnitt im Wagebalken eingehängt, so daß er bei dem dahinter auf der Skalentafel eingravierten Pfeil einspielt. Der linksseitige Haken dient zur Aufnahme des Garnes und auch zum Ausbalancieren bzw. Adjustieren des Wagebalkens. Letzteres erfolgt dadurch, daß man das linsseitige Laufgewicht in einen ebenfalls zu diesem Zweck vorhandenen Einschnitt des Wagebalkens einhängt, so daß er auch auf einen dahinter auf der Skalentafel eingravierten Pfeil einspielt. Das Adjustieren der Wage erfolgt demnach in der Weise, daß bei der angegebenen Stellung der beiden Laufgewichtchen die Adjustierschraube so eingestellt wird, daß der Wagebalken zwischen den beiden Bügeln frei schwingt (Fig. 80). Das Abwägen des Garnes geschieht mit einer Probelänge von 1 m. Das rechte Laufgewicht bleibt in seinem Einschnitt, während das linke Laufgewicht mit der Probelänge bis zur Horizontallage des Wagebalkens verschoben wird Ist diese

---

[1]) Näheres s. Johannsen, Handbuch der Spinnerei und Brüggemann, Die nötigen Eigenschaften der Garne und Gespinste.

[2]) S. Leipziger Monatsschrift für Textilindustrie, 1911, Nr. 11, S. 324. — Die Garnwage wird in Wien von der Firma Josef Florenz (Wagenfabrik) hergestellt. In Deutschland ist Gebrauchsmusterschutz angemeldet.

erreicht, so spielt der Garnhaken unmittelbar auf der Garnnummer ein. Die Probelänge von 1 m genügt, wenn mehrere Wägungen ausgeführt werden, von denen das Mittel gezogen wird. Führt man die Wägungen mit einem Vielfachen (2-, 3-, 4-fachen) der Probelänge von 1 m aus, so hat man die Ablesung mit dem Vielfachen (2, 3, 4) zu multiplizieren. Wählt man einen Bruchteil der Probelänge ($\frac{1}{2}$, $\frac{1}{3}$, $\frac{1}{4}$ m), so ist die Ablesung entsprechend zu dividieren (durch 2, 3, 4). Ersteres wird bei sehr feinen, letzteres bei sehr groben Garnen angewendet. Die Baumwollskala geht von Nr. 1 bis Nr. 200, die Leinenskala von Nr. 3 bis Nr. 130, die Weftskala (Wolle engl.) von Nr. 2 bis Nr. 100 und die metrische Skala von Nr. 2 bis Nr. 140.

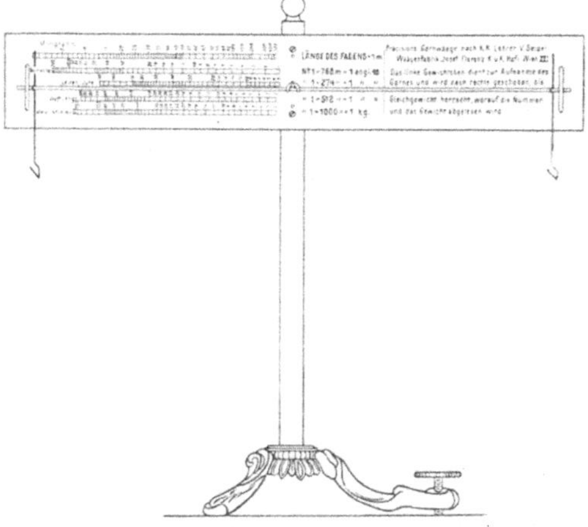

Fig. 80.   Präzisionsgarnwage nach Seidel.

Zur Ermittelung des Seidentiters dient die Milligrammskala [1]) über den Nummernskalen. 0,9 m der zu untersuchenden Seide werden durch Einhängen in das linke Laufgewichtchen und Ausbalancieren des Wagebalkens in Milligramm gewogen. Für den legalen oder neuen internationalen Seidentiter ist der Probesträhn 450 m, die Gewichtseinheit 0,05 g (= 1 denier); für 9 m Probelänge wäre sonach die Gewichtseinheit 0,001 g oder 1 mg, d. h. die Anzahl Milligramme von 9 m Probelänge würde unmittelbar den Seidentiter wiedergeben oder die Anzahl der Milli-

---

[1]) Diese ist durch geeichte Gewichte auf ihre Richtigkeit zu prüfen.

gramme von 0,9 m Probelänge muß mit 10 multipliziert werden, um den Seidentiter zu erhalten. Bei feinen Haspelseiden dürfte es sich wohl empfehlen ein Mehrfaches von 0,9 m zur Wägung zu bringen (d. Verf.).

Auch größere Garnmengen können gewogen werden, wenn man auf den rechtsseitigen Haken ein Gewicht von 1 g anhängt, ferner auf den linksseitigen Haken, welcher in diesem Falle beim Pfeil stehen muß, soviel Meter Garn anhängt, bis Gleichgewicht herrscht. Die gefundene Garnlänge wird für englische Numerierung mit 453,6 (= 1 Pfund engl.) multipliziert und durch die Schnellerlänge in Metern (z. B. für Baumwollgarne durch 768) dividiert. Für die metrische Numerierung gibt die gefundene Garnlänge in Metern unmittelbar die Feinheitsnummer an.

Soll die Länge eines Strähnes bestimmt werden, wozu die Meßhaspel dienen, so kann dies in der Weise ausgeführt werden, daß 1 m des betreffenden Garnes auf der Seidelschen Garnwage gewogen und das auf einer gewöhnlichen Wage bestimmte Totalgewicht des Strähnes durch das Metergewicht dividiert wird. Der Quotient ist die Länge des Strähnes. Auch bei Copsen kann dieses Verfahren angewendet werden, nur muß das Hülsengewicht von dem Copsgewicht abgezogen werden. Die Ungleichheit des Garnes beeinflußt bei diesen Messungen wesentlich die Ergebnisse.

Das Quadratmetergewicht eines Stoffes wird vermittels dieser Wage bestimmt, indem eine genau ausgestanzte Stofffläche von 1 qcm vermittels der Milligrammskala gewogen wird. Dieses Milligrammgewicht eines Quadratzentimeter Stoffes, mit 10 multipliziert, ergibt das Gewicht eines Quadratmeters in Gramm. Diese Bestimmung dürfte wegen der Ungleichheit der meisten Stoffe nicht sehr genau sein.

So sehr auch alle Garnwagen ihre Dienste in der Praxis leisten, wo es auf schnelles Arbeiten ankommt, so wird bei genauen Bestimmungen die chemisch - analytische Wage, besonders bei Anwendung reichlichen Versuchsmaterials, allen anderen vorzuziehen sein (s. S. 128).

Das Messen und Wägen der Gewebe.

Gewebe im weiteren Sinne sind durch regelmäßige Verschlingung von Fäden oder fadenförmigen Körpern hervorgebrachte Flächengebilde, deren beide Fadensysteme (Kette und Schuß) sich rechtwinklig kreuzen. Gewirkte, gestrickte, geflochtene oder geklöppelte Waren zählen nicht zu den Geweben. Das Messen und Wägen der letzteren geschieht aber zum großen Teil nach denselben Grundsätzen wie bei den Geweben.

Das Messen der Gewebe.

Die Feststellung der Gewebelänge kann entweder von Hand aus oder maschinell geschehen. Ersteres Verfahren ist das älteste und wird heute noch oft angetroffen, besonders bei der Fabrikation abgepaßter Erzeugnisse (Decken, Gardinen usw.) und im Einzelverkauf. Das Gewebe wird mit dem Maßstab meterweise abgemessen, wobei besonders auf gleichmäßiges Ausstrecken unter Vermeidung von Überstreckung und Faltenbildung zu achten ist. Bei größeren Längen ist dies Verfahren zeitraubend und nicht immer zuverlässig genug. Aus diesem Grunde bedient man sich vielfach maschineller Vorrichtungen.

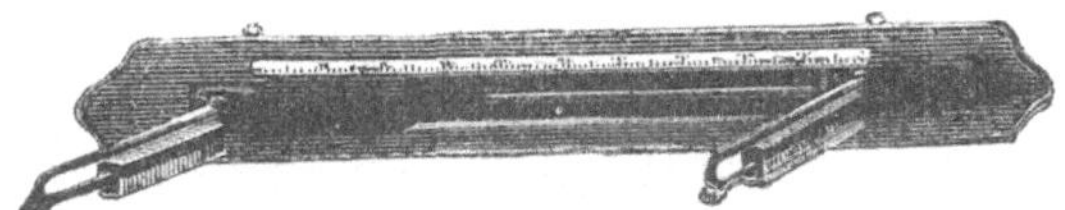

Fig. 81. Rektometer (Max Kohl).

Das sogenannte Rektometer oder Zählplättchen-Meßapparat (s. Fig. 81) ist besonders für leichte und mittelschwere Ware geeignet. Auf einer Grundplatte sind senkrecht zu derselben zwei Arme, von denen der rechte verschiebbar ist, angeordnet, ferner ist ein Meter-Maßstab angebracht. Auf jedem der beiden Arme ist eine Anzahl rechteckiger Metallplättchen, mit fortlaufenden Nummern und auswärts gerichteter Spitze versehen, aufgereiht. Der eine Arm trägt die geraden, der andere die ungeraden Nummern. Das Gewebe wird am Anfang bei Plättchen Nr. 0 am Stachel befestigt, dann nach Plättchen Nr. 1, 2 usw. geführt und so bis zum Ende hin- und hergeleitet. An der Zahl der behängten Plättchen wird dann die Zahl der vollen Längeneinheiten (z. B. vollen Meter) und am Maßstabe der Grundplatte diejenige der überschießenden Bruchteile (z. B. Zentimeter) abgelesen. Gleichzeitig kann die Ware „geschaut", d. i. auf Webarbeit und Qualität geprüft werden. Durch Umlegen des verschiebbaren Armes treten die Spitzen des betreffenden Armes heraus und das Gewebe kann leicht abgehoben werden.

Die Fig. 82 u. 83 zeigen Meßräder verschiedener Konstruktionen. Diese Apparate

Fig. 82. Meßmaschine mit 5-stelligem Zähler (Schopper).

werden mittels Gelenk über dem Schau-, Lege- oder Wickeltisch so angebracht, daß die Laufrädchen durch das Gewicht

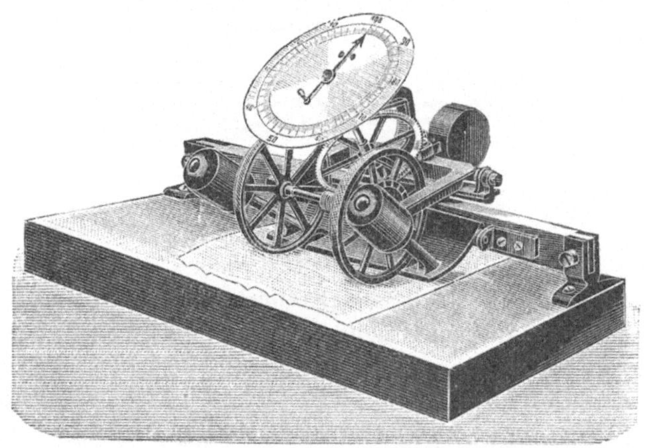

Fig. 83. Meßmaschine mit Zifferblatt (Schopper).

des Apparates auf dem darunter befindlichen Gewebe aufliegen. Je nach Art der zu messenden Stoffe sind die Laufrädchen geriffelt oder mit Fischhaut oder Nadelspitzen versehen. Beim

Fortbewegen des Gewebes werden die Laufräder in Bewegung gesetzt und letztere wird auf das Zählwerk übertragen. Das Spannen des Gewebes erfolgt durch vorgeordnete Führungswalzen oder Schienen.

Nach ähnlichen Grundsätzen werden auch Meßapparate für besondere Warengattungen gebaut, so z. B. zum Messen von gewebten Schläuchen, Gurten, Bändern, Borten usw.

In Ermangelung von Meßapparaten kann auch mit genügender Sicherheit von Hand aus gemessen werden. Die Ware wird zunächst einige Zeit in einem normalfeuchten Raume (das Kgl. Materialprüfungsamt arbeitet bei 65 % rel. Feuchtigkeit) ausgelegt und dann ohne jede Spannung oder Führung glatt über einen (z. B. genau fünf Meter langen) Meßtisch von bestimmter Länge gezogen, so daß zunächst der Anfang des Stückes mit einem Ende des Tisches glatt abschneidet. Alsdann wird die Ware genau am Ende des Tisches mit einer Strichmarke versehen, wieder über den Tisch hinweg bis zur ersten Kante gezogen, am anderen Ende des Tisches abermals eine Strichmarke aufgetragen usw. Der überschießende, einen Bruchteil der Tischlänge betragende Teil wird schließlich durch Auflegen eines Maßstabes unmittelbar gemessen. In gleicher Weise werden auch kleinere Abschnitte sowie die Breite der Gewebe durch Auflegen des Maßstabes gemessen. Bei Breitenmessungen bildet man das Mittel aus Messungen an verschiedenen Stellen. Bei schmalen Bändern, Schläuchen, Litzen u. dgl. mißt man die Breite zuweilen auch vermittels der Schublehre (s. S. 134).

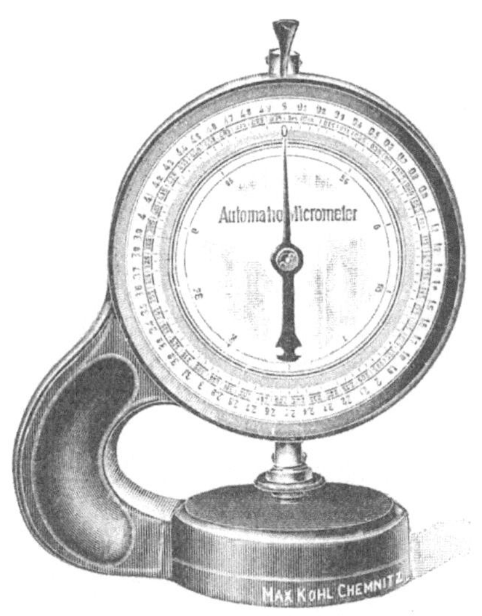

Fig. 84. Dickenmesser „Automatik"
(Schopper und Kohl).

Die Dicke der Gewebe kann man entweder mit dem bereits

beschriebenen (S. 134) Schraubenmikrometer oder mit automatischen Dickenmessern ermitteln. Letztere sind wegen des stets gleichen Druckes vorzuziehen, weil sie gleichmäßiger anzeigen, als die Schraubenmikrometer mit Gefühlsschraube.

Fig. 84 zeigt einen gut eingeführten Dickenmesser für Gewebe, Papier, Pappe, Gummi usw. Das zu messende Gewebe wird auf die Grundplatte gelegt und hierauf der Stempel eingeschaltet, der durch eine Feder elastisch niedergedrückt wird. Die Dicke wird unmittelbar auf dem Zifferblatt bis zu $^1/_{100}$ mm (ohne Nonius) oder bis zu $^1/_{1000}$ mm (mit Nonius) abgelesen.

Das Wägen der Gewebe.

Das Wägen der Gewebe erfolgt auf Wagen verschiedenster Konstruktion entweder im lufttrockenen Zustande nach dem Auslegen etwa bei 65 % rel. Feuchtigkeit oder nach dem Trocknen (s. Konditionierung S. 93).

Aus dem ermittelten Gewicht einer bestimmten Länge läßt sich das Gewicht für die Längeneinheit, z. B. ein laufendes Meter, und aus dem Gewicht einer bestimmten Stofffläche das Gewicht der Flächeneinheit, also z. B. des Quadratmeters (Geviertmeters) berechnen. Das Metergewicht (in Grammen) wird durch Division des Gesamtgewichts, ausgedrückt in Grammen, durch die Meterzahl ermittelt, wenn die volle Breite vorliegt. Multipliziert man das Metergewicht mit der Breite, in Metern ausgedrückt, oder dividiert das Gesamtgewicht des Versuchsstückes durch die Gesamtfläche (in Quadratmetern), so erhält man das Quadratmetergewicht. Das Ergebnis wird bei den meisten Stoffen auf ganze, bei leichten Warengattungen (z. B. Nessel und Seidenstoffen) auf $^1/_{10}$ g abgerundet.

Durch das Abwägen kleiner, nach Schablonen geschnittener oder ausgestanzter Stücke von etwa 100 qcm auf der analytischen Wage oder der Quadranten-Wage wird das Quadratmetergewicht in abgekürzter Weise schnell ermittelt. Auch sind besondere Wagen konstruiert worden, die durch Anhängen bestimmter, kleinerer Flächen unmittelbar das Quadratmetergewicht angeben oder in einfacher Weise berechnen lassen (s. z. B. Seidels Präzisions-Garnwage, S. 138).

Prüfung harter Kammgarne.

Nach Nr. 420 und 421 des Deutschen Zolltarifs genießt „hartes Kammgarn aus Glanzwolle von über 20 cm Länge, auch gemischt mit anderen Tierhaaren, wenn das Garn nicht dadurch die Eigenschaft des harten Kammgarns verloren hat" eine besondere Zollvergünstigung gegenüber gewöhnlichem Kammgarn von geringerer Länge als 20 cm. Maßgebend für die Ausführung der notwendigen Prüfung ist die vom Reichsschatzamt herausgegebene „Anweisung für die Abfertigung harter Kammgarne". An die Stelle der alten Anweisung [1]) ist am 1. Juli 1910 eine neue Anweisung [2]) getreten, die folgende Fassung hat und folgendes Prüfungsverfahren vorschreibt.

Neue Anweisung für die Abfertigung harter Kammgarne der Nr. 420 und 421 des Zolltarifs
(vom 1. Juli 1910 in Kraft).

1. Wird bei der Abfertigung von Garn aus Wolle oder anderen Tierhaaren die Verzollung nach Nr. 420 oder 421 des Zolltarifs in Anspruch genommen, so ist zunächst durch sorgfältige Prüfung, erforderlichen Falles unter Anwendung des Mikroskops festzustellen, ob in dem Garne andere Spinnstoffe als Tierhaare enthalten sind. Enthält das untersuchte Garn andere Spinnstoffe als Tierhaare, so ist es von der Verzollung als hartes Kammgarn zu den Sätzen der Nr. 420 oder 421 ohne weiteres auszuschließen.

2. Enthält das untersuchte Garn keine anderen Spinnstoffe als Tierhaare, so ist in der am Schlusse unter A angegebenen Weise seine mittlere Haarlänge im Querschnitte zu ermitteln.

3. Beträgt diese mittlere Haarlänge 130 mm oder darüber, und macht das Garn nach seiner äußeren Beschaffenheit (Griff, Glanz usw.) den Eindruck eines harten Kammgarnes aus Glanzwolle, so ist die Verzollung nach Nr. 420/421 vorzunehmen; beträgt

---

[1]) Anleitung für die Zollabfertigung Teil III, 120.

[2]) Fünfter Nachtrag für die Anleitung der Zollabfertigung, 1910, S. 80 ff. S. a. E. Müller, Die Bestimmung der mittleren Haarlänge im Querschnitt des Garnes, Leipziger Monatsschrift für Textilindustrie 1908, Nr. 4, 5, 6.

die mittlere Haarlänge unter 110 mm, so ist diese Zollbehandlung zu versagen.

4. Macht bei einer mittleren Haarlänge von 130 mm oder darüber das Garn nach seiner äußeren Beschaffenheit (Griff, Glanz usw.) nicht den Eindruck eines harten Kammgarnes aus Glanzwolle, oder beträgt die mittlere Haarlänge zwar unter 130 mm, jedoch nicht unter 110 mm, so ist in der am Schlusse unter B angegebenen Weise die Härte und der Glanz des Garnes an der mittleren Feinheitsnummer des das Garn zusammensetzenden Wollhaares zu prüfen.

5. Beträgt die mittlere Feinheitsnummer 900 oder darunter, so ist das Garn nach Nr. 420/421 zu verzollen; andernfalls ist diese Verzollung ausgeschlossen.

6. Bestehen hinsichtlich der Richtigkeit des Ergebnisses der Feststellung der mittleren Haarlänge sowie der Härte und des Glanzes Zweifel, so sind beide Prüfungen zu wiederholen. Weichen die Ergebnisse der mehrmaligen Feststellung von einander ab, so ist das durchschnittliche Ergebnis als maßgebend anzusehen.

7. Der Zollpflichtige ist in jedem Falle berechtigt, eine Nachprüfung der Feststellung durch das Königlich Preußische Materialprüfungsamt zu Groß-Lichterfelde oder durch andere von den obersten Landesfinanzbehörden bestimmte Stellen zu beantragen; er hat aber die Kosten der Nachprüfung zu tragen, falls das Ergebnis zu seinen Ungunsten ausfällt.

Die Nachprüfungsstellen haben bei der Nachprüfung ebenfalls nach den in den vorstehenden Ziffern 1—6 angegebenen Grundsätzen zu verfahren; jedoch sind die Feinheitsnummern unter Berücksichtigung von $65\,^0/_0$ relativer Luftfeuchtigkeit bei Zimmerwärme festzustellen.

A. Ermittelung der mittleren Haarlänge im Querschnitt.

Aus der abzufertigenden Sendung ist ein ihrer Durchschnittsbeschaffenheit entsprechendes, etwa 2,20 m langes noppenfreies Stück auszuwählen. Die beiden Enden dieses Fadenstückes werden verknotet. Hierauf wird die so entstandene Schleife mit dem Knoten nach unten über einen Nagel gehängt, mit einem Gewicht belastet, das der angemeldeten, aus den Versandpapieren sich ergebenden oder abzuschätzenden metrischen

Feinheitsnummer für den Einzeldraht[1]) dieses Garnes entspricht und bei einfachen Garnen beträgt:

Für eine metrische Feinheitsnummer von 40 oder höher . 4 g

,,   ,,   ,,   ,,   ,,   28—39 . . . . 6 g

,,   ,,   ,,   ,,   ,,   22—27 . . . . 8 g

,,   ,,   ,,   ,,   ,,   16—21 . . . . 10 g

,,   ,,   ,,   ,,   ,,   12—15 . . . . 15 g

,,   ,,   ,,   ,,   ,,   8—11 . . . . 20 g

Bei Garnen von niedrigerer Feinheitsnummer ist das zur Belastung zu verwendende Gewicht in Gramm in der Weise zu berechnen, daß die Zahl 200 durch die metrische Feinheitsnummer geteilt wird. Für mehrdrähtige Garne ist die Belastung der Zahl der Drähte entsprechend zu erhöhen (für zweidrähtige auf das Doppelte, für dreidrähtige auf das Dreifache usw.). Das so belastete Garnstück wird genau auf 2 m Länge abgeschnitten und in 5 etwa 40 cm lange Teile geteilt, die zusammen auf einer genauen Präzisionswage verwogen werden. Mittels Teilung der Zahl 2000 durch das in Milligramm ausgedrückte Gewicht dieser fünf Fadenstücke ist sodann die metrische Feinheitsnummer für das einfache oder mehrfache Garn genau bis auf Hundertstel zu berechnen.

Von jedem der fünf Fadenstücke wird darauf zunächst an denjenigen Enden, die nicht im Zusammenhange gestanden hatten, ein etwa 5 mm langes Stück mit der Schere über der Mitte eines mit kurzem Baumwollsammet oder mit Tuch überzogenen Brettchens (es ist zweckmäßig für helle Garne eine dunkelfarbige, für dunkle Garne eine hellfarbige Unterlage zu verwenden) abgeschnitten und nach Bedecken mit einem Uhrglase für die etwa erforderlich werdende Prüfung der Härte und des Glanzes aufbewahrt. Demnächst werden die 5 Fadenstücke oder — bei mehrdrähtigen Garnen — die sämtlichen Einzeldrähte dieser Stücke einzeln nacheinander mit einem Ende in einen mit Leder oder Papier ausgefütterten Feilkloben oder in eine in derselben Weise vorgerichtete breitmäulige Flachzange eingespannt. Das freie Ende wird dann unter Aufdrehen in der der Drehungsrichtung des Garnfadens entgegengesetzten Richtung in die Einzelfasern

---

1) *Bei Behandlung des ganzen Fadens wird entsprechend verfahren* und berechnet.

aufgelöst und von den losen Fasern durch sorgfältiges Ausziehen
mit den Fingern befreit. Jeder so entstandene Faserbart wird
unmittelbar an der Vorderseite des Feilkloben- oder Zangen-
mauls mit einem Rasiermesser abgeschnitten, worauf sämtliche
Bärte auf der Präzisionswage gewogen werden. Das Zweifache
des erhaltenen Gesamtgewichtes in Milligramm, vervielfältigt
mit der metrischen Feinheitsnummer und geteilt durch 5, stellt
die mittlere Haarlänge des Garnes im Querschnitte dar.

B. Ermittelung der Härte und des Glanzes.

Die nach der Vorschrift für die Ermittelung der mittleren
Haarlänge abgeschnittenen 5 Fadenenden von je 5 mm Länge
sind unter Zuhilfenahme einer Präpariernadel oder dgl. in der
Breitenrichtung vorsichtig auseinanderzustreichen oder auseinanderzuziehen. Durch Fortnehmen der einzelnen Haarenden
mit einer Pinzette oder durch Zählen der Teilstücke unter einer
aufgelegten, mit aufgeätzten Teilstrichen versehenen Zählplatte
wird dann die Gesamtfaserzahl der 5 Fadenenden ermittelt, die,
mit der metrischen Feinheitsnummer des Garnes vervielfältigt
und durch 5 geteilt, den Wert, der als Maß für die Härte und den
Glanz des Garnes heranzuziehenden mittleren Feinheitsnummer
des das Garn zusammensetzenden Wollhaares ergibt [1]).

Das **alte Verfahren** zur Bestimmung der harten Kammgarne
unterscheidet sich grundsätzlich von dem neuen dadurch, daß
dort nicht die mittlere Haarlänge im Querschnitte, sondern
das Vorhandensein einer bestimmten Anzahl von Haaren über
20 cm Länge ausschlaggebend war. Hierbei hatte sich die Lücke
bemerkbar gemacht, daß ein Kammgarn sehr wohl die vorgeschriebene Anzahl langer Haare enthalten, dabei aber eine sehr
geringe mittlere Haarlänge aufweisen konnte und so dem Sinne
des Gesetzes nicht entsprach. Der Vollständigkeit halber sei
das alte Verfahren in den Hauptgrundzügen wiedergegeben.

Alte Anweisung zur Abfertigung harter Kamm-
garne. Es waren zunächst 5 Fadenstücke bzw. Einzeldrähte von

---

[1]) Nähere Erläuterungen über das Verfahren und Umrechnungs-
Tafeln s. G. Herzog, „Erläuterungen zu den neuen Prüfungsvorschriften
für harte Kammgarne der Tarif-Nr. 420/421". Sonderabdruck aus dem
„Elsässischen Textil-Blatt", Gebweiler, Druck und Verlag von J. Dreyfus,
Gebweiler, 1911.

je 60 cm Länge herauszuschneiden, sorgfältig aufzudrehen und die darin enthaltenen Haare zu messen. Wurden in den 5 Fadenstücken zusammen mindestens 15 Haare von je mehr als 20 cm Länge ermittelt, so hatte die Verzollung des Garnes als hartes Kammgarn zu erfolgen. Bei weniger als 15 Haaren (von je mehr als 20 cm Länge) war die Verzollung als hartes Kammgarn abzulehnen. Eine Nachprüfung durch das Königliche Materialprüfungsamt konnte im Falle der Ablehnung beansprucht werden. Wurden in den 5 Fadenenden Haare von mehr als 20 cm Länge überhaupt nicht gefunden, so galt ohne weiteres als erwiesen, daß die Ware kein hartes Kammgarn war.

Drehung der Garne und Zwirne (Drall, Draht).

Jedes Garn (einfacher Faden) besteht aus einer Anzahl einzelner, verschieden langer Fasern. Bei der Verfertigung des Gespinstes werden zunächst die wirr durcheinanderliegenden Fasern maschinell parallel geordnet. Ein solches Fasergebilde (Vließ, Lunte) würde aber nur sehr geringen Widerstand leisten und für Webereizwecke ungeeignet sein. Zur Erreichung größeren Widerstandes und also größerer Festigkeit werden die Fasern aus ihrer geraden Lage in eine schraubenförmige übergeführt, sie werden also mehr oder weniger umeinander gedreht. Diesen Vorgang nennt man Spinnen und die Drehung selbst — Drall, Draht oder Spinndraht. Im allgemeinen dreht man den Faden nach rechts und nennt diese Drehung Rechtsdraht, weil die Schraubenlinien nach rechts ansteigen. Im entgegengesetzten Fall hat man Linksdraht, wenn die Schraubenlinie nach links ansteigt. Den Grad der Drehung, der je nach der Bestimmung des Gespinstes sehr verschieden sein kann, drückt man durch die Zahl der Windungen aus. welche der Faden in der Längeneinheit aufweist [1]). Generell unterscheidet man auch Hartdraht, wenn der Faden so scharf oder so hart gedreht ist, daß er sich beim Lockerwerden zusammenringelt (Drosselwater), und Weichdraht, wenn der Faden eine lose

---

[1]) „Watergarn" ist z. B. festgedrehtes Baumwollgarn zu Kettgarn, „Medio" ist mittelmäßig gedrehtes Garn. Mit „Mule" bezeichnet man ein lose gedrehtes Baumwollgarn.

oder weiche Drehung hat. Im allgemeinen kann man sagen, daß ein Gespinst unter sonst gleichen Verhältnissen um so mehr Drehungen erhalten muß, je feiner es ist und je glatter und kürzer die verarbeiteten Fasern sind.

Zur Ermittelung des Drehungsgrades dienen die sogenannten Drehungsprüfer, Drallapparate oder Torsiometer.

Fig. 85 zeigt einen Drallapparat mit Dehnungsmesser und konstanter Fadenspannung. Die rechte Einspannklemme wird durch ein Zahnradgetriebe gedreht, wobei die Anzahl der Umdrehungen (Touren) durch ein ausrückbares Zählwerk angezeigt wird. Die linke, nicht drehbare Einspannklemme ist auf einem

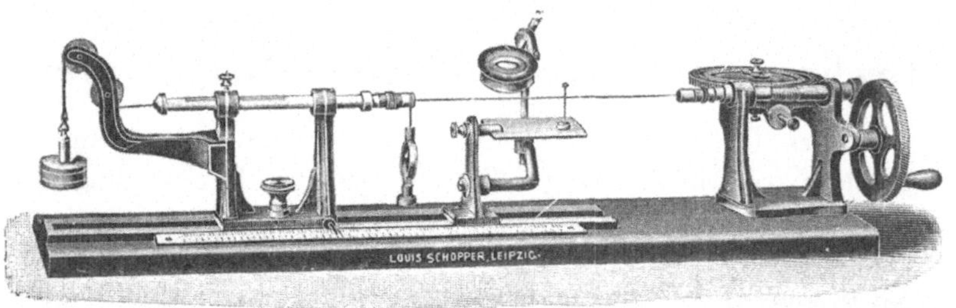

Fig. 85.   Drehungsprüfer mit Dehnungsmesser und konstanter Fadenspannung (Schopper).

Schlitten angebracht und kann von der rechten festen Klemme 0—30 cm entfernt eingestellt werden. Der Apparat ist ferner mit Einspanngewicht, verschiebbarem Böckchen mit Lupe, drehbarer schwarz-weißer Fixierplatte und Nadel ausgestattet. Die Dehnungsskala ist in Millimeter und engl. Zoll geteilt.

Bezüglich der zu wählenden Einspannlänge (Klemmen-entfernung) bestehen zurzeit keine einheitlichen Grundsätze; man wird aber zweckmäßig immer die größtmögliche Länge wählen, bei welcher es bei dem gegebenen Fasermaterial noch möglich ist, den Faden mit Sicherheit aufzudrehen. Ein feines Gespinst aus kurzen Fasern (etwa Baumwollwater) wird z. B. bereits bei 5 cm Einspannlänge Mühe beim Aufdrehen bereiten, während sich ein hartes Kammgarn selbst bei 30 cm Länge noch leicht aufdrehen läßt. In Zweifelsfällen werden deshalb Vorversuche aufklärend wirken.

Bei der Drallbestimmung stellt man zunächst das Zählwerk auf Null ein, befestigt dann den Faden in der rechten Klemme und legt das andere Ende lose in die linke offene Klemme ein. Um die Fäden bei verschiedenen Gespinstnummern und Einzelversuchen unter stets gleichmäßigen Grundsätzen zu spannen, belastet man das aus der linken Klemme heraushängende Fadenende mit einem Gewicht, welches dem bei 65 % rel. Feuchtigkeit ermittelten Eigengewicht von 100 m Garn entspricht (s. a. Anfangsbelastung bei Zerreißversuchen S. 196). Jetzt erst schließt man auch die linke Klemme und dreht die Kurbel so lange, bis die Fasern annähernd parallel liegen, sticht dann mit einer Nadel unmittelbar an der linken Klemme in das Gespinst ein und sucht es, nach rechtshin fahrend, wenn nötig unter Fortsetzung des Aufdrehens, aufzuteilen. Hierbei bedient man sich der dem Apparat beigegebenen Lupe und der schwarz-weißen Fixierplatte, die beide nach Bedarf verschoben werden. Ist man auf solche Weise mit der Nadel an der rechten Klemme angelangt und ist der Faden in seiner ganzen Länge aufgedreht, so liest man am Zeiger die Anzahl Drehungen unmittelbar ab.

In der Regel werden 10 bis 20 Einzelversuche ausgeführt, aus deren Ergebnissen das Mittel gebildet und die Drehungszahl auf 1 m oder 10 cm Fadenlänge berechnet wird. Die für die Einzelversuche nötigen Fadenstücke werden dem Versuchsstück aneinanderschließend entnommen.

Zwirnung.

Durch abermaliges Zusammendrehen von zwei oder mehreren einfachen (gedrehten) Fäden oder Garnen entsteht ein Zwirn. Durch solches Zusammenzwirnen einer Anzahl feiner Fäden zu einem starken Zwirn wird ein wesentlich gleichmäßigerer und festerer Faden erreicht, als durch direktes Ausspinnen der betreffenden Nummer möglich ist. Gewöhnlich werden 2—3, selten mehr, zuweilen bis 16 einfache Fäden zusammengezwirnt. Die Herstellung der vielfachen Zwirne erfolgt in der Weise, daß man erst 2—4 einfache Fäden zusammenzwirnt und dann die so erhaltenen Zwirnfäden wiederum durch Drehung mit einander vereinigt usw. Solche Zwirne nennt man Cordonnet, Kordel oder Litze. Zuweilen nennt man die Zwirne dennoch Garne,

z. B. Strickgarn, d. i. ein zwei- oder mehrfacher Kammwollzwirn — oder Eisengarn, d. i. ein besonders appretierter Baumwollzwirn. Anderseits werden wieder die jaspierten Garne oft als Zwirne angesprochen; mit Unrecht, weil bei einem Zwirn schon die Einzelfäden gedreht sein müssen, während bei jaspierten Garnen meist nur verschiedenfarbige Verzüge oder Kammzüge (also noch ungedrehte Faserkomplexe) zusammengelegt und dann erst gedreht werden. Dies ist besonders bei der Zollabfertigung zu beachten.

Damit der Zwirn seine Drehung nicht verliert, muß der Zwirndraht entgegengesetzt zum Spinndraht und der Draht des Kordels wieder entgegengesetzt zum Zwirndraht verlaufen.

Als zwei-, drei-, vier- oder mehrdrähtiges Garn aus Wolle oder anderen Tierhaaren oder aus anderen pflanzlichen Spinnstoffen als Baumwolle wird nach dem Deutschen Zolltarif [1]) solches Garn angesehen, welches aus 2, 3, 4 oder mehr selbständig gesponnenen Fäden (auch Vorgespinstfäden) besteht, die durch besondere einfache oder mehrfache Drehung zu einem Faden vereinigt (zusammengezwirnt) sind.

Einmal gezwirntes zwei- oder mehrdrähtiges Baumwollgarn besteht aus 2 ,3, 4 oder mehr durch einmaliges Zwirnen zu einem Zwirnfaden zusammengedrehten Fäden eindrähtigen Garnes. Durch Zusammendrehen von zwei oder mehr Fäden einmal gezwirnten zwei- oder mehrdrähtigen Garnes entsteht wiederholt gezwirntes zwei- oder mehrdrähtiges Baumwollgarn. Durch Aufdrehen von wiederholt gezwirntem Garn erhält man daher zunächst Zwirnfäden, welche sich sodann in zwei oder mehr einfache Fäden auflösen lassen.

Einmal gezwirntes zwei- oder mehrdrähtiges Baumwollgarn, das mit einem Faden eindrähtigen Garnes zusammengredreht ist, wird wie wiederholt gezwirntes zwei- oder mehrdrähtiges Garn verzollt. Als wiederholt gezwirntes Garn ist auch solches Baumwollgarn zu verzollen, das mehr als zweimal gezwirnt ist.

Das Verfahren zur Bestimmung der Anzahl der Zwirndrehungen ist im wesentlichen das gleiche wie beim Spinndraht; nur wird beim Zwirndraht noch die Einzwirnung bzw. der Längen-

---

[1]) Warenverzeichnis zum Deutschen Zolltarif, S. 222, Anm. 1 der allgemeinen Anmerkungen zu 2—4.

rückgang gegenüber der ursprünglichen Länge der Einzelfäden ermittelt. Hat man den Zwirn vollständig aufgedreht, so lockert man die Schraube der linken Klemme des Drallprüfers und bewegt die Klemme soweit zurück, bis die eingespannten Fäden unter dem Einfluß der Gewichtsbelastung straff zu liegen kommen. Am Schafte der linken Klemme ist eine Skala angebracht, welche die Verlängerung der Fäden in Millimetern und in engl. Zoll angibt.

Ist bei einem Zwirn der Grad des Zwirn- und derjenige des Spinndrahtes gleichzeitig zu ermitteln, so wählt man eine Einspannlänge, bei der sich auch der einfache Faden noch mit Sicherheit aufdrehen läßt. Alsdann spannt man den Zwirnfaden in der geschilderten Weise ein, ermittelt seine Drehungszahl und Einzwirnung und notiert diese. Nun stellt man das Zählwerk auf Null zurück, arretiert die linke Klemme wieder, um den Einzelfaden beim Aufdrehen nicht auseinanderzuziehen, und schneidet die einfachen Fäden bis auf einen dicht an den beiden Klemmen ab. An diesem verbleibenden Einzelfaden wird nun die Drehungszahl des einfachen Fadens in der üblichen Weise festgestellt. Aus den Ergebnissen von 10—20 Versuchen wird wiederum das Mittel gebildet.

Die Bezeichnung der Zwirne geschieht in verschiedener Weise. Die meist gebrauchte Bezeichnungsweise ist die, daß

1. der Zwirn mit der Nummer des einfachen Garnes und der Anzahl der Drähte, aus denen der Zwirn besteht, bezeichnet wird. Z. B. $^{60}/_2$ oder $^2/_{60}$ (sprich: sechziger zweifach) bedeutet, daß 2 einfache Fäden der Nummer 60 zusammengezwirnt sind.

2. Seltener wird der Zwirn mit der Nummer des Zwirnes und der Nummer des einfachen Garnes bezeichnet. Z. B. $^{30}/_{60}$ bedeutet, daß einfache Fäden der Nummer 60 einen Zwirn der Nummer 30 bilden. Die Zahl der Einzelfäden ergibt sich aus dem Verhältnis $^{60}/_{30}$.

3. Bisweilen wird der Zwirn auch mit der Zwirn-Nummer bezeichnet. Die Nummern der Einzelfäden ergeben sich hierbei durch Multiplikation der Zahl der Einzeldrähte mit der Zwirnnummer.

Geschleifte Garne.

Der Deutsche Zolltarif [1]) unterscheidet gezwirnte und geschleifte Garne. Bei geschleiften Garnen findet das Zusammenlegen von 2 oder mehr Einzelfäden bei so schwacher Drehung statt, daß auf 1 m nicht mehr als 20 Drehungen kommen; solche Garne werden nicht als gezwirnte behandelt. Demnach ist nach dem Zolltarif Garn aus Wolle oder anderen Tierhaaren und Garn aus anderen pflanzlichen Spinnstoffen als Baumwolle, bei dem 2 oder mehr Fäden ein-, zwei- oder mehrdrähtigen Garnes durch Schleifung zusammengelegt sind, als ein-, zwei- oder mehrdrähtiges Garn, und Baumwollgarn, bei dem 2 oder mehr Fäden eindrähtigen Garnes oder einmal gezwirnten Garnes durch Schleifung zusammengelegt sind, als eindrähtiges oder einmal gezwirntes Garn anzusehen.

Zur Ermittelung der Drehungszahl eines solchen lose gedrehten Garnes benutzt man beispielsweise einen Drehungszähler, wie ihn Fig. 86 zeigt.

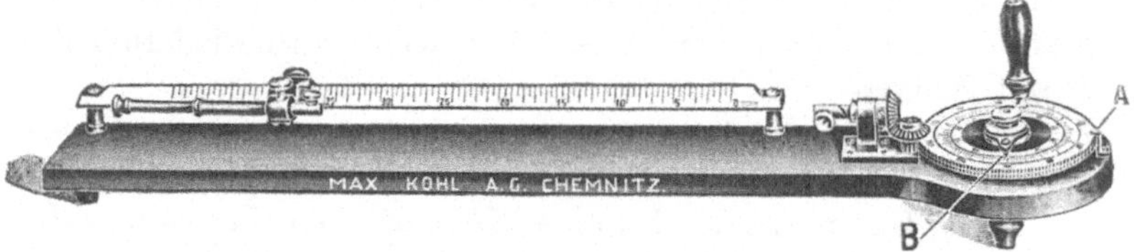

Fig. 86.   Zwirn- und Drehungsprüfer (Max Kohl).

Der Apparat kann an die Wand befestigt werden und seine Klemmen sind z. B. genau 1 m voneinander entfernt. Der zu prüfende Faden wird erst in der oberen Klemme befestigt, dann mit dem erforderlichen Gewicht belastet (entsprechend dem Gewicht von 100 m Garn), unten eingespannt und schließlich aufgedreht. In der Regel wird aus zehn Einzelversuchen das Mittel gebildet; ergibt dieses einen an 20 sehr nahe herankommenden Wert, so werden weitere 10 Versuche ausgeführt und es wird das Mittel aus sämtlichen 20 Einzelversuchen berechnet. Da erfahrungsgemäß oft Drehungsanhäufungen und in der Nähe

---

[1]) Warenverzeichnis zum Deutschen Zolltarif S. 222.   Allgemeine Anmerkungen zu 2—4, Anm. 2.

derselben wiederum loser gedrehte Stellen im Garn vorkommen, so sind zweckmäßig mindestens je 5 Versuche an einem fortlaufenden Fadenstück anzustellen, d. h. die Drehungszahl ist an etwa 5, besser noch an 2 × 5 oder 4 × 5 laufenden Metern in 5 bis 20 Einzelversuchen zu ermitteln.

In Ermangelung besonderer Apparate stellt man die Zwirndrehung in folgender einfacher Weise angenähert fest. Zwirne mit glatter Oberfläche z. B. Perlzwirne, merzerisierte, gasierte u. ä. Zwirne legt man glatt auf einen Maßstab, belastet sie an beiden Enden mit einem Gewicht und zählt unter der Lupe unter Zuhilfenahme einer Nadel die Anzahl der Schraubenwindungen. Bei geschleiften Garnen grenzt man sich in obiger Weise erst die Länge von 1 m ab, drängt dann mit der Nadel die Drehungen von einem Endpunkt her zum anderen auf einen möglichst kleinen Raum zusammen und zählt dann unmittelbar die Windungen.

Ferner kann man sich noch behelfen, indem man einen 1 m langen Faden an einem Ende befestigt (z. B. an einer Haarnadel), am anderen mit einem Gewicht beschwert und dann unter Aufdrehung des Fadens die Drehungen zählt. Jede Umdrehung entspricht einer Zwirndrehung. Nach der Anleitung für die Zollabfertigung (S. 226) läßt sich bei Garnen die Zahl der Drehungen durch folgende Vorrichtung ermitteln (Fig. 87).

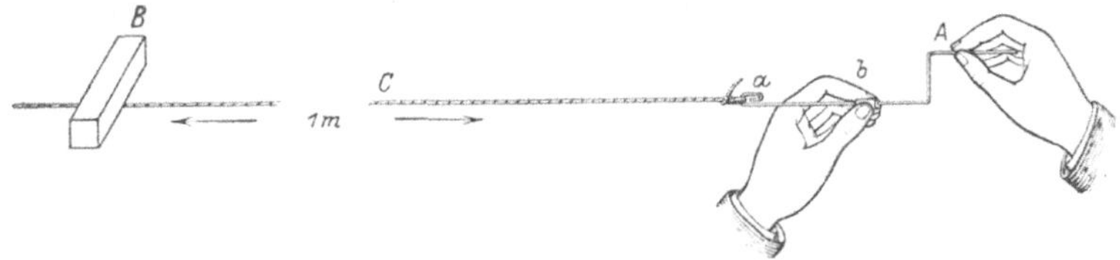

Fig. 87. Zolltechnische Prüfung auf Zwirnung.

Aus einem Stückchen Draht oder einer Haarnadel fertigt man eine Kurbel A, deren eines Ende durch Umbiegen des Drahtes mit einer kleinen Öse versehen wird (a). In letztere wird ein Faden des zu untersuchenden Garnes (C) mit einem Ende eingeknotet und alsdann auf 1 m Länge auf der Kante eines Ziegelsteines (B) oder einer sonstigen brauchbaren Unterlage durch eine starke Auflage (Gewicht, Stein oder dergleichen)

festgehalten. Das die Achse bildende Ende b der Drehkurbel
A brenne man vor dem Anbiegen der Öse a in einen Kork ein
und gebe so durch Halten des Korks mit der fest aufgestützten
linken Hand der ganzen Drehvorrichtung eine sichere Führung.
Nunmehr beginnt das Aufdrehen des Fadens mittels der Kurbel,
welche an dem mit der Öse versehenen, die Achse bildenden
Ende mit der linken Hand gehalten wird (b). Jede Kurbelumdrehung ist gleich einer Garndrehung. Die Aufdrehung wird so
lange fortgesetzt, bis keine Garndrehung mehr wahrnehmbar ist.

Festigkeitsprüfungen.

Allgemeine Begriffsbestimmungen.

Unter „Festigkeit" eines Materials versteht man den
Widerstand, der sich der Trennung seiner einzelnen Teile ent-
gegensetzt. Die Festigkeitslehre unterscheidet nach Art dieses
Trennungsvorganges: Zug- oder Zerreißfestigkeit, Druck-
oder Quetschfestigkeit, Biege-, Knick-, Drehungs- oder
Torsions-, Schubfestigkeit usw.[1]).

Bei Haaren, Fasern, Fäden und daraus hergestellten Erzeugnissen, wie Geweben, Seilen, Netz- und Wirkwaren interessiert vor allem die Zerreißfestigkeit. Ihre Feststellung ist für
Wissenschaft und Praxis von größter Bedeutung. Dem Spinner
gibt dieser Wert einen Anhalt für die Beurteilung des Rohmaterials und zeigt ihm etwaige Fehler in der Fabrikation, der
Weber kann sich des weiteren ein Bild machen über die Güte
der Konkurrenzerzeugnisse, der Bleicher, Färber, Appreteur,
Wäscher usw. erkennt die etwaig schädigende Wirkung der von
ihm vorgenommenen Behandlungen. Leider liegen zurzeit nur
wenige systematische Studien über den Einfluß der Ausrüstungs-
behandlungen auf die Fasern und Gewebe und deren Festigkeitsverhältnisse vor.

Ein annäherndes Urteil über die Festigkeit eines Fadens
oder Gewebes verschafft sich der Praktiker oft durch Ausziehen

---

[1]) S. a. T. Hemmerling, „Festigkeitseigenschaften der Garne und
Gewebe und deren Prüfung", dem ich hier im wesentlichen folge, und
A. Martens, Handbuch der Materialienkunde, Berlin 1898, Julius Springer.

einzelner Fadenstücke oder durch Daumendruck gegen Gewebestücke bis zum Bruch. Der Widerstand, das Geräusch, die Art der Fadenenden beim Bruch usw. geben ihm einen Anhalt für die Festigkeit des betreffenden Materials. Dieses Verfahren ist aber natürlich völlig wertlos, wenn es sich um vergleichbare Zahlen handelt, und wenn die Werte zahlenmäßig wiedergegeben werden sollen. Zu diesem Zwecke sind vielerlei Apparate gebaut worden, die Festigkeit, Dehnung und Elastizität in absoluten Zahlen wiedergeben.

Festigkeit (Reißfestigkeit, Zerreißfestigkeit, Zugfestigkeit, Bruchfestigkeit, Bruchlast, Bruchbelastung, Reißbelastung usw.).

Im Grundsatz erfolgt die Feststellung der Festigkeit dadurch, daß ein Haar, Faden, Gewebe o. ä., an dem einen Ende in geeigneter Weise durch Festklemmen oder Festbinden gehalten und am andern Ende solange durch Gewicht oder Federzug belastet wird, bis der Bruch erfolgt. Hängt man beispielsweise an das untere Ende eines 500 mm langen, frei aufgehängten Fadens einen kleinen Eimer und gießt Wasser in diesen, bis der Faden reißt, so ist die Zerreißfestigkeit = Eimergewicht + Wassergewicht. Das Gewicht des Wassers wird durch einfaches Messen des Volumens ermittelt, da jeder Kubikzentimeter = 1 g wiegt. Ist dann beispielsweise das Gewicht des kleinen Eimers = 50 g und die bis zum erfolgten Bruch zugesetzte Wassermenge = 183 ccm, so beträgt die Zerreißfestigkeit: 50 + 183 = 233 g. Die absolute Festigkeit wird also in Gramm (oder in Kilogramm) angegeben.

Dehnung (Dehnbarkeit, Bruchdehnung, „δ“).

Bevor ein Körper, z. B. ein Faden, reißt, dehnt er sich in geringerem oder höherem Grade. Wenn nun die ursprüngliche Fadenlänge bekannt ist, so kann die Fadenlänge bei erfolgendem Bruche gemessen werden, und es ergibt sich hieraus das Maß der absoluten Dehnung als Differenz der Endlänge und der Anfangslänge. Die Dehnung wird in Prozenten der Anfangslänge angegeben. Wird beispielsweise ein Faden von 100 cm Länge bis zum Bruch belastet und erreicht er hierbei eine Länge von 105 cm, so dehnt er sich also um absolut 5 cm auf 100 cm Anfangslänge d. h. die Dehnung beträgt $= 5\%$. Die Feststellung dieser Größe gibt gewissermaßen die Zähigkeit des Fadens an und ist praktisch von großer Wichtigkeit.

Bildung der Mittelwerte.

Wenn von einem Garnstrang oder Strähn eine große Anzahl gleich langer Fadenstücke zerrissen wird, so ergeben sich viele verschiedene Werte. Dies hängt von der Gleichmäßigkeit der Fäden, bzw. von den vorhandenen dünneren oder schwächeren Stellen ab. Es ist technisch unmöglich, einen völlig gleichmäßigen Faden zu spinnen, weil sowohl die Arbeit der Maschinen, als auch jedes Rohmaterial keine Vollkommenheit und völlige Gleichmäßigkeit aufweisen. Die Elementar-Flachsfasern und Tierhaare sind z. B. an den Enden zugespitzt, die Baumwollfasern — bandförmig gewunden und ungleich breit. Schneider [1] fand auf solche Weise, daß das Trockengewicht von je 200 m langen Fäden 16-er Flachsgarn bei verschiedenen Spindeln bis zu 17 % und bei denselben Spindeln um $1\frac{1}{2}$—$3\frac{1}{2}$ % schwankte. — Die im Faden vorkommenden dünnen Stellen verursachen nun geringere Zerreißfestigkeit, denn die Festigkeit hängt bei

Versuch Nr.	Bruchlast in kg	Dehnung in %
1	4,78	2,33
2	4,70	2,18
3	5,69	2,57
4	5,10	2,38
5	4,47	2,31
6	4,02	2,04
7	4,93	2,22
8	5,34	2,42
9	4,71	2,41
10	5,43	2,76
Summa:	49,17	23,62

Mittlere Reißfestigkeit $= 49,17 : 10 = 4,917$ kg $=$ rund 4,92 kg
„ Dehnung $= 23,62 : 10 = 2,362 \% =$ „ 2,4 %

---

[1] Leipziger Monatsschrift für Textilindustrie, 1909. Über die technologische Veränderung der Leinengarne durch den Bleichprozeß.

gleicher Spannungsverteilung und gleichem Material vom Querschnitt ab. Demnach wird man nur dann einen brauchbaren Mittelwert der Festigkeitsverhältnisse erhalten, wenn man von einem bestimmten Garn eine größere Anzahl von Fadenstücken zerreißt und aus den einzelnen Zahlen das Mittel berechnet. Die Zahl der einzelnen Reißversuche soll in der Regel mindestens 10, besser aber 20 oder noch mehr betragen.

Gleichmäßigkeit oder Gleichförmigkeit bezw. Ungleichmäßigkeit.

Für zehn gleichlange Fadenstücke mögen z. B. vorstehende Werte (S. 158) gefunden worden sein.

Bei der Durchsicht der 10 Einzelzahlen finden wir beträchtliche Schwankungen (5,69 als größten und 4,02 kg als kleinsten Wert für die Bruchlast). Je größer diese Schwankungen sind, desto ungleichmäßiger ist das Garn. Weichen die einzelnen Zahlen vom Mittelwert (4,917 kg) sehr unwesentlich ab, so ist das Garn als sehr gleichmäßig zu bezeichnen, im anderen Falle als gleichmäßig, ungleichmäßig usw. Für die zahlenmäßige Ausdrucksweise der Gleichmäßigkeit bzw. Ungleichmäßigkeit werden die Werte des Mittels und des Untermittels vielfach in folgender Weise verwertet [1]). Das Mittel ist zu 4,917 kg bestimmt worden. Unter diesem Werte liegen in obiger Zahlenreihe fünf Zerreißzahlen (4,78; 4,70; 4,47; 4,02; 4,71). Das Mittel dieser „weichen Stellen", die unter dem Gesamtmittel liegen, bezeichnet man mit Untermittel. In dem angeführten Beispiel würde demnach das Untermittel = 22,68 : 5 = 4,536 betragen. Die Differenz von Gesamtmittel und Untermittel würde sein: 4,917 — 4,536 = 0,381. In Prozenten des Gesamtmittels ausgedrückt würde 0,381 = 7,75 % betragen (4,917 : 0,381 = 100 : x; x = 7,75). Die Ungleichmäßigkeit wird also in (auf Gesamtmittel bezogenen) Prozenten der Differenz von Gesamtmittel und Untermittel ausgedrückt.

Die Gleichmäßigkeit ist dementsprechend: 100 — Ungleichmäßigkeit, in diesem Falle = 92,25. Sie wird direkt ermittelt

---

[1]) Marschik, „Physikalisch-technische Untersuchungen" usw. S. 10, Johannsen, „Handbuch der Baumwollspinnerei", I., S. 106, Herzfeld, „Die technische Prüfung der Garne und Gewebe", S. 70.

durch Division des Untermittels durch das Gesamtmittel $\times$ 100.

$$\text{Ungleichmäßigkeit} = \frac{(\text{Gesamtmittel} - \text{Untermittel})\,100}{\text{Gesamtmittel}.}$$

$$\text{Gleichmäßigkeit} = \frac{\text{Untermittel} \cdot 100}{\text{Gesamtmittel}.}$$

Johannsen bezeichnet erfahrungsgemäß Garne von einer Ungleichmäßigkeit

> bis 5 % als sehr gleichmäßig,
> von 5—8 % als gleichmäßig,
> von 8—12 % als minder gleichmäßig,
> über 12 % als ungleichmäßig.

Nach Herzfeld ist ein Garn bei der Ungleichmäßigkeit

> bis zu 10 % als sehr gleichmäßig,
> bis zu 15 % als gleichmäßig,
> über 15 % als ungleichmäßig zu bezeichnen.

Man hat versucht — und hierauf gründen sich verschiedene Zerreißapparate — anstatt der einzelnen Fäden eine größere Zahl von Fäden auf einmal zu reißen und auf solche Weise durch einen Versuch die mittlere Festigkeit und die Gleichmäßigkeit zu ermitteln, doch ist dies Verfahren zu verwerfen, denn es ist ohne Komplikation der Apparate unmöglich, alle Fäden in gleicher Länge festzuklemmen; ferner wird durch das vorzeitige Reißen einzelner Fäden die Belastung stoßweise auf die anderen Fäden übertragen.

Reißlänge.

Die absolute Bruchbelastung eines Garnes hängt von seinem Querschnitt ab, und dieser wiederum von der Garnnummer. Zum Vergleich verschiedener Garne müßten die Zerreißfestigkeiten auf einen Einheitsquerschnitt (1 qmm) zurückgeführt werden. Es ist nun aber sehr schwierig, von Fasergebilden genau den tragenden (aktiven) Querschnitt zu bestimmen. Als Ersatz für diese Bestimmung ist im Jahre 1861 von Reuleaux und 1866 von Rankine der Begriff der Reißlänge eingeführt worden. Man denke sich einen freihängenden Faden derartig verlängert, bis er an der Aufhängestelle oder in dessen Nähe durch sein Eigengewicht reißt. Die Länge dieses freihängenden Fadens, die

Reißlänge oder Zerreißlänge ist also die Länge, die ein Faden oder Stoffstreifen von gleichbleibender Breite haben muß, damit sein Eigengewicht gleich ist der Last, die ihn zu Bruche bringt; oder die Reißlänge ist die Länge, in Metern ausgedrückt, die das Gewicht der Bruchlast (in Grammen) erfüllt. Die Reißlänge ist vom Querschnitt unabhängig, weil ein Faden von größerem Querschnitt ein in gleichem Verhältnis stehendes größeres Gewicht hat. Die Reißlängen bilden erhebliche Strecken und werden deshalb in 1000 Metern bzw. Kilometern angegeben. So beträgt die Reißlänge von

Bleidraht	rund	2000	m oder	2	km
Schmiedeeisen	,,	5500	,, ,,	5,5	,,
Gußstahldraht	,,	13—15000	,, ,,	13—15	,,
Baumwolle	,,	23000	,, ,,	23	,,
Leinen	,,	24000	,, ,,	24	,,
Jute	,,	20000	,, ,,	20	,,
Hanf	,,	30000	,, ,,	30	,,
Chinagras	,,	20000	,, ,,	20	,,
Pflanzenseide	,,	24500	,, ,,	24,5	,,
Cocos	,,	18000	,, ,,	18	,,
Manilahanf	,,	32000	,, ,,	32	,,
Schafwolle	,,	8—9000	,, ,,	8—9	,,
Seide	,,	30—35000	,, ,,	30—35	,,

Zwischen Reißlänge in Kilometern R, metrischer Nummer N und Bruchlast oder Bruchbelastung in Kilogramm P besteht nun folgende Beziehung. Nummer ist das Verhältnis von Länge zu Gewicht

$$N = \frac{L}{G}.$$

Die Reißlänge bringt den Faden zum Bruch, wenn sie P kg wiegt, somit ist

$$N = \frac{R}{P}$$

oder

$$R = N . P$$

d. h. die Reißlänge in Kilometern wird durch Multipli-

Kkation er (metrischen) Nummer mit der Bruchbelastung nidilogrammen erhalten.

Oder, da das Gewicht des laufenden Meters (G) $= \dfrac{1}{N}$ ist, so wird die Reißlänge nach der Formel ermittelt:

$$R = \frac{P}{G}.$$

Die Reißlänge eines Garnes (in Metern) berechnet sich also aus der Bruchlast P (in Gramm), die den Faden zum Reißen bringt und aus seinem Gewicht G in Grammen für den laufenden Meter.

Elastizität und Gleitwiderstand.

Die Dehnungsfähigkeit eines Fadens hängt ab von der Form und der Elastizität der Grundfasern einerseits und der gegenseitigen Gleitung der Fasern anderseits. Der erstere Einfluß ist nur gering, da die Kräuselungen, oder wie bei der Baumwolle die bandartigen Windungen durch den Zug bald ausgestreckt werden. Auch ist die Elastizität der Elementarfasern unbedeutend. Das Vorbeigleiten der Fasern aneinander liefert den größeren Beitrag. Bekanntlich entsteht der Garnfaden dadurch, daß gleichmäßig parallel verteilte Fasern oder Faserbündel zusammengedreht werden. Durch das Zusammendrehen pressen sich die Fasern fest aneinander und widerstehen einer Trennung durch Zug infolge des auftretenden Gleitwiderstandes. Dieser Widerstand wächst naturgemäß mit der Pressung zwischen den Fasern, ihrer Länge und der Beschaffenheit ihrer Oberfläche. Der Bruch des Fadens erfolgt teils durch Bruch der Elementarfasern, teils durch Überwindung der Reibung zwischen den Fasern. Im allgemeinen soll deshalb die Drehung des Fadens nur so stark sein, daß der Gleitwiderstand der Faser ihrer Bruchfestigkeit gleich wird. Größere Drehung ist schädlich, da die äußeren Fasern im Garnkörper überanstrengt werden. Die Dehnung des Fadens wächst mit der Belastung. Zieht sich der Faden nach entfernter Belastung wieder zusammen, so ist er in geringerem oder höherem Grade elastisch. Die Fähigkeit des Zusammenziehens gilt aber nur für eine bestimmte Belastungsgrenze. Wird diese Grenze überschritten — die Elastizitätsgrenze —, so bleibt bei Entlastung eine dauernde

Längenänderung oder Dehnung zurück, indem der Faden sich nicht mehr auf die ursprüngliche Länge verkürzt. Bei weiter fortgesetzter Belastung erfolgt ein Strecken und schließlich der Bruch. Die Arbeit beim Strecken zur Lösung des Zusammenhanges der einzelnen Fasern stellt bei Filz, Kammzug, Baumwollstreckbändern einen ansehnlichen Betrag dar; bei gedrehten Fäden ist die Streckgrenze fast Null.

Zerreißarbeit oder Zähigkeit.

Vom Verhältnis zwischen Dehnung und Belastung hängt die Zerreißarbeit oder die Zähigkeit ab. Hat sich z. B. ein 1 m langer Faden durch allmähliche Belastung von 0—6 kg bis zum Bruch gleichmäßig um 10 cm gedehnt, so ist hierbei eine Arbeit geleistet worden. Unter Arbeit wird das Produkt aus Kraft und Weg in Richtung der Kraft verstanden. Der Weg ist in obigem Beispiele 10 cm, die Kraft ist gleichmäßig veränderlich gewesen in den Grenzen von 0 und 6 kg; man kann sagen, die mittlere Kraft betrug 3 kg. Folglich berechnet sich die Zerreißarbeit zu $10 \times 3 = 30$ cmkg (Zentimeterkilogramm). Diese Zerreißarbeit läßt sich anschaulich durch die Fläche des Zerreißdiagramms darstellen, indem man die verschiedenen Belastungen auf einer Senkrechten, die dazugehörigen Dehnungen auf einer Wagerechten verhältnisgleich abträgt (Arbeitsmodul, Fig. 88). Dreieck A B C veranschaulicht die Zerreißarbeit, da sein absoluter Inhalt $= 6 \times 10 : 2 = 30$ ist. Meistens wird die Dehnungskurve A C mehr oder weniger von einer Geraden abweichen. Zwei Fäden können gleiche Bruchfestigkeit und gleiche Dehnung haben, aber ungleichen Aufwand an Zerreißarbeit erfordern. Der Faden mit der größeren inneren Arbeitsfähigkeit wird, als der „zähere“,

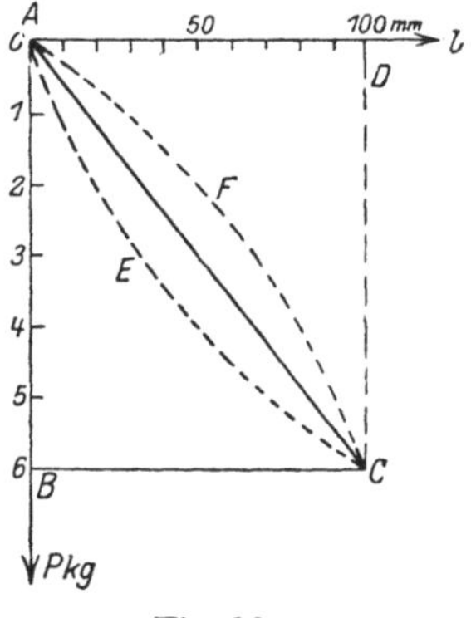

Fig. 88.

der wertvollere sein, also der Faden, dem etwa die Zerreiß-Schaulinie A B C F A entspricht.

Allgemeine Prüfungs-Grundsätze.

Die Ergebnisse bei Ermittelung der Festigkeit, Reißlänge und Dehnung werden wesentlich beeinflußt durch Einspannlänge, Querschnitt, Drehung, Belastungsvorgang, Zerreißgeschwindigkeit, Luftfeuchtigkeit und Temperatur; bei Geweben außerdem noch durch Vorbereitung der Streifen, Art der Einklemmung, Streifenbreite u. a. m.

Einspannlänge.

Die Einspannlänge steht mit der Länge der Elementarfasern oder der Faserbündel in enger Beziehung. Ist die Einspannlänge kleiner als die Faserlänge, so wird ein Teil der Fasern an beiden Enden festgeklemmt und auf jeden Fall zerrissen, während die übrigen Fasern aneinander vorbeigleiten oder auch noch teilweise reißen. Der Gleitwiderstand kann höchstens die Bruchfestigkeit erreichen, d. h. der Faden muß reißen, wenn die Gleitreibung größer wird als ihre eigene Festigkeit. Im allgemeinen wird also der Gleitwiderstand kleiner als die Bruchfestigkeit der Faser sein. Je mehr Fasern direkt zerrissen werden, desto größer muß die Bruchbelastung sein. Nach der Wahrscheinlichkeit müssen umsomehr Fasern beiderseitig eingespannt werden, je kleiner die Einspannlänge im Vergleich zur Faserlänge ist. Ist die Faserlänge $=$ L, so muß die Einspannlänge x auf die Bruchbelastung den Einfluß haben, daß bei x $=$ L die geringste und bei x $=$ 0 die größte Bruchlast gefunden wird. Bei x $>$ L müßten sich dieselben Werte wie für x $=$ L ergeben. Dieses entspricht aber durchaus nicht der Wirklichkeit. Denn erstens schwankt die Reibungsziffer in weiten Grenzen, und

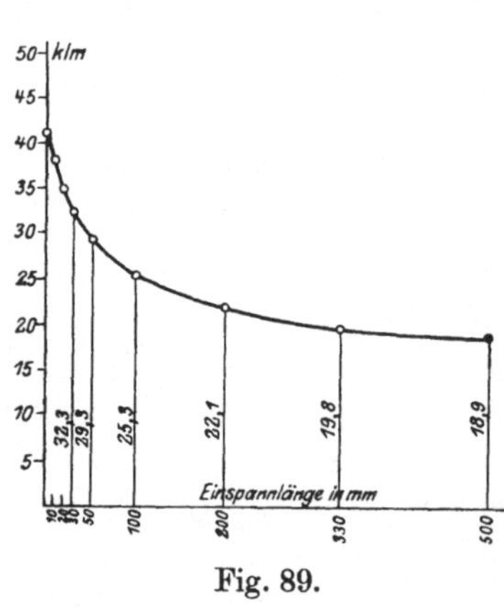

Fig. 89.

zweitens ist die Anzahl der Einzelfasern und damit der Fadenquerschnitt durchaus nicht in allen Stellen gleich groß. Zahl-

reich angestellte Versuche ergaben, daß die Abnahme der Reiß-
längen durch eine hyperbelartige Kurve dargestellt werden kann.
Fig. 89 zeigt eine solche von Schneider (a. a. O.) ermittelte
Kurve.

Für 60-er Flachsgarn, Naßgespinst, vollweiß gebleicht.
waren die Reißlängen bei einer Einspannlänge von

0	10	20	30	50	100	200	330	500 mm
41,4	37,8	34,6	32,3	29,3	25,3	22,1	19,8	18,9 km

Dasselbe erhellt aus einer theoretischen Betrachtung von
Hartig [1]), der für diese Kurve eine Gleichung aufgestellt hat,
die aber nach Hemmerlings Ansicht (a. a. O.) wegen der weiten
Grenzen, innerhalb deren die Reibungsziffer schwankt (0,00005
bis 9,015) keinen praktischen Wert besitzt.

Was nun die geeignetste Einspannlänge betrifft, so
hängt sie ganz davon ab, ob man sich von der absoluten
Festigkeit oder der Gleichmäßigkeit ein Bild machen will. Kurze
Fadenstrecken werden mehr Höchstwerte, längere — dagegen
Kleinstwerte liefern. Die absolute Festigkeit interessiert besonders
bei Prüfungen im Laboratorium, wenn man feststellen will, um
wieviel ein homogenes Gebilde durch chemische, physikalische
und mechanische Behandlungen beim Bleichen, Färben, Drucken,
Appretieren, Beschweren usw. geschwächt worden ist. Für diese
Fälle dürfte der allgemein eingeführte Mittelwert von 200 mm
Einspannlänge bei Baumwoll- und gebleichtem Leinengarn,
sowie beschwerten Seiden recht brauchbar sein. Dagegen muß
für die Beurteilung der praktischen Brauchbarkeit (Scheren,
Bäumen, Schlichten und Weben) die Einspannlänge möglichst
groß genommen werden, weil der Faden tatsächlich lange Strecken
frei ausgespannt ist und stark beansprucht wird. Eine Einspannlänge von 500 mm ist dabei ganz gerechtfertigt; mitunter wird
sogar eine Einspannlänge von 1000 mm genommen. Die Länge
von 500 mm kann als normale gelten. Das Versuchsobjekt muß
natürlich von den Einspannklemmen so fest und sicher gehalten
werden, daß kein Nachrutschen und Nachgeben stattfindet,

---

[1]) S. Brüggemann, „Die nötigen Eigenschaften der Gespinste und
deren Prüfung".

wodurch ruckweise Belastung und fehlerhafte Dehnungsangaben erfolgen können.

Über Abmessungen bei Zerreißversuchen von Geweben s. S. 198 ff.

Querschnitt.

Die Querschnittsgröße sollte bei Festigkeitsermittelungen durch Bestimmung der Reißlänge ausgeschaltet werden. Dies ist aber nur gerechtfertigt, wenn die Spannungsverteilung über den Querschnitt ganz gleichmäßig erfolgt. Bei feinen Nummern von etwa 40—200 kann man gleiche Spannungsverteilung annehmen, bei gröberen Nummern jedoch verhält es sich so, daß die äußeren Fasern mehr angespannt werden, als die inneren. Vom Spinnprozeß her haben die äußeren Fasern schon eine gewisse Anfangsspannung, da sie mehr gedreht und verlängert worden sind als die inneren Fasern. Bei Belastung des Fadens werden mithin die äußeren Fasern die von der Belastung herrührende Teilspannung zuzüglich ihrer Anfangsspannung zu ertragen haben und demnach zuerst reißen. Dann erst verteilt sich die Last auf die übrigen, noch ungerissenen Fasern. Ein gröberer Faden verträgt also eine verhältnismäßig geringere Belastung als ein feinerer. Folgende Tabelle [1]) veranschaulicht dieses an einem Beispiel.

Englische Nummer eines Baumwollgarnes	Mittlere ermittelte Bruchlast in g	Berechnete Bruchlast auf Garn Nr. 4 in g
4	1000	1000 : 1 = 1000
8	690	1000 : 2 = 500
12	460	1000 : 3 = 333 ⅓
16	340	1000 : 4 = 250
20	280	1000 : 5 = 200
24	230	1000 : 6 = 166 ⅔
32	170	1000 : 8 = 125
40	135	1000 : 10 = 100

Garn Nr. 8 dürfte nur halb so bruchfest sein wie Nr. 4, müßte also durch 500 g zerrissen werden; die Tabelle zeigt da-

---

[1]) Kalender für die Baumwollindustrie 1906.

gegen 690 usw. Deshalb ist es vorteilhafter, statt des einfachen Fadens Nr. 4 einen doppelt gezwirnten Nr. 8 zu nehmen, dessen Festigkeit ungefähr 2 . 690 = 1380 sein wird gegenüber 1000 g von Garn Nr. 4.

Qualitätszahlen.

Die Festigkeit eines Garnes Nr. 1 bei bestimmter Drehung heißt Qualitätszahl. Sie schwankt für Baumwollgarne zwischen 4000—8000 g. Man hat versucht, für Garne verschiedenen Materials diese Qualitätszahlen zu bestimmen, ist aber bis jetzt nur dazu gekommen, die Qualitätszahlen für Baumwolle aufzustellen. Es wäre eine wichtige Arbeit, diesem in Industrie und Handel empfundenen Bedürfnis nachzukommen. Die Schwierigkeit der Aufgabe liegt nicht nur in der Mannigfaltigkeit des verschiedenen Materials, sondern auch in der Berücksichtigung der verschiedenen Herstellungsarten ein und desselben Materials, in der Herkunft ein und desselben Grundmaterials usw. Zu berücksichtigen wären also Herkunft, Art der Vorbereitung (Bleiche u. ä.), Drehung, Garnnummer, Faserlänge u. a. m.

Als brauchbare Regel zur raschen Bestimmung der Bruchlast von Baumwollgarn kann man nach Johannsen[1] die Formel $G = \dfrac{q}{Ne}$ Gramm benutzen, worin, wenn etwa fully middling American zugrunde gelegt wird,

$$\text{für Schuß} \quad q = 4000 \text{ (schwach)},$$
$$\text{für Mulezettel} \quad q = 5500 \text{ (mittel, medio)},$$
$$\text{für Water} \quad q = 6500 \text{ (stark)},$$
$$\text{für Hartwater} \quad q = 8000 \text{ (sehr stark)}$$

ist. Es wäre z. B. (für $Ne = 10$) die Qualitätszahl:

$$\text{Schuß} \quad G = 400,—$$
$$\text{Mulezettel} \quad G = 550,—$$
$$\text{Water} \quad G = 650,—$$
$$\text{Hartwater} \quad G = 800,—$$

Bei feinen Garnen sinkt die Festigkeit trotz sonst gleichbleibender Verhältnisse.

Hieraus berechnet sich folgende Tabelle:

---

[1] „Handbuch der Baumwollspinnerei", I., S. 106 ff.

Bruchbelastung einfacher Baumwollgarne in Gramm.

Ne	schwach	mittel	stark	sehr stark	Ne	schwach	mittel	stark	sehr stark
4	880	1000	1250	—	36	110	150	180	210
6	670	920	1080	1340	38	105	140	170	200
8	500	690	810	1000	40	100	135	160	190
10	400	550	650	800	42	—	130	155	180
12	330	460	540	660	44	—	125	145	170
14	285	390	460	570	46	—	120	140	160
16	250	340	400	500	48	—	115	135	155
18	220	300	360	440	50	—	110	130	140
20	200	280	320	400	60	—	90	110	125
22	180	250	295	360	70	—	80	90	105
24	170	230	270	330	80	—	70	80	95
26	150	210	250	310	90	—	60	70	85
28	140	200	230	290	100	—	55	65	80
30	130	180	215	260	110	—	50	60	70
32	125	170	200	250	120	—	45	55	60
34	120	160	190	220					

Für die Zerreißfestigkeit von Flachsgarnen gibt **Karmarsch** folgende Formel: $P = \dfrac{19\,000}{\text{Nummer}}$ bis $P = \dfrac{21\,000}{\text{Nummer}}$; P ist die Bruchlast in Gramm. Z. B. wäre darnach die Bruchlast für Flachsgarn Nr. 16 = 1187—1312 g.

Für englischen 4-fädigen Nähzwirn: $P = \dfrac{21\,385}{\text{Nummer}}$;

„ Bindfaden aus feingehecheltem Flachs zweifach:

$$P = \frac{21\,316}{\text{Nummer}};$$

für Bindfaden aus feingehecheltem Flachs dreifach:

$$P = \frac{35\,000}{\text{Nummer}}.$$

Die Zugfestigkeit in Kilogramm für 1 qmm Querschnitt ist für nachstehende Fasern wie folgt ermittelt worden (Kunstseiden s. S. 55):

Schafwolle . . . . 10,9 kg
Cocos . . . . 29,2 „
Jute . . . . 28,7 „
Flachsfaser . . . . 35,2 „

Baumwolle . . . . 37,6 kg
Hanf . . . . 45,0 ,,
Rohseide . . . . 44,8 ,,

Die Zerreißfestigkeit verschiedener Wollhaare beträgt nach Bowmann („Struktur der Wollfaser") in Gramm:

Leicester Wolle . . . . 32,63 g
Southdown-Wolle . . . . 5,59 ,,
Austral. Merino . . . . 3,25 ,,
Sächs. Merino . . . . 2,54 ,,
Mohair . . . . 38,09 ,,
Alpaka . . . . 9,68 ,,

Nach G. Serra Gropelli & Co. in Mailand ist Grège-Seide 9/11—11/13 den. bei verschiedenen Zerreißfestigkeiten wie folgt zu beurteilen:

Bruchlast von 1— 5 g = vollständig unbrauchbar,
,,   ,, 5—10 ,, = sehr schlecht,
,,   ,, 10—20 ,, = schlecht,
,,   ,, 20—30 ,, = mäßig,
,,   ,, 30—40 ,, = ordentlich,
,,   ,, 40—45 ,, = gut,
,,   ,, über 45 ,, = sehr gut.

Gezwirnte zweifache Seide muß demnach doppelt so stark wie der Grègefaden sein und bei Organzinzwirn sogar noch stärker, weil der Zwirn die Festigkeit erhöht. Bei dreifach ouvrierten Seiden muß die Stärke dreimal so groß sein wie diejenige des einfachen Grègefadens usw. Diese Tabellen geben einen Anhalt bei der Beurteilung auch gefärbter und beschwerter Seiden, indem man ermitteln kann, um wieviel die Bruchlast gegenüber roher Grège zurückgegangen ist.

G. Serra Gropelli & Co. in Mailand beurteilen Rohseiden (edle Seiden von Bombyx mori) je nach ihrer Dehnbarkeit wie folgt:

Bruchdehnung von 1— 5 % : Seide vollkommen unbrauchbar,
,,   ,, 5—10 % : sehr schlechte Dehnbarkeit,
,,   ,, 10—15 % : geringe Dehnbarkeit,
,,   ,, 15—20 % : mittelmäßige Dehnbarkeit,
,,   ,, 20—25 % : gute Dehnbarkeit,
,,   ,, über 25 % : sehr große Dehnbarkeit.

Hiernach kann man auch gefärbte und beschwerte Seiden beurteilen und ermitteln, um wieviel die Seide jeweilig von der normalen Dehnbarkeit der Rohseide abweicht.

Die mittlere Dehnbarkeit bei Baumwollgarnen soll nach Herzfeld (a. a. O.) etwa betragen:

Für Nr.   20— 30 . . . . . . 4,5—5,0 %
  ,,   ,,   30— 40 . . . . . . 4,0—4,5 ,,
  ,,   ,,   40— 60 . . . . . . 3,8—4,0 ,,
  ,,   ,,   60— 80 . . . . . . 3,5—3,8 ,,
  ,,   ,,   80—120 . . . . . . 3,0—3,5 ,,
  ,,   ,,   120—140 . . . . . . 2,5—3,0 ,,
  ,,   ,,   140—170 . . . . . . 2,0—2,5 ,,

Drehung.

Die Anzahl der Drehungen auf die Längeneinheit richtet sich zum Teil nach der Garnnummer. Die Größe des Gleitwiderstandes der einzelnen Fasern oder Faserbündel ist bedingt durch den Steigungswinkel der Faserspirale zur Zylindermantellinie des Garnkörpers. Bei gleichem Steigungswinkel sind die Drehungen auf die Längeneinheit den Fadenumfängen verhältnisgleich, und die Umfänge verhalten sich wie die Quadratwurzeln der Querschnitte. Die Querschnitte stehen aber im umgekehrten Verhältnis zu den Garnnummern, also Nr. 16 hat nur $\frac{1}{4}$ Querschnitt von Nr. 4. Bei gleicher Länge verhalten sich mithin die Drehungen zweier Garne verschiedener Nummern wie die Quadratwurzeln ihrer Nummern. Hat z. B. Garn Nr. 36 auf 1 Zoll 24 Drehungen, so sind für 100-er Garn etwa

$$\frac{\sqrt{100}}{\sqrt{36}} \cdot 24 = \frac{10}{6} \cdot 24 = 40$$

Drehungen anzunehmen. Denn es verhält sich:

$$24 : x = \sqrt{36} : \sqrt{100}; \; x = \frac{24 \cdot \sqrt{100}}{\sqrt{36}} = \frac{24 \cdot 10}{6} = 40.$$

Die Anzahl der Drehungen pro 1 Zoll für Garn Nr. 1 heißt die Drehungskonstante und liegt bei Baumwolle zwischen 2,7 und 4,5, bei Bastfasern zwischen 1,5 und 2,8, je nach Material, Faserlänge und Verwendungszweck. So sind Kettgarne schärfer

gedreht als Schußgarne. Bei genauen Festigkeitsvergleichen
sind deshalb die Drehungen der Garne mit zu berücksichtigen.
Was sich auf die Drehungszahl der einzelnen Fasern bezieht,
hat weiterhin Gültigkeit beim Zusammendrehen der einzelnen
Fäden zu Zwirnen.

Belastungsart.

Die Belastung soll vor allem stetig und stoßfrei erfolgen.
Ferner ist es von größter Wichtigkeit, in welcher Zeit die Höchst-
belastung erreicht wird. Bei schneller Belastung werden allgemein
höhere Zerreißzahlen erhalten, als bei allmählicher. Das hängt
damit zusammen, daß eigentlich durch jede geringe Belastung
ein Körper schließlich zerreißen muß, wenn die Belastung lange
genug einwirken kann, da durch den andauernden Spannungs-
zustand das molekulare Gefüge umgebildet wird.

Die Belastungszeit beeinflußt also wesentlich die Bruchlast.
Bei Handbetrieb ist die gleichbleibende Geschwindigkeit schwierig
zu erreichen. Druckwasserantrieb (hydraulischer Druck) oder
Antrieb durch konstant laufende Wellen oder Elektromotoren
verdienen infolgedessen den Vorzug. Die Zerreißversuche sind
dann in bezug auf die Zerreißgeschwindigkeit vollkommen
zu nennen, wenn die Zerreißgeschwindigkeit konstant erhalten
werden könnte. Unter „Zerreißgeschwindigkeit" ist hierbei das Verhältnis der Dehnung von 1 Meter Garn in
Millimetern zu der dazu verbrauchten Zeit in Sekunden
bis zum erfolgten Bruche zu verstehen. Dehnt sich
z. B. ein 1 m langer Faden in 5 Sekunden bis zum Bruche um
40 mm, so ergibt sich eine Reißgeschwindigkeit von $40 : 5 = 8$ mm
in der Sekunde. In der Praxis wird die Reißgeschwindigkeit in
sehr verschiedenen Grenzen gewählt, je nach Gewöhnung und
Einrichtung der Apparate. Die Hauptsache bleibt gleichmäßige
und bei Vergleichsversuchen stets gleichbleibende Reißgeschwindigkeit. (Anfangsbelastung s. S. 196.)

Luftfeuchtigkeit und Lufttemperatur.

Schließlich spielt die Luftfeuchtigkeit und in Verbindung
damit die Lufttemperatur bei Festigkeitsversuchen eine
wichtige Rolle. Alle Fasern sind in geringerem oder höherem

Grade hydroskopisch, d. h. befähigt, Wasserdampf anzusaugen. Durch den Wassergehalt quellen die Fasern auf und verursachen im Faden innere Zusatzspannungen. Außerdem wird durch die Feuchtigkeit die Adhäsion zwischen den Fasern verändert. Die aufnehmbare Wassermenge der Fasern ist durch den relativen Feuchtigkeitsgehalt der Luft bedingt [1]).

Alle auf Genauigkeit Anspruch erhebenden Festigkeitsprüfungen müssen deshalb bei möglichst gleicher Luftfeuchtigkeit und Temperatur vorgenommen und durchgeführt werden. Dabei ist zu bemerken, daß die Garne und Gewebe längere Zeit, bei wichtigen Bestimmungen 24 Stunden, dem betreffenden Feuchtigkeits- und Temperaturzustand ausgesetzt werden sollen, damit sie die Feuchtigkeit gleichmäßig aufnehmen können. Bei gewöhnlichen technischen Prüfungen begnügt man sich meist damit, das Versuchsmaterial 2—3 Stunden auszulegen. Das Königliche Materialprüfungsamt führt derartige Bestimmungen in einem besonderen Raum aus, dessen relative Feuchtigkeit stets auf 65 % gehalten wird (s. S. 91).

Im genannten Amt bei verschiedener Luftfeuchtigkeit gelegentlich ausgeführte Versuche an einem starkfädigen Mako-Zwirnstoff lieferten beispielsweise folgende Ergebnisse für die Bruchlast (freie Einspannlänge 360 mm, Streifenbreite 50 mm, Quadratmetergewicht bei 65 % rel. Feuchtigkeit 600 g):

Richtung des Gewebes	15—20 % rel. Feucht.	65 % rel. Feucht.	85—90 % rel. Feucht.
Kettrichtung	218 kg	244 kg	269 kg
Schußrichtung	233 kg	280 kg	286 kg

Albert Scheurer [2]) fand bei der Prüfung von baumwollenen Geweben, daß der hydroskopische Zustand die Festigkeit in folgendem Maße beeinflußt:

Gewebe lufttrocken: 100 g Zerreißfestigkeit,

Gewebe fühlbar feucht: 105 g Zerreißfestigkeit,

Gewebe auf der Trockentrommel getrocknet: 85 g Zerreißfestigkeit,

---

[1]) Näheres s. unter Feuchtigkeit S. 94.
[2]) Färber-Zeitung 1902, S. 208.

Gewebe auf der Trockentrommel warm angefeuchtet: 103 g
Zerreißfestigkeit.

Genauere Bestimmungen führte Willkomm [1]) an Faserbündeln aus. Er zeigt in Schaulinien den Zusammenhang zwischen

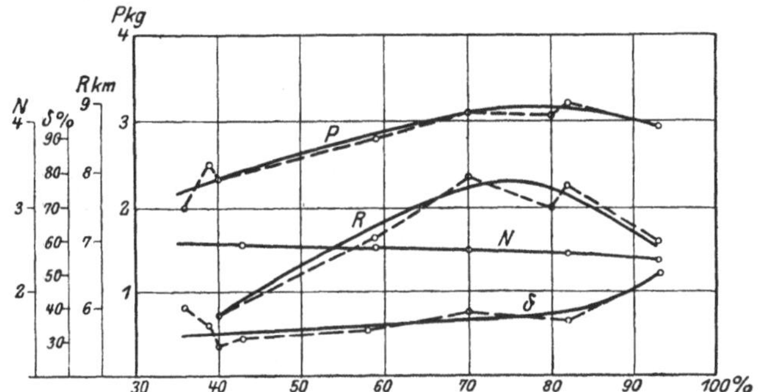

Fig. 90. Baumwollfaser: Abhängigkeit der Bruchbelastung P, Reißlänge R, Dehnung δ und Nummer N von der relativen Luftfeuchtigkeit.

Bruchlast, Reißlänge, Dehnung, Nummer und Luftfeuchtigkeit.
Bei der Baumwollfaser steigt die Bruchlast und Reißlänge
mit zunehmender Luftfeuchtigkeit von 40—80 % rel. Feuchtig-

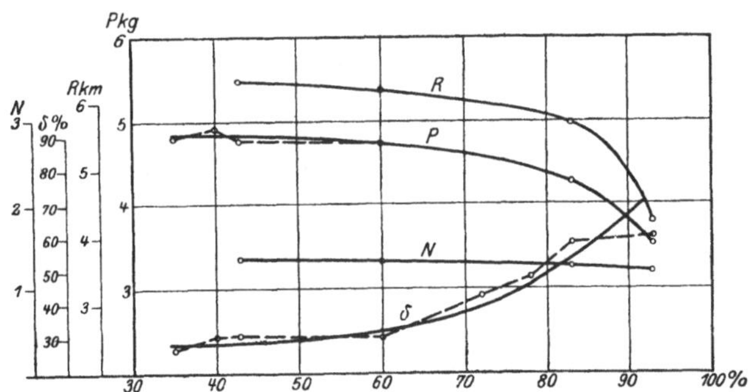

Fig. 91. Schafwollfaser: Abhängigkeit der Bruchbelastung P, Reißlänge R, Dehnung δ und Nummer N von der relativen Luftfeuchtigkeit.

keit um rund 30 %, um dann wieder etwas zu sinken. Die Dehnbarkeit der Baumwolle ist bei der höchst angewandten Feuchtig-

---

[1]) Leipziger Monatsschrift für Textilindustrie 1909, Heft 8 ff. „Beiträge zur Frage der Luftbefeuchtung in Spinnereien und Webereien.“
S. a. unter „Konditionierung“.

keit (92 % rel. Feuchtigkeit) am größten. Flachs zeigt gleichfalls mit zunehmender Luftfeuchtigkeit eine Zunahme der Bruchlast und Reißlänge um etwa 30 %. Die Zunahme erfolgt besonders auffallend bei 70—90 % rel. Feuchtigkeit. Die Dehnbarkeit steigt gleichfalls bis zur rel. Luftfeuchtigkeit von 90 %,
aber nur ganz schwach. Die Schafwolle zeigt bei 35 % rel.

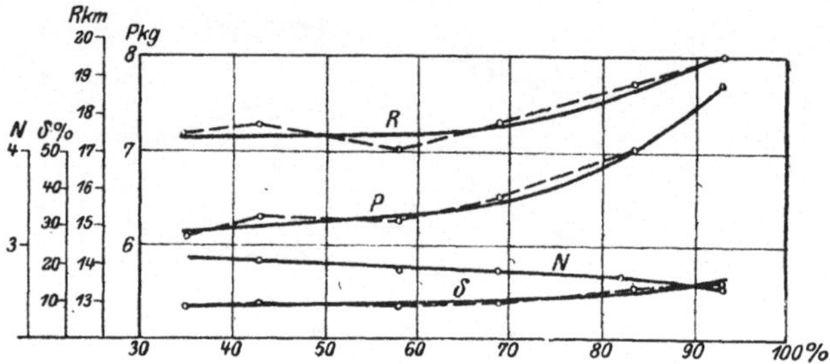

Fig. 92. Flachsfaser: Abhängigkeit der Bruchbelastung P, Reißlänge R,
Dehnung δ und Nummer N von der relativen Luftfeuchtigkeit.

Feuchtigkeit die größte Festigkeit, die mit zunehmender
Feuchtigkeit um etwa 20 % abnimmt. Die Dehnbarkeit des
Wollhaares nimmt dagegen mit steigender Feuchtigkeit bis zu

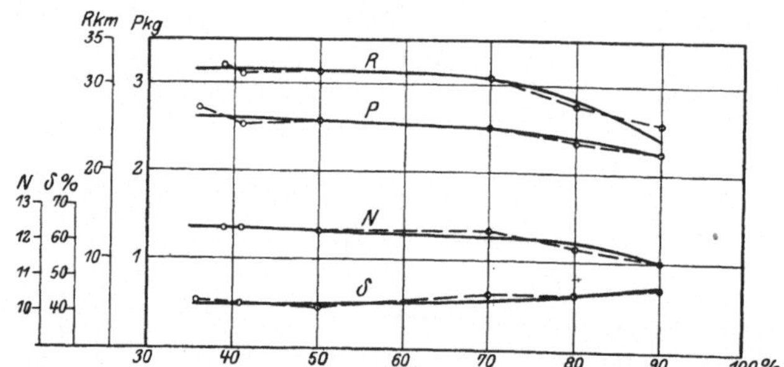

Fig. 93. Seide: Abhängigkeit der Bruchbelastung P, Reißlänge R, Deh
nung δ und Nummer N von der relativen Luftfeuchtigkeit.

90—95 % ununterbrochen zu. Die Seide nimmt an Festigkeit
und Reißlänge bei steigender Luftfeuchtigkeit allmählich, von
70 % rel. Feuchtigkeit merklicher bis zu 25 % ab. Die Dehnbarkeit der Seide nimmt mit wachsendem Wassergehalt der Luft
zu und ist bei 90—95 % am höchsten.

Willkomm bediente sich zur Messung der Zerreißfestigkeit
der Faserbündel, die er einem Vorgespinst des jeweiligen Materials
(bei Seide dem fertigen Gespinst) entnommen hatte. Den ermittelten
absoluten Werten wurde hierbei kein besonderes Interesse bei-
gemessen, sondern lediglich dem Verlauf der Kurve; deshalb
wurde die Reduktion der gewonnenen Resultate auf die Einzelfaser nicht vorgenommen. Des allgemeinen Interesses dieser
Versuche wegen seien Willkomms Schaulinien, die erwähnten
vier Faserstoffe betreffend, wiedergegeben (Fig. 90—93).

Festigkeitsprüfer oder Dynamometer.

Der erste Grundsatz bei der Festigkeitsprüfung der Garne ist,
daß die Untersuchung ebenso erfolgt, wie die Beanspruchung bei der
praktischen Verwendung. Danach werden die Fäden stets einzeln
gespannt und auf Zug beansprucht. Dies geschieht sowohl bei
den Spulmaschinen, als auch bei den Schermaschinen, Schlicht-
maschinen und insbesondere bei den Webstühlen und sonstigen
Arbeitsmaschinen der Textilindustrie. Aus diesem Grunde schon
hat man sich auf die Seite der „Einzelprüfung" und nicht
auf diejenige der „Gebindprüfung" zu stellen.[1]

Der zweite Grundsatz betrifft den Kraftmesser. Früher
benutzte man die Stahlfeder, entweder als Spiralfeder, Flach-
feder oder Bogenfeder. Bei den neuen Präzisionsapparaten
benutzt man mit Vorliebe die Hebelbelastung (Gewichtsbelastung)
zur Spannung der Versuchsstücke.

Der dritte Grundsatz ist die automatische Funktion
der Apparate. Wie oben bereits ausgeführt, hat die Geschwindigkeit der Beanspruchung einen bedeutenden Einfluß auf das
Versuchsergebnis. Die mit Wasserantrieb, Transmission oder
elektrisch betriebenen Apparate haben den Vorteil, daß die
Anspannung gleichmäßig und ohne Stoß vor sich geht. Durch
automatische Abstellung der Kraft- und Dehnungsmesser bei
Faden- oder Gewebebruch wird ein neuer Vorteil geschaffen,
indem dadurch die Beobachtung während des Versuches überflüssig wird und so die sonst häufigen Beobachtungsfehler
vermieden werden.

---

[1] S. a. Marschik, a. a. O.

Während die Festigkeit des Textilmaterials ganz allgemein durch die direkt ermittelte Bruchlast und Bruchdehnung charakterisiert wird, schlägt Marschik[1]) in neuerer Zeit vor, alle Eigenschaften der Garne aus der Drehung abzuleiten, indem Garne von bestimmter Einspannlänge so lange im ursprünglichen Drehsinne weiter zusammengedreht werden, bis der Bruch erfolgt. Anfangsdrehung + zusätzliche Drehung ergeben alsdann die „Bruchdrehung". Aus dem Verhältnis von Anfangsdrehung, zusätzlicher Drehung (Torsionsfestigkeit), Bruchdrehung und bestimmten Erfahrungsziffern finden sich Zahlenwerte für Festigkeit, Nummer, spez. Gewicht, Weichheit, Biegsamkeit usw. Es liegen bis heute jedoch noch keine hinreichenden Versuche vor, um nach diesem neuen Untersuchungsverfahren feststehende Normen aufstellen zu können.

Von den vielen im Handel befindlichen Festigkeitsprüfern seien nachstehend einige hervorgehoben, die sich u. a. im In- und Auslande eingeführt haben. Mit der nachfolgenden Aufzählung von Apparaten wird keineswegs Anspruch auf Vollständigkeit erhoben. Es wird auch auf die am Schluß des Buches befindliche Liste der wichtigsten Firmen verwiesen, welche Festigkeitsprüfer und andere Apparate für textiltechnische Prüfungen auf den Markt bringen.

1. In der Konstruktion die einfachsten und leichtesten, im Preise die billigsten, aber auch die weniger leistungsfähigen und auf die Dauer weniger zuverlässigen Festigkeitsprüfer sind die nachstehend abgebildeten Taschenkraftmesser, zylindrische Garnstärkemesser und Feder-Dynamometer.

Fig. 94 zeigt einen Taschenkraftmesser in Uhrform mit zwei Zeigern, von denen der eine beim Fadenbruch stehen bleibt. Der Faden wird in die untere Klemmvorrichtung eingelegt und dann angezogen.

Fig. 95 zeigt einen zylindrischen Garnfestigkeitsmesser. Beim Fadenbruch hakt sich ein Schnapphebel in den gekerbten inneren Zylinder ein.

Der Feder-Dynamometer nach Goldschmidt wird durch Fig. 96 erläutert. Er wird mit Teilungen bis zu 250 g, 500 g,

---

¹) Leipziger Monatsschrift für Textilindustrie 1910, S. 273: Die Torsion der Garne und Zwirne.

1, 2 oder 3 kg und mit Maximalzeiger versehen. Der Aufbewahrungskasten dient zugleich als Stativ. Der zu prüfende Faden wird mit dem Daumen auf den Tisch gedrückt, dann durch den Haken gelegt und mit der anderen Hand das Ende so

Fig. 94. Taschenkraftmesser in Uhrform (Guggenheim).

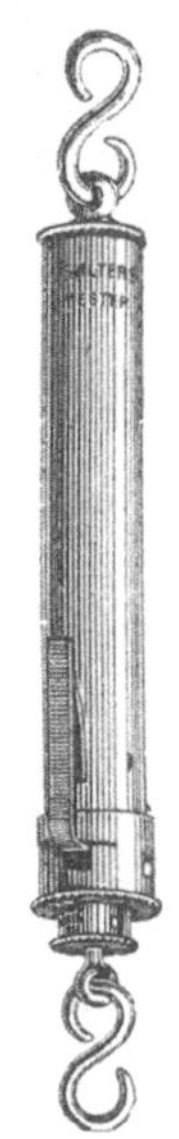

Fig. 95. Zylindrischer Garnfestigkeitsmesser (Guggenheim).

lange angezogen, bis der Faden reißt. Der Stand des Maximalzeigers gibt das Gewicht an, welches nötig war, den Faden zu zerreißen. Der Dehnungsmesser wird an den Tisch geklemmt, um die Rolle herum wird ein Faden gelegt und das eine Ende festgehalten; hierauf zieht man das andere Ende so lange an, bis der Faden reißt. Der Stand des Zeigers gibt die Dehnung in Millimetern an.

Fig. 97 zeigt einen in den Vereinigten Staaten von Nord-Amerika eingeführten Festigkeitsprüfer von Riehlé. Derselbe kann sowohl für Garne als auch (nach Auswechselung der Klemmen) für Stoffe, feinen Draht, Papier usw. Verwendung finden. Er wird sowohl für Hand-, als auch für Kraftbetrieb, ferner für verschiedene Einspannlängen eingerichtet. Das Rad wird von links nach rechts gedreht, wobei das Zifferblatt die jeweilige Belastung anzeigt. Beim Bruch des Versuchsstückes bleibt der Zeiger stehen.

Diese Apparate werden beispielsweise von Max Kohl in Chemnitz, Jacques Guggenheim & Co. in Basel u. a. in den Handel gebracht.

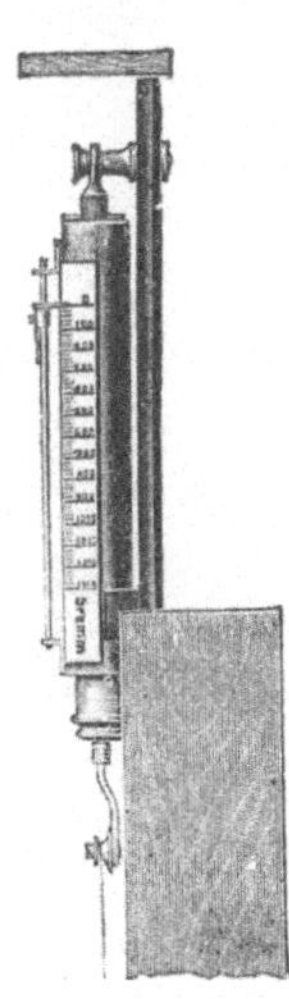
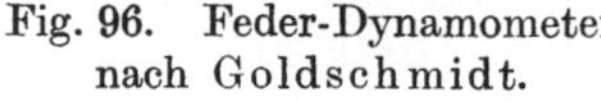

Fig. 96. Feder-Dynamometer nach Goldschmidt.

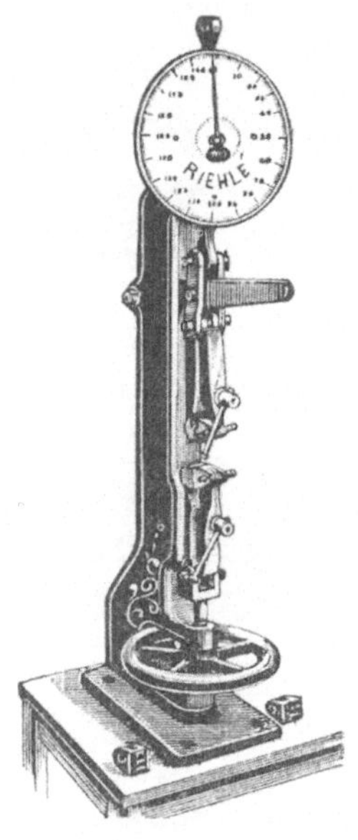

Fig. 97. Feder-Dynamometer von Riehlé.

2. Einen einfachen Garnfestigkeitsmesser in Bogenwagenform nach dem Grundsatz der Hebelbelastung erläutert Fig. 98. Er ist hauptsächlich für feine Nummern von Garn, Zwirn und Seide bestimmt und kann mit einer zweiten Teilung versehen werden, um zugleich als Garnwage für grobe Nummern und ganze Zahlen Verwendung zu finden. An dem Stativ befindet sich eine Vorrichtung, um den Faden über eine Rolle zu ziehen; man erhält dadurch einen gleichmäßigen Anzug. Teilung: 0—1000 g, 0—2000 g usw.

Der Apparat wird auch mit Aufsteckzeug für Cops und Spulen versehen, damit die einzelnen Versuche ununterbrochen hintereinander ausgeführt werden können.

Wesentlich vollkommener wird der Apparat, wenn er gleichzeitig mit einem Dehnungsmesser ausgestattet ist, wie ihn
Fig. 99 zeigt. Auch dieser Apparat besteht wie der vorhergehende
aus einem an einer Säule befestigten Gradbogen, welcher am
inneren Radius mit Zähnen versehen ist. Der am Gradbogen

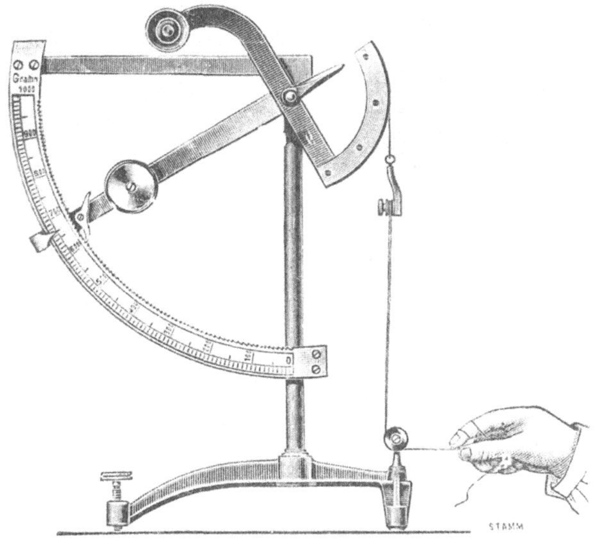

Fig. 98. Garnfestigkeitsmesser in Bogenform (Guggenheim).

befindliche Pendel hat am oberen Ende eine Klemme und am
unteren Zeigerrande einen Sperrkegel. Außerdem ist an dem
Apparat eine Metallschiene mit Millimeterteilung und Zeiger
angebracht. Der Pendel wird auf 0 eingestellt und durch einen
Stift arretiert, hierauf wird durch Drehen des Handrades der
Nonius ebenfalls auf 0 gebracht und die Fadenenden in die obere
und untere Klemmvorrichtung eingespannt.

Nunmehr wird der Faden, nachdem vorher der Stift aus der
Bogenskala herausgezogen worden ist, durch Drehen des Handrades angezogen und endlich zum Reißen gebracht. Im Augenblick des Reißens wird mit dem Drehen aufgehört, da andernfalls falsche Werte für die Dehnung angezeigt werden. Am
Gradbogen ist alsdann die Festigkeit des Fadens in Grammen,

am Nonius die Dehnung in Millimetern abzulesen. Die Skalen
werden verschieden geteilt.

3. Die ersten automatischen Festigkeitsprüfer, bei denen
der Handantrieb durch mechanische Kraft ersetzt wurde, waren
die Seidenfestigkeitsprüfer oder die Serimètres, wodurch
eine gleichmäßige Anspannung des zu prüfenden Materials erreicht
worden ist.

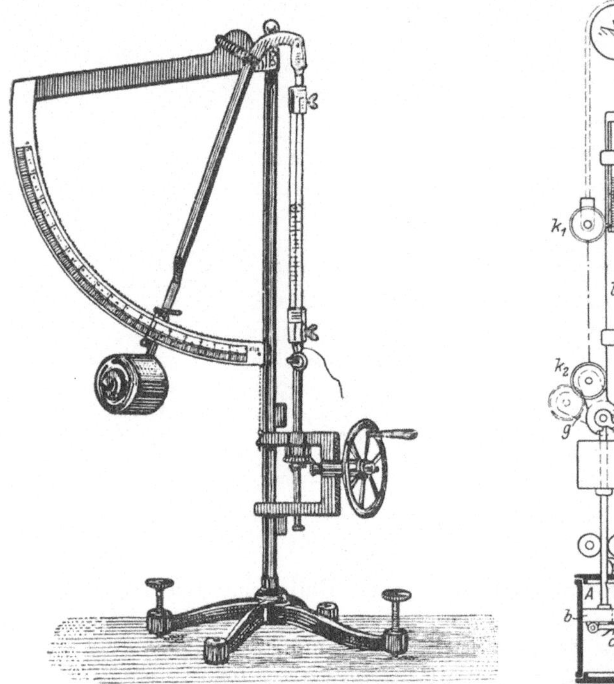

Fig. 99.   Garnfestigkeitsprüfer
mit Dehnungsmesser.

Fig. 100.   Festigkeits-
prüfer von
Henry Baer & Co.

Diese Fadenprüfer sind eine verbesserte Konstruktion des
Regnierschen Serimètre. Die Beanspruchung des Fadens erfolgt
durch ein mittels Ölkatarakt regulierbares Fallgewicht; der
Faden wird in der Länge von $\frac{1}{2}$ m zwischen zwei Klemmen
eingespannt. Die Festigkeit ist auf dem Quadranten in Grammen,
die Dehnung auf dem Lineal in Prozenten abzulesen. Der Zeiger-

hebel sowie die Skala bleiben bei Fadenbruch stehen. Die Apparate werden für Belastungen von 0—200, 0—300 g usw. ausgeführt.

4. Automatischer Festigkeits- und Dehnungsprüfer von Henry Baer & Co., Zürich, System Aumund (Fig. 100).

An Hand der nebenstehenden schematischen Abbildung sei die Konstruktion und Wirkungsweise desselben kurz erklärt (nach Henry Baers Beschreibung).

Unten am Apparat befindet sich ein aus Zylinder a und Kolben b mit Rückschlagventil c bestehender Ölkatarakt.

Die durch Gewicht belastete Kolbenstange trägt am oberen Ende die an einem Kipparm g angebrachte Einspannschraube k_2. Die obere Einspannschraube k_1 ist mit einer Einrichtung verbunden, welche die auf das Versuchsobjekt ausgeübte Zugspannung auf einer Skala erkennen läßt. Diese Einrichtung besteht aus auf Schneiden ruhenden Gewichtshebeln, welche stets genau und zuverlässig einspielen und Veränderungen, wie bei Federn nicht unterworfen sind.

Beim Hochziehen des Kolbens b öffnet sich das Rückschlagventil c und läßt das im Zylinder a eingeschlossene Öl frei passieren. In der obersten Stellung des Kolbens wird derselbe mittels einer durch Klinke d und Einkerbung in der Kolbenstange angedeutete Arretiervorrichtung fixiert, so daß das Versuchsobjekt zwischen den Backen k_1 und k_2 eingespannt werden kann. Nachdem diese Arretierung gelöst ist, sinkt der Kolben infolge seiner Gewichtsbelastung abwärts, dabei das unter demselben befindliche Öl durch einen mittels Schraube f regulierbaren Kanal e drückend.

Diese Bewegung, durch welche das Versuchsobjekt angespannt wird, und welche das Hauptmoment bei der Prüfung der Materialien bildet, geschieht also bei vorliegendem Apparate automatisch und völlig gleichmäßig.

So lange das Versuchsobjekt nicht zerrissen ist, wird durch die Spannung desselben der Arm g in seiner aufrechten Stellung gehalten und faßt mit seiner Nase i über einen Stift h der verschiebbaren Schiene l, so daß diese an der Bewegung der unteren Klemmschraube k_2 teilnimmt.

Am oberen Ende trägt die Schiene eine Einteilung, auf welcher ein an der oberen Klemmschraube k_1 angebrachter Index gleitet. Die obere Klemmschraube macht ebenfalls eine gewisse, zum

Heben des Belastungshebels erforderliche Abwärtsbewegung, welche um das Maß der Dehnung kleiner als die der unteren Klemmschraube ist. Diese Bewegungsdifferenz, also die Dehnung, wird von dem Index m auf der Skala der Schiene l angezeigt.

Sobald das Versuchsobjekt reißt, kippt der Arm g in die punktiert gezeichnete Lage um und läßt den Stift h frei, so daß die Schiene l, welche, wie aus Fig. 2 ersichtlich, durch leichte Federn gebremst wird, in ihrer Lage verbleibt, während der Kolben weiter abwärts sinkt.

Da auch die obere Klemmschraube infolge Sperrung des Belastungshebels in ihrer Lage verbleibt, zeigt der Index m auf der Dehnungsskala die Dehnung bei der Bruchbelastung an, während die letztere selbst auf der Kraftskala (in der Figur nicht angegeben) abgelesen wird.

Für den Gebrauch für Stoff- oder Papierstreifen ist ferner eine selbstspannende und sich selbst einstellende obere Klemmbacke konstruiert, welche ein sehr bequemes und rasches Einspannen der Versuchsstreifen gestattet und infolge der beweglichen Anordnung der Backen in den Scherenhebeln mittels Kugelgelenken ermöglicht, daß die eingespannten Streifen sich genau nach der Richtung des ausgeübten Zuges einstellen, so daß einseitige Spannungen infolge schiefen Einspannens und dadurch hervorgerufenes zu frühes Reißen vermieden werden.

Das Einspannen geschieht durch Zusammendrücken der oberen längeren Hebel, wodurch die Backen auseinandergehen. Nachdem der Streifen zwischen die Backen eingebracht ist, wird die Vorrichtung losgelassen und der Streifen ist festgeklemmt und zwar um so fester, je größer die darauf ausgeübte Zugspannung ist.

Die Hauptvorzüge, welche dieser Apparat in seinen verschiedenen Ausführungsformen bietet, lassen sich also kurz wie folgt zusammenfassen:

1. Senkrechte Anordnung, daher bequeme Handhabung.
2. Gewichtsbelastung der Kraftwage, ohne Spiralfedern, daher unveränderlich.
3. Automatische, stets gleichmäßige Anspannung.
4. Selbsttätig beim Bruch auslösende Dehnungsskala, mit direkter Angabe der Dehnung.

5. Bequemes Einspannen bei Probestreifen, infolge der selbstspannenden Klemmvorrichtung.

5. **Die Schopperschen Festigkeitsprüfer.** Allen Anforderungen an einen zweckmäßigen Dynamometer entsprechen die sorgfältig durchkonstruierten Festigkeitsprüfer von L. Schopper in Leipzig.

Die Konstruktion dieser Festigkeitsprüfer für Garne ist, unbeachtet verschiedener Spezialvorrichtungen, besonderer Einstellungsmöglichkeiten usw., beispielsweise folgende.

Ein in Kugellagern mittels Zapfen eingesetzter Winkelhebel zum Messen des Kraftaufwandes ist auf einem besonderen Schlittenstück montiert, das lotrecht in einem langen Ständer verschoben werden kann. Hierdurch erzielt man eine verstellbare Einspannlänge zwischen 200 und 1000 mm. Das untere Hebelende gleitet zwischen zwei Bogen, von denen der vordere die Kraftmaßstäbe trägt, der hintere mit Zähnen versehen ist, die die Sperrklinken des Winkelhebels auffangen und so ein Zurückfallen des Hebels beim Faden-(oder Gewebe)bruch verhindern. Über das Segment des Winkelhebels schlingt sich eine Kette zum Halten der einen Einspannklemme. Das Segment ist nach der Gegenseite verlängert und gleicht das Gewicht des Winkelhebels so aus, daß er im Ruhestande lotrecht herabhängt. Der Antrieb geschieht durch Druckwasser mit Umsteuerungsventil nach A. Martens und Moment-Abstellhahn, oder auch durch Transmissions-Antrieb, elektrischen Antrieb usw. In einem Zylinder bewegt sich gut schließend ein Kolben, dessen Kolbenstange nach oben durch den Deckel geführt ist und am Ende die zweite Einspannklemme trägt. Diese kann drehbar angeordnet und mit Drehungszähler versehen werden, damit man imstande ist, den im Apparat eingepsannten Faden auf- und zusammenzudrehen.

Auf diese Weise wird der Drall bestimmt, den ein Faden für seine höchste Festigkeit haben muß. Die Kolbengeschwindigkeit läßt sich durch ein Ventil regeln und soll immer gleichmäßig sein. — Die Skala oben rechts dient als Dehnungsmaßstab und gestattet, die Dehnung in Millimetern absolut und in Prozenten abzulesen. Nach Wunsch wird der Apparat mit einer Vorrichtung geliefert, die das Zerreißdiagramm selbsttätig aufzeichnet. Die Apparate für Wasserantrieb können ohne weiteres an jede Wasserleitung mit 2—3 Atmosphären Druck angeschlossen werden.

Fig. 101 zeigt ein neues Modell eines Schopperschen Festigkeitsprüfers mit Handantrieb, wie er für technische Zwecke
vielfach genügt. Die Einspannlänge beträgt 200 mm, die Kraftleistung schwankt zwischen 0,5 und 50—100 kg. Zur ununter-
brochenen, bequemen Abnahme des Versuchsmaterials sind Auf-

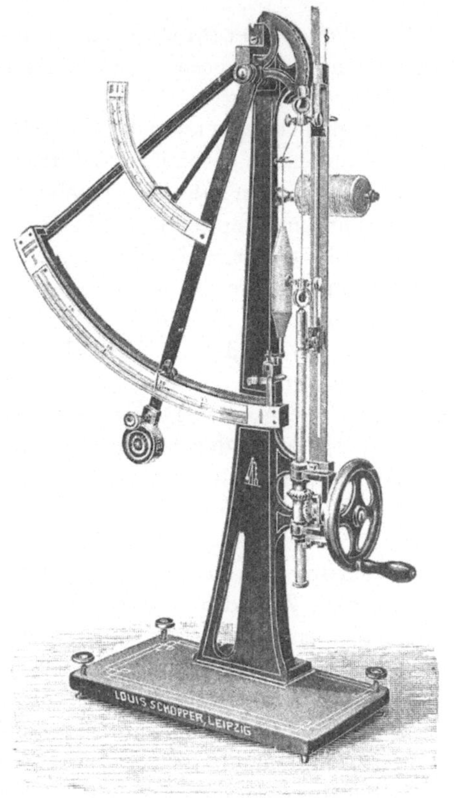

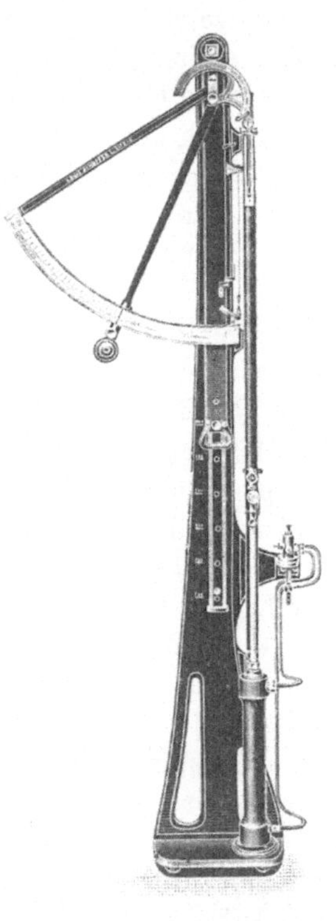

Fig. 101. Garnfestigkeitsprüfer mit Handantrieb nach Schopper.

Fig. 102. Garnfestigkeitsprüfer mit Wasserantrieb nach Schopper.

steckvorrichtungen für Cops, Kannetten, Bobinen und Kreuzspulen, sowie Fadenführer vorgesehen. Die obere kleine Bogenskala dient zum Ablesen der Dehnung in Millimetern und Prozenten. Die untere Klemme zum Festhalten des Materials sitzt

auf einem mit Gewinde versehenen Bolzen, der durch Drehung einer als Kegelrad ausgebildeten Mutterschraube nach abwärts bewegt werden kann.

Fig. 102 zeigt einen Schopperschen Festigkeitspruter zur Ermittelung der Bruchlast und Dehnung von Garnen und Fäden aller Art, mit Wasserantrieb und Umsteuerungsventil nach

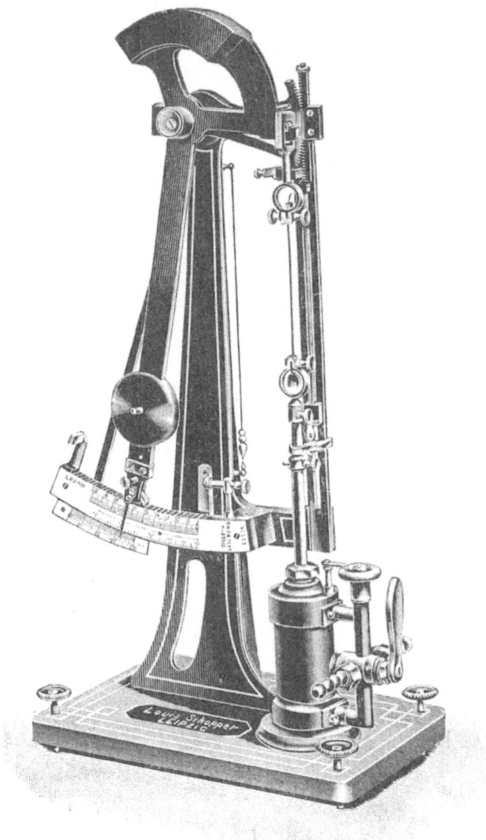

Fig. 103. Schopperscher Festigkeitsprüfer für Fasern, Faserbündel und Haare.

A. Martens und Moment-Abstellhahn. Die freie Einspannlänge beträgt 200—1000 mm. Ein solcher Apparat befindet sich beispielsweise bei dem Kgl. Materialprüfungsamt im Gebrauch.

Der durch Fig. 103 erläuterte Festigkeits- und Dehnungsprüfer für einzelne Woll- und Tierhaare, Pflanzenfasern, Faserbündel usw. gehört zu den genauesten Präzisionsinstrumenten, die in der Textilindustrie verwendet werden. Er ist für Wasserantrieb eingerichtet und mit Dreiweghahnsteuerung versehen; der Krafthebel und die obere Klemme gehen auf Schneiden.

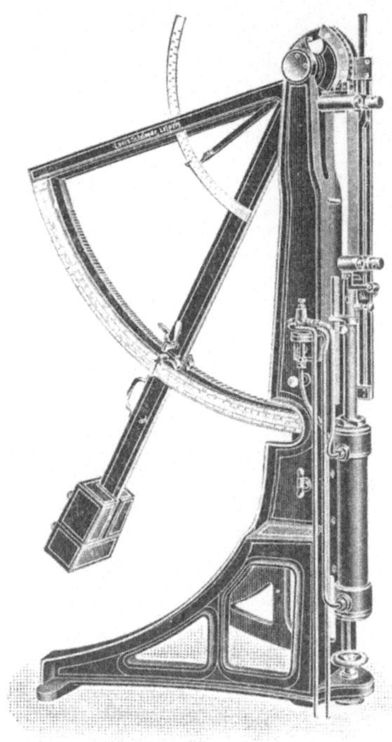

Fig. 104. Gewebe-Festigkeitsprüfer nach Schopper.

Die freie Einspannlänge beträgt 10—100 mm. Durch entsprechende Belastungsgewichte ist der Prüfer für Kraftleistungen von 1 g bis 1,5 kg verwendbar. Der Apparat ist gleichfalls beim Kgl. Materialprüfungsamt im Gebrauch.

Die Festigkeitsprüfung der Gewebe deckt sich im allgemeinen mit derjenigen der Garne, gestaltet sich aber einfacher, da die Zerreißergebnisse nicht durch so viele störende Umstände beeinflußt werden. Gewebestreifen von rund 5 cm Breite und 20—50 cm Länge werden zwischen Klemmbacken eingespannt, und diese bis zum Bruch des Streifens auseinanderbewegt. Der Zug wird bei Schopper durch Gewichtsbelastung erzeugt.

Fig. 104 zeigt einen Schopperschen Gewebe-Festigkeitsprüfer für Wasserantrieb mit Hochdruckventil für Stoffe aller Art, Tuche, Leder, Riemen usw. bei 100—400 mm freier Einspannlänge und 50 mm Einspannbreite. Diese Apparate werden bis 1500 kg Kraftleistung ausgeführt. Das Hochdruckventil hat für Hoch- und Tiefgang des Kolbens je eine Steuerung, ferner ein Feineinstellventil zur Regelung der Kolbengeschwindigkeit.

6. Gut eingeführt haben sich ferner die Präzisions-Zerreiß-maschinen für Gewebe, Seile, Riemen usw. von Alb. v. Tarno-

Fig. 105.   Festigkeitsprüfer nach v. Tarnogrocki.

grocki in Essen-Ruhr. Sie gehen ganz auf Schneiden, haben vertikale Einspannvorrichtung und einfachste Hebelanordnung. Die jeweilig ausgeübte Zugkraft wird selbsttätig auf den Zeiger übertragen und gestattet in jedem Augenblick die Belastung des Materials an der Skala abzulesen. Die Richtigkeit der Skala kann durch direkte Belastung kontrolliert werden. Der Antrieb geschieht durch konische Räderübersetzung und Rädervorgelege; letzteres ist derart ausgeführt, daß die Zugwirkung langsam erfolgt und nach Umschaltung der Räder ein schnelles Zurückdrehen des unteren Spannkopfes in die ursprüngliche oder in jede beliebige Stellung erfolgen kann. Die Spannvorrichtung besteht aus einem einseitig offenen Gehäuse (Fig. 105), in welchem sich zwei keilförmig gehaltene Klemmbacken parallel zueinander gleichzeitig vor- und rückwärts bewegen. Das Material wird seitlich in die Klemmvorrichtung eingeführt und nach leichtem Vorschieben der Keile absolut sicher und ohne eine Verletzung zu erleiden, festgehalten. Die Zugkraft erfolgt durch Rotation des Handrades, wodurch sich die untere Spannvorrichtung abwärts bewegt; während der Zugerzeugung bewegt sich der untere Pendel aus seiner senkrechten in eine geneigte Stellung, und die im Aufhängepunkt des Pendels stattfindende Drehung wird in vergrößertem Maßstabe durch den Zeiger auf die in Augenhöhe angebrachte Skala übertragen; die äußerste Zeigerbewegung bzw. die maximale Zugkraft fixiert der Schleppzeiger. Bei eintretendem Bruch des Materials wird der Pendel mit seinem Gegengewicht durch Sperrklinken arretiert. Das Zurücklassen des Pendels geschieht durch das Windwerk — bei den kleineren Modellen mittels Handgriffes — bei gleichzeitigem Auslösen der Sperrklinken mittels Schnur. Durch Ausschalten des Schneckenrades aus der Schnecke und gleichzeitiges Einschalten des Kegelrades kann nach Bruch des Versuchsstückes die untere Spannvorrichtung schnell in die Anfangsstellung oder jede beliebige andere Stellung zurückgekurbelt werden, wodurch eine wesentliche Zeitersparnis bei den Zerreißversuchen erzielt wird. — Die Maschinen werden auf Wunsch auch mit Dehnungsmesser ausgestattet, welcher die absolute Dehnung des Materials während der Zerreißprobe anzeigt. Ebenso werden Apparate für Riemen- oder hydraulischen Antrieb eingerichtet. Zugkraft 20 kg bis 30 000 kg.

7. Dynamometer mit Laufgewicht [1]). Dieser Dynamometer (Fig. 106) besteht aus einer auf einer Schneide spielenden

---

[1]) S. a. Marschik, a. a. O. S. 60 ff.

Wage mit Laufgewicht, welches durch ein Gegengewicht so ausbalanciert ist, daß die Zunge des Wagebalkens auf einer Marke einspielt, wenn das Laufgewicht auf Null der Skala des Wagebalkens steht.

Der Gewebestreifen wird zwischen den Klemmen d und e eingespannt; letztere ist mit einem Zeiger a versehen, welcher auf der Längenskala (Millimeterskala) l einspielt. Die Bruchbelastung wird demnach auf der Skala k des Wagebalkens, die Bruchdehnung auf der Längenskala abgelesen.

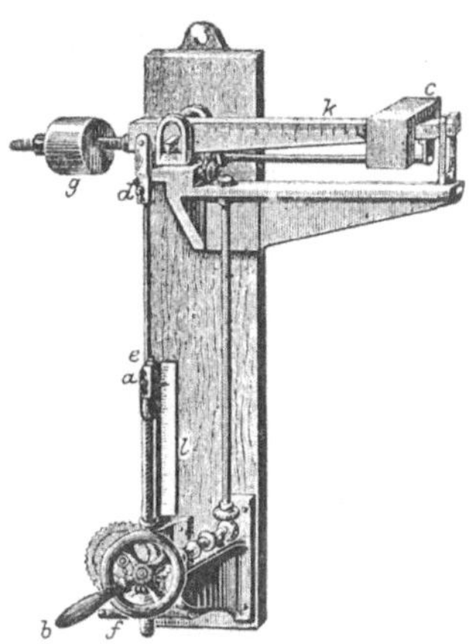

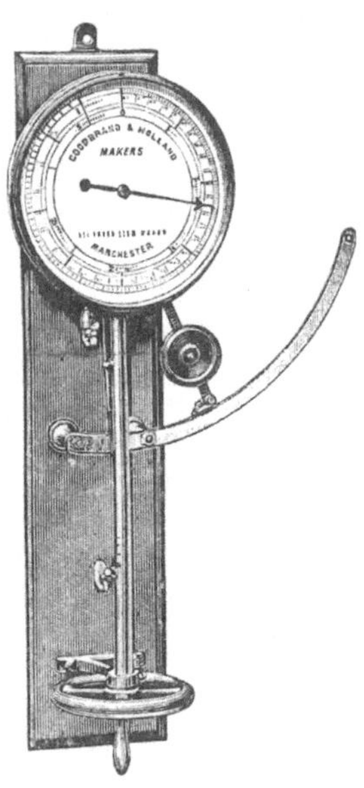

Fig. 106. Dynamometer mit Laufgewicht nach Schoch.

Fig. 107. Garnfestigkeitsprüfer mit Handantrieb nach Goodbrand.

Die Handhabung des Apparates geschieht wie folgt. Mittels der Kurbel b wird das Laufgewicht c auf den Nullpunkt der Skala k eingestellt und der Wagebalken mit Hilfe des Gegengewichtes g ausbalanciert, bis die Zunge auf der Marke einspielt. Dieses geschieht bei Montierung des Apparates ein für alle Male. Hierauf wird mittels Handrädchens f der Zeiger a an der Klemme e auf den Nullpunkt der Skala l eingestellt. Nachdem der Stoff zwischen den Klemmen d und e eingespannt ist, wird die Kurbel b mit der rechten Hand gedreht und dadurch das Laufgewicht nach rechts verschoben; gleichzeitig wird mit der linken Hand

das Rädchen f gedreht und der Stoff, der sich unter dem Einfluß
des Laufgewichtes gedehnt hat, gespannt, so daß der Wagebalken stets horizontal ist, d. h., daß die Zunge stets auf die
Marke zeigt. Bei stattfindendem Bruch des Versuchsstückes fällt
der Wagebalken herunter und Bruchlast sowie Dehnung werden
bequem abgelesen.

Fig. 108. Stoffestigkeitsprüfer mit Kraftantrieb nach Goodbrand.

Das Prinzip der Bauart bezeichnet Marschik als sehr gut,
aber die Handhabung als umständlich und die Belastung als
nicht gleichmäßig. Auch hier würde ein automatischer Antrieb

nötig sein, um Fehler in der Handhabung und Beobachtung zu
vermeiden. Die Belastung kann bis 600 kg gesteigert werden.

8. Festigkeits- und Dehnungsmesser von Goodbrand & Co.
in Manchester. Diese Apparate mit direkter Gewichtsbelastung
sind besonders in England und den englischen Kolonien eingeführt. Deshalb sind sie meist für das englische Gewichts- und
Maßsystem (englische Pfund und Zoll) eingerichtet, können aber
auf Wunsch auch für das metrische System gebaut werden.
Ebenso werden sie für Handantrieb und Kraftantrieb konstruiert.
Letzterer ist für genaue Bestimmungen stets vorzuziehen.
(Fig. 107 u. 108).

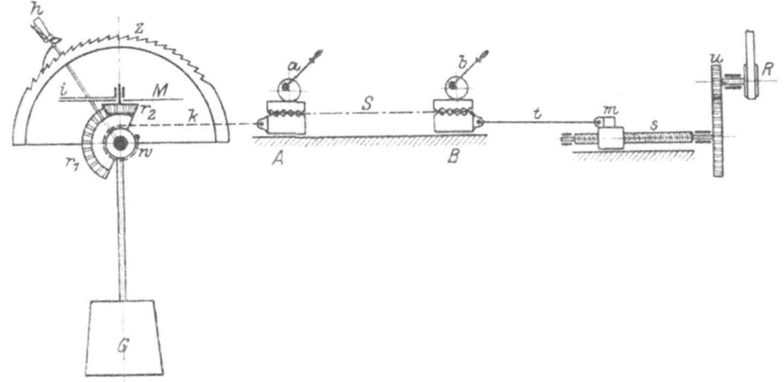

Fig. 109. Wirkungsweise des Goodbrandschen Festigkeitsprüfers.

Die mittels einer Blechschablone stets gleich groß geschnitte-
nen Stoffproben S (Fig. 109 [1])) werden in die Backen A und B
so eingelegt, daß sie während des Einspannens in ihrem freien
Teile unterstützt werden und daher nicht durchhängen können;
auf diese Weise erzielt man eine stets gleichbleibende Einspannlänge und Anfangsspannung, sowie fadengerade und faltenfreie
Anfangslage. Mit Hilfe der Exzenter a und b (welche in Wirklichkeit senkrecht zur Zeichenfläche stehen und auf gemein-
schaftlicher Achse sitzen) werden die oberen Klemmbacken mit
einem Handgriff rasch und gleichmäßig angepreßt. Die Anspannung erfolgt mittels einer Schraube S, welche von einer

---

[1]) Nach A. Seipka und Marschik.

Transmissionswelle aus durch eine Riemenscheibe R und Zahn-
räderübersetzung n gedreht wird; die Mutter m nimmt durch
die Zugstange t den Backen ruhig und gleichmäßig mit.

Als Kraftmesser dient das Gewicht G, welches durch eine
Kette K vom Backen A angehoben und bei eintretendem Bruch
durch den gleichzeitig von der Kettenwelle w mitgenommenen
Sperrhebel h auf dem Zahnbogen z gehalten wird; der Kraft-
maßstab befindet sich auf einer
Scheibe M, auf welcher ein
mittels Kegelräder r_1 und
r_2 von der Welle w mit-
genommener Zeiger i einspielt.
Zwischen den Backen A und B
ist ein Dehnungsmaßstab angebracht, welcher die relative
Bewegung von A und B an-
zeigt und die Dehnung nach
Bruch der Probe ablesen läßt.
Die Bedienung der Maschine
erfordert insofern einige Aufmerksamkeit, als die Ab-
stellung des Antriebes nicht
selbsttätig erfolgt und der
Bedienende den Ausrück-
hebel stets in der Hand haben
und die Stoffprobe während
des ganzen Versuches be-
obachten muß. Die Festig-
keit wird in Kilogramm oder
engl. Pfund, die Dehnung in
Millimeter oder engl. Zoll angegeben.

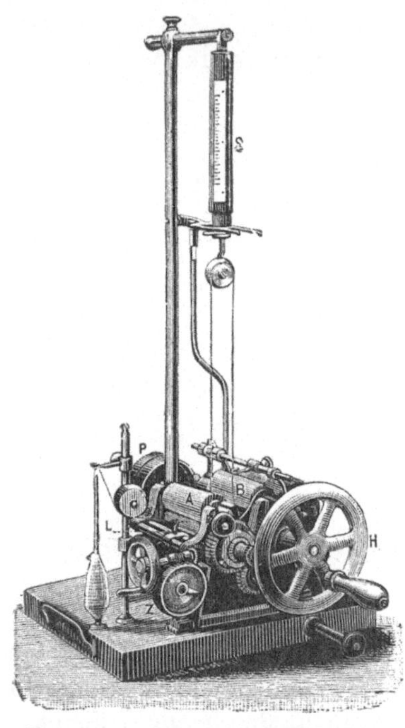

Fig. 110.   Kontinuierlicher Garnfestigkeitsprüfer (Usteri-Reinacher).

9. Kontinuierlicher Garn-Festigkeits- und Dehnungsmesser [1]). Der Apparat zeigt kontinuierlich die Stärke
und Dehnung eines Garnes an und wird von einer Transmission
in Betrieb gesetzt, so daß es möglich ist, in kurzer Zeit große
Längen Garnes zu prüfen. Die in der Minute abgewickelte Garnlänge beträgt etwa 15 m (s. Fig. 110).

----

[1]) Nach Th. Usteri-Reinacher, Zürich.

Das konische Walzenpaar A und das zylindrische Walzenpaar B, deren untere Walzen durch Zahnräder miteinander im Eingriffe stehen, werden von der Riemenscheibe P aus angetrieben (Tourenzahl etwa 120 in der Minute). Die oberen, mit Gummi oder Leder überzogenen Pressionswalzen haben den Zweck, auch während des Ganges des Apparates den Faden genügend festzuhalten, damit ein Gleiten desselben zwischen den Walzen nicht stattfinden kann. Das konische Walzenpaar A hat verschiedene und zwar kleinere Durchmesser als das zylindrische Paar B. Ferner ist von den konischen Walzen A ein Fadenleiter F mittels einer Schraube hin und her verschiebbar, dessen jeweilige Lage auf einem mit Skala versehenen Stabe abgelesen werden kann. Zwischen den beiden Walzenpaaren A und B in der Höhe ist ferner eine Federwage S aufgehängt, die die Bruchlast angibt. Endlich ist der Apparat mit einer selbsttätigen Abstellung versehen, welche den Riemen auf die Leerscheibe schiebt, wenn der Faden reißt.

Das zu prüfende Garn wird von der Bobine durch den Fadenleiter L in das konische Walzenpaar A eingeführt, über die Federwage S und durch das zweite zylindrische Walzenpaar B geleitet und wickelt sich beim Verlassen des letzteren auf einer Plüschwalze auf. Weil aber das konische Walzenpaar A kleinere Durchmesser hat als das zylindrische B, so wird das letztere eine größere Garnlänge abwickeln, als durch das erstere dem Apparat zugeführt wird, d. h. der Faden wird zwischen den beiden Walzenpaaren A und B ausgedehnt. Diese Ausdehnung ist eine verschiedene, je nach der Stelle, an welcher der Faden in die konischen Walzen eingeführt wird, und wird durch den Fadenleiter L auf der Skala in Prozenten der von der Bobine abgewickelten Garnlänge angegeben. Dadurch, daß ferner der Faden zwischen den Walzen A und B über die Federwage S geführt ist, kann auf letzterer gleichzeitig der auf den Faden ausgeübte Zug beobachtet werden.

Der Apparat ermöglicht, die Grenze der Spannung schnell zu ermitteln, welche rasch abgewickeltes Garn erleiden kann ohne zu reißen. Jede schwache Stelle des Garnes wird sofort durch Fadenbruch und Abstellen des Apparates angezeigt. Der Verbraucher ist auf solche Weise in der Lage, schnell zu beurteilen, ob sein Garn die nötige Bruchlast hat und ob das Garn gleichmäßig ist.

Heermann, Mech. u. physik.-techn. Textilunters.			13

10. Festigkeitsprüfer von Stoffen mit automatischer Aufzeichnung von Leuner [1]). Dieser Apparat registriert sowohl die Dehnung als auch die Bruchlast auf einem Streifen Papier (Fig. 111). Die Einspannklemmen werden einerseits mit dem Haken E, anderseits mit dem Wagen und durch geeignete Stifte verbunden. Die eingespannten Enden müssen stets gleichen Abstand voneinander haben. Hierzu bedarf es einer genauen, dem Faden nach fortlaufenden Anspannung, für welche bei

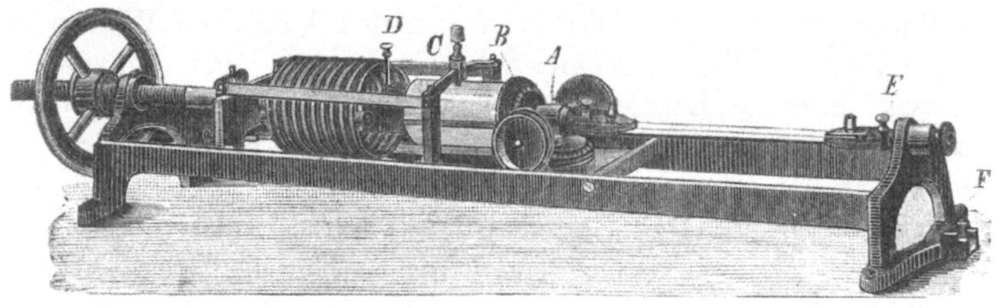

Fig. 111. Leuners Festigkeitsprüfer mit automatischer Aufzeichnung.

dem Apparat in genügender Weise Vorsorge getroffen ist. Die Aufzeichnung von Bruchlast und Dehnung geschieht vermittels des Zeichenstiftes C und der Zeichenwalze B. Letztere ist auf die Zugstange, welche die Feder mit der Klemme verbindet, beweglich um diese Stange aufgesteckt und erfährt durch eine geeignete Übersetzung mittels zweier Konusräder eine Drehung, die genau der seitlichen Verschiebung der Klemme A, d. i. der Ausdehnung des Stoffes, entspricht. Zur Aufzeichnung des Weges, den das von einer Schraube angezogene andere Ende der Feder im Gegensatz zu der nur dem Wert der Dehnung entsprechenden Ausweichung zurücklegt, gleitet der Stift C senkrecht auf der Zeichenwalze um diese Strecke vor. Aus der Vereinigung der beiden Bewegungen entsteht eine Kurve, deren Ordinaten die Festigkeit, deren Abszissen die Dehnung darstellen. Die ersteren werden von dem Stifte aufgezeichnet, indem man die Schraubenfeder in normale Stellung zur Zeichenwalze bringt, die letztere

---

[1]) S. a. Herzfeld, „Die technische Prüfung der Garne und Gewebe", S. 96 ff. Oskar Leuners Mechanisches Institut in Dresden, Technische Hochschule.

ergibt sich durch Drehung der Walze B gemäß dem von ihr beschriebenen Wege.

Zum bequemen Ausmessen des Diagramms wird zweckmäßigerweise eine auf der unteren Seite gravierte Meßplatte aus Glas benutzt. Die Teilung der Platte zeigt für die Dehnung direkt die Prozente und für die Bruchlast das Gewicht bis zu hundertstel Kilogramm an; hierdurch erspart man das Aufzeichnen der Ordinaten. Man legt die mit der Kilogrammteilung versehene Senkrechte durch den äußersten Kurvenpunkt, die der Abszisse entsprechende Linie der Glasplatte durch den Anfangspunkt und liest ab.

Nach erfolgtem Bruch der Stoffprobe verhindern zwei eingelegte Sperrklinken ein plötzliches Verkürzen der Schraubenfeder. War die Spannung der Feder nicht groß, so kann sie nach Ausrücken der Hemmung mit der Hand aufgehoben werden; bei großer Inanspruchnahme dagegen dreht man mit Handrad und Schraube die angezogene Feder auf ihre Normale zurück (Herzfeld a. a. O.).

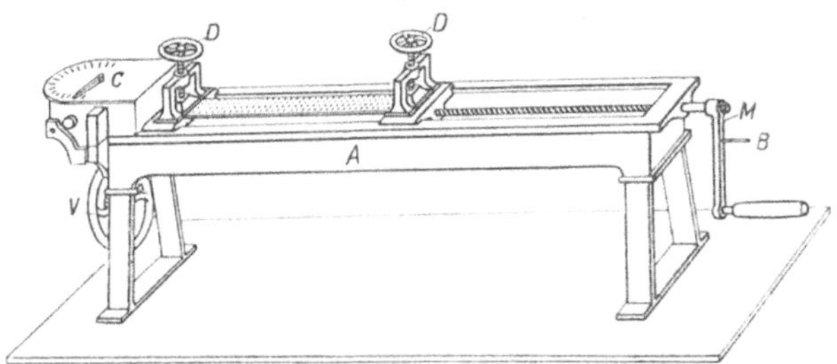

Fig. 112. Dynamometer von Perreaux.

11. Dynamometer nach Perreaux mit horizontaler Einspannung. Dieser heute von der Firma Lefort und Duvau in Paris hergestellte Festigkeitsprüfer (Fig. 112) ist hauptsächlich in Frankreich und den französischen Kolonien in Aufnahme gekommen.

Das mit Füßen versehene gußeiserne Hauptgestell A trägt zweierlei Klemmen (für Garne, Seile einerseits oder für Stoffe, Riemen usw. anderseits) D D und das Zifferblatt C mit Feder-Dynamometer. Am anderen Ende ist Schraube und Drehkurbel M angebracht, vermittels deren eine Klemme an die andere genähert oder von ihr entfernt werden kann; die zweite Klemme ist an die Zugfeder befestigt. Ein zwischen den Klemmen angebrachtes, mit Teilstrichen versehenes Lineal dient zur Bestimmung der Dehnbarkeit des jeweiligen Versuchsstückes. Um einen gleichmäßigen und stoßfreien Gang des Zeigers am Zifferblatte zu erzielen, ist ein Zahnrad V in üblicher Weise angeordnet. Die Umdrehung des Handrades soll etwa 1 in der Sekunde betragen. Vor Beginn des Reißversuches wird der Zeiger des Zifferblattes auf 0 gebracht.

Vorbereitung des Probematerials und Technik der Ausführung.

Das Probematerial wird zunächst längere Zeit in einem normalfeuchten Raume (das Kgl. Materialprüfungsamt wählt 65 % rel. Feuchtigkeit) ausgelegt. Näheres hierüber siehe in dem Kapitel Luftfeuchtigkeit S. 91.

Alsdann wird bei Fasern und Gespinsten eine genügende Länge genau abgemessen und gewogen, um das Belastungsgewicht für die Anfangsspannung und später die Reißlänge berechnen zu können.

Um einwandfreie Vergleichswerte zu erhalten, empfiehlt es sich, bei faserigen Gebilden eine auf den Querschnitt bezogene Belastung zugrunde zu legen. Für Garne aus Einzelfasern (Baumwolle, Kammgarn usw.) wird nach Vorschlag von E. Müller als bequem zu ermittelnde Anfangsbelastung das ermittelte Gewicht von 100 m des Versuchsstückes genommen; bei Vorgespinsten genügt das Gewicht von 10 m, bei Florettgespinsten — das von 100 m Länge. Bei Rohseiden und gefärbten Seiden kann man dreist weitaus größere Belastungen nehmen, ohne daß man dadurch nennenswerte Fehler begeht. Um hier ein Glattstrecken zu erreichen, sollte man nicht unter eine Mindestbelastung von 1 g gehen. — Als Norm ist die Anfangsbelastung, entsprechend dem Gewicht von 100 m, zunächst nur in den Bestimmungen der seit 1. Juli 1910 gültigen Untersuchungen der harten Kammgarne (s. S. 145) festgelegt („Schleifenbelastung“).

Für Gewebe bestehen bezüglich der Anfangsspannung zurzeit keine Normen und einheitliche Verfahren. Hier wird der

Versuchsstreifen zunächst möglichst tief in eine der Einspannklemmen hineingeschoben und diese dann leicht geschlossen. Alsdann wird der Streifen durch die zweite offene Klemme hindurchgezogen und unter Lüftung der ersten Klemme angezogen, bis der Streifen zu rutschen beginnt. Schließlich werden beide Klemmen fest geschlossen. Hierbei ist besonders darauf zu achten, daß der Streifen in seiner ganzen Breite gleichmäßig straff liegt. (In besonderen Fällen wird das Versuchsstück vor dem Einspannen glatt auf einen Tisch gelegt und die gewünschte freie Einspannlänge unter Zuhilfenahme eines Maßstabes durch Strichmarken bezeichnet. Letztere müssen dann beim Einspannen in den Apparat genau mit dem Klemmenrand abschneiden.)

Die Berechnung der Reißlänge R (s. S. 160) erfolgt aus der metrischen Feinheitsnummer N, und der ermittelten Bruchlast P, nach der Formel: $R = N \cdot P$; oder aber aus der ermittelten Bruchlast und dem ermittelten Metergewicht des Versuchsmaterials (G) nach der Formel: $R = \dfrac{P}{G}$. Bei unmittelbarem Abwägen einer bestimmten Länge kann das Metergewicht und aus diesem und der ermittelten Bruchlast die Reißlänge am einfachsten berechnet werden.

Bei faserigen Gebilden werden in der Regel 10—20, in besonderen Fällen bis 50, Einzel-Festigkeitsversuche ausgeführt. Die Entnahme des Versuchsmaterials erfolgt tunlichst aus verschiedenen Faserpartien, Garnsträhnen, Spulen usw. Aus den Einzelversuchen wird in bekannter Weise das Mittel gezogen. Soll auch die Gleichmäßigkeit festgestellt werden, dann werden etwa 30—50 Einzelversuche angestellt. Die Berechnung der Gleichmäßigkeit geschieht vielfach durch Ermittelung der prozentualen Abweichung des Gesamtmittels von dem Untermittel (s. S. 159). Indessen ist nicht zu leugnen, daß der so ermittelte Wert kein klares Bild über die wirkliche Gleichmäßigkeit ergibt. Liegt eine größere Anzahl von Strähnen, Cops usw. vor, so werden mit jedem derselben nicht mehr als 5 Einzelversuche ausgeführt; das Material aus denselben wird wiederum am laufenden Faden mit Abständen von mindestens 1 m entnommen.

Die gebräuchlichsten Einspannlängen bei Fäden sind 500 und 1000 mm.

Die Abmessungen bei Festigkeitsprüfungen von Geweben sind im Kgl. Materialprüfungsamt folgende. Wollstoffe (näheres s. S. 201) werden bei 30 cm freier Einspannlänge und 9 cm Breite (doppelt zusammengelegt Fig. 115.) den Zerreißversuchen unterworfen. Alle übrigen Stoffe werden, wenn nicht besondere Vorschriften bestehen, bei 36 cm freier Einspannlänge und 5 cm Breite (mit an beiden Seiten je 0,5 cm langen freien Fadenenden) in einfach liegenden Streifen geprüft. Siehe auch die Vorschriften der Behörden im Anhang dieses Buches.

Gewebestreifen werden in der Regel vor dem Zerreißen besonders vorbereitet. Zunächst wird das Versuchsstück oder ein geeigneter größerer Abschnitt desselben fadengerade[1]) geschnitten (d. h. so, daß die äußersten Fäden jeder Seite unbeschädigt von einem Ende bis zum anderen verlaufen und die Enden der kreuzenden Fäden knapp abgeschnitten sind) und dann genau gemessen und gewogen. Aus diesen Ergebnissen wird das Quadratmetergewicht berechnet. Für Versuchsstreifen von 360 mm freier Einspannlänge und 50 mm Breite mit je 5 mm langen freien Fadenenden an beiden Seiten müssen die Streifen 500 mm lang und 60 mm breit zugeschnitten werden. Zur Erzielung guter Mittelwerte werden die einzelnen Streifen tunlichst an verschiedenen Stellen des Probematerials und mit jedesmal anderen Fadenpartien (in der Belastungsrichtung) entnommen.

Fig. 113 zeigt beispielsweise eine zweckmäßige Streifenentnahme aus einem Gewebeabschnitt. Der in die Figur eingezeichnete sechste Kett- (K) und Schußstreifen (S) dient für etwaig notwendig werdende Kontrollversuche.

---

[1]) Starkfädige Gewebe schneidet man bei einiger Übung leicht mit dem vorderen Teil der Schere fadengerade zu, wobei sich die Schere gewissermaßen ihren Weg selbst sucht, ohne die angrenzenden Fäden zu beschädigen. Bei feinen Nesselgeweben u. a. zeichnet man sich die Schnittpunkte der einzelnen Streifen-Konturen auf, legt dann das Gewebe auf eine glatte weiche Unterlage (Pappe, Linoleum usw.) und führt unter leichtem Druck eine spitze Nadel von einem Kreuzungspunkt nach dem andern. Die Nadel wird dabei stets zwischen den gleichen Fäden entlang gehen und auf dem Gewebe eine deutlich sichtbare Furche hinterlassen. Bei stark appretierten und verzogenen Geweben sucht man zunächst solche Stellen aus, wo die Fäden verhältnismäßig am geradesten verlaufen, zeichnet jedesmal nur einen Streifen auf, zupft jede Schnittlinie fadengerade und mißt dann erst den nächstfolgenden Streifen ab.

Siegel und besondere Kennzeichnungen des Versuchsstückes sollen tunlichst als Beleg zurückbleiben und nicht zerschnitten werden. Ebenso sollen fehlerhafte Stellen, scharfe Kniffe, einzelne andersfarbige Fäden, Nähte u. dgl. nicht ohne weiteres als Versuchsmaterial verbraucht werden, da sie möglicherweise die Eigenschaften des Gewebes beeinflussen können. Die Kettstreifen sind mindestens 10—15 cm von der Leiste entfernt zu entnehmen, da die Kettfäden in der Leistennähe dichter aneinanderliegen als in der übrigen Breite und höhere Werte liefern. Die Schußstreifen sind so einzuspannen, daß die Leistenseite möglichst weit außerhalb der freien Einspannlänge zu liegen kommt. Zwecks etwaiger Kontrolle werden sämtliche Streifen einer jeden Fadenrichtung und der verbleibende Rest des Probematerials in geeigneter Weise mit fortlaufenden Nummern versehen.

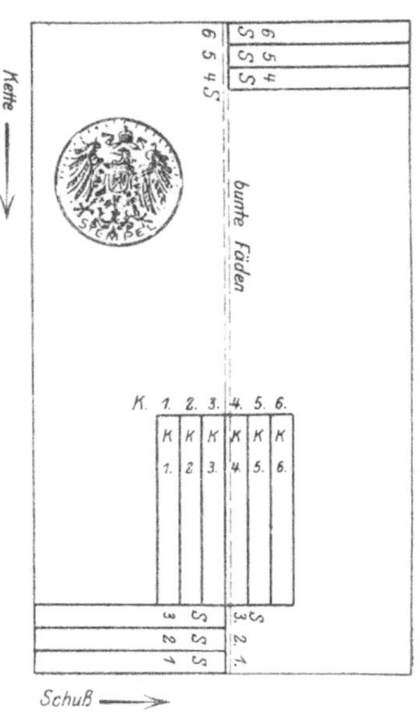

Fig. 113.   Streifenentnahme aus Geweben.

Bei allen Geweben, deren beide Fadensysteme nur durch die Bindung verkreuzt, nicht aber durch andere Prozesse (z. B. Walken, Gummieren, Aufeinanderkleben verschiedener Schichten u. a. m.) innig verbunden sind, werden zu beiden Längsseiten der Versuchsstreifen je 5 mm (oder mehr) lange freistehende Fadenenden belassen, indem die Streifen zunächst um dieses Maß der freistehenden Fadenenden breiter zugeschnitten und dann an jeder Seite so viele Fäden entfernt (ausgezupft oder ausgeriffelt) werden, daß in der Belastungsrichtung nur noch die vorgeschriebene Breite als Gewebe übrig bleibt. Bei grobeingestellten Geweben wird man einer genau gleichen Streifenbreite lieber eine einheitliche Fadenzahl in allen Streifen einer Geweberichtung vorziehen. Auch ist es ratsam, bei solchen Geweben die freien Fadenenden etwas länger zu bemessen. **Dasselbe**

gilt auch für Gewebe mit Doppelfäden; hier wird man die Doppelfäden außerdem nicht teilen, sondern den ganzen Doppelfaden
entfernen oder belassen.

Der Zweck dieser freistehenden Fadenenden ist folgender:
In einem gewöhnlichen Gewebe schlingen sich die Fäden bei der
Verkreuzung mehr oder weniger um einander;
ein Gewebe wird also stets kürzer und schmaler
ausfallen, als die Länge der betreffenden gerade
gespannten Fäden beträgt. Ein Gewebe-
querschnitt bei Leinwandbindung würde z. B.
die in Fig. 114 a gezeigte Erscheinung des
„Einarbeitens‟ zeigen. Belastet man nun
diesen geschlungenen Faden mit einem Gewicht
(Fig. 114 b), so wird er seine Windungen auf-
geben und seine wirkliche Länge in gespannter
Lage zeigen. Naturgemäß werden also die
äußersten Fäden der Belastungsrichtung eines
Gewebeabschnittes ohne freie Fadenden aus
ihrer ursprünglichen Lage zur Seite gedrängt
werden und teilweise heraustreten. Diese
herausgetretenen Fäden werden demnach der
Belastung entgehen. Durch die freien Fadenenden der Querfäden werden die Längsfäden zurückgehalten.

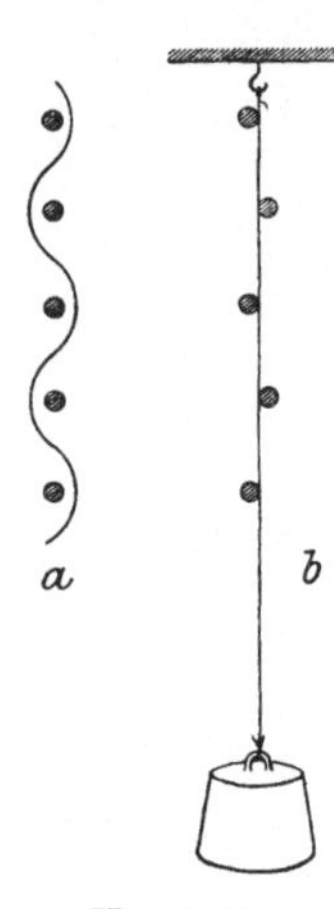

Fig. 114.

Bei Tuchen, Wachstuchen, Ballonstoffen u. ä. Erzeugnissen
sind die freien Fadenenden zwecklos, da die Fäden schon ohnehin
so fest miteinander verbunden sind, daß sie bei Belastung eher zerreißen als daß sie seitlich aus dem Gewebe heraustreten. Dasselbe
trifft auch für Bänder zu, wenn sie in voller Webebreite zerrissen
werden, weil hier die Umkehr des Schusses bzw. die Kante an
beiden Seiten das Heraustreten der Kettfäden verhindert.

In Frankreich prüft man Mako-Gewebe (für Pneumatiks)
z. B. auch in der Weise, daß die Streifen (300 mm lang und 58 mm
breit mit freier Einspannlänge von 200 mm und Reißbreite von
40 mm) in den äußersten Fäden der Längsseiten nur eingeschnitten
aber nicht entfernt werden. Beispielsweise wird in dem Streifen
der ursprünglichen Breite von 58 mm an jeder Seite ein Schnitt
von je 9 mm ausgeführt, so daß eine Breite von 40 mm verbleibt,
welche an beiden Seiten durch die zerschnittenen Fadenpartien
begrenzt wird.

Gewalkte Tuche und wollene Gewebe werden meist nach den Dienstvorschriften bzw. Dienstanweisungen für die Bekleidungsämter geprüft (s. w. u. S. 260 ff). Hier ist eine Streifenbreite von 90 mm und eine freie Einspannlänge (Kulissenabstand) von 300 mm vorgeschrieben. Die Streifen werden über die Breite doppelt zusammengelegt (s. Fig. 115) eingespannt und ohne freistehende Fadenenden zerrissen.

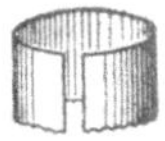

Fig. 115.

Gebrauchsfertige Ballonstoffe bestehen meist aus zwei Gewebelagen, die entweder parallel oder diagonal zueinander verlaufen und mit Para-Gummi aufeinandergeklebt sind. Bei letzteren kann entweder nur eine oder jede der Gewebelagen (bei zwei Stofflagen, also vier Stoffrichtungen) geprüft werden (s. Fig. 116). Wegen der Gummierung können die einzelnen Fadenrichtungen weder durch unmittelbares Schneiden, noch durch Ritzen mit einer Nadel, noch durch Ausriffeln (Auszupfen) gut verfolgt werden. Man hilft sich in der Weise, daß man am Rande der Probe und zwar jedesmal in der zu prüfenden Richtung mit einem scharfen Messer zwei, etwa $\frac{1}{2}$—1 cm voneinander entfernte, parallel verlaufende und etwa 2—3 cm lange Einschnitte macht, die jedoch nur die obere zu prüfende Gewebelage durchschneiden. Den so entstandenen Streifenansatz des oberen Gewebes hebt man alsdann von der Gummierung vorsichtig ab, erfaßt das freie Ende mit der Hand und reißt es nun beliebig weiter. Dieser Riß ist genau fadengerade. In der Entfernung der Streifenbreite wird das gleiche wiederholt und zwar so oft, bis die genügende Anzahl von Streifen gewonnen ist. Darauf erfolgt dasselbe genau senkrecht zu diesen Linien, also in der anderen Fadenrichtung. Die so vorbereiteten Streifen werden am äußersten Faden entlang ausgeschnitten und (ohne freistehende Fadenenden) auf dem Festigkeitsprüfer zerrissen, wobei die Bruchlast abgelesen wird, sobald der erste Bruch einer beliebigen der vorliegenden Gewebelagen erfolgt. Fig. 116 zeigt die Art der Streifentnahme aus Ballonstoffen[1]).

---

[1]) Aus drei Stofflagen bestehende Ballonstoffe (bei denen die äußeren Stoffe parallel zu einander liegen, während die innere Lage diagonal zu ersteren liegt) werden meist in der Ketten- und Schußrichtung nur der äußeren Stoffe auf Festigkeit geprüft.

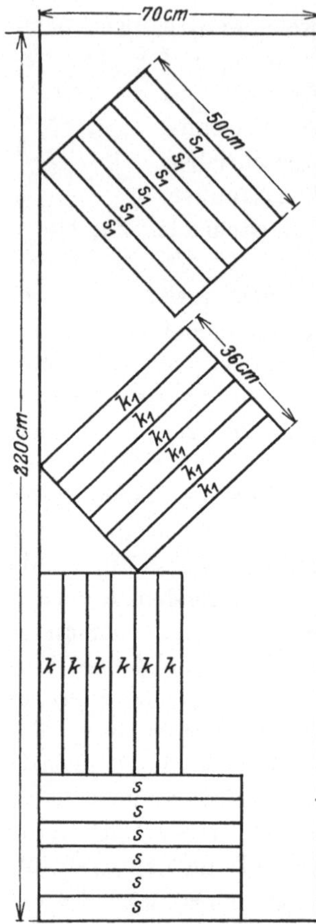

Fig. 116.
Streifenentnahme aus einem
Ballon-Diagonalstoff,
$^1/_{20}$ natürl. Größe (freie Einspannlänge der Streifen
360 mm, Streifenbreite 50 mm,
für das Zerreißen bestimmte
Streifenanzahl $4 \times 5 = 20$,
Kontrollstreifen $4 \times 1 = 4$,
zu prüfende Gewebeberichtun-
gen $= 4$). K und $K_1 =$
Kettenrichtung, S und $S_1 =$
Schußrichtung der Gewebe-
lagen.

Die für die Festigkeitsprüfungen erforderliche Materialmenge
hängt von der Anzahl der Einzelversuche und den Abmessungen
ab. Bei fadenartigen Gebilden
werden in der Regel 30—50 m
genügen, obwohl es auch hier
empfehlenswerter ist, mindestens
aus verschiedenen Stellen eines
Stranges Proben zu entnehmen.
Bei Gewebeprüfungen läßt sich
die erforderliche Materialmenge
leicht berechnen. Dabei ist zu
beachten, daß zu der freien
Einspannlänge noch je etwa
14 cm für das Einklemmen und
zu der Streifenbreite noch mindestens je 1 cm für die freien
Fadenenden für jeden Streifen zu-
zurechnen sind. Auf solche Weise
rechnet man im allgemeinen für
die meisten Gewebe eine Stofffläche von mindestens 50×100 cm.
Von Ballonstoffen mit zwei diagonal aufeinandergeklebten Gewebelagen braucht man entsprechend
mehr, sobald die Festigkeit in der
Ketten- und Schußrichtung beider
Gewebelagen geprüft werden soll.
Wegen des unvermeidlichen Ab-
falles bzw. Stoffverlustes wird man
hier meist eine Stofffläche von
70—80 cm Breite und 220—250 cm
Länge benötigen. Fig. 116 zeigt,
in welcher Weise die Streifen entnommen werden können und wieviel Material für die Entnahme
von 4×6 Streifen (dabei 4 Kontrollstreifen) notwendig ist.

Gewebe-Anlagen.

Es würde weit über den Rahmen dieser Arbeit hinausgehen, wollte man hier die Gewebe-Anlagen sowie die einzelnen Gewebe erschöpfend behandeln: Nur die wichtigsten Grundsätze sollen dargelegt und die wichtigsten Beispiele und Typen der Webetechnik kurz besprochen werden[1]).

Wie bereits im Vorstehenden (unter Messen und Wägen der Gewebe) gesagt ist, entstehen die Gewebe durch regelmäßiges Verschlingen von zwei sich rechtwinklig kreuzenden Faden-systemen.

Das eine System, die in der Längsrichtung des Gewebes verlaufenden Fäden, nennt man Kette (auch Warp, Aufzug, Zettel oder Schweif). Die Kettfäden haben alle eine gleiche, dem Gewebe entsprechende Länge und werden beim Webprozeß durch besondere Vorrichtungen abwechselnd auf- und abwärts bewegt, was man „Fach bilden" nennt.

Die die Kette rechtwinklig kreuzenden Fäden nennt man Schuß (auch Weft, Einschlag oder Eintrag). Der Schuß besteht meist aus einem langen, fortlaufenden Faden, der mittels eines besonderen Werkzeuges (Schützen oder Schiffchen) zwischen die gehobenen und gesenkten Kettfäden (das offene Fach) eingetragen wird und beim äußersten Kettfaden jeder Seite wieder umkehrt, wodurch dort die Leiste (auch Sahlleiste oder Sahlband genannt) entsteht. Vereinzelt (bei Sparterie) werden als Schuß auch Holzstäbchen, Tuchstreifen, Roßhaare u. ä. eingetragen; in solchen Fällen würde jeder einzelne Schuß nach einmaligem Durchqueren der Kettfäden sein Ende erreichen.

Die Regel, nach welcher sich Kett- und Schußfäden verkreuzen bzw. „abbinden", nennt man Bindung und die bildliche Darstellung der Bindung heißt Musterbild oder Patrone. Das dazu verwendete netzartig liniierte Papier heißt Patronenpapier (s. Fig. 117 und 118). Auf diesem stellt jeder von unten nach oben verlaufende und von 2 Linien begrenzte Zwischenraum einen Kettfaden und jeder wagerecht verlaufende Zwischen-raum — einen Schußfaden dar. Überall da, wo ein Kettfaden

---

[1]) Näheres s. Literaturangaben am Schluß des Buches.

über einem Schußfaden liegt, also abbindet, wird auf der Patrone das kleine betreffende Feld farbig (rot oder schwarz) ausgefüllt.

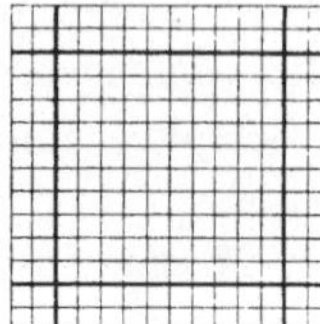

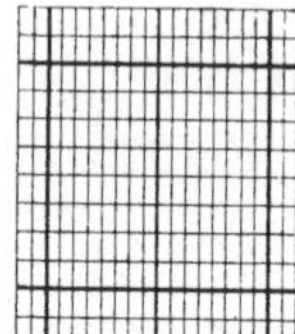

Fig. 117.   Fig. 118.

Die Patronenpapiere werden in den verschiedensten Teilungen hergestellt, so z. B. [1]) 4 : 4, 6 : 6, 8 : 8, 10 : 10, oder auch: 8 : 10, 8 : 12, 8 : 16 usw. Damit das Bild auf der Patrone dem entsprechenden Stoffmuster möglichst ähnlich sieht, verwendet man zweckmäßig solches Papier, dessen Zwischenräume der Fadenstärke des zu verwebenden Materials und dem Verhältnis zwischen Ketten- und Schußdichte am besten entsprechen; desgleichen nimmt man auch Rücksicht auf die Rapportzahl der Grundbindung, auf die Einteilung der Webmaschine u. dgl. Fig. 118 zeigt ein Patronenpapier 10 : 10, Fig. 119 ein solches 8 : 16.

Häufig (besonders bei Köper) wird die Bindung in einer „Formel" wiedergegeben; dabei bedeuten die Zahlen über dem Bruchstrich die gehobenen und die Zahlen unter dem Strich — die gesenkten Kettfäden bei dem ersten Schuß von links nach rechts $\left(\text{z. B. } \dfrac{2\ 1\ 1}{2\ 1\ 2}\right)$.

Die Wiederkehr des Musters in Kette und Schuß nennt man Rapport; er ist in folgenden Patronen durch starke Linien abgegrenzt.

Man unterscheidet 3 Grundbindungen, von denen alle anderen Bindungen durch Verstärkung, Kombination usw. abgeleitet werden können.

---

[1]) 4 : 4 (vier zu vier, oder vier auf vier) bedeutet, daß jedes durch stärkere Linien begrenzte Quadrat 4 senkrecht und 4 wagerecht verlaufende Zwischenräume enthält.

I. Grundbindung, die Zweiband- oder Leinwandbindung.

Die Zweiband- oder Leinwandbindung (auch Tuch-, Taffet- oder Kattunbindung genannt) ist die einfachste und älteste aller überhaupt möglichen Bindungen. Sie führt die engste Verkreuzung der beiden Fadensysteme herbei und gibt der Ware auf beiden Seiten das gleiche Bild.

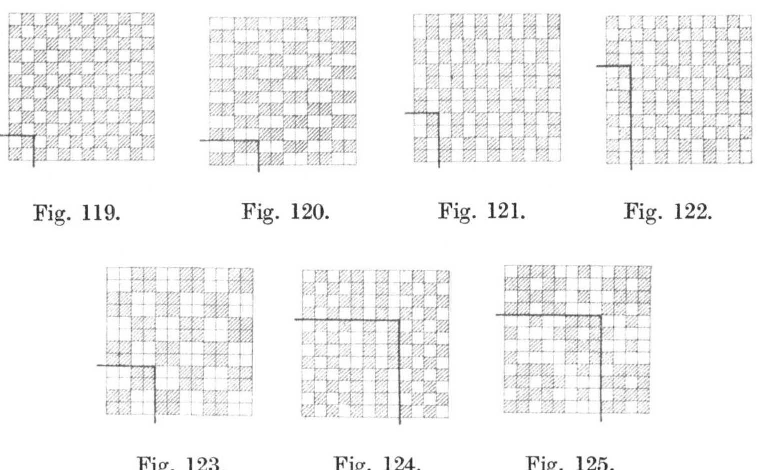

Fig. 119.   Fig. 120.   Fig. 121.   Fig. 122.

Fig. 123.   Fig. 124.   Fig. 125.

Fig. 119 (s. nebenstehende Musterbilder) zeigt reine Zweibandbindung (kleinste Bindung oder Rapportzahl 2) und als Ableitung davon zeigen:

Fig. 120 = Längsrips ⎫ auch Glattrips oder Kannelé
„ 121 = Querrips ⎭ genannt,
„ 122 = eigentlichen Rips,
„ 123 = Panama- (oder Matten-, Lousien-, Würfel-) Bindung,
„ 124 und 125 zeigen sogenannte Granitbindung.

II. Grundbindung, die Köperbindung.

Die Köper-, auch Diagonal- oder Croisébindung genannt, gibt den Fäden eine etwas losere Verkreuzung als die Zweibandbindung. Das Charakteristische der Köperbindung ist, daß sie in dem Gewebe schräg verlaufende Linien, die **Bindegrade**, erzeugt. Nach dem Verlauf dieser Grade benennt man auch teilweise die einzelnen Köperarten, z. B.

Rechtsgrad, wenn der Grad nach rechts ansteigt,
Normal-Rechtsgrad, wenn der Grad im Winkel von 45⁰ ansteigt,
Schräger Rechtsgrad, wenn der Grad unter 45⁰ ansteigt,
Steiler Rechtsgrad, wenn der Grad über 45⁰ ansteigt.

Ferner erfolgt die Benennung der Köperbindungen nach der Bindungszahl, z. B. als 3-, 4-, 5- usw. bindiger Köper; weiter — danach, ob auf der rechten Stoffseite Kette oder Schuß mehr, oder beide gleich flottliegen als Ketten-, Schuß- oder gleichseitigen Köper.

Die kleinste Bindungszahl (Rapport) eines gewöhnlichen Köpers ist $3\left(\dfrac{1}{2}\text{ oder }\dfrac{2}{1}\right)$, die eines gleichseitigen Köpers $= 4\left(\dfrac{2}{2}\right)$.

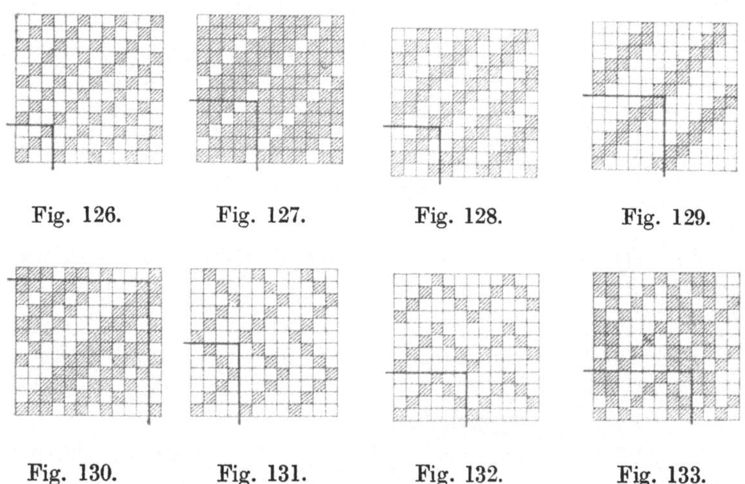

<table>
<tr><td>Fig. 126.</td><td>Fig. 127.</td><td>Fig. 128.</td><td>Fig. 129.</td></tr>
<tr><td>Fig. 130.</td><td>Fig. 131.</td><td>Fig. 132.</td><td>Fig. 133.</td></tr>
</table>

Als Effektköper bezeichnet man solche Köperarten, bei denen eine Anzahl Kettfäden nebeneinander hochbleibt und wiederum eine geschlossene und um mindestens einen Faden größere oder kleinere Anzahl von Kettfäden tiefbleibt. Die niedrigste Bindungszahl ist hier $5\left(\dfrac{2}{3}\text{ oder }\dfrac{3}{2}\right)$.

Fig. 126 zeigt 4-bindigen Rechtsgrad, Schußköper $\left(\dfrac{1}{3}\right)$.

Fig. 127 zeigt 5-bindigen Rechtsgrad, Kettköper $\left(\dfrac{4}{1}\right)$.

Fig. 128 zeigt 4-bindigen gleichseitigen Rechtsgradköper $\left(\dfrac{2}{2}\right)$.

Fig. 129 zeigt 6-bindigen Rechtsgrad, Effektköper $\left(\dfrac{2}{4}\right)$.

Fig. 130 zeigt 11-bindigen verstärkten, oder Mehrgrad- oder Schattenköper $\left(\dfrac{3\ 2\ 1}{1\ 1\ 3}\right)$.

Fig. 131 zeigt 4-bindigen Zick-Zack-Schußköper $\left(\dfrac{1}{3}\right)$.

Fig. 132 zeigt 6-bindigen Spitz-Schuß-Köper.

Fig. 133 zeigt aneinandergesetzte Köperbindungen (für Drelle).

III. Grundbindung, die Atlasbindung.

Die Atlas- oder Satinbindung gibt dem Gewebe eine glatte, ruhig wirkende Oberfläche, die nur kaum sichtbar durch die einzelnen Bindungspunkte unterbrochen wird. Diese Bindung unterscheidet sich von der Zweiband- und Köperbindung dadurch,

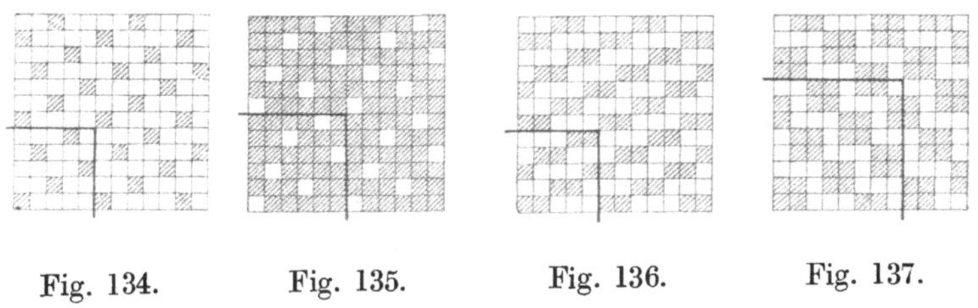

Fig. 134.   Fig. 135.   Fig. 136.   Fig. 137.

daß hier die Bindepunkte niemals aneinanderstoßen, sondern nach bestimmter Regel im Gewebe verstreut liegen; außerdem ist hier die engstmögliche Verkreuzung noch loser, als bei den ersten beiden Grundbindungen. Die kleinste Bindungszahl bei Atlas ist 5 $\left(\dfrac{1}{4}\ oder\ \dfrac{4}{1}\right)$. Die Benennung der Atlasbindungen erfolgt in erster Linie nach der Bindungszahl (Rapportzahl) und ferner nach dem Fadensystem, welches auf der rechten Stoffseite flottliegt.

Fig. 134 zeigt 5-bindigen Schuß-Atlas,
Fig. 135 zeigt 6-bindigen Ketten-Atlas,
Fig. 136 zeigt 5-bindigen verstärkten Schuß-Atlas,
Fig. 137 zeigt einen weiteren verstärkten Atlas.

Kreppbindungen.

Bei den Kreppbindungen erfolgt zuweilen schon nach wenigen Fäden die Wiederkehr des Musters; sie können jedoch weder den 3 Grundbindungen zugezählt, noch als weitere selbständige Grundbindung betrachtet werden. Die Bindungen geben dem Gewebe ein verworrenes Aussehen. Beim Aufbau einer Kreppbindung ist darauf zu achten, daß die Bindepunkte möglichst gleichweit voneinander entfernt liegen, damit keine Unebenheiten im Gewebe entstehen.

Fig. 138 zeigt einen 8-bindigen Krepp,
Fig. 139 zeigt einen 8-bindigen Krepp (auch Kautschuk-
bindung genannt).

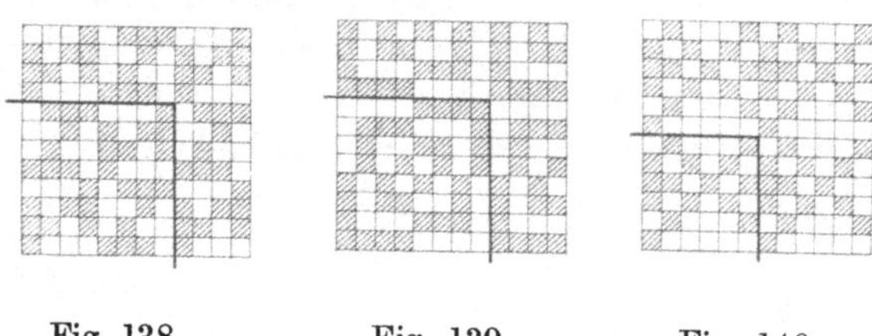

Fig. 138.   Fig. 139.   Fig. 140.

Während Stoffe von den genannten Grundbindungen und Ableitungen als glatte gelten, ist dies beispielsweise bei der Waffelbindung (den Waffelgeweben) nicht der Fall. Zwar gehört die Waffelbindung nach Anordnung ihrer Bindepunkte zur Klasse der Kreuzköper, doch wirken die symmetrisch verteilten Fadenflottungen im Gewebe zellenbildend und aufgeworfen.

Fig. 140 zeigt eine 6-bindige deutsche Waffel.

Die Benennung der Gewebe richtet sich außer nach der Bindung noch nach dem Material (so heißt z. B. Zweibandbindung bei Leinen Leinwand, bei gewalkter Wolle — Tuch, bei

Seide — Taffet, bei Baumwolle — Kattun), der Technik, der Musterung, der Veredelung (roh, gebleicht, gefärbt, bedruckt, merzerisiert) und schließlich nach dem Verwendungszweck derselben u. a. m.

Aufzeichnung der Bindung eines Gewebes.

Will man die Bindung eines gegebenen Gewebes aufzeichnen (ausziehen), so geschieht das am besten schußfadenweise. Von einem bestimmten Kettfaden aus verfolgt man einen Schußfaden solange nach rechts, bis sich die Bindung wiederholt und überträgt die Bindepunkte auf das Patronenpapier. Hierauf verfolgt man den nächsten Schußfaden, wieder vom gleichen Kettfaden ausgehend, nach rechts, bis sich die Bindung wiederholt. Dieses setzt man solange fort, bis sich in Kette und Schuß die Wiederholung ergibt. Den Kettfaden des Stoffabschnittes, von dem ausgegangen wird, kennzeichnet man zweckmäßig mit Farbe. In schwierigeren Fällen entfernt man erst einige Schußfäden aus dem Gewebe und schiebt dann auf der freigewordenen Kettenfranse den ersten Schuß heraus, zeichnet ihn auf usw. und wiederholt dies mit den folgenden Schüssen bis zur Wiederkehr der Bindung. Bei gewalkten und gerauhten Geweben sengt (oder schert) man vorher die Haardecke ab.

Rechte und linke Seite des Gewebes.

In den meisten Fällen wird man sofort die rechte Seite oder die Schauseite erkennen und von der linken Seite unterscheiden. Sehr häufig läßt sich die Schauseite aber nicht ohne weiteres erkennen. In solchen Fällen schlägt man das Gewebe an einer Stelle so um, daß beide Seiten gleichzeitig beobachtet werden können und die Längskanten (Leisten) der beiden Lagen parallel laufen. Alsdann wird man fast immer schon durch die Bindung, Farbenstellung, Appretur, Reinheit des Gewebes usw. eine Seite als die schöner aussehende herausfinden; diese ist dann die Schauseite. Man vergegenwärtige sich hierbei auch, welchem Zweck das betreffende Gewebe dienen soll und welche Seite diesen Anforderungen am besten entspricht.

Ferner kann man sich auch von folgenden Grundsätzen leiten lassen. Bei Erzeugnissen aus verschiedenen Rohstoffen gilt fast

stets diejenige Seite als die rechte, bei welcher das kostbarere
Material am besten zur Geltung kommt, bei Halbseide also die
Seide, bei Halbwolle die Wolle usw. Bei Tuchen hat man ferner
einen guten Anhaltspunkt an den bunten Leistenfäden; ihre Bindung tritt auf der rechten Seite infolge des hier gründlicher durch-
geführten Scherens klarer zutage. Legt man geschorene Stoffe
über einen Finger und sieht horizontal über die Biegungsstelle
nach dem Licht (bei überfallendem Licht), so wird man auf einer
Seite mehr, auf der anderen weniger überstehende Härchen beobachten; letztere Seite gilt als die rechte.

In ähnlicher Weise kann man sich auch von der Intensität
der Farben und des Glanzes beider Stoffseiten überzeugen.

Ketten- und Schußrichtung.

Das wichtigste und untrüglichste Merkmal für die Unterscheidung von Ketten- und Schußrichtung ist die feste Webe-
leiste, d. i. die Umkehr des Schusses beim äußersten Kettfaden.
Ist eine solche vorhanden, dann sind die mit ihr gleichlaufenden
Fäden die Kettfäden; die, welche letztere senkrecht schneiden,
— die Schußfäden. Ebenso sicher läßt sich von einem etwa vorhandenen Vorschlag (auch Schlag- oder Verschussstreifen genannt)
auf die Schußrichtung schließen.

Weit schwieriger ist es dagegen, bei einer kleinen, an allen
Seiten beschnittenen Probe die beiden Fadenrichtungen mit
Sicherheit festzustellen. Die Kettfäden sind gewöhnlich feiner
im Faden und, da sie beim Webprozeß wiederholte Reibung und
Spannung auszuhalten haben, fester gedreht, zuweilen gezwirnt, während der Schuß, da jedes Fadenstück nur einmal gespannt wird und alsdann im Gewebe ruhig verbleibt und weil er
dem Stoff Griff, Fülle und Schluß verleihen soll, im allgemeinen
weniger gedreht und gröber ist.

Bei feinen durchscheinenden Geweben kann man oft beobachten, daß die Fäden der einen Richtung fast genau parallel
nebeneinanderlaufen, während sich die Fäden der anderen Richtung stellenweise übereinander legen. Ersteres ist die Kette,
letzteres der Schuß.

Bei Geweben von gleichgrobem Material in Kette und Schuß
zeichnet man sich auf dem Gewebe in beiden Richtungen eine

gleiche Länge auf und schneidet an den betreffenden vier End-
punkten ein, nimmt dann in jeder Richtung einige Fäden heraus
und mißt diese einzeln im ausgestreckten Zustande. Ergeben hierbei die Fäden einer Richtung eine größere Länge, so sind das die
Kettfäden.

Bei geschorenen Stoffen streicht man aufmerksam erst in
einer, dann in der anderen Richtung mit der Handfläche über die
Haardecke hin. Man wird dabei empfinden, daß sich die Härchen
in einer Richtung glatt niederlegen; dieses ist die Kettrichtung [1]).

Findet man ferner in einem Tuchabschnitt einen, einige Fäden
breiten, andersfarbigen Streifen und folgen hinter diesem wieder
mehr als 2—3 cm reguläre Ware, so stellen diese Fäden einen
Vorschlag dar und zeigen die Schußrichtung an.

Weist ein Gewebe steife, gestärkte oder geschlichtete
Fäden nur in einer Richtung auf, so kann man diese als Kettfäden
annehmen. Die Kettfäden sind im allgemeinen mehr steif und geradlinig, während die Schußfäden rauh, verschoben und wellen-
förmig, meist auch gröber und ordinärer erscheinen.

Schließlich entscheidet die Drehungsrichtung der Fäden.
Sind die Fäden scharf nach rechts gedreht, andere nach links,
so kann man erstere als Kettfäden ansprechen.

Fadendichte oder Dichte des Gewebes.

Unter Fadendichte oder Dichte versteht man die Anzahl
Fäden, welche sich in einer Maßeinheit des Gewebes befindet.
Die Bestimmung der Dichte entbehrt zurzeit noch eines einheitlichen Systems, wird aber in neuerer Zeit meist auf 10 cm angegeben. Für den Ausdruck der Kettdichte bestehen nebenbei noch
einige Bezeichnungen, denen die Dichte im Blatt oder Riet zugrunde gelegt ist. Die wichtigsten Systeme seien hier nur kurz
erwähnt.

1. Die Gangzahl gibt an, wieviel mal 20 Rohre (d. i. ein
Zwischenraum zwischen zwei Stäben des Blattes) oder 40 Fäden
(= 1 Gang) in Berlin auf ¼ Berliner Elle ($16^2/_3$ cm), in Sachsen auf
¼ sächs. Elle (= 6 Leipziger Zoll = 14,16 cm) sich befinden.

---

[1]) Ausgenommen von den Fällen, in denen eine Querschermaschine
Verwendung fand.

2. Die Porterzahl (bei Jutegeweben handelsüblich) gibt an, wieviel mal 40 einfache oder doppelte Fäden bei einem 2-schäftigen Jutegewebe, oder: wieviel mal 60 einfache oder doppelte Fäden bei einem 3-schäftigen Jutegewebe, oder: wieviel mal 80 einfache oder doppelte Fäden bei einem 4-schäftigen Jutegewebe auf einer Blattbreite 37 Zoll engl. enthalten sind.

3. Die Feine gibt bei Seidengeweben an, wieviel Stäbe oder Rohre in Elberfeld auf 11 mm, in Krefeld auf 10,48 mm enthalten sind.

4. Die Stichzahl gibt an, wieviel Lücken oder Stiche sich im Blatt auf $^1/_{12}$ frz. Zoll (0,227 cm) $= 1$ frz. Linie befinden.

Die einfachste Art der Dichtebestimmung ist die vermittels des sogenannten Fadenzählers [1]) (s. Fig. 8 und 141).

Der Fadenzähler besteht aus Lupe und einem, bestimmten Maßeinheiten entsprechenden Ausschnitt am Fuße des Zählers; er wird z. B. mit 1 cm, ½ sächs. Zoll, ½ engl. Zoll langen Seiten des Ausschnittes geliefert. Bei dem Gebrauch wird das Instrument so auf das Gewebe gestellt, daß die Umrisse des Ausschnittes mit dem Faden gleichlaufen. Die im Ausschnitt sichtbaren Fäden werden unter Benutzung der mit dem Instrument verbundenen Lupe gezählt. Zwecks Ermittelung eines guten Durchschnittes wird eine größere Anzahl von Zählungen ausgeführt und das Mittel berechnet.

Wo es auf größtmögliche Genauigkeit ankommt, bestimmt man die Fadendichte bei dichtstehenden Geweben auf mindestens 5 cm, bei weniger dichtstehenden auf 10 cm und zwar an drei verschiedenen Stellen des Gewebes und bildet aus den Ergebnissen das Mittel. Man bedient sich z. B. eines Papiermaßstabes und einer Dreibein-Lupe von etwa 12-facher Vergrößerung. Hierbei macht man sich

Fig. 141.　　Wagen-Lupe.

___

[1]) Bei Jutegeweben benutzt man vielfach Blechlehren. Die Kettfadendichte wird hier auf $^{37}/_{40}$ engl. Zoll angegeben usw. Zur Erreichung größerer Genauigkeit zählt man meist auf 2 Porter oder einen Doppelporter. Näheres s. Pfuhl, a. a. O., Teil II, S. 49.

vielfach die Bindung, die Farbenmusterung, Fadenbrüche usw. zu nutze oder zieht einen Faden straff an und zählt an diesem entlang die Bindepunkte und vervielfältigt diese mit der Rapportzahl. In besonderen Fällen zählt man die ganze Kettfadenzahl eines Stückes aus. Zur Erleichterung solcher Arbeit sind besondere Wagen-Lupen konstruiert worden (s. Fig. 141). Die Lupe läßt sich nach allen Richtungen hin verschieben und einstellen; außerdem trägt sie einen Zeiger, mit welchem man jeden Faden mit Sicherheit zählen kann. Der zugehörige Maßstab hat beispielsweise die Einteilung von 0—100 mm, 0—4 franz. Zoll o. ä.

Dichte und undichte Gewebe.

Nach Nr. 408 des Deutschen Zolltarifs unterliegen u n d i c h t e oder o f f e n e G e w e b e ganz oder teilweise aus Seide (Gaze, Krepp, Flor u. dgl.) außer Seidenbeuteltuch, Spitzenstoffen, Spitzen und Tüll (die besonders tarifiert werden) einem höheren Zollsatz als d i c h t e Gewebe. Diese undichten Gewebe werden wiederum in solche von mehr als 20 g und solche von 20 g und weniger Quadratmetergewicht eingeteilt. Als undichte Gewebe sieht der Deutsche Zolltarif [1]) „abgesehen von Krepp nur solche an, bei welchen der Zwischenraum zwischen den Kettfäden ebenso viel oder mehr beträgt als die Dicke der Kettfäden und z u - g l e i c h der Zwischenraum zwischen den Schußfäden ebensogroß oder größer ist, als die Dicke der Schußfäden. Jedoch werden Gewebe, bei denen derartige Zwischenräume nicht zwischen je zwei Kett- oder Schußfäden oder in sonst regelmäßiger Wiederkehr, sondern nur vereinzelt infolge von Fehlern oder Mängeln in der Webeart [2]) vorkommen, hierdurch von der Verzollung als dichte Gewebe nicht ausgeschlossen. Wechseln in einem Gewebe regelmäßig stärkere Fäden mit schwächeren ab, so sind die schwächeren für die Beurteilung maßgebend. Zu den undichten Geweben werden auch dichte Gewebe gerechnet, in denen undicht gewebte

---

[1]) Warenverzeichnis zum Deutschen Zolltarif S. 240, Allgemeine Anmerkung 4 zu Ziffer 1—10 unter „Gewebe".

[2]) Auch sonstige Fehler, Löcher, Verschiebungen usw., die nicht gerade als Webefehler anzusehen sind, aber als u n b e a b s i c h t i g t e undichte (wenn auch mehr oder weniger regelmäßig wiederkehrende) Stellen erkennbar sind, müssen nach dem Sinne des Gesetzes den Webefehlern zugerechnet werden (der Verfasser).

Streifen oder Figuren vorkommen, sofern nicht der Zoll für dichte Gewebe höher ist. — Gewebe, bei denen die Zwischenräume durch Rauhen oder Appretur vollständig ausgefüllt sind, werden als dichte behandelt."

Unter Gaze versteht man im allgemeinen verschiedene undichte Gewebe mit viereckigen offenen Fenstern. Hierher gehören auch die Beuteltuche oder Beutelgaze. — Krepp heißt diejenige Gaze, deren Fäden infolge einer Eigentümlichkeit der Webeart (z. B. starken Drehens der Kettfäden) oder infolge einer eigentümlichen Bearbeitung (Kreppen, Krausen) der Fäden vor dem Verweben oder des fertigen Gewebes (z. B. durch Dämpfen, eine mechanische Bearbeitung im durchfeuchteten Zustande, eine chemische Bearbeitung o. ä.) schlangen- oder wellenartig verschoben (gekraust, gekreppt) aussehen. — Flor wird die besonders feine Gaze genannt.

Die Feststellung, ob dichtes oder undichtes Gewebe vorliegt, kann nicht immer mit bloßem Auge geschehen. Wenn man in zweifelhaften Fällen das Gewebe gegen das Licht hält und hindurchsieht, so erscheinen die Lichtstellen und Zwischenräume erfahrungsgemäß zu groß [1]). Das Verhältnis der Zwischenraum-Größe zu der Kett- oder Schußfadendicke kann nur einwandfrei durch Messungen mittels des Mikroskopes (bei etwa 40—80 facher Vergrößerung) mit Mikrometer oder aufgelegtem Maßstab festgestellt werden. Durch Verschiebung des Gewebestückes kann eine beliebig große Zahl von Messungen ausgeführt werden. Das durchfallende Licht wird zweckmäßig etwas abgeblendet, um die Umrisse der Fäden zu verschärfen und Schattenbildung zu vermeiden.

Nach dem Zollabkommen [2]) zwischen dem Deutschen Reich und Japan vom 24. Juni 1911 unterliegen die japanischen Habutae (japanische Bezeichnung für die unter Nr. 401 des deutschen Zolltarifs fallenden japanischen Seidentafte, Pongees) nicht ohne weiteres der obigen Beurteilung. Da nämlich die Abgrenzung der dichten und undichten Habutae große Schwierigkeiten machte, so lag ein allgemeines Interesse vor, einen einheitlichen sicheren Maßstab für die Verzollung der rohen, abgekochten, gebleichten

---

[1]) S. Gutachten der Kgl. Pr. techn. Deputation für Gewerbe, Appelt-Behrend, Kommentar zum Deutschen Zolltarif, IV. Aufl., 1897, S. 678.
[2]) S. Denkschrift des Reichskanzlers vom 13. Oktober 1911, Nr. 1107.

oder gebügelten Habutae festzulegen. Hierzu erschien die Festlegung einer **unteren Gewichtsgrenze** geeignet, von welcher ab die Habutae, sofern sie sonst die in Nr. 401 vorgesehenen Merkmale aufweisen, ohne weiteres als dichte zu gelten haben. Als Einheit für die Bestimmung des Momme-Gewichtes gilt handelsüblich ein Gewebestreifen in einer Breite von 1½ englischem Zoll und einer Länge von 25 englischen Yards. Als untere Gewichtsgrenze auf diese Gewebeeinheit sind 3 Momme für zutreffend zu erachten. Eine Momme ist gleich 3,75 g, 1 qm Gewebefläche der noch als dicht zu betrachtenden Habutae muß also wenigstens 12,92 g wiegen. Die Habutae finden Verwendung in der Bekleidungsindustrie, in der Industrie der künstlichen Blumen, Lampenschirme u. dgl. Die Einfuhr derselben aus Japan ist in dem letzten Jahrzehnt erheblich gestiegen und zwar vom Wertbetrag von 1,8 im Jahre 1900 bis zu dem Wertbetrag von 5,5 Millionen Mark im Jahre 1910.

Ermittelung der Dichte bei Schußsammet[1]).

Zur Ermittelung der Schußdichte bei Schußsammet zieht man zunächst aus der Leiste eine Anzahl Schußfäden einzeln heraus und legt sie in gleicher Reihenfolge beiseite. Man wird finden, daß nach einer bestimmten Anzahl atlasbindender Schußfäden stets ein leinwandbindender oder köperbindender folgt. Die atlasbindenden oder Polschüsse bilden im Gewebe selbst den Flor und werden zerschnitten, die leinwandbindenden Schüsse erzeugen das Grundgewebe. Findet man beispielsweise, daß nach je drei Polschüssen (atlasbind.) ein Grundschuß (leinwandbind.) folgt, so wird, da der erste Grundschuß den 1., 3., 5. usw. Kettfaden und der zweite Grundschuß (also 5. Schuß überhaupt) die Nachbarkettfäden abbindet, jeder Kettfaden erst nach Verlauf von 8 Schüssen wieder abgebunden. Man zählt also auf der linken Seite an einem Kettfaden entlang die Bindepunkte, welche in 10 cm enthalten sind und vervielfältigt sie mit der Rapportzahl, in diesem Falle mit 8.

---

[1]) Bei den Sammeten wird auf dem leinwandartigen oder köperartigen Grundgewebe eine haarige Decke mit hochabstehenden oder anliegenden Fäden gebildet, dem sogenannten Pol oder Flor (poil). Beim falschen oder uneigentlichen Sammet (Manchester-Sammet) besteht der Pol aus dem Schusse, beim echten Sammet (Seidensammet) — aus einer eigenen zweiten Kette, der sogenannten Polkette.

Zur Ermittelung der Kettdichte schneidet man bei sehr dichten feinfädigen Geweben ein genau 2 cm langes Stückchen heraus und zählt die Fäden durch Auszupfen.

Bestimmung der Garnnummer in Geweben.

Um die Feinheit oder Nummer der in einem Gewebe enthaltenen Garne zu bestimmen, werden in der Kett- und in der Schußrichtung an verschiedenen Stellen möglichst lange Fadenstücke (jedoch nicht über 50 bis 60 cm) entnommen, einzeln im gestreckten aber nicht ausgedehnten Zustande gemessen und die Gesamtlänge der Kett- bzw. der Schußfäden festgestellt. Alsdann werden sie nach Auslage bei $65^0/_0$ rel. Feuchtigkeit am besten auf einer analytischen oder mikrometrischen Wage gewogen und die Garnnummer wird durch Berechnung ermittelt, wobei die Anzahl Meter, die ein Gramm erfüllt, die metrische Nummer usw. wiedergibt (s. a. Numerierungssysteme S. 106). Bei feinen Garnen ist in der Regel eine Mindest-Gesamtlänge von 20 m erforderlich.

Gewebe, die wägbare Mengen Appretur, Schlichte, Farbstoff usw. enthalten, werden vor dem Wägen nach den unter Entschlichten (s. S. 223) dargelegten Grundsätzen gereinigt bzw. von den Nichtfaserstoffen befreit. Da die Fasern beim Bleichen, Bäuchen usw. an Gewicht verlieren, beim Färben, Appretieren, Beschweren an Gewicht zunehmen, werden diese Faktoren nach Möglichkeit mit berücksichtigt. Ein allgemeiner Ansatz für den Bleichverlust läßt sich nicht geben, da letzterer je nach der Art der Fasern, der Bearbeitung, dem Grad der Bleiche usw. innerhalb weiter Grenzen schwankt. Zu berücksichtigen ist, daß die Garnnummer in dem Garnhandel sich stets auf rohes Garn bezieht, auch bei Garnen, die bereits in veredeltem oder halb veredeltem Zustande (gebleichtes, merzerisiertes, schwarzes, türkisch-rotes Garn usw.) gehandelt werden; nur bei dem vereinzelt vorkommenden Handel mit gefärbtem Seidengarn wird in der Regel die Höhe der Beschwerung angegeben.

Für die Nummerbestimmung der in Geweben befindlichen Garne dürfte für die Praxis die neue Präzisions-Garnwage von Seidel (s. Fig. 80 S. 139) besonders geeignet sein.

Von den mikrometrischen Wagen sei ferner diejenige von
Staub erwähnt (s. Fig. 142). Die Wage ist eine Balkenwage mit
ungleicharmigem Wagebalken. Am kürzeren Arme ist der Garnhaken angebracht, an welchem das zu prüfende Garn aufgehängt
wird; am längeren Arm befindet sich ein verschiebbares Laufgewicht, welches über die ganze Skalentafel reicht, so daß die Feinheitsnummer in allen auf dieser Tafel befindlichen Numerierungsarten mit einem Male abgelesen werden kann, ohne die Skalentafel
versetzen zu müssen. Durch den angebrachten Spiegel hat man ein
genaues Visier zum Ablesen. Am unteren Ende des Laufgewichtes
werden die für das fünf- oder zehnfache usw. Gewicht bestimmten
Hilfsgewichte einfach aufgehängt.

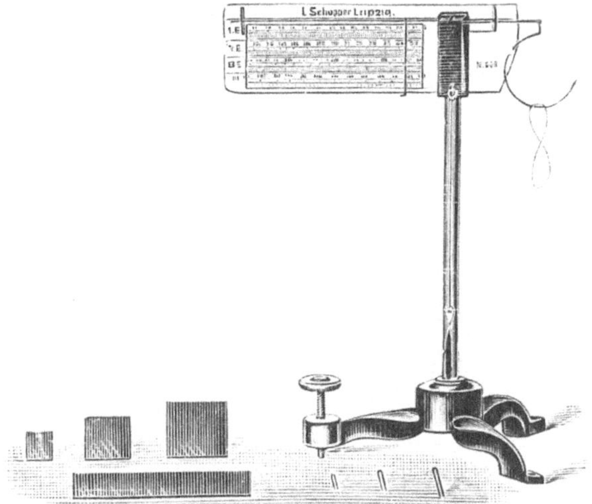

Fig. 142. Staubs mikrometrische Garnwage.

Die Tafel enthält verschiedene Skalen: Für die englisch-
deutsche und österreichische Leinen- und Jutegarntitrierung,
die englische Kammgarntitrierung, die englisch-deutsche-öster-
reichische Baumwollgarnnumerierung usw.

Hat man beispielsweise eine Fadenlänge von 120 m zu wägen,
so stellt man zuerst auf der rechtsseitigen Skala den Garnhaken auf 120 ein; auf der linken Seite stellt man ebenfalls
eines der beiden Laufgewichte auf 120 ein, während man das zweite
so lange verschiebt, bis der Wagebalken in die Horizontale ein-

spielt. Der Stand des zweiten Läufers zeigt dann die betreffende Nummer des Garnes in verschiedenen Systemen an.

Erwähnt sei ferner die Universalwage von Stübchen-Kirchner [1]).

Bestimmung der äußeren Eigenschaften von Garnen.

Außer der Bestimmung der Garn- und Gewebeeigenschaften mit Hilfe von Präzisions-Instrumenten, z. B. der Festigkeit, der Garnnummer, der Drehung usw. sind auch die äußeren Eigenschaften der Garne und Gewebe häufig allgemein zu beurteilen auf Unreinheit, Glattheit oder Rauheit, auf Gleichmäßigkeit, Knotenfreiheit, Glanz, Farbton, Bleichgrad usw. Diese Eigenschaften werden vielfach durch bloße Besichtigung und Schätzung nach Augenmaß bestimmt; so wird z. B. ein Kammgarn- oder

Fig. 143.   Faden-Kontrollmaschine.

Streichgarnfaden auf seine Glattheit und Schlichtheit beurteilt, ein Baumwollfaden daraufhin, ob er vorher gesengt oder geschlichtet erscheint, ein Leinenfaden, ob wir Flachs oder Werggarn vor uns haben, ein Seidenfaden, ob er reich an Duvet oder Flaum ist, ein beliebiges Gespinst, ob es gleichmäßig in der Dicke ist usw.

---

[1]) Brüggemann, „Die nötigen Eigenschaften der Garne" usw., S. 2, Nr. 12.

Zur bequemeren Beurteilung dieser Eigenschaften bedient man sich vielfach der Faden Kontrollmaschine oder des Gleichheitsprüfers (s. Fig. 143). Dieser besteht aus einem eisernen Gestell mit Leitspindel und Fadenführer. Letzterer wird durch eine an der Spindel befindliche Kurbel in eine gleichmäßig horizontal fortschreitende Bewegung gesetzt. Spule, Cops o. ä. steckt man auf die Spindel und führt den Faden durch die Leitungsöffnung auf das zweckmäßig mit Sammet bedeckte Brett; hierauf wird die Kurbel gedreht, wodurch eine horizontale Verschiebung des Fadenführers und eine Drehung des Brettes erfolgt. Das Garn wickelt sich dabei parallel auf das Brett ab, und es kommen auch alle Fäden in genau gleicher Entfernung voneinander zu liegen. Die Unterlage von Sammet ist in der Farbe so zu wählen, daß sie von der Färbung des Garnes möglichst absticht, also schwarzer Sammet bei hellen Garnen, heller Sammet bei schwarzen Garnen usw. Durch Lösung zweier Schrauben in dem Führungsstabe können die Brettchen ausgewechselt werden, um mehrere Proben nebeneinander zu vergleichen.

Die Kontrollmaschine kann auch so eingerichtet sein, daß zwei Brettchen, die nebeneinander eingesteckt sind, den Faden gleichzeitig von zwei Spulen abnehmen.

Bei der Dickenvergleichung ist zu beachten, daß Garne infolge verschieden scharfer Drehungen bei gleichen Nummern nicht gleich dick erscheinen: Ein Kettgarn mit schärferer Drehung wird meist feiner erscheinen, als lose gedrehtes Schußgarn derselben Nummer; ferner wird ein dunkles Garn feiner erscheinen als ein weißes Garn derselben Nummer. Ebenso kann die Art des Materials bei Garnen der gleichen Nummer, Drehung und Färbung ungleiche Beurteilung der Dicke verursachen.

Bei der äußeren makroskopischen Beurteilung kommt es überhaupt vielfach auf persönliches Geschick, gutes Augenmaß und Erfahrung des Beobachters an.

Das Auswaschen und die Bestimmung des Auswaschverlustes.

Die Erzeugnisse der Textil-Industrie sind vielfach mit wasser-löslichen Stoffen beschwert [1]), teilweise zu dem Zweck, der Ware ein höheres Gewicht, teilweise größeres Volumen, volleren Griff usw. zu verleihen. Wenn diese Vorbeschwerung an Rohmaterial, z. B. Rohseide, vorgenommen wird, so kann sie nicht anders als betrügerische Manipulation bezeichnet werden, da es hierbei lediglich auf Erhöhung des Gewichtes ankommt und etwaige der Ware einverleibte besondere Vorzüge nicht in Frage kommen, zumal die Vorbeschwerung bei der Verarbeitung der Rohseide entfernt wird. Bei der Beschwerung von fertigen Baumwoll- und Woll-Erzeugnissen kann eine Berechtigung nicht immer rundweg abgesprochen werden, weil der Handelsware durch die-selbe tatsächlich besondere Glanz-, Griff- und Volumeneigenschaften verliehen werden, die von den Abnehmern verlangt werden. Beschwerung und Appretur sind also vielfach Modesache.

a) Die Entfernung der wasserlöslichen Beschwerungs-mittel geschieht in der Regel durch Auslaugen der Seide, Baum-woll- und Woll-Erzeugnisse mit warmem destillierten Wasser. Die Proben werden hierzu in aufgelockertem Zustande in ein Gefäß gelegt, mit soviel Wasser von $50—60^0$ C übergossen, daß sie ganz davon bedeckt sind, und das Gefäß wird mit einem Deckel ver-schlossen. Nach Verlauf von einer halben Stunde nimmt man die Proben heraus, drückt sie aus und behandelt sie unter Anwen-dung frischen $50—60^0$ C warmen destillierten Wassers abermals eine halbe Stunde wie vorher. Die Auswaschung ist dann (z. B. nach den Vorschriften der öffentlichen Seiden-Trocknungsanstalt in Krefeld) als beendet zu betrachten und die Proben werden nun noch einige Male in frischem destillierten Wasser abgespült, ausgerungen und getrocknet. Handelt es sich um genaue Bestim-mungen, so muß die Auswaschung noch ein drittes und viertes

---

[1]) Nicht zu verwechseln hiermit ist die Seidenbeschwerung oder Seidenerschwerung, welche keine oder annähernd keine wasserlöslichen Bestandteile enthält. Die Ermittelung dieser Beschwerung oder Charge findet sich ausführlich abgehandelt bei Heermann: „Koloristische und textilchemische Untersuchungen", Julius Springer, S. 196 ff.

Mal wiederholt werden. Um sich davon zu überzeugen, daß alle wasserlöslichen Bestandteile ausgewaschen sind, wird zweckmäßig ein kleiner Teil (etwa 5—10 ccm) des letzten Auszuges in einer Glasschale eingedampft. Hierbei ist der etwaig erhaltene Rückstand für die Entscheidung der Frage ausschlaggebend, ob die Auswaschung eine vollkommene ist, oder ob mit derselben noch fortzusetzen ist.

Außer den eigentlichen Beschwerungsmitteln löst sich bei dieser Behandlung auch ein Teil der Appretur und der Schlichte, während der übrige Teil erst beim Abkochen, Verzuckern usw. entfernt wird (s. w. u.).

Die Probe soll möglichst 100 g betragen, indem je 10 g aus 10 verschiedenen Strängen abgeteilt bzw. abgehaspelt werden. In den meisten Fällen wird man sich aber mit geringeren Mengen begnügen müssen, und es werden 10 g meist ausreichend sein.

Der Auswaschverlust wird am besten so berechnet, daß man die entnommenen Proben vor und nach dem Auswaschen vollständig trocknet und dann das Gewicht der trockenen, gewaschenen Probe von demjenigen der trockenen ungewaschenen Probe in Abzug bringt und in Prozente berechnet [1]).

Statt dieses Verfahrens kann auch der wässerige Gesamtauszug aus dem Wasserbade eingedampft, getrocknet, gewogen und in Prozente des angewandten Versuchsmaterials berechnet werden. Dies Verfahren ist aber nur dann zu empfehlen, wenn der Auszug keine stark wasseranziehenden Bestandteile (wie Glyzerin, Magnesiumchlorid u. a. m.) enthält.

Ein abgekürztes Verfahren besteht darin, daß man die Proben nicht erst trocknet, sondern bei 65 % rel. Feuchtigkeit auslegt, dann wägt und schließlich auswäscht und wiederum bei 65 % rel. Feuchtigkeit auslegt und zurückwägt.

Das erste Verfahren [1]) kann Fehler verursachen, die auf das größere oder geringere Wasseraufnahmevermögen der mit bestimmten Mitteln beschwerten Proben zurückzuführen sind. Das zweite abgekürzte Verfahren kommt der Wirklichkeit näher, ist aber insofern unpraktisch, als das endgültige Zurückwägen erst nach Erreichung eines gleichbleibenden Gewichtes vorgenommen

---

[1]) Verfahren der Seiden-Trocknungsanstalt zu Krefeld u. a. Konditionierungs-Anstalten.

werden kann und dieses sehr viel Zeit in Anspruch nimmt. Man verfährt deshalb am richtigsten und schnellsten so wie bei der Bestimmung der Seidenbeschwerung, indem man die Proben vor dem Auswaschen lufttrocken (bei 65 % rel. F.) und nach dem Auswaschen im getrockneten Zustande wägt und hier die normale Feuchtigkeit hinzurechnet.

Eine Probe Baumwollgewebe möge beispielsweise lufttrocken 15 g wiegen; nach dem erschöpfenden Auswaschen und Trocknen bis zum gleichbleibenden Gewichte wiegt die Probe 11,5 g. Hierzu kommt der gesetzliche Feuchtigkeitszuschlag von 8,5 % oder = 0,977 g. Die ausgewaschene Probe wiegt also lufttrocken = 11,5 + 0,977 = 12,477 g, d. h. das Versuchsstück war auf 20,2 % beschwert (von 12,477 g auf 15 g) oder das Versuchsstück enthält 16,8 % Beschwerung (in 15 g = 2,523 g Beschwerungsstoffe). Auf die verschiedenen Berechnungsarten (Beschwerung der reinen Ware auf einen bestimmten Prozentsatz oder Gehalt der beschwerten Ware an Beschwerungsstoffen) ist besonders zu achten, da sie häufig zu Mißverständnissen Anlaß geben.

b) Eine Entziehung anderer, in Wasser unlöslicher Beschwerungsmittel, wie der Kalk-, Magnesiaseifen u. dgl. geschieht, indem man die Ware, nachdem die erschöpfende Behandlung mit warmem Wasser stattgefunden hat, in einem lauwarmen Bade destillierten Wassers, welches mit Salzsäure angesäuert ist, ¼ Stunde lang gut bewegt, darauf mit destilliertem Wasser auswäscht und es nun in eine lauwarme Sodalösung bringt, deren Konzentration so bemessen ist, daß dieselbe bei 15⁰ C, 20 g kristallisierte Soda in 1 Liter destillierten Wassers enthält. Nachdem dieses Bad 10 Minuten eingewirkt hat, wird die Ware auf das Vollständigste in warmem destillierten Wasser ausgewaschen. — Die Behandlungen müssen unter Umständen wiederholt oder abgeändert werden.

c) Handelt es sich um die Bestimmung des Fettgehaltes für sich, so wird die Probe in bekannter Weise, lufttrocken oder vorgetrocknet im Soxhlet-Apparat mittels Äther, Petroleumäther, Ligroin, Schwefelkohlenstoff u. ä. erschöpfend ausgezogen, das Fett nach dem Verdampfen des Lösungsmittels bei 105⁰ C getrocknet, gewogen und auf lufttrockene Ware berechnet. Der Fettgehalt einer Ware kann im eigentlichen Sinne nicht zu den

Beschwerungsmitteln gerechnet werden. Das Fett ist vielmehr bis zu einem gewissen Punkte ein normaler Bestandteil aller ausgerüsteten Fasererzeugnisse.

Das Entschlichten und Entappretieren (Bestimmung der Appreturmenge).

Für das Entschlichten und Entappretieren können keine für alle Fälle zutreffenden Verfahren gegeben werden, da das Appretieren mit den verschiedensten Mitteln und unter den verschiedensten Bedingungen geschieht.

In der Regel wird es sich um die Entfernung von wasserlöslichen oder verkleisterbaren und in verdünnten Säuren löslichen und verzuckerbaren Verdickungsmitteln handeln, die den Hauptbestandteil der Appretur und Schlichte ausmachen. Nur in einzelnen Fällen wird man zu besonderen Hilfsmitteln greifen [1].

Schon durch andauerndes Auswaschen mit warmem destillierten Wasser (s. u. Auswaschung) wird ein Teil der Appretur entfernt. Der übrige Teil wird zum größten Teil durch andauerndes Kochen der Proben in destilliertem Wasser oder in schwach mit Mineralsäure angesäuertem Wasser entfernt. Stark appretierte oder geschlichtete Ware muß mit diesen Mitteln sehr lange behandelt werden, bis die Proben beispielsweise keine Stärkereaktion mit Jodlösung mehr liefern.

Zur Vereinfachung und Beschleunigung des Verfahrens wendet man deshalb mit Vorliebe die von der Deutschen Diamalt-Gesellschaft, München, in den Handel gebrachten Diastafor-Präparate an. Dieselben stellen braungelbe, maltosehaltige Sirupe aus Spezialmalz von stark enzymatischen, Stärke verflüssigenden Eigenschaften dar. Diastafor ist in lauwarmem Wasser löslich und bietet als Handelsartikel gegenüber dem gewöhnlichen Malz den Vorzug der bequemeren Handhabung, zuverlässigeren Wirkung und großen Haltbarkeit. Temperaturen über 75⁰ C zerstören die Wirksamkeit. Seine Hauptbestandteile sind reduzierende Zucker, Dextrin, lösliche Proteide, Aschenbestandteile und etwas orga-

---

[1] Vgl. auch Massot, „Anleitung zur qualitativen Appretur- und Schlichte-Analyse". Julius Springer, 1911.

nische Säuren. Das Diastafor ist im übrigen frei von Mineralsäuren und Fetten und indifferent gegen alle Fasern und Farbstoffe. Die Hauptmarken sind „Diastafor extra stark" und „Diastafor, Spezialmarke F."

Zum Entappretieren und Entschlichten wendet man im Großbetriebe [1]) auf 100 Liter Flotte $\frac{1}{2}$—$1\frac{1}{2}$ kg Diastafor an und bearbeitet die Ware 20—40 Minuten lang bei 45—70⁰ C. Hinterher wird lauwarm oder kalt gespült. Ähnlich geschieht die Degummierung von Druckware und von Unterläufern meist mit 1 proz. Lösung bei 60—70⁰ C. Bei der Herstellung von Schlichten und Appreturmassen verwendet man je nach der Konzentration der Masse 1—3 % Diastafor vom Gewicht der Trockensubstanz.

Entsprechend wird auch in der Prüfungstechnik gearbeitet, mit dem Unterschiede, daß man meist etwas größere Prozentsätze anwendet, um sicher zu gehen, daß auch wirklich alle Stärke in lösliche Form übergeführt worden ist. Das Bedürfnis hierfür liegt nicht nur bei der Appreturbestimmung als solcher vor, sondern ebenso häufig bei der Entappretierung behufs Bestimmung der Garnnummer o. ä. Man verwendet zu diesem Zwecke eine etwa 3 proz. Diastaforlösung, behandelt bei 60—70⁰ C eine halbe bis eine ganze Stunde lang unter lebhaftem Bewegen der Probe in der Flotte und kocht dann entweder in derselben Lösung auf, um darauf in destilliertem Wasser (eventuell wiederholt) auszukochen, oder man nimmt die Probe aus der 70⁰ C heißen Diastaforlösung heraus und kocht 1—2 mal in Wasser aus. Zuletzt wird getrocknet und gewogen. Alles übrige, Wägen der lufttrockenen oder absolut trockenen Probe, Rückwägen der entappretierten Probe in getrocknetem oder lufttrockenem Zustande usw. geschieht nach dem unter „Auswaschen" gegebenen Grundsätzen. Der Appreturgehalt wird fast ausschließlich auf das Gewicht der ursprünglichen lufttrockenen Probe berechnet.

Die Entappretierung oder Entschlichtung erheblich geschlichteter oder appretierter Garne, Gewebe usw. zwecks Nummerbestimmung ist notwendig, weil Schlichte und Appretur beschwerend wirken und falsche Ergebnisse verursachen würden, wenn die Garnnummer mitsamt der Appretur bestimmt würde.

---

[1]) S. a. Heermann, „Färbereichemische Untersuchungen", II. Aufl. 1907.

Die Abkochung von Rohseide.
(Bestimmung des Bastgehaltes von Seide, Degummierungsverlust [1]).

Die Konditionierungs-Anstalten entnehmen aus einem bei ihnen lagernden Ballen an verschiedenen Stellen im ganzen zehn Stränge und teilen von jedem Strang etwa 10 g ab, so daß zu dem Versuche etwa 100 g verwendet werden. Nötigenfalls werden auch kleinere Mengen und Titerproben auf Bastgehalt geprüft.

Die Abkochung geschieht in der Regel in einer Auflösung von Olivenöl-Seife (sogenannter Marseiller Seife) in destilliertem Wasser und dauert je nach Natur der Rohseide 50—70 Minuten. Die Konzentration des Seifenbades ist so zu bemessen, daß dasselbe 5—7½ g Seife im Liter Wasser (von 15⁰ C) enthält, also eine ½—¾ proz. Lösung darstellt. Die Seide wird schließlich in destilliertem Wasser vollständig ausgewaschen, hierauf ausgerungen und getrocknet. Wenn zur gänzlichen Entfernung des Bastets obige Arbeitsweise nicht ausreicht, so ist es gestattet, in geeigneter Weise von derselben abzuweichen.

Zur Ermittelung des durch die Abkochung entstandenen Verlustes wird jede Probe sowohl vor wie nach der Abkochung bei 140⁰ C vollkommen getrocknet und der Abkochverlust auf getrocknete Rohware berechnet.

Bestimmung des Einlaufens oder Krumpfens.

Je nach der Behandlung, welche die Garne und Gewebe erfahren haben, sind sie mehr oder weniger krumpfrei d. h. laufen mehr oder weniger bei Behandlung mit kaltem oder heißem Wasser oder beim Waschen ein (das Krumpfen, Krumpen oder Krümpen). Gewebe, die nicht oder nur sehr wenig einlaufen, gelten im allgemeinen als die wertvolleren. Aus diesem Grunde ist für viele Zwecke der Höchst-Krumpfverlust vorgeschrieben.

Die Bestimmung des Einlaufens wird in sehr einfacher Weise ausgeführt. Ein in Länge und Breite genau abgemessenes Gewebe-

---

[1] Nach den Bestimmungen der öffentlichen Seiden-Trocknungsanstalt zu Krefeld.

stück (z. B. von 1 m Länge und 50 cm Breite o. ä.) wird in frisch aufgekochtes Wasser von etwa 95—100⁰ C eingelegt oder mit solchem übergossen und in dem erkaltenden Wasser über Nacht liegen gelassen. Alsdann wird das Versuchsstück aus dem Wasser herausgenommen und in ungespanntem Zustande bei Zimmertemperatur oder bei gelinder Wärme getrocknet. Schließlich wird das Gewebe ohne erheblichen Druck gemangelt oder zwischen zwei Gummiwalzen geglättet, in ausgebreitetem Zustande auf einem Meßtisch genau gemessen und der Einlaufverlust der Ketten- und der Schußrichtung in Prozenten der ursprünglichen Maße berechnet. — In ähnlicher Weise verwendet man Soda-, Soda-Seifenlösungen u. a. m.

Die Militärtuche dürfen auf solche Weise in der Krumpfe nur ein bestimmtes Maß einbüßen (s. Anhang).

Saugfähigkeit.

Die Bestimmung der Saugfähigkeit oder Leitfähigkeit kommt bei den Erzeugnissen der Textilindustrie nur vereinzelt vor (Petroleum- oder Ölleitfähigkeit von Dochten u. ä.). Man bedient sich hierzu am zweckmäßigsten des Apparates von Klemm bzw. Winkler[1]) (Fig. 144).

Fig. 144. Saugfähigkeitsprüfer nach Klemm.

Der Apparat ruht auf drei Nivellierschrauben. Auf der Grundplatte befindet sich ein kleines Becken zur Aufnahme der Flüssigkeit (Wasser, Petroleum, Öl usw.). Über dem Becken befindet sich eine querverlaufende Schiene, die eine Anzahl lotrecht zum Becken herabhängender Maßstäbe mit Millimeterteilung und Klemmvorrichtungen trägt.

Man schraubt zunächst den oberen Teil so hoch, daß die Skalen über dem Spiegel der Flüssigkeit enden, klemmt dann rechts und links von den Skalen die Versuchsstücke (Streifen, Dochte u. ä.) so ein, daß ihre unteren Enden die Maßstäbe um

---

[1]) S. W. Herzberg, „Papierprüfung“.

etwa 5—10 mm überragen und schraubt dann wieder herab, bis der Nullpunkt der Maßstäbe den Flüssigkeitsspiegel berührt. Die in 10 Minuten von der Flüssigkeit erreichte Saughöhe wird schließlich unmittelbar abgelesen. Die Flüssigkeit soll dabei in der Regel Zimmertemperatur haben.

Aufnahmefähigkeit für Flüssigkeiten.

Bei einzelnen Warengattungen kommt es darauf an, daß sie ein möglichst großes und schnelles Aufsauge- oder Aufnahmevermögen gegenüber bestimmten Flüssigkeiten haben, z. B. bei Putztüchern gegenüber warmem Maschinenöl, bei Scheuertüchern gegenüber Wasser u. a. m. Das Aufsaugevermögen wird im Grundsatze in der Weise ermittelt, daß die in der Zeiteinheit von der Gewichtseinheit aufgenommene Flüssigkeit durch direkte Wägung festgestellt wird. Hierbei sind die Arbeitsbedingungen, wie Flüssigkeit, Temperatur derselben, Eintauchdauer, Abtropfdauer u. a. von Fall zu Fall festzulegen, bzw. zu vereinbaren, da diese Umstände die Ergebnisse sehr erheblich zu beeinflussen vermögen. Irgend welche Normen hierfür bestehen nicht.

Die Ölaufnahme-Fähigkeit von Putztüchern führt das Königliche Materialprüfungsamt z. B. wie folgt aus. Gleich große (etwa 15 × 15 cm), fadengerade zugeschnittene und mit Nähzwirn weitläufig umstochene (um das Ausfasern während der Versuche zu verhindern) Stücke von den Tüchern werden langsam in Maschinen-Schmieröl von 35⁰ C eingetaucht. Das Eintauchen muß so geschehen, daß die im Gewebe vorhandene Luft allmählich verdrängt wird. Die Zeitdauer bis zum vollständigen Eintauchen soll genau 4 Minuten betragen. Gleich nach dem vollständigen Eintauchen werden die Proben herausgenommen und zwecks gleichmäßigen Abtropfens in geeigneter Weise 15 Minuten aufgehängt. Alsdann werden die vor dem Versuch (nach Auslegung bei 65 % rel. Feuchtigkeit) gewogenen Stücke in Wägegläsern wieder zurückgewogen und die Gewichtszunahmen auf 1 g (bei 65 % rel. Feuchtigkeit ausgelegtes) Versuchsmaterial berechnet. Das Schmieröl soll bei 20⁰ C den Englerschen Flüssigkeitsgrad (Viskosität) von 20—21 haben. — Man verwendet entweder ungewaschene oder mit verdünnter Sodalösung (etwa 5 g calc. Soda in

100 ccm Wasser) gewaschene, gespülte und getrocknete Tücher. In besonderen Fällen wird die Ölaufnahme der ungewaschenen und der gewaschenen Tücher bestimmt.

Da die Ergebnisse nicht nur von den erwähnten Umständen, sondern auch von scheinbar ganz unwichtigen Begleitmomenten wesentlich abhängen, wie z. B. von der Art des Aufhängens, der Faltenbildung beim Abtropfen, von der Zimmertemperatur u. a. mehr, sind auch diese Arbeitsbedingungen möglichst gleich zu halten und mindestens 2—3 Versuche, aus denen das Mittel berechnet wird, nebeneinander auszuführen. Auf große Genauigkeit kann das Verfahren keinen Anspruch erheben.

Bei Versuchen mit flüchtigen Flüssigkeiten, z. B. mit Wasser, ist außerdem auf das geringere oder stärkere Verdampfen während des Abtropfens Rücksicht zu nehmen. Die Temperatur, die Luftfeuchtigkeit und etwaige Luftbewegung werden in solchen Fällen einen merklich größeren Einfluß auf die Ergebnisse ausüben, als bei Maschinenöl. Das Abtropfenlassen des Wassers dürfte deshalb zweckmäßig in einem geschlossenen Kasten oder unter einer Glocke mit wasserdampfgesättigter Luft vorgenommen werden.

Bestimmung der Falzfähigkeit.

Mitunter kann es bei Textil-Erzeugnissen darauf ankommen, festzustellen, welchen Widerstand ein Gewebe dem Biegen, Falzen, Knittern und ähnlichen Einwirkungen entgegensetzt. Während dieser Widerstand gegen Zerknittern und Falzen beim Papier vielfach eine große Rolle spielt, ist er bei Geweben nur ausnahmsweise, z. B. bei Buchbinderleinwand (Kaliko) und ähnlichen Erzeugnissen von Interesse. Auch hier sind die Einzelheiten des Verfahrens nicht festgelegt. Recht brauchbar scheint die Falzprobe auch zur Ermittelung der Verbindungsfestigkeit zusammengeklebter Stofflagen, z. B. mit Gummi verklebter Ballon-Doppelstoffe zu sein.

Durch die Prüfung auf Widerstand gegen Falzen können verschiedene Fragen beantwortet werden:

1. Wieviel Falzungen hält ein Versuchsstück bis zum erfolgten Bruch aus?

2. Hält ein Versuchsstück eine bestimmte Mindestzahl von Falzungen aus?

3. Welchen Rückgang erleidet die Bruchfestigkeit eines Versuchsstückes nach einer bestimmten Zahl von Falzungen?

4. Tritt der Bruch eines Versuchsstückes nach einer bestimmten Zahl von Falzungen in der Falzstelle oder an anderen Stellen ein?

5. Verändert sich Färbung, Glanz usw. an den Falzstellen; tritt Weißreibung u. ä. ein?

Über diese Fragen gibt die Literatur bei der verhältnismäßig untergeordneten Bedeutung der Falzfähigkeit von Textilerzeugnissen zurzeit kaum Aufschluß.

Für die Falzversuche bedient man sich am besten des in der Papierprüfung allgemein eingeführten Schopperschen Falzapparates (Fig. 145).

Bei diesem Apparat [1]) wird ein Gewebestreifen in ein geschlitztes, hin und her zu bewegendes Blech gelegt und an beiden Enden festgeklemmt; dann ermittelt man die Anzahl Doppelfalzungen, die der Streifen bei bestimmter Zugspannung bis zum Bruch aushält, oder man

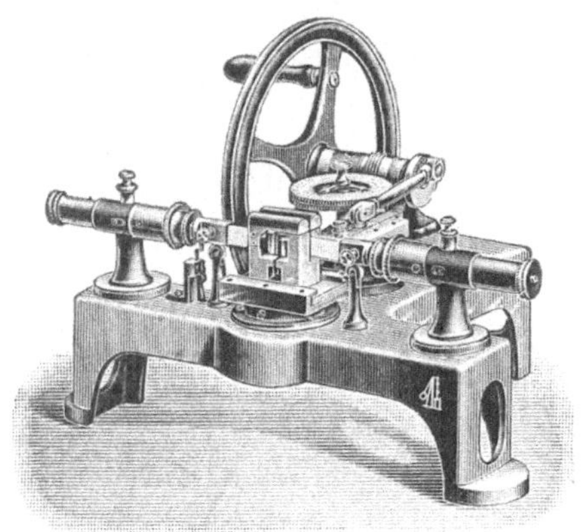

Fig. 145. Schoppers Falzapparat.

unterwirft den Streifen einer bestimmten Zahl von Falzungen, prüft dann auf seine Festigkeit usw.

Der Falzer hat ein dünnes, zur Aufnahme des Probestreifens mit einem Schlitz versehenes Stahlblech (Schieber), das sich zwischen zwei Paaren leicht drehbarer Rollen bewegt. Senkrecht zu dem Stahlblech befinden sich die Einspannklemmen, die mit ihren Verlängerungen in die entsprechend geformten Öffnungen der Hülsen hineinragen. In diesen Hülsen befinden sich die zum Spannen der Probestreifen dienenden Spiralfedern. Die Hülsen sind in den Haltern beweglich angeordnet und werden, wenn die Stifte gehoben sind, mittels der Spiralfedern so weit gegenein-

---

[1]) Nach W. Herzberg, „Papierprüfung", 3. Aufl., S. 52 ff. Verlag von Julius Springer, Berlin.

ander geführt, daß eine bestimmte Einspannlänge erreicht wird. Nach dem Einspannen des Probestreifens wird durch Herausziehen der Hülsen bis zum Einschnappen der Stifte dem Probestreifen eine kleine Spannung erteilt und die freie Beweglichkeit der Klemmen bewirkt.

Die Anzahl der Hin- und Herfalzungen (Doppelfalzungen) wird vom Zählrad angezeigt, welches beim Reißen des Streifens selbsttätig ausgelöst wird.

Die Spannung der Federn ist so gewählt, daß ihr Höchstzug 1000 g beträgt. Die freie Einspannlänge der Streifen beträgt 10 cm, die Breite = 1,5 cm. Auf Einhaltung der Breite ist besonders achtzugeben, da die Falzzahl mit zunehmender Breite des Streifens wächst.

Bestimmung der Abnutzung oder Abreibung.

Eine außerordentlich wichtige Eigenschaft von Geweben ist deren Haltbarkeit beim Tragen (Tragechtheit). Ein Verfahren zum Messen dieser Haltbarkeit oder der Abnutzung beim Tragen ist bisher noch nicht in allgemein befriedigender Weise ermittelt, deshalb ist auch keines der vorgeschlagenen Verfahren allgemein zur Aufnahme gelangt. Die deutschen Militärbehörden leiten beispielsweise die Haltbarkeit von Stoffen aus deren anderen Eigenschaften, der Reißfestigkeit und Dehnbarkeit, der Güte des Rohmaterials usw. indirekt ab. Ähnlich wird auch sonst im Handel und in der Industrie vorgegangen. Das Schweizerische Militärdepartement hat im Gegensatz hierzu einen Abreibapparat anerkannt und die Prüfung mit demselben vorgeschrieben, indem es aus dem Widerstand von Tuchen auf diesem Abreibapparat auf den Widerstand gegen Abnützung, also auf die Haltbarkeit beim Tragen schließt.

Die amtliche Vorschrift der schweizerischen Bestimmungen über die Militärtücher [1]) bezüglich des Widerstandes gegen Abnützung lautet wie folgt: „Ein Tuchstreifen von 50 mm Breite wird unter Belastung von 8,6 kg gegen die Stahlschienen einer Walze gedrückt. Letztere, mit 4 abgerundeten Schienen versehen,

---

[1]) S. Bestimmungen über die Militärtücher vom Schweizerischen Militärdepartement, Bern, Obrecht und Käser, 1899, S. 7.

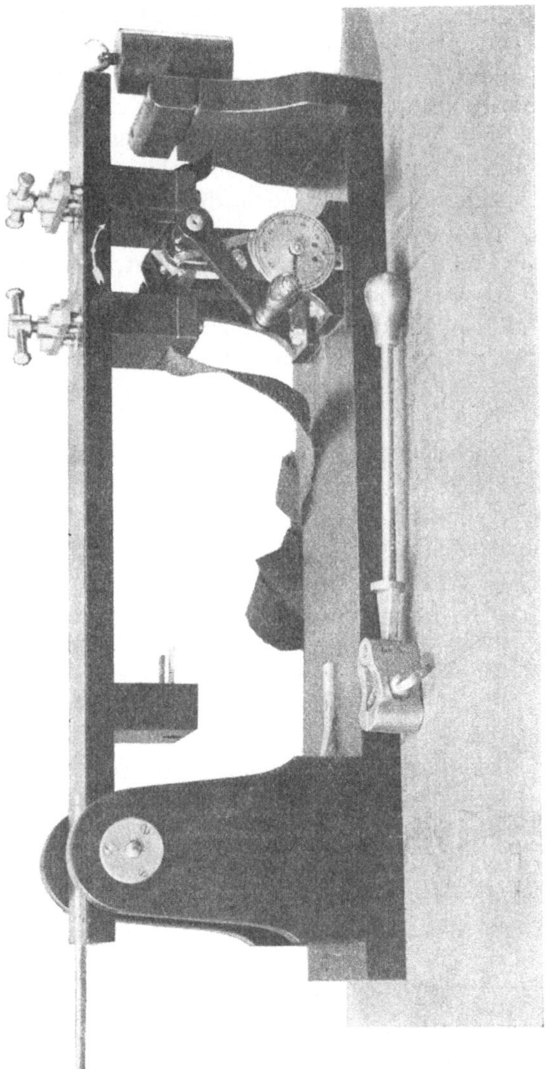

Fig. 146. Tuchreibmaschine nach Hasler.

wird mit der Geschwindigkeit von etwa 1 Umdrehung in der Sekunde gedreht, bis der Bruch (Durchreibung) des Tuches eintritt.‘‘
Bei dieser Prüfung soll dunkelgrünes Waffenrocktuch 70, dunkel-
blaues Waffenrocktuch 80, grünes Blusentuch 120, Kaputtuch,

Hosentuch und blaues Blusentuch 150 und Reithosentuch 200 Umdrehungen aushalten, bevor Durchreibung stattfindet.

Die zu diesen Prüfungen in den Handel gebrachte Tuchreibmaschine wird mit folgender Gebrauchsanweisung von der Firma Hasler in Bern hergestellt [1]) und durch Fig. 146 erläutert.

Der obere Teil der Tuchreibmaschine wird aufgeklappt, bis derselbe senkrecht steht und in die Feder einschnappt. Alsdann wird in die obere der beiden Holzbacken ein Tuchstreifen von 50 mm Breite in der Weise eingespannt, daß derselbe senkrecht, d. h. durch die untere Holzbacke lose herunterhängt; ist dies der Fall, so wird der Tuchstreifen durch den zangenförmigen Tuchspanner erfaßt; der Ansatz a (Fig. 147) unter der Zange soll freihängend auf der Skala zu stehen kommen. Nachher wird der Tuchspanner am kugelförmigen Ende erfaßt und der Tuchstreifen je nach Stoffart so weit angezogen, bis Stelle a auf 20, 10 oder 0 zeigt. Hierauf wird auch die zweite Holzbacke festgeschraubt und der Tuchstreifen besitzt alsdann die richtige Spannung. Die Zange wird wieder entfernt, der obere Teil der Maschine heruntergeklappt, das 8,6 kg schwere Gewicht sorgfältig angehängt, und die Umdrehungen können in der Richtung des Uhrzeigers erfolgen. Der Zeiger soll vorerst auf 0 eingestellt sein. Die Geschwindigkeit ist so zu bemessen, daß die Kurbel in der Sekunde eine Umdrehung macht. Für die Umdrehungszahl gelten die oben angeführten von den

Fig. 147.　„Bestimmungen über die Militärtücher vom Schweizerischen Militärdepartement" vorgeschriebenen Angaben. Die Messer in der Maschine sind nach den schweizerischen Militärtüchern ajustiert und dürfen nie nachgeschliffen werden.

Bestimmung der Wasserdichtigkeit.

Muldenversuch.

Nach dem Muldenversuch wird festgestellt, ob Wasser von bestimmter Säulenhöhe in einer bestimmten Zeit durch den Stoff

---

[1]) Hasler, A.-G., Bern, vormals Telegraphen-Werkstätte von G. Hasler.

hindurchsickert. Gewebeabschnitte von 50 × 50 cm oder 100 × 100 cm, die frei von Kniffen und scharfen Brüchen sein müssen, werden mit der rechten Stoffseite nach oben derart in einen Rahmen gespannt, daß eine Mulde entsteht. Diese Mulde wird vorsichtig mit Wasser von Zimmertemperatur bis zu einer bestimmten Höhe gefüllt. Die zur Anwendung gelangende Wassersäule ist nach den verschiedenen Lieferungsbedingungen eine verschiedene (s. d. im Anhang). Um das Durchsickern und Abtropfen des Wassers sicherer beobachten zu können, stellt man unter die Mulde eine Schale und bedeckt sie mit einem Bogen eines geeigneten Papieres. Bei wasserdichten Geweben darf in der Regel innerhalb einer Versuchsdauer von 24 Stunden ein Durchsickern und Tropfen des Wassers nicht stattfinden. Das Schwitzen oder Durchschwitzen wird nicht als Undichtigkeit angesehen (s. Fig. 148).

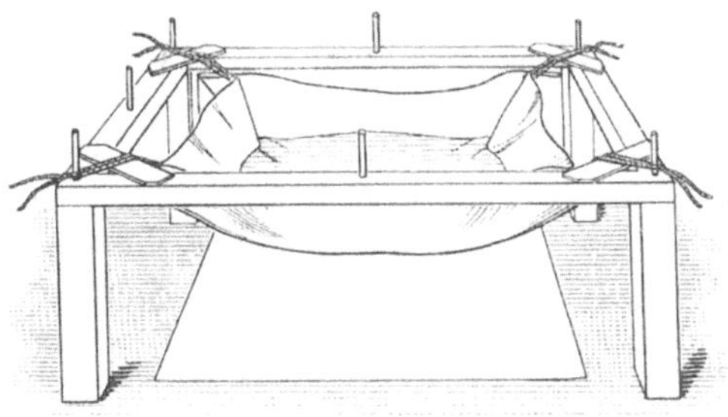

Fig. 148. Muldenversuch.

Uniformtuche, Zeltbahnen, Brotbeutel- und Tornisterstoffe werden nach der Dienstanweisung für die Bekleidungsämter [1] in der Weise geprüft, daß quadratische Ausschnitte von 50 cm muldenförmig in einen Rahmen gespannt und mit Wasser von 75 mm Höhe (von der tiefsten Muldenstelle gerechnet) belastet werden. Nach 24 Stunden darf das Wasser zwar durchschwitzen, aber nicht durchtropfen.

Die Lieferungsbedingungen für Segeltuche zu Wagendecken der preußischen Staatseisenbahnen schreiben Wasserdichtigkeit im Stoff und in den Nähten derart vor, daß das Wasser bei einer Höhe von 10 cm innerhalb 24 Stunden noch nicht hindurchtropft.

---

[1] Dienstanweisung für die Bekleidungsämter, Bd. 1, S. 221, Abs. e, s. auch Anhang.

Die Mulden werden aus Ausschnitten von 100 × 100 cm gebildet.

Man begnügt sich bei diesen Prüfungen meist mit einem Versuch; nur in Zweifelsfällen werden Kontrollversuche angestellt. Unter Umständen verwendet man den bereits einmal geprüften Ausschnitt nach dem Trocknen zum zweiten und dritten Mal, um festzustellen, wie sich das Gewebe im Gebrauche verhält. Unter Umständen kann das nach dem Muldenversuch geprüfte Versuchsstück (entweder ursprünglicher, noch nicht benetzter oder bereits benetzter und wieder getrockneter Stoff) außerdem noch nach dem Wasserdruck-Prüfverfahren (s. w. u.) untersucht werden.

Büretten- und Trichterversuch.

Stehen keine genügend großen Muster zur Verfügung, um den Mulden-Versuch durchzuführen, so kann man mit kleineren Proben wie folgt verfahren.

Büretten-Versuch. Eine 10, 20, 30 cm usw. hohe Wassersäule wirkt 24 Stunden lang in geeigneter Weise auf die Gewebeprobe ein. Die Menge des durchfließenden Wassers wird in einem untergestellten, mit Teilung versehenen Meßgefäß gesammelt. Der obere Teil der Bürette ist mit einem Deckel versehen, während der untere Teil mit einer Metallfassung verschlossen wird und zwar derart, daß hier ein Stück des zu prüfenden Gewebes den Abschluß bildet. Aus dem zu prüfenden Gewebe wird eine runde Scheibe ausgeschnitten oder mittels Rundeisens ausgestanzt, in das Schlußstück eingelegt und fest angezogen. Durch Einlegen von Gummidichtungsringen wird das seitliche Austreten des Wassers verhindert.

Durch Beobachtung kann nun festgestellt werden, ob innerhalb einer bestimmten Zeit bei einem bestimmten Wasserdruck überhaupt Wasser durchdringt, wieviel Wasser durchdringt, bei welchem Druck innerhalb einer bestimmten Zeit (z. B. 24 Stunden) Wasser durchdringt usw. Etwas komplizierter ist der Wasserdichtigkeitsprüfer von Gawalowski in Brünn. Bei letzterem sind noch zwei Thermometer angebracht, deren Temperatur-Unterschied zur Beobachtung gelangt [1]).

---

[1]) Leipziger Monatsschrift für Textilindustrie 1893, 221. S. a. Herzfeld, „Die technische Prüfung der Garne und Gewebe", S. 117.

Trichter-Versuch. Man faltet ein Stück des zu prüfenden Gewebes wie ein Papierfilter zusammen, bringt ihn in einen Glastrichter und belastet das aus dem Gewebe hergestellte Filter z. B mit 300 ccm Wasser. Wasserdichte Stoffe dürfen nach 24 Stunden nicht durchnäßt sein; es dürfen sich auf der Außenseite nur ganz gleichmäßig verteilte Tropfen zeigen.

Wasserdruckversuch.

Durch den Wasserdruck·Versuch wird festgestellt, bei welchem Mindestdruck das Wasser durch ein Gewebe sofort (bzw. innerhalb bestimmt bemessener sehr kurzer Zeit) hindurchtritt. Gleichzeitig kann vermittels der hierfür vorgesehenen Apparatur ermittelt werden, innerhalb welcher Zeit das Wasser bei einem gleichbleibenden Druck durchtropft. Besonders wertvoll ist die Vorrichtung in den Fällen, wo das Versuchsmaterial für den vorgeschriebenen Muldenversuch nicht ausreicht.

Die Einrichtung eines solchen Apparates bei dem Kgl. Materialprüfungsamt ist etwa folgende (s. Fig. 149). In einem Stativ ist feststehend ein Trichter a mit einer Vorrichtung zum Einspannen des Versuchsstückes und in unmittelbarer Nähe davon an der Wand ein Wasserbehälter b, auf einem Schlitten verschiebbar, angebracht. Der Wasserbehälter kann vertikal beliebig hoch- und tiefgezogen werden. Ein Schlauch c verbindet den Wasserbehälter mit dem Trichterausfluß d. Die obere lichte Weite des Trichters, bzw. die freie Versuchsfläche des Gewebes beträgt beispielsweise 100 qcm und kann durch Einlegen von Ringen beliebig verkleinert werden. An dem Schlitten befindet sich ein Maßstab e, über den ein vom Wassergefäß aus betätigter Schleppzeiger f hingeführt wird. — Das Gefäß wird zunächst in die ungefähre Höhe des Trichters gebracht und mit destilliertem Wasser von Zimmertemperatur gefüllt. Alsdann erfolgt das Einstellen des Trichters in die Wagerechte und, wenn das Wasser den obersten Trichterrand an allen Stellen gleichmäßig bespült, — das Einstellen des Schleppzeigers auf den Nullpunkt des Maßstabes. Nun wird das Versuchsstück, mit der rechten Seite dem Wasserspiegel zugewandt, mit der Deckplatte aufgelegt, die Verschlußschrauben werden dicht angezogen, und das Wassergefäß gleichmäßig mittels Kurbelvorrichtung g gehoben, bis die ersten Wasserperlen

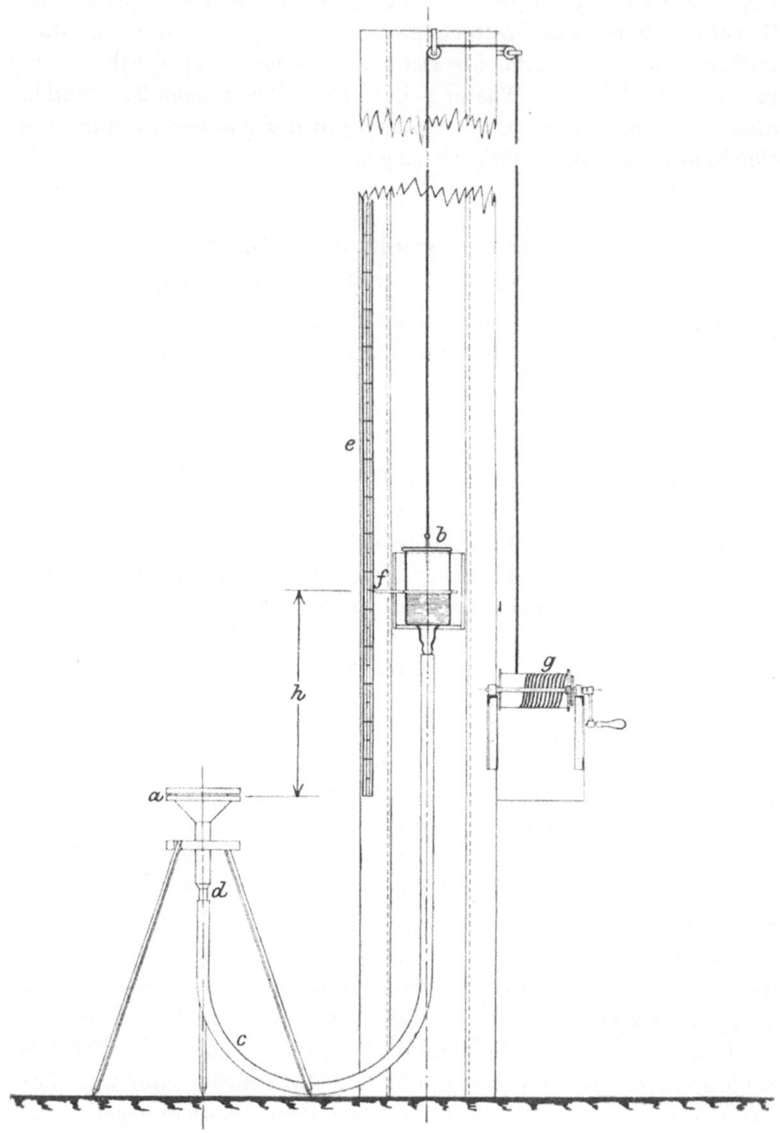

Fig. 149. Wasserdruckprüfer.

durch den Stoff nach oben hindurchtreten. Die Geschwindigkeit, mit der die Wassersäule gehoben wird, beträgt in jeder Minute 10 cm. Beim Beginn des Durchdringens der ersten Wassertropfen wird die Wassersäule abgelesen und das Wassergefäß wieder heruntergekurbelt.

Gewöhnlich werden 5 Einzelversuche hintereinander ausgeführt und das Mittel aus demselben gezogen.

Entnahme der Versuchsstücke.

Bei der Entnahme der einzelnen Versuchsstücke für den Wasserdruckversuch ist besondere Sorgfalt zu verwenden und ein bestimmtes System einzuhalten. Um, besonders bei Tuchen, stets über die rechte und linke Stoffseite im klaren zu sein, bezeichnet man auf der linken Seite am Rande eines jeden Versuchsstückes eine und dieselbe Fadenrichtung durch einen farbigen Strich (z. B. mit Fettstift), der sich bis auf den übrigbleibenden Probenrest erstrecken soll. Außerdem versieht man jedes Versuchsstück mit einer laufenden Nummer und gibt diese ebenfalls auf dem Probenrest an.

Ergibt sich nun beispielsweise, daß bei einem Versuch die Druckhöhe, bei der das Wasser hindurchperlt, erheblich niedriger ist als bei den übrigen, und daß bei diesem Versuch mehrere Wasserperlen gleichzeitig und in einer geraden, einer Fadenrichtung entsprechenden, Linie durch den Stoff hindurchtreten, so zeichnet man sich nachträglich auch diese Linie auf das Versuchsstück auf. Es liegt in solchem Falle die Möglichkeit nahe, daß die geringe Druckhöhe die Folge eines Webefehlers (undichte Stelle, Fadenbruch)

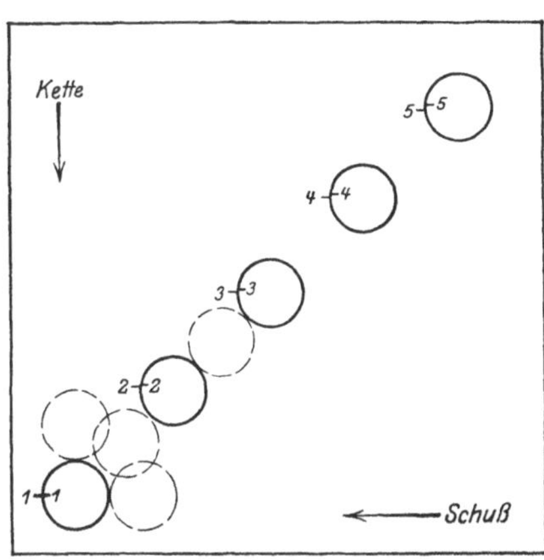

Fig. 150.

ist, was sich meist an Hand der Strichmarken und durch Kontrollversuche feststellen läßt. Solche Werte sind von der Mittelbildung auszuschließen.

Am vorteilhaftesten ist es, wenn man die Versuchsstücke so entnimmt, wie Fig. 150 zeigt. Infolge der diagonalen Linie werden jedesmal andere Fadenpartien getroffen, und die Abstände zwischen den einzelnen Scheiben gestatten es, Kontrollversuche in jeder Fadenrichtung anstellen zu können. Ferner ist es ratsam, die einzelnen Versuchsstücke nicht zu nahe der Leisten, sowie des Anfanges und des Endes eines Warenstückes zu entnehmen, da die Imprägnierung oft nicht bis zu den Rändern und Enden durchgeführt ist.

Berieselungsversuch.

Der Berieselungs- oder Beregnungs-Versuch soll feststellen, in welcher Zeit Regen durch einen Stoff hindurchdringt, bzw. ob Regen in einer bestimmten Zeit (etwa 1 Stunde) durch den Stoff hindurchdringt, ferner — wieviel Wasser der Stoff bei der Berieselung in einer bestimmten Zeit aufnimmt (etwa 1 Stunde). Die Ergebnisse dieses Versuches können als Maß der Wirkung wasserabstoßender Präparation oder Imprägnierung gelten.

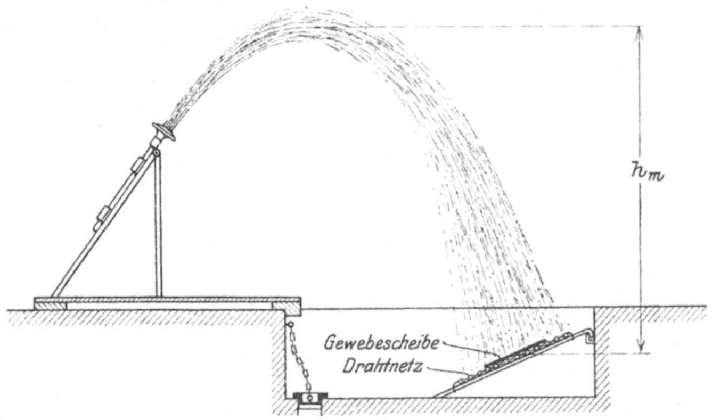

Fig. 151.   Beregnungsversuch.

Die Berieselung geschieht mit künstlichem Regen (Fig. 151). Zu diesem Zwecke werden Stoffabschnitte von mindestens 50 × 50 cm nach mehrstündigem Auslegen bei 65 % rel. Feuchtigkeit erst gewogen, dann glatt auf einem Rahmen ausgebreitet, befestigt und die so bespannten Rahmen im Freien schräg aufgestellt. Die rechte Seite kommt hierbei nach oben und der Strich der Ware muß von oben nach unten verlaufen. In einer Entfernung von etwa 6—10 m befindet sich eine an die Wasserleitung angeschlossene Spritzvorrichtung, deren Streukegel so einzustellen ist, daß ein feiner Sprühregen den Stoff senkrecht und überall gleichmäßig trifft und aus einer Höhe von 2 bis 3 m herabfällt.

Zeitweilig wird die Berieselung unterbrochen und der benetzte Stoff an der linken Seite durch Befühlen geprüft, ob bereits Wasser hindurchgedrungen ist. Ist dies nicht der Fall, so wird die Berieselung fortgesetzt. Nach Verlauf einer Stunde wird die Beregnung abgebrochen, der Stoff 5 Minuten zum Abtropfen hängen gelassen und gewogen. Je geringer die Wasseraufnahme ist, die beispielsweise in Gewichtsprozenten des ursprünglichen Stoffgewichtes ausgedrückt wird, desto wirksamer ist die Präparation.

Neben der Wasseraufnahme wird, wie eingangs erwähnt, auch festgestellt, ob und nach Verlauf welcher Zeit das Wasser auf der Rückseite auftritt, d. h. nach welcher Regendauer der Stoff seine wasserabstoßende Wirkung nicht mehr auszuüben vermag.

Die Anzahl der auszuführenden Versuche schwankt in der Regel zwischen 1 und 3.

Bestimmung der Luftdurchlässigkeit oder Porosität.

Während das große Publikum zu einer Würdigung der hygienischen Bedeutung der Luftdurchlässigkeit der Bekleidung noch nicht durchgedrungen ist, haben ihr unsere Militärbehörden lange schon ihre volle Aufmerksamkeit geschenkt. Bei dem Einkauf von Uniformstoffen, besonders auch für die Marine- und Schutztruppenmannschaften, spielt deshalb die Bestimmung der Porosität bereits eine wichtige Rolle. Für den Erzeuger wird es deshalb immer wichtiger, die Luftdurchlässigkeit der Gewebe genau so zu überwachen, wie dies mit der Kontrolle der Rohmaterialien, der Gewebeanlage, der Zerreißfestigkeit der fertigen Erzeugnisse usw. schon jetzt der Fall ist; ebenso ist es für den Abnehmer erforderlich, sich jederzeit durch Stichproben zu überzeugen, inwieweit die von ihm gestellten Anforderungen an die Luftdurchlässigkeit des Kleidungsstoffes erfüllt sind. Ein allgemein eingeführtes Prüfungsverfahren hierfür fehlt bisher. Das häufig geübte Mittel, gegen die Vorderseite des Gewebes mit dem Munde Tabakqualm zu blasen und den Grad der Porosität durch die Dichte der Rauchwolke auf der Rückseite abzuschätzen, ist natürlich, was Genauigkeit betrifft, sehr fragwürdig.

Eine besondere Bedeutung haben die Porositätsbestimmungen bei der hygienischen Begutachtung der imprägnierten regendichten Stoffe gewonnen. Für die Bewertung einer Imprägnierung ist die Bestimmung der Luftdurchlässigkeit sehr schwerwiegend, denn nur an der Hand von Zahlen läßt sich entscheiden, ob das imprägnierte Gewebe eine hinreichende Luftdurchlässigkeit im trockenen Zustande besitzt und diese Durchlässigkeit auch be hält, wenn das Gewebe der Einwirkung des Wassers ausgesetzt wird.   Durch wasserdicht machende oder wasserabstoßende Präparation oder durch sonstige Imprägnierungsbehandlungen wird aber die Luftdurchlässigkeit eines Gewebes vielfach in unerwünschter Weise herabgedrückt.   Ein Imprägnierungsverfahren, das bei Verleihung gleicher Wasserdichtigkeit die Bekleidungsstoffe luftdurchlässig erhält, ist demnach einem anderen Verfahren meist vorzuziehen, bei dem der Stoff in geringerem Maße luftdurchlässig bleibt. Das Gegenteil gilt natürlich bei besonderen luftundurchlässigen Stoffen, z. B. den Ballonstoffen, die namentlich auch möglichst wasserstoffundurchlässig sein müssen (s. Wasserstoffdurchlässigkeit S. 248).

Die Bestimmung der Luftdurchlässigkeit geschieht bei dem Königl. Materialprüfungsamt im Grundsatze in der Weise, daß das Versuchsstück in eine geeignete Vorrichtung eingespannt und dann Luft von außen her durch den Stoff hindurchgesaugt wird. Der Unterschied im Druck oberhalb und unterhalb des eingespannten Stoffstückes muß einer bestimmten gleichbleibenden Wassersäule (z. B. von 3 cm Höhe) entsprechen. Die in der Zeiteinheit (z. B 5 Minuten) unter diesem Druck durch eine freie Stofffläche von beispielsweise 10 oder 100 qcm hindurchgesogene Luftmenge wird dabei vermittels eines Präzisions-Gasmessers gemessen, das Mittel aus 10 Versuchen bestimmt und auf 1 qcm Stofffläche berechnet.

Die für diese Bestimmungen notwendigen Apparate können

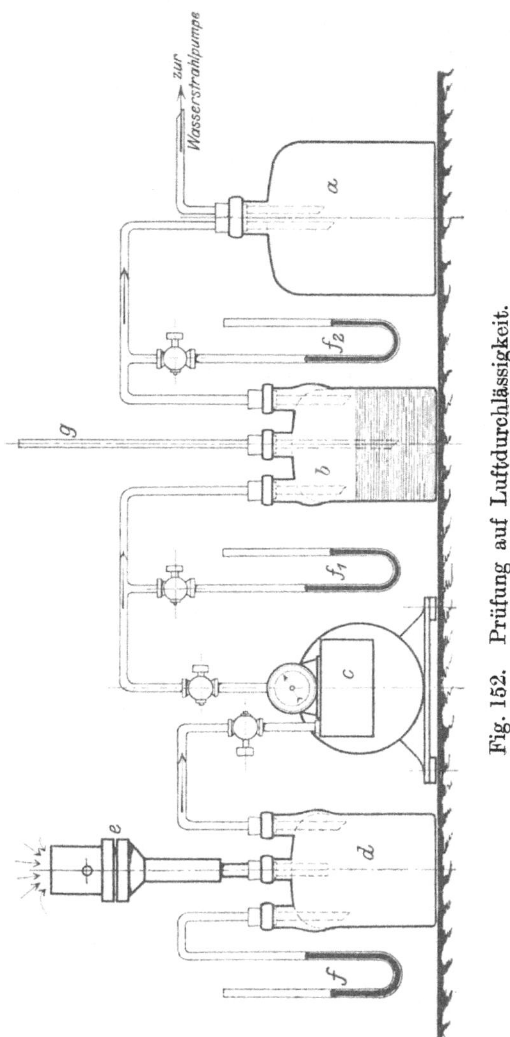

mit einfachen Hilfsmitteln konstruiert werden [1]); auch befinden sich im Handel fertige Porositäts-Prüfer (s. w. u.).

---

[1]) Die Einzelteile können beispielsweise von den „Vereinigten Fabriken für Laboratoriumsbedarf", Ges. m. b. H., Berlin N 39, Scharnhorststr. 22, bezogen werden.

Das Königliche Materialprüfungsamt verwendet z. B. folgende Vorrichtung (s. Fig. 152).[1])

Eine gewöhnliche Wasserstrahlpumpe ist vermittels eines Schlauches an einen Windkessel a und dieser an eine geräumige bis zu etwa $^2/_3$ mit Wasser gefüllte dreihalsige Woulfsche Glasflasche b angeschlossen. Von hier aus geht die Saugleitung durch einen Präzisionsgasmesser c nach einem zweiten Windkessel d, der die Vorrichtung zum Einspannen des Versuchsstückes e und einem Wassersäulen-Vakuummeter f unterhalb des zu prüfenden Gewebes trägt. Die Wasserstrahlpumpe wird beispielsweise so eingestellt, daß ihre Leistung bei Leerlauf des Apparates 10 Liter in der Minute beträgt. Die mit Wasser beschickte Woulfsche Flasche dient zum Regulieren des Vakuums unterhalb des eingespannten Gewebes. Während die Ein- und Ausmündung der Saugleitung in dem Behälter oberhalb des Wasserspiegels erfolgt, reicht das dritte, oben offene Rohr g in das Wasser hinein und kann nach Bedarf höher und tiefer gestellt werden. Wenn also beispielsweise ein wenig poröser Stoff geprüft wird, so würde (bei der ursprünglichen Pumpenleistung von 10 Litern in der Minute) unterhalb des Versuchsstückes ein Vakuum von z. B. 10 cm Wassersäule entstehen, während es nur 3 cm betragen soll. Der Pumpe muß also Gelegenheit gegeben werden, von anderer Seite soviel Luft anzusaugen, daß der Luftdruckunterschied ober- und unterhalb des Gewebes einer Wassersäule von 3 cm entspricht. Diesen Zweck erfüllt das verschiebbare Rohr des Wasserbehälters, indem man es soweit auszieht, bis Luftblasen aus dem Wasser aufsteigen und das Vakuum die gewünschte Höhe bzw. Tiefe erreicht. Der Gasmesser, der nur die durch den zu prüfenden Stoff hindurchgehende Luftmenge mißt, zeigt beispielsweise noch $^1/_{50}$—$^1/_{100}$ l an. Der unterhalb des Gewebes befindliche Windkessel hat einen Ausgleich herbeizuführen und einen gleichmäßigen Stand der Wassersäule sowie gleichmäßigen Gang der Gasuhr zu gewährleisten, da fast alle Stoffe die Luft nicht genau gleichmäßig, sondern gewissermaßen periodisch oder stoßweise hindurchlassen. — Die Vorrichtung zur Aufnahme der Versuchsscheiben und die Entnahme der Proben gleicht derjenigen bei dem Wasserdruckversuch (s. S. 237). Die freie

---

[1]) S. a. G. Herzog, „Über die Prüfung der Luftdurchlässigkeit von Geweben", Zeitschr. f. d. gesamte Textilindustrie, 1912, Heft 10 ff. (S. 181 ff.).

Versuchsfläche kann beliebig gewählt und durch Einlegen von Ringen verkleinert werden. Um zu vermeiden, daß seitlich an den Versuchsscheiben Luft mit eingesaugt wird, werden die Ränder mit flüssigem Wachs luftdicht bestrichen oder seitlich mit Gummiringen abgedichtet.

Die Größe der Apparatenteile (Gasmesser, Woulfsche Flasche usw.) kann innerhalb weiter Grenzen schwanken. Für kleinere Scheiben von 10 qcm wird ein Gasmesser von einer stündlichen Leistung von 500 Liter bereits genügen; für größere Stoffflächen und porösere Gewebe wird man zweckmäßig Gasuhren von 3000 Liter stündlicher Leistung benötigen.

Die Anzahl der Einzelversuche beträgt in der Regel 10.

Vor Anstellung der maßgebenden Versuche hat man sich immer erst von dem richtigen Funktionieren des Apparates zu überzeugen und die Wasserstrahlpumpe auf eine Leistung von z.B.10 Liter in der Minute einzustellen. Beim Einspannen einer dichten Gummiplatte und bei tiefster Stellung des Regulierrohres in der Woulfschen Flasche darf die Gasuhr keinerlei Luftdurchgang anzeigen.

Luftdurchlässigkeitsprüfer von Pohl-Schmidt.

Das Porosimeter oder der Luftdurchlässigkeitsprüfer von Pohl-Schmidt [1]) gibt unmittelbar für die Luftdurchlässigkeit irgend eines Gewebes die Anzahl der Kubikzentimeter Luft an, die in 1 Sekunde durch einen Quadratzentimeter des Gewebes hindurchgehen, wenn die Luft gegen das Gewebe mit dem Druck von 1 cm Wassersäule oder rund $^1/_{1000}$ Atmosphäre geblasen wird. Die Wahl dieser Einheiten von Volumen, Fläche und Druck bietet nach den Angaben der erwähnten Firma den Vorteil, daß die Luftdurchlässigkeit unserer üblichen Kleidungsstücke durch Zahlen zwischen 1 und 50 wiedergegeben wird, während man für niedrigere Drucke unbequem kleine Zahlen erhalten würde. Die physikalische Grundlage des Porosimeters bildet das Poisseuillesche Gesetz über den Luftwiderstand in engen Kanälen, da man die feinen Poren unserer Gewebe als solche auffassen darf [2]).

---

[1]) Nach den Berichten der Firma Leppin & Masche (Sonderheft 1910), welche den Apparat herstellt und in den Handel bringt (Berlin SO, Engelufer 17).

[2]) P. Schmidt, Archiv f. Hygiene, 70. Bd., 1909.

Fig. 153 gibt eine Ansicht des Apparates in der Form, die ihm die Firma Leppin & Masche nach einer mehrjährigen Erprobung im praktischen Fabrikbetriebe gegeben hat.

Der Apparat besteht aus zwei getrennten Teilen, K und M, die nebeneinander aufgestellt und durch einen Gummischlauch V verbunden sind. Der Rohrstutzen P an K wird dauernd mit einer Rohrleitung aus Gummischlauch oder dünnem Bleirohr an ein kleines Sauggebläse angeschlossen, das mit dem Apparat mitgeliefert und an der nächsten erreichbaren Wasserleitung angebracht wird. Das Gebläse erfordert keinerlei Wartung. Am Anfang und am Ende einer Prüfung wird lediglich der Hahn der Wasserleitung auf- bzw. zugedreht.

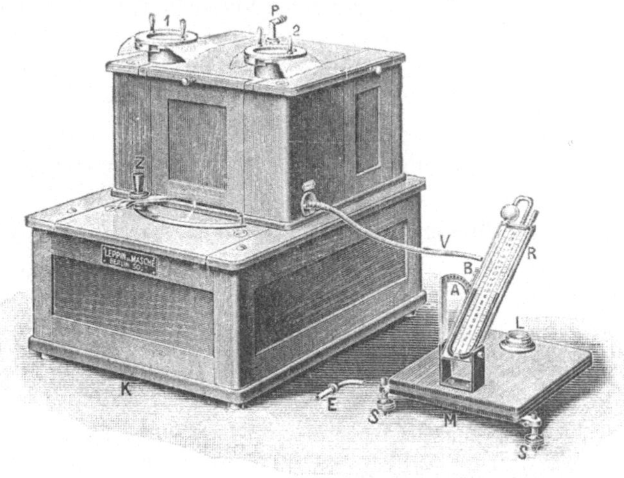

Fig. 153. Porosimeter von Pohl-Schmidt.

Oben auf K befinden sich zwei ganz gleich gebaute Kapseln 1 und 2, auf die man Stücke des zu untersuchenden Stoffes auflegt und festspannt. Eine Zwischenscheibe unter dem abnehmbaren Flansch, dessen Griffe die Figur erkennen läßt, verhindert automatisch, daß das Zeug durch das Einspannen irgendwie gereckt oder gedehnt wird, wodurch unter Umständen die Durchlässigkeit der Poren beeinflußt werden könnte. Die beiden Kapseln sind durch eingelegte Zahlen als Nr. 1 und 2 unterschieden. Bei Z zeigt sich ein horizontal drehbarer Handgriff, der zwischen zwei Marken 1 und 2 beweglich ist. Steht Z auf 1, so wird das Gewebe auf der Kapsel 1 gemessen und ebenso entsprechen die beiden Marken 2 einander. Man hat durch das Vorhandensein zweier Kapseln den Vorteil, die Durchlässigkeit zweier verschiedener Gewebe durch Drehung von Z vergleichen zu können, ein Fall, der in der Praxis häufig vorkommt.

Der auf M montierte Teil des Apparates wird kurz als Mano meter bezeichnet. Das Grundbrett wird mittels der Wasserwage L und der Stellschrauben wagerecht gestellt. Der Teil R mit einem U-förmigen, mit roter Flüssigkeit gefüllten Glasrohr kann in verschiedenen Neigungen mit dem Griff B in Marken des Teilstriches A festgestellt werden. Tritt der Apparat in Tätigkeit, so verschieben sich die Flüssigkeitssäulen in den beiden Schenkeln des U-Rohrs. Der Abstand der beiden Flüssigkeitsoberflächen, gemessen in Zentimetern, heißt der Ausschlag des Manometers.

Bei Beginn einer Versuchsreihe öffnet man den Hahn der Wasserleitung; dann läßt der Apparat regelmäßig in Abständen zwischen ungefähr 30 und 90 Sekunden ein Glockenzeichen ertönen. Darauf stelle man R auf die oberste, meist 250 gezeichnete Marke, spanne eine Probe des Gewebes auf die Kapsel 1, richte Z auf 1 und kippe dann R bis zu einer tieferen Marke, bis das Manometer einen bequem ablesbaren Ausschlag gibt. Man notiere die Zahl, die an dieser Marke steht, dividiere sie durch den Ausschlag des Manometers und dividiere sie ferner durch die Zahl der Sekunden zwischen zwei aufeinanderfolgenden Glockenzeichen.

Das Resultat dieser beiden Divisionen ist die gesuchte Luftdurchlässigkeit, ausgedrückt in der Zahl der Kubikzentimeter, die in einer Sekunde durch einen Quadratzentimeter beim Drucke von 1 cm Wassersäule hindurchgehen. Zur genauen Zeitmessung bediene man sich einer Sekundenuhr mit springendem Zeiger: Ein Druck setzt den Sekundenzeiger in Bewegung, ein zweiter bringt ihn zum Stillstand und ein dritter bewirkt sein Zurückspringen auf Null.

Die Firma Leppin & Masche gibt noch folgende Winke, die beim Arbeiten mit ihrem Apparat zu beachten sind:

1. Man führt stets mehrere Einzelversuche aus und bestimmt aus denselben das Mittel.

2. Handelt es sich lediglich um den Vergleich zweier Gewebe und will man nur feststellen, ob die Luftdurchlässigkeit verschieden

oder gleich groß ist, so benutzt man zweckmäßig gleichzeitig beide Kapseln 1 und 2. Ändert sich dann beim Umstellen des Griffes Z von 1 auf 2 der Manometerausschlag nicht merklich, so sind die Durchlässigkeiten bei beiden Proben die gleichen; andernfalls ist dasjenige Gewebe das porösere, das den kleineren Ausschlag ergibt.

3. Beim Vergleich verschiedener Imprägnierungsverfahren läßt sich die Wirkung der Imprägnierung naßgewordener Gewebe feststellen, indem man den Einfluß der Benetzung auf die Luftdurchlässigkeit messend verfolgt. In solchen Fällen ist wiederum die Benutzung beider Kapseln empfehlenswert. Zunächst bestimme man die Durchlässigkeit im trockenen Zustande. Dann nehme man z. B. in jede Hand eine Probe und schwenke sie zweimal kräftig unter Wasser, befreie beide Proben durch einen kurzen Ruck von dem oberflächlich anhaftenden Wasser und messe abermals die Porosität. Weiter nehme man neue Proben und schwenke sie viermal, messe wieder usw. und verfolge so die Einwirkung zunehmender Benetzung auf die beiden Gewebeproben. — Oder man lege zwei Proben gleichzeitig wagerecht in einen künstlichen Regen aus einer Brause und mache hier Abstufungen der Benetzung durch verschiedene Regendauer. — Oder man hänge zwei Proben senkrecht unter Wasser auf, je 2, 4, 6 usw. Minuten, kurz man vergleiche stets in Reihen langsam gesteigerter Einwirkung des Wassers die beiden Gewebe, um so etwa vorhandene Unterschiede nachzuweisen.

Steigt dabei, wie häufig an nicht imprägnierten Kleiderstoffen im nassen Zustande das Manometer selbst an der Marke 250 jäh bis über 15 oder 20 cm in die Höhe, bis die Luft plötzlich unter pfeifendem Geräusch in die Kapsel eintritt, so ist die Porosität ohne weiteres gleich Null zu setzen, da dann in der Tat das Gewebe für kleinere Drucke gänzlich undurchlässig ist und das Wasser erst bei großen Drucken aus einzelnen Poren durch das Porosimeter herausgeblasen wird.

4. Soll ausnahmsweise ein Gewebe von besonders großer Durchlässigkeit untersucht werden, das am Manometer nur einen schlecht ablesbaren kleinen Ausschlag auftreten läßt, so wird empfohlen, mehrere Lagen des Gewebes übereinander auf eine Kapsel zu spannen. Man hat dann das für 3 oder 4 Lagen ermittelte

Ergebnis mit 3 oder 4 zu multiplizieren, um die Luftdurchlässigkeit des Gewebes für eine Lage zu erhalten.

5. Das Festspannen sehr dünner z. B. seidener Gewebe wird durch Dichtungsringe aus Gummi erleichtert.

Beispiele von Prüfungsergebnissen der Luftdurchlässigkeit und Wasserdichtigkeit.[1])

1. Ein größeres Stück marineblau gefärbtes Tuch wurde in drei Teile zerschnitten, von denen a) im ursprünglichen, nicht präparierten Zustande verblieb, b) nach einem bekannten und c) nach einem neuen, zu prüfenden Verfahren wasserdicht imprägniert wurde.

Die Luftdurchlässigkeit (nach Verfahren S. 242 bestimmt) ergab folgende Werte für 1 qcm:

a) In 5 Minuten wurden hindurchgesaugt: 1,43 l Luft
b) „ 5 „ „ „ 1,35 l „
c) „ 5 „ „ „ 1,11 l „

Der Wasserdruckversuch, mit denselben drei Abschnitten (100 qcm Stoff)nach S. 235 bestimmt, lieferte folgende Ergebnisse:

a) Die ersten Wassertropfen drangen durch bei
einer Wassersäule von: . . . . 22,4 cm
b) Die ersten Wassertropfen drangen durch bei
einer Wassersäule von: . . . . 31,0 „
c) Die ersten Wassertropfen drangen durch bei
einer Wassersäule von: . . . . 28,7 „

2. Ein gleichartiger Versuch mit schwarzem Tuch lieferte folgende Ergebnisse für die Luftdurchlässigkeit (auf 1 qcm) und Wasserdichtigkeit.

d) In 5 Minuten wurden hindurchgesaugt: 1,88 l Luft
e) „ 5 „ „ „ 1,99 l „
f) „ 5 „ „ „ 1,68 l „

---

[1]) Ermittelt im Königlichen Materialprüfungsamt der Technischen Hochschule, Berlin-Lichterfelde.

Probe	Muldenversuch, 5 cm hohe Wassersäule (s. S. 233)	Wasserdruckversuch, 100 qcm Stoff (s. S. 235)	Wasseraufnahme n. d. Berieselungsverf.
d	Das Wasser tropfte nach dem Einfüllen sofort durch. In 2 Stunden war das gesamte Wasser durchgetröpfelt	21,0 cm	95 %
e	Der Stoff hielt 24 Stunden dicht; nach weiteren 24 Stunden waren 100 ccm Wasser durchgelaufen; dann hielt der Stoff wieder 24 Stunden dicht.	31,5 cm	80 %
f	Der Stoff hielt während der ganzen Versuchsdauer von 72 Stunden dicht	44,0 cm	45 %

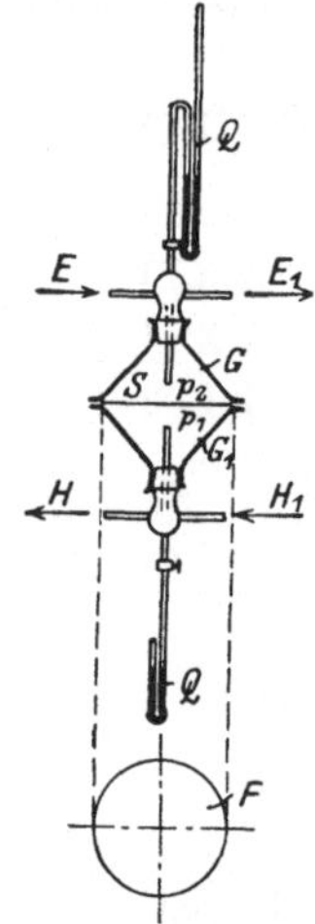

Fig. 154.

Gasdurchlaßprüfer nach Heyn.

G = oberes, **G₁** = unteres Glasgefäß.

H = Eintritt, **H₁** = Austritt von Wasserstoffgas.

E = Eintritt, **E₁** = Austritt der Luft.

S = Ballonstoffprobe, eingespannt.

F = Freie Versuchsfläche der Ballonstoffprobe.

p₁ = Druck in mm unterhalb, **p₂** = oberhalb der Ballonstoffprobe.

Q = Oberes, **Q₁** = Unteres Quecksilbermanometer.

Bestimmung der Wasserstoffdurchlässigkeit von Ballonstoffen.

Das Prüfungsverfahren auf Stoffdichtigkeit der Ballonstoffe ist nach den Mitteilungen von Martens[1]) im wesentlichen folgendes. Grobe Undichtigkeiten werden, wie bei Zeugstoffen üblich (s. S. 239), ermittelt, indem man durch eine kreisförmige Stoffscheibe Luft saugt deren Menge mittels einer Gasuhr gemessen wird.

Zwecks Bestimmung der Diffusionsgeschwindigkeit von Gasen, z. B. Wasserstoff sind besondere Apparate notwendig. Für das Königliche Materialprüfungsamt hat E. Heyn einen Apparat zusammengestellt, den Fig. 154 u. 155 in Skizze und Bild vorführen.

Die Wirkungsweise des Apparates ist folgende: Die Stoffplatte wird

---

[1]) S. A. Martens, „Über die technische Prüfung des Kautschuks und der Ballonstoffe im Königlichen Materialprüfungsamt zu Berlin-Lichter-

zwischen zwei trichterförmige Glasgefäße (Fig. 154) eingespannt. In das eine Gefäß tritt Luft und Wasserstoff[1]) ein,
während die durch das andere Gefäß getriebene Luft den diffun-
dierten Wasserstoff mitnimmt. Dieser wird in dem Apparat
(Fig. 155) über Palladiumasbest zu Wasser verbrannt, letzteres
durch Wägung festgestellt und die durch den Stoff in der Zeiteinheit durch die Flächeneinheit durchgegangene Wasserstoffmenge
berechnet.

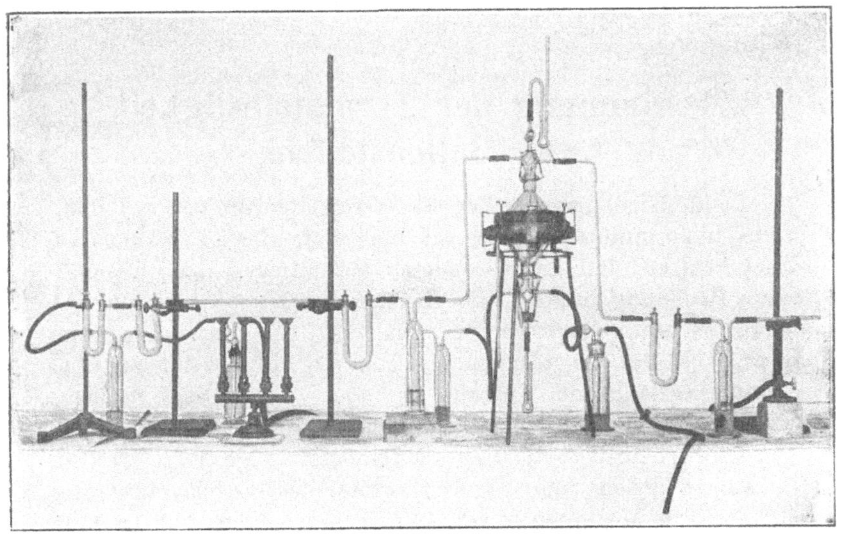

Fig. 155.   Gasdurchlaßprüfer nach Heyn.

Will man die Leistungsfähigkeit eines Stoffes erschöpfend darstellen, so muß neben dem neuen Stoff auch der gleiche Stoff
nach einer längeren Betriebszeit geprüft werden. Ebenso kann
der Stoff längere Zeit Wind und Wetter[2]) ausgesetzt und dann
von neuem geprüft werden.

---

felde (West)", Sitzungsberichte der Königlich Preußischen Akademie der
Wissenschaften, 1911, XIV. Mitteilung vom 16. Februar 1911, S. 346—366.

[1]) Beim Luftschifferbataillon wird in der Regel ein Druck von 25 mm
Wassersäule angewendet.

[2]) Durch regelmäßige Besprengungen kann auf künstliche Weise
Regen zur Wirkung gebracht werden.

Neben dem Heynschen Apparat ist noch die Renard Surcouf-Wage und der neue Wurtzel-Apparat zur Messung der Wasserstoff-Diffusion zu erwähnen. Letzterer Apparat soll bei dem preußischen Luftschifferbataillon eingeführt sein. Nach den beiden letzterwähnten Apparaten wird der Diffusionsgrad in Litern pro qm (innerhalb 24 Stunden bei einem Druck von 30 mm Wassersäule erhalten) zum Ausdruck gebracht. Bei diesen Ausführungsbedingungen ist die Diffusionsgeschwindigkeit von 10 l innerhalb 24 Stunden noch gestattet.

Bestimmung der Zerplatzfestigkeit von Ballonstoffen.

Da die Ergebnisse der Zerreiß-Festigkeitsprüfung von Ballonstoffen nicht unmittelbar die praktische Ballonfestigkeit zum Ausdruck bringen, sind, den besonderen Verhältnissen des Luftschiffbaues Rechnung tragend, die sogenannten Zerplatzapparate entworfen und gebaut worden, von denen der von A. Martens entworfene und im Königlichen Materialprüfungsamt zur Anwendung gelangende Apparat besondere Beachtung verdient. Neben diesem sei noch der Gradenwitz-Apparat erwähnt, bei dem Stoffscheiben von 50 cm Durchmesser angewandt werden.

Konstruktion und Wirkungsweise des Zerplatzapparates sind nach den Mitteilungen von A. Martens [1]) folgende (Fig. 156).

Man spannt ein kreisförmiges Stück des zu prüfenden Stoffes fest ein und bläst dann von einem Behälter aus oder unmittelbar mit der Luftpumpe das kreisförmige Stoffstück bis zum Zerplatzen auf; der zum Zerplatzen erforderliche Luftdruck wird am Manometer abgelesen und zugleich wird die bis zum Zerplatzen eingetretene Wölbhöhe in der Mitte der Stoffscheibe gemessen. Der Zerplatzdruck ist bei Benutzung der gleichen Stoffbahnen für den Versuch abhängig von der Größe des Ringdurchmessers (freie Versuchsfläche) (wobei die Wirkung der Einspannränder zu berücksichtigen ist). Bei diesem Versuch ist das Ergebnis u. a. auch von der Luftfeuchtigkeit abhängig. Daher ist das bisweilen zum

---

[1]) A. Martens, Sitzungsberichte der Königlich Preußischen Akademie der Wissenschaften, 1911, S. 362 ff., Nr. XIV.

Nachweis von undichten Stellen in der Stoffhülle benutzte Befeuchten mit Seifenwasser ganz unzulässig.

Man kann die Ergebnisse der Zerplatzversuche keineswegs unmittelbar auf die Verhältnisse im Ballon übertragen. Martens hat daher beim Entwurf des im Materialprüfungsamt benutzten Apparates dafür Sorge getragen, daß Versuche unter möglichst verschiedenen Ringdurchmessern ausgeführt werden können. Die

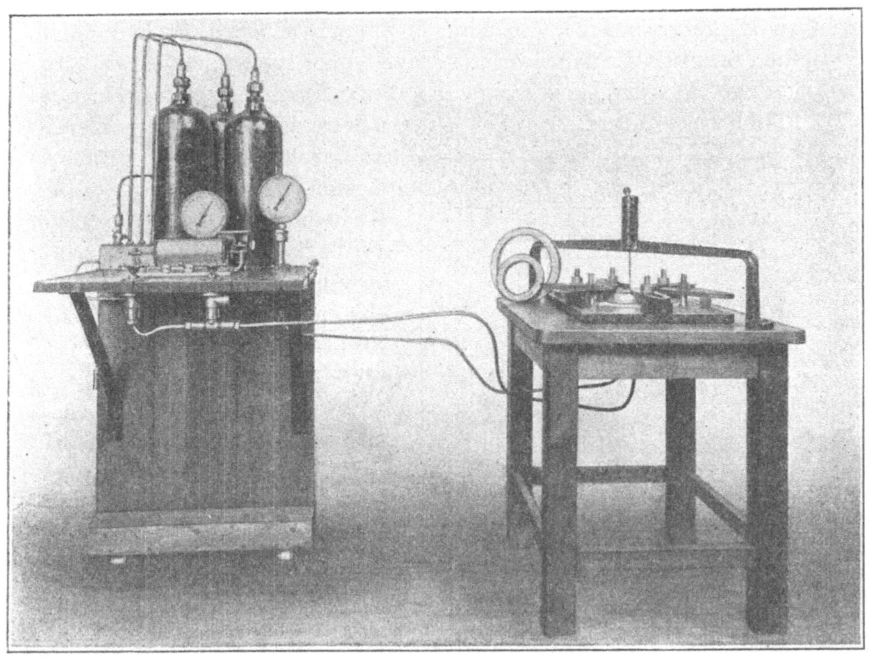

Fig. 156.   Zerplatzapparat nach Martens.

nutzbaren Ringdurchmesser sind: 0,113, 0,160, 0,196, 0,252, 0,357, 0,505 und 0,618 m, entsprechend den umspannten Kreisflächen von 0,01, 0,02, 0,03, 0,05, 0,1 und 0,3 qm. Die Konstruktion ist später vereinfacht worden, indem als Grundlage für die einzuspannenden Ringe ein weiches Gummituch auf gehobelter Gußeisenplatte benutzt wird, auf die die Probestücke mittels Ringen durch Spannschrauben gasdicht angedrückt werden; man ist auf diese Weise in der Auswahl der Spannringgrößen sehr wenig beschränkt und kann ohne wesentliche Umstände auch in der Form der Spannringe wechseln, so daß man neben der Kreisform auch Ellipsen oder Rechtecke benutzen könnte. Damit ist die Möglichkeit gegeben, den Einfluß der Einspannung durch den Versuch mit Proben von gleichen Flächengrößen, aber verschiedenen Flächenformen auszuführen.

Neuerdings angestellte Versuche, aus den zu prüfenden Stoffen zylindrische kleine Ballons herzustellen und diese zum Zerplatzen zu bringen, sowie der Vorschlag, an einem wirklichen Ballonmodell die Festigkeit des Stoffes ermitteln zu wollen, haben nach Martens geringe Aussicht, die Frage der Ballonfestigkeit einfacher und klarer zu gestalten. Auf der anderen Seite würden damit größerer Stoffverbrauch und größere Kosten verknüpft sein. Martens empfiehlt deshalb Zerplatzversuche mit kreisförmigen Proben neben den üblichen Zerreißversuchen an 50 mm breiten Streifen in zwei oder vier Hauptrichtungen.

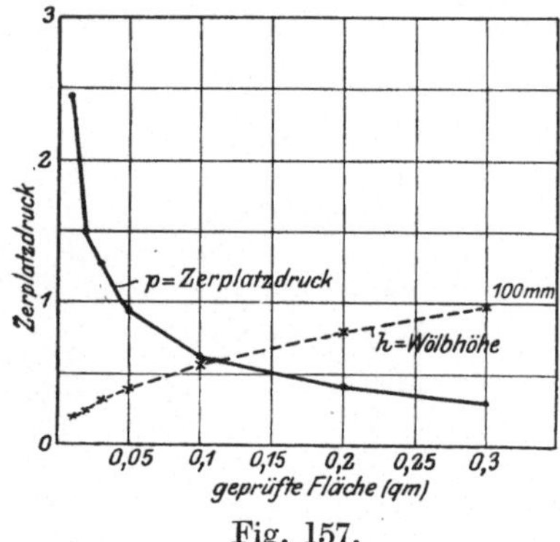

Fig. 157.

Nach einer größeren Anzahl von Versuchen mit kreisförmigen Proben von verschiedenem Durchmesser hat Martens ein Schaubild (Fig. 157) entworfen, das zeigt, in welchem Maße bei gleichem Stoff der Zerplatzdruck von dem Ringdurchmesser abhängig ist. Wenn erst solche Versuche in noch größerer Zahl vorliegen, wird man die Ergebnisse auf die Verhältnisse im Ballon übertragen können.

Bestimmung der Wärmedurchlässigkeit.

Für die Bestimmung der Wärmedurchlässigkeit von Geweben bedient man sich zweckmäßig des Wärmedurchlaßprüfers [1] von O. Bauer (Fig. 158). Vier Vergleichsproben werden nebenein-

---

[1] A. Martens, „Über die technische Prüfung des Kautschuks" usw., Sitzungsberichte der Königlich Preußischen Akademie der Wissenschaften, 1911, XIV, S. 366.

ander über schwarze Gefäße gespannt, in denen hinter den Proben Thermoelemente angebracht sind, mit denen die Wärmegrade gemessen werden, die sich bei verschiedener Bestrahlung im Gefäß einstellen. Als Wärmequelle wird zurzeit lediglich die Sonne benutzt.

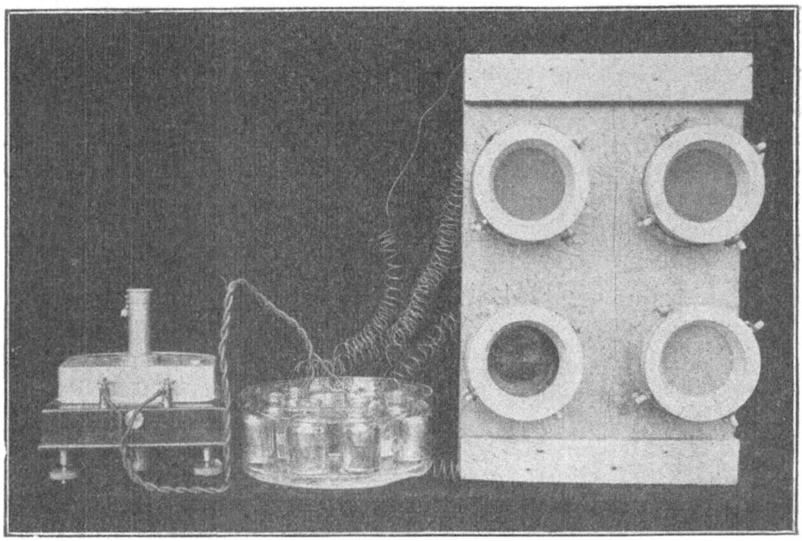

Fig. 158. Wärmedurchlaßprüfer nach O. Bauer.

Lichtdurchlässigkeit.

Dem Studium der Lichtdurchlässigkeit ist bis heute noch nicht die ihr, besonders in hygienischer Hinsicht, notwendige Beachtung geschenkt worden. Nur vereinzelt findet man in der Literatur Angaben hierüber. Erwähnt seien die Studien von E. Müller und des Hygienischen Institutes der Universität Leipzig, die hierüber Tabellen usw. auf der Hygiene-Ausstellung in Dresden 1911 gebracht haben[1]). Ferner sei auf die Dissertationen von W. Schulze über den „Einfluß der einzelnen Appreturstufen auf die Wasser-, Licht-, Luft- und Wärmedurchlässigkeit eines Tuches", von O. Dietz über „Die spezifische Wärme von Faserstoffen", von A. Köhler über den „Einfluß der Bäuche

---

[1]) Trotz meiner Bemühungen ist es mir leider nicht gelungen, deren Forschungsergebnisse für die vorliegende Arbeit zu gewinnen.

und Bleiche auf die Kapillarität der Baumwolle“ hingewiesen (Dresden, Mechanisch-technisches Institut der Technischen Hochschule Dresden).

Demgegenüber hat man schon seit geraumer Zeit die Lichtdurchlässigkeit bei Papieren systematisch studiert und hierfür Apparate in den Handel gebracht, z. B. den Lichtdurchlässigkeitsprüfer von Klemm. [1]

Erwähnt seien ferner von Apparaten und neueren Anregungen zur Bestimmung gewisser physikalischer Werte der Apparat zum Messen der Rauhigkeit von Stoffen nach Rubner[2], der Apparat zum Messen der Komprimierbarkeit von Stoffen nach Rubner[2], der Kalorimeter nach Rubner[2] zum Nachweis der Wirkung der Kleidungsstücke auf die Behinderung des Wärmeverlustes; ferner — die Arbeiten des Hygienischen Institutes der Universität Leipzig über die Schutzwirkung gegen Sonnenstrahlen, über die Wärmeaufnahme von Kleiderstoffen in der Sonne, die Lichtreflexion von Kleidungsstoffen u. a. m.

Bestimmung des spezifischen Gewichtes.

Das spezifische Gewicht einer homogenen Substanz ist das Gewicht der Substanz, geteilt durch das Gewicht einer Wassermasse (von $+ 4^0$ C) vom Volumen der Substanz. Es wird ermittelt, a) indem man das Gewicht eines bestimmten Volumens vermittels der Wage feststellt und durch das Volumen dividiert (g/ccm), oder b) indem man zunächst das Gewicht eines unbekannten Volumens vermittels der Wage feststellt und alsdann das Volumen durch Verdrängung bestimmt. Das Volumen von Flüssigkeiten und die Verdrängung einer Flüssigkeit durch eine homogene Masse wird zweckmäßig mit Hilfe des Pyknometers bestimmt.

a) Das Pyknometer (s. Fig. 159 u. 160) ist ein Glasgefäß, welches bis zu einer festen Marke mit Flüssigkeit gefüllt werden kann. Wenn nun W das Gewicht einer Wassermasse von 4^0 C vom Pyknometervolum und F das Gewicht einer Flüssigkeitsmasse vom Pyknometervolum ist, so ist das spezifische Gewicht der Flüssigkeit

---

[1] W. Herzberg, „Die Papierprüfung“, S. 192 ff.
[2] Gebaut von W. Hoffmeister, Berlin N. 4, Hessische Str. 4.

$= \dfrac{F}{W}$. Das Resultat muß bei Korrekturen mit dem spezifischen Gewicht des Versuchswassers multipliziert werden. Bei Versuchswasser von 15⁰ C [1]) würde demnach das spezifische Gewicht der Flüssigkeit sein: $\dfrac{F \cdot 0,99913}{W}$.

b) Bringt man in das mit Wasser gefüllte Pyknometer einen festen Körper, so ist die Gewichtszunahme des Pyknometers gleich dem Gewicht des Körpers G, vermindert um das Gewicht w der von ihm verdrängten Wassermenge, also:

Gewichtszunahme $= G - w$.

Aus der unmittelbar durch Wägung bestimmten Gewichtszunahme und des Körpergewichtes G ergibt sich w, und hieraus das spezifische Gewicht: $\dfrac{G}{w}$. Auf solche Weise bestimmt man das spezifische Gewicht pulverförmiger, faseriger u. a. Körper, welche in Wasser oder einer geeigneten anderen Versuchsflüssigkeit unlöslich sind.

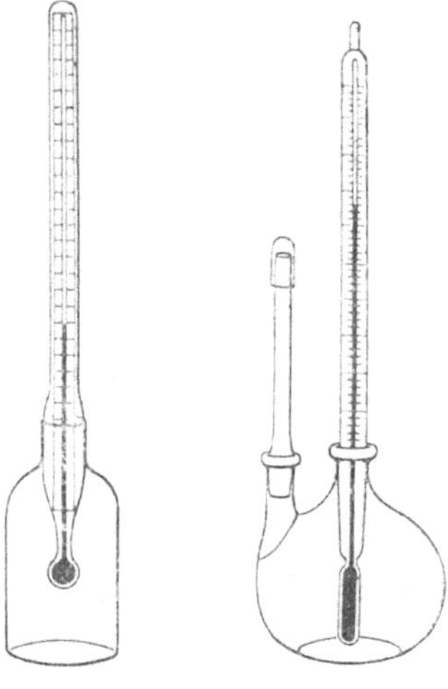

Fig. 159. Fig. 160.
Pyknometer.

Beträgt beispielsweise das Wassergewicht vom Pyknometervolum $= 100$ g, werden ferner 6 g Substanz in das Pyknometer gebracht, dieses wiederum mit Wasser bis zur Marke gefüllt und das Gewicht zu 103 g ermittelt, so ist die Gewichtszunahme $3 = 6 - w$; $w = 3$; und das spezifische Gewicht $= 6 : 3$ oder $= 2$.

Oder es ist das Gewicht des verdrängten Wassers (beim spezifischen Gewicht des Versuchswassers von 1) $= 100 - 103 + 6 = 3$; und demnach das spezifische Gewicht $= 6 : 3 = 2$.

c) Werden statt Wasser andere Flüssigkeiten zur Volumenbestimmung des Versuchsstückes durch Verdrängung angewandt

---

[1]) Das spezifische Gewicht des Wassers bei 15⁰, 20⁰ und 25⁰ ist: 0,99913, 0,99823 und 0,99707.

(z. B. Terpentinöl, Benzol, Quecksilber usw.), so wird das erhaltene Ergebnis mit dem spezifischen Gewicht der Versuchsflüssigkeit (welches bekannt ist oder eigens hierfür nach a) ermittelt werden muß) multipliziert: spezifisches Gewicht $= \dfrac{G \cdot sp.}{w}$.

Beispiel [1]). Bestimmung des spezifischen Gewichtes einer Kunstseide in Terpentinöl.

  a) Gewicht des leeren Pyknometers, Py = 23,0658 g.

     Gewicht des Pyknometers + Wasser von 4⁰ C, Py + W = 73,1162 g.

     (Gewicht des Wassers oder Volumen des Pyknometers, V = 50,0504 ccm.)

     Gewicht des Pyknometers + Terpentinöl, Py + F = 67,4094 g.

     (Gewicht des Terpentinöls, F = 67,4094 — 23,0658 = 44,3436 g.)

     (Hieraus spezifisches Gewicht des Terpentinöls einer bestimmten Temperatur = 44,3436 : 50,0504 = 0,886.)

  b) Gewicht des leeren Pyknometers, Py = 23,0658 g.

     Gewicht des leeren Pyknometers + wasserfreie Kunstseide, Py + G = 25,6128 g.

     (Gewicht der wasserfreien Kunstseide, G = 2,547 g.)

     Gewicht des Pyknometers + Kunstseide + Terpentinöl bis zur Marke aufgefüllt, Py + G + F$_1$ = 68,445 g.

     Gewicht des Pyknometers + Terpentinöl, Py + F = 67,4094 g.

     (Gewichtszunahme = 68,445 — 67,4094 = 1,0356 g.)

     (Verdrängte Gewichtsmenge Terpentinöl f in Gramm = 2,5470 — 1,0356; f = 1,5114 g Terpentinöl verdrängt; oder: (Py + F) + G — (Py + G + F$_1$) = 67,4094 + 2,5470 — 68,4450 = 1,5114 g.).

  c) (Verdrängtes Volumen Terpentinöl beim spez. Gewicht von 0,886 = 1,5114 : 0,886 ccm. Spezifisches Gewicht der Kunstseide =

$$2{,}5470 : \dfrac{1{,}5114}{0{,}886} = \dfrac{2{,}5470 \cdot 0{,}886}{1{,}5114} = 1{,}493).$$

---

[1]) Die nicht eingeklammerten Werte sind durch unmittelbare Wägung bestimmt, die in Klammern gesetzten Gleichungen sind aus ersteren berechnet.

Die Bestimmung des spezifischen Gewichtes von Textilfasern ist in der Regel auf die reine Grundsubstanz zu beziehen, auf das spezifische Material als solches. In diesen Fällen wird man es daher auch in möglichst reinem, ferner in getrocknetem, wasserfreiem Zustande der Prüfung unterwerfen. Unreines Material muß also beispielsweise erst entfettet, entschlichtet, entfärbt, entschwert und dann getrocknet werden, ehe es zur Wägung gelangt.

In besonderen Fällen kommt es aber darauf an, das spezifische Gewicht einer Faser in bestimmtem Zustande oder in bestimmter Fertigung kennen zu lernen, beispielsweise in gefärbtem oder beschwertem Zustande. Hier muß naturgemäß jede Veränderung des Versuchsmaterials vermieden werden, vor allem also eine Flüssigkeit zur Anwendung gelangen, die die Färbung, Beschwerung usw. nicht löst oder sonstwie beeinflußt.

Bei Bestimmung des spezifischen Gewichtes von Seiden ist darauf zu achten, daß das spezifische Gewicht der rohen, basthaltigen Seiden ein anderes ist, als dasjenige der entschälten oder entbasteten Seiden, des Seidenfibroins. Man hat sich deshalb von Fall zu Fall Klarheit darüber zu verschaffen, was bezweckt wird und in welcher Weise die Prüfung demnach auszuführen ist.

Was die Flüssigkeiten betrifft, welche zwecks Ermittelung des Volumens eines Fasermaterials zur Anwendung zu gelangen haben, so herrscht über diesen Punkt keine Übereinstimmung. Im allgemeinen vermeidet man alle Flüssigkeiten, wie z. B. Wasser, von denen man weiß, daß sie die zu prüfenden Fasern zum Quellen bringen, obwohl bisher nicht einwandfrei festgestellt worden ist, inwieweit die Quellung der Fasern zugleich die Verdrängung der betreffenden Flüssigkeiten und somit die Werte für das spezifische Gewicht beeinflußt.

In der Regel bedient man sich des reinen Terpentinöls oder des Benzols. Letzteres ist von Vignon [1]) vorgeschlagen, weil es als Immersionsflüssigkeit den Vorzug hat, daß bei ihm alle in den Fasern enthaltenen Gase leicht abgeführt werden und seine Dichten bei den Temperaturen zwischen 0^0 und 30^0 genau bekannt sind (Beilstein, 2, 16). Man verfährt in der Weise, daß man das

---

[1]) Vignon, „Sur le poids spécifique de la soie", Lyon, 1892. Silbermann. „Über das spezifische Gewicht der Seide in bezug auf ihre Erschwerung", Chem. Ztg. 1894, Nr. 40.

Pyknometer mit der in Benzol befindlichen Probe zuerst unter die Luftpumpenglocke stellt und eine Luftleere von einem Druck, entsprechend etwa 50 mm Quecksilbersäule, erzeugt und alsdann zur Wägung bringt. Möglichst vollkommenes Absaugen aller Luft aus Probe und Flüssigkeit ist in gleicher Weise bei allen Immersionsflüssigkeiten wichtig.

Zu völlig abweichenden Werten gelangt man, wenn man statt obiger Immersionsflüssigkeiten Quecksilber als Verdrängungsmasse anwendet. Vignon und Silbermann bedienen sich für diese Zwecke des Quecksilberdensimeters von Bianchi. Dasselbe besteht aus einem gläsernen, durch Ventile abschließbaren Gefäße von unveränderlichem Volumen, das mit Quecksilber gefüllt wird. Man füllt das Densimeter mit Quecksilber und wägt es. Nun leert man es, trägt die vorher gewogene Probe ein, füllt dann das Densimeter vermittels der zum Apparat gehörenden Pumpe (unter Beobachtung von Vorsichtsmaßregeln gegen das Eindringen von Luft usw.), wägt es von neuem und berechnet wie ausgeführt.

Das nach dieser Quecksilbermethode ermittelte spezifische Gewicht beispielsweise der entbasteten Seide fällt im Vergleich zu den gewöhnlichen Methoden (Immersionsmethoden) sehr gering aus. Vignon erklärt dies folgendermaßen: Bei der Bestimmung nach den gewöhnlichen Immersionsmethoden ist die Flüssigkeit in die Zwischenräume der Faser (die man in jedem sich tränkenden Körper annehmen muß und als Poren bezeichnet) eingedrungen und hat die Resultate beeinflußt. Da das Quecksilber weder netzt noch tränkt, so gewährt die Quecksilbermethode einen großen Einblick in die morphologische Beschaffenheit der betreffenden Faser. Tatsächlich beträgt das spezifische Gewicht der entbasteten Seide nach der Quecksilbermethode z. B. 0,887, nach den gewöhnlichen Verfahren z. B. 1,358. Nimmt man nun an, daß die erste Zahl durch die (luftleeren?) Poren herabgedrückt wird, so läßt sich die Menge dieser Poren gewissermaßen quantitativ bestimmen. Nennt man d und d' die Dichten der Seide im Wasser und im Quecksilber, v das Volumen ohne Poren und v' das gesamte Volumen einer Seide vom Gewicht p, so hat man $p = v\,d$ und $p = v'\,d'$, woraus $v : v' = d' : d$. Das Verhältnis $v : v'$ kann als Ausdruck der Porosität der Faser angenommen werden; ihr Wert ist im obigen Falle gleich $0{,}887 : 1{,}358 = 0{,}65$; mit anderen Worten ausgedrückt: die Faser enthält 65 % kompakte Fasersubstanz und 35 % luftleere Poren.

Nach der Quecksilbermethode erhielten die genannten Forscher folgende Werte. Für europäische Rohseide: 1,1 — 1,15, für asiatische Rohseide: 1,15 — 1,65; für entbastete Seide: 0,87 — 0,95; für wilde Rohseide: 1,05; für entbastete wilde Seide: 1,13. Aus diesen Zahlen geht hervor, daß die entbastete edle Seide ein weit geringeres spezifisches Gewicht hat, als die rohe Faser. Das spezifische Gewicht des Seidenbastes, des Sericins, läßt sich hieraus auf indirektem Wege bestimmen. Die Japanseide, die beispielsweise beim Abkochen 16,8 % verliert, hatte im rohen Zustande das spezifische Gewicht von 1,152, im entbasteten Zustande 1,023; nennt man x das gesuchte spezifische Gewicht des Bastes, so ist $x \times 16,8 + 1,023 \times 83,2 = 1,152 \times 100$, also $x = 1,79$.

Nach gewöhnlichen Immersionsmethoden (nicht Quecksilber) bestimmt, werden für die wichtigsten Fasern folgende spezifischen Gewichte angegeben.

Wolle	= 1,28—1,33
Baumwolle	= 1,47—1,55
Flachs, rein, gebleicht	= 1,50
Hanf	= 1,477
Jute	= 1,436
Rohseide	= 1,3—1,37
Entbastete Seide	= 1,25
Kunstseide	= 1,45—1,60.

Farb-, färberei- und appreturtechnische Untersuchungen.

Im engen Zusammenhang mit den mechanisch- und physikalisch-technischen Textil-Untersuchungen stehen die farb-, färberei- und appretur-technischen Untersuchungen, welche ein großes Arbeits- und Prüfungs-Gebiet für sich bilden. Die Besprechung derselben liegt außerhalb des Rahmens dieser Arbeit. Es wird deshalb auf die Spezial-Arbeiten des Verfassers „Färbereichemische Untersuchungen" und „Koloristische und textilchemische Untersuchungen", sowie auf das Werk von Massot „Anleitung zur qualitativen

Appretur- und Schlichte-Analyse" verwiesen (sämtlich bei Julius Springer in Berlin erschienen).

In diesen Werken sind ausführlich die Untersuchungen von Farbstoffen in Substanz und auf der Faser, die chemische Untersuchung von Faserstoffen, die Untersuchungen gefärbter und veredelter Faserstoffe, die Untersuchung der Appretur und Schlichte in Substanz und auf der Faser, die Untersuchung der in der Färberei, Bleicherei und Druckerei verwendeten Materialien, des Betriebswassers usw. besprochen.

Anhang.

Lieferungsbedingungen und Abnahmevorschriften nach der Dienstanweisung für die Bekleidungsämter.

Vorbemerkungen. [1]

S. 166, Beilage 6, Ziffer 3. In den Abnahmevorschriften sind nur diejenigen Punkte hervorgehoben, auf welche bei den Abnahmen vorzugsweise zu achten ist. Die angegebenen Größenabmessungen und Gewichts- usw. Bestimmungen sind, insbesondere bei den fertigen Stücken, als unbedingt genaue nicht anzusehen; über kleine, bei der Anfertigung nicht zu vermeidende Abweichungen kann hinweggesehen werden, sofern sie das äußere Aussehen, den Gebrauch und die Haltbarkeit nicht beeinflussen.

Für Zutaten, Hilfs- und Nähmaterialien ist eine zweijährige Haftpflicht zu bedingen.

Ziffer 4. Bei Prüfung der Helme, Tornister, Zeltzubehörbeutel, Patronentaschen und Brotbeutel (je 3 Stück vom Hundert) soll seitens der Bekleidungsämter nur die Güte und Probemäßigkeit festgestellt werden.

---

[1] Berlin 1904. Ernst Siegfried Mittler & Sohn. Berücksichtigt sind die Ergänzungen und Deckblätter bis April 1912. — Der Text ist abgekürzt und auszugsweise wiedergegeben, soweit er in den Rahmen der Arbeit paßt. Farbtechnische Vorschriften sind der Vollständigkeit halber aufgenommen.

Deckblatt 304. Entsprechen nicht mindestens zwei Drittel dieser Stücke den in den Abnahmevorschriften gestellten Bedingungen, so wird die ganze Lieferung verworfen. Glaubt indessen der Fabrikant, daß das Untersuchungsergebnis ein zufälliges sei, so muß auf seinen Antrag vor endgültiger Entscheidung die Untersuchung weiterer Stücke erfolgen.

Bei Lieferung unter 100 Stück ist in eine Untersuchung nur dann einzutreten, wenn die Bekleidungskommission die Verwendung minderwertigen Materials befürchtet.

Die Verpflichtung des Ersatzes der durch die Untersuchung unbrauchbar gewordenen Stücke oder einzelner Teile derselben muß dem Lieferanten in den Verträgen auferlegt werden.

Ziffer 5. Von allen Einlieferungen ist, sofern nicht für einzelne Gegenstände usw. besondere Bestimmungen getroffen sind, wenigstens der zehnte Teil zu prüfen.

I. Tuche.

A. Besondere Lieferungsbedingungen.

S. 167, Beilage 6, I, § 2. Beschaffenheit der Tuche.

Deckblatt 305. Zur Anfertigung ist nur gute, gesunde, möglichst 12-Monats-Schurwolle zu verwenden; die Beimischung von Kunst-, Sterblings- und Gerberwollen ist untersagt.

Die Tuche müssen ferner ein gutes Aussehen haben, haltbar, möglichst fehlerfrei sein, den Proben hinsichtlich der Dicke des Stoffes, der Güte der Wolle, der Farbe, Melierung und Durchfärbung des Gespinstes, der Art und Dichtigkeit des Gewebes, der Walke, der Wäsche, der Rauherei und Schererei, sowohl auf der rechten wie linken Seite entsprechen.

Deckblatt 306. Demgemäß ist das feldgraue und graue Tuch sowie das graugrüne Hosentuch, der dunkelgrüne Kirsey und das dunkelblau melierte Tuch im ungerauhten Zustande einzuliefern, während alle übrigen Tuchsorten auf der rechten Seite zu rauhen und zu scheren sind.

Der weiße Kirsey und das weiße Tuch dürfen nicht geschwefelt und das letztere nicht mehr gekreidet sein als die Probe.

Deckblatt 307. Das normalmäßige Gewicht beträgt für das Meter:

dunkelblaumelierten Tuches . . . . 830 g

weißen Kirseys . . . . 890 „

dunkelgrünen Kirseys . . . . 740 „

graugrünen und feldgrauen Rocktuches . . . . 700—720 „

„   „   „   Hosentuches . . . . . . 740—760 „

aller übrigen Grundtuche (dunkelblau, grau, kornblumenblau, russischblau I, dunkelgrün, braun, ponceaurot I, krapprot I und schwarz I) . . . 760 „

sämtlicher Abzeichentuche . . . . 620 „

Wenn sich das Tuch durch bessere Wolle, Gleichmäßigkeit der Fäden, tüchtigen Schuß, schmale Leisten sowie durch schöne Farbe besonders empfiehlt, dürfen an dem vorgeschriebenen Gewicht bei allen Grundtuchen ausschließlich Kirsey bis 20 g und bei den Abzeichentuchen bis 10 g für das Meter fehlen.

Alle Tuche sind krumpfrei (nadelfertig) in einer Breite von 140 ± 2 cm ohne Leisten einzuliefern.

Deckblatt 308. Die einzelnen Tuchstücke müssen mindestens 20 m und dürfen nicht über 30 m lang sein. Als kleinste Maßeinheit gilt das Dezimeter, so daß die an einem Stück überschießenden Zentimeter von 1 bis 9 außer Betracht bleiben. Jedes Stück muß an beiden Enden mit einem Vorschlag (etwa 10—15 Schußfäden, welche von dem im Gewebe verwendeten Schuß in der Farbe abweichen) versehen sein.

Deckblatt 309. Bei der vorgeschriebenen Breite müssen zum Aufzug mindestens verwendet werden:

für das graue, graugrüne und feldgraue Tuch. 2700 Kettfäden,
für das dunkelblaue und dunkelblaumelierte
Tuch 2480   .,
für alle übrigen Grundtuche einschl. des weißen
Kirseys 2390   ,,
für den dunkelgrünen Kirsey 2630   .,
für alle Abzeichentuche. 2720   ,,

Zum Einschlage ist ein weniger drelliertes Gespinst erforderlich als zur Kette. Dagegen muß das Garn des Einschlages ebenso gleichmäßig ausgesponnen sein wie das der Kette.

Dem ponceauroten Tuch Nr. I ist eine kalte, allen übrigen Tuchsorten eine mäßig warme Presse nach dem Krumpen zu geben. Das Dekatieren der Tuche ist nicht gestattet.

Die Farben müssen durchweg echte sein, d. h. sie müssen den im täglichen Leben vorkommenden Einflüssen des Lichts, der Luft und des Wassers eine angemessene Zeit hindurch widerstehen (s. Abnahmevorschriften zu B, Ziff. 6 u. 7).

Das dunkelblaue, graue und hellblaue Tuch ist ausschließlich mittels Indigos in der Wolle zu färben.

Das graugrüne Tuch und der dunkelgrüne Kirsey müssen ebenfalls in der Wolle unter Mitverwendung von Indigo gefärbt werden.

Die Mischwolle für das feldgraue Tuch ist echt indigoblau vorzuküpen. Die Ausfärbung erfolgt durch Alizarinfarben.

Das dunkelblaumelierte Tuch ist alizarin-wollfarbig herzustellen.

Alle übrigen Tuche sind stückfarbig zu liefern, jedoch sind kornblumblaues, russischblaues, braunes, dunkelgrünes und schwarzes Tuch in der Wolle so dunkel echtindigo anzublauen, als es der im Stück herzustellende Farbenton gestattet. Zum Beweise, daß diese Tuche in der Wolle vorschriftsmäßig angefärbt sind, müssen im Vorschlag jedes Stückes 10 bis 15 weiße oder gelbe Schußfäden eingewebt sein.

Die stückfarbigen Tuche müssen gleichmäßig ausgefärbt und dürfen nicht wolkig sein. Das braune Tuch darf auf dem Schnitt nicht hell ausfallen, sondern muß möglichst durchgefärbt sein.

Alle Tuche müssen sorgfältig reingespült sein und dürfen nicht mehr als die Proben abfärben. Der dunkelgrüne Kirsey darf weder im trockenen, noch im durchnäßten Zustande abfärben.

Deckblatt 310. Alle Grundtuche sowie die schwarzen und hellblauen Besatztuche müssen in dem durch das Prüfungsverfahren (s. Ziffer 7) bedingten Umfange säure- und alkalifrei sein.

Festigkeit bzw. Dehnbarkeit. Die Tuche müssen in der Richtung des Einschlags wie der Kette bei Prüfung auf dem Kraftmesser für einen Streifen von 9 cm Breite (doppelt zusammengelegt) bei 30 cm Kulissenabstand die nachstehend angegebenen Grade von Festigkeit und Dehnbarkeit besitzen:

<table>
<tr><td>Festigkeit:</td><td>Widerstand gegen
eine Zugkraft bis zu</td></tr>
<tr><td>weißer Kirsey . . . .</td><td>70 kg</td></tr>
<tr><td>Grundtuche zu Röcken usw. . . . .</td><td>56 „</td></tr>
<tr><td>dunkelblaumeliertes Tuch, graues Tuch, feldgraues
Tuch[1]), graugrünes Tuch[1]) und dunkelgrüner Kirsey</td><td>60 „</td></tr>
<tr><td>sämtliche Abzeichentuche . . . .</td><td>46 „</td></tr>
</table>

Empfiehlt sich die Ware durch besonders gute Wolle und sorgfältige Bearbeitung, so können von vorstehenden Anforderungen bei allen Tuchsorten 3 kg nachgelassen werden.

Dehnbarkeit:

10 cm beim Kirsey, graugrünen Hosentuch [2]) und dunkelblaumelierten Tuch,

6 cm bei den übrigen Grundtuchen, sowie bei allen Abzeichentuchen.

Diese Grade von Dehnbarkeit müssen mindestens erreicht werden.

Die Leisten dürfen nicht von Kälberhaaren hergestellt werden und müssen ebenso wie der Vorschlag hinsichtlich der Schwere und Farbe mit den Leisten der betreffenden Probe übereinstimmen.

In allen Grundtuchen muß die volle Firma und die Fabrikationsnummer vor der Walke eingenäht sein.

S. 171, Beilage 6, I, § 6, Absatz 2 ff. Der Unternehmer ist verpflichtet, diejenigen Stücke durch entsprechenden Vermerk auf den Papptafeln

---

[1]) Deckblatt 311.

[2]) Deckblatt 312.

näher zu bezeichnen, welche mittels Alizarinfarben hergestellt sind, wie auch die Bezugsquelle der letzteren anzugeben.

Fehlerhafte Stellen, welche nach Ansicht des Unternehmers der Brauchbarkeit des Tuches keinen Eintrag tun, wie vereinzelte Flecke, dicke Fäden, kahle Stellen, Risse usw. sind von demselben mit Garn an der Leiste zu bezeichnen. Die von ihm dafür zu gewährende Vergütung ist sowohl auf der Papptafel wie auch in dem Verzeichnis — § 5 — in folgender Weise zu bemerken:

Stück Nr. 5686 — 20,30 für 20,20 m.

Sind Fehler vom Unternehmer übersehen worden oder auf dem Transport entstanden, so hat das Bekleidungsamt das Recht, eine entsprechende Vergütung vom Metermaß abzurechnen, sofern die Annahme des ganzen Tuchstückes zulässig erscheint.

B. Abnahmevorschriften.

S. 174, Beilage 6, I. Ziffer 1 ff. Bei der Abnahme ist darauf zu achten, daß das fehlende Gewicht nicht durch Feuchtigkeit der Tuche oder durch breite dicke Leisten ergänzt ist.

2. Die Breite ist durch Auflegen des Maßes auf das in halber Breite zusammengelegte Tuchstück oder gelegentlich des Überziehens über die Welle an einem parallel mit dieser angebrachten Maßstabe, die Länge mit Stabmaß in schwebender Lage des Tuches zu messen [1]).

Deckblatt 315, Ziffer 2 a. Die Zahl der Kettfäden wird mit Hilfe des Fadenzählers festgestellt, nachdem das Gewebe durch Abschaben der Wolle freigelegt worden ist, doch darf die Zählung nicht nahe an den Kanten des Tuches erfolgen.

Auf 1 cm müssen mindestens Fäden enthalten bei einer Breite von:

		140 cm	142 cm	138 cm
feldgraues und graugrünes Tuch:				
	Schußfäden:	—	17	—
	Kettfäden:	19	19	20
graues Tuch	„	19	19	20
dunkelblaues und dunkelblaumeliertes Tuch	„	17	17	17
alle übrigen Grundtuche einschließlich des weißen Kirseys	„	17	16	17
dunkelgrüner Kirsey	„	18	18	19
alle Abzeichentuche	„	19	19	19

Bei geringerer Fadenzahl ist das Tuch nicht abzunehmen.

---

[1]) Deckblatt 314.

3. Die Krumpfreiheit wird sowohl in der Richtung der Kett- als auch der Schußfäden in der Weise festgestellt, daß an beliebiger Stelle eines Tuchstückes ein Abschnitt von 50 cm abgemessen und angezeichnet wird. Hierauf wird auf die angezeichnete Stelle ein doppelt zusammengelegter Leinwandstreifen von etwa 20 cm Breite und 60 cm Länge, nachdem er naßgemacht und wieder leicht ausgewunden ist, gelegt und mit einem heißen Bügeleisen trocken gebügelt. Bei demnächstigem Nachmessen der angezeichneten Stelle darf sich ein Einlaufen des Tuches nicht ergeben.

Bezüglich der auf Krumpfreiheit zu prüfenden Stückzahl der jedesmaligen Einlieferung gilt die zu Ziffer 4 getroffene Festsetzung.

4. Von jeder Einlieferung und von jeder Tuchsorte derselben ist mindestens der zehnte Teil, jedoch nicht weniger als 4 Stücke, auf dem Kraftmesser zu prüfen. Ergibt sich hierbei, daß von diesen Versuchsstücken mehr als der vierte Teil im Einschlage unhaltbar oder nicht genügend dehnbar ist, so muß die ganze Einlieferung (oder ein Viertel derselben, s. u.) geprüft werden. Bei ungenügender Festigkeit oder Dehnbarkeit der Kette ist in dem gedachten Falle dagegen zunächst der Unternehmer zur Erklärung aufzufordern, ob er den Verlust an Tuch erleiden will, der durch fortgesetzte Prüfung der Kette entsteht, oder ob er vorzieht, die Tuche zurückzunehmen.

Wird bei fortgesetzter Prüfung vom ersten Viertel der Einlieferung kein einziges Stück genügend fest oder dehnbar befunden, so ist nach Ziffer 5 der allgemeinen Vertragsbedingungen (Anlage II der V. V.) zu verfahren.

5. Die Absicht, das Bekleidungsamt zu täuschen, ist als nachgewiesen anzusehen, wenn Flecke und Noppenscheine mit Noppentinktur bestrichen oder Noppen und andere kleinere Löcher sowie Ausschußzeichen (A § 8, Absatz 3) zugestopft worden sind, oder wenn das dem Tuch fehlende Gewicht künstlich ergänzt worden ist. Außerdem siehe § 3 der besonderen Bedingungen.

6. Zur Ermittelung der Farbenechtheit müssen folgende Prüfungen bei den einzelnen Tuchsorten vorgenommen werden [1] (käufliche Salzsäure zeigt 16° Bé, die mit 3 Teilen Wasser verdünnte = 5½° Bé. Natronlauge 20° Bé erhält man durch Auflösen von 150 g Ätznatron in 1 Liter Wasser. Essigsäure 15 proz. zeigt 3° Bé).

a) Mit verdünnter kalter Salzsäure.

Es wird ein Tuchabschnitt 2 Minuten in verdünnte Salzsäure (1 Gewichtsteil reine Salzsäure, wie sie in den Apotheken käuflich, zu 3 Gew.-

---

[1] Unter Alizarinfärbung ist die Färbung mit echten Teerfarbstoffen zu verstehen. Die Reaktionen dürfen nur in Glas- oder Porzellangefäßen vorgenommen werden.

Teilen Wasser) gehalten, bis derselbe ganz durchnäßt ist, und dann sogleich in kaltem Wasser ausgespült.

Tuchsorte.	Prüfungsergebnis.
Dunkelblau Hellblau Russischblau Kaliblau: (Indigofärbung):	Die Farbe muß unverändert bleiben.
Dunkelblaumeliert (Alizarinfärbung):	Die Farbe darf sich nicht merklich ändern, die Säure nicht merklich färben [1]).
Braun:	Die Farbe wird hellbraun.
Schwarz (Alizarinfärbung):	Die Farbe darf sich nicht merklich ändern, die Säure nicht merklich färben [1]).
Schwarz (Blauholzausfärbung):	Die Farbe muß rötlich werden.
Grün (Indigovorfärbung):	Die Farbe darf bläulichgrün werden.
Graugrün (Indigovorfärbung):	Die Farbe muß bläulichgrün werden.
Grün (Alizarinfärbung):	Die Farbe darf sich nicht merklich ändern [1]).
Kornblumenblau(Indigofärbung):	Die Farbe verliert etwas an Lebhaftigkeit.
Karmesinrot:	Die Farbe erhält das Aussehen einer unreinen ponceauroten Farbe.
Pompadourrot: Krapprot: Rosarot: Zitronen-, gold- und hellgelb:	Die Farben dürfen etwas verblassen.

b) Mit kochendem Anilinöl.

Ein trockenes Reagenzglas wird etwa zu einem Drittel mit destilliertem Anilinöl gefüllt, letzteres zum Kochen gebracht, hierauf die Stoffprobe hineingetan und 1 Minute gekocht.

Tuchsorte.	Prüfungsergebnis.
Blau (Indigofärbung):	Die Lösung muß bläulich werden.

c) Mit verdünnter kochender Salzsäure 1 : 1.

Es wird ein Abschnitt 5 Minuten in verdünnter Salzsäure (1 Teil reine Salzsäure zu 1 Teil Wasser) gekocht.

---

[1]) Rote Färbung zeigt Blauholz an.

Tuchsorte.

Grau (Indigofärbung):

Prüfungsergebnis.

Die Säure darf sich nicht färben und das Blau in der Melange sich nicht verändern; das Weiß darf einen gelblichen Schein annehmen.

d) Mit verdünnter Alaunlösung.

1 Teil Alaun wird in 3 Teilen Wasser durch Kochen aufgelöst, die Lösung bis auf 60° C abgekühlt, sodann ein Tuchabschnitt 2 Minuten lang hineingelegt und hiernach sogleich in kaltem Wasser ausgespült.

Tuchsorte.

Prüfungsergebnis.

Bei Blauholzausfärbung.

Schwarz:

Die Farbe darf sich nicht wesentlich ändern.

Bei Alizarin-, Diamant- und Anthracenchromschwarz-Ausfärbung.

Schwarz:
Dunkelblaumeliert:

Die Farbe darf sich nicht wesentlich ändern.

e) Mit Salmiakgeist.

Ausführung wie zu a.

Tuchsorte.

Prüfungsergebnis.

Ponceaurot:

Die Farbe muß einen karmesinroten oder violetten Schein annehmen.

f) Mit weichem kalten Wasser.

Ein Tuchabschnitt von 20 cm Länge und 5 cm Breite wird eine Stunde in ein bis zur Hälfte gefülltes Glas Wasser gelegt.

Tuchsorte.

Prüfungsergebnis.

Zitronen-, gold- und hellgelb:

Das Wasser darf keine auffallende Färbung erhalten. Nimmt dasselbe schon nach 5—10 Minuten einen grünlichgelben oder gelben Schein an, so ist das Tuch nicht abnahmefähig.

g) Mit weichem kalten Wasser.

Ausführung wie zu f, nur bleibt der Tuchabschnitt 24 Stunden im Wasser und wird hierbei zwischen weißes Tuch gelegt.

Tuchsorte.

Prüfungsergebnis.

Hellgrün:

Das Wasser darf sich nicht färben, der weiße Tuchabschnitt keine auffallende grünliche Färbung annehmen.

h) Mit verdünnter kochender Salzsäure 1 : 3.

(Nur bei alizaringefärbten Tuchen anzuwenden.)

Es wird ein Abschnitt 1 Minute in verdünnter Salzsäure (wie zu **a**) gekocht.

Tuchsorte.	Prüfungsergebnis.
Schwarz:	Man erhält eine nur schwach rötliche Lösung, die nach Zusatz von Natronlauge 20° Bé eine rötlich violette oder grünlichblaue Farbe annimmt oder fast farblos wird. Das abgekochte und gut ausgewaschene Tuchmuster zeigt beim Erwärmen mit Natronlauge gleichfalls eine rotbraune oder blaue bis grünlichblaue Lösung.
Dunkelblaumeliert:	Die Lösung färbt sich rot bis violett. Beim Übersättigen der Lösung mit Natronlauge 20° Bé entsteht eine blaue bis grünlichblaue, rötlichviolette oder bläulichrote bis gelbrote Färbung und nach einiger Zeit ein rotbrauner bis blaugrüner Niederschlag. Das gekochte und gut ausgewaschene Tuchmuster liefert beim Erwärmen mit Natronlauge eine blaue bis grünlichblaue, rote bis rotbraune oder violette bis rotviolette Lösung.
Grün:	Die Lösung färbt sich braunrot bis blaurot. Beim Übersättigen mit Natronlauge 20° Bé geht die Farbe in Grün über; nach kurzer Zeit entsteht ein grüner bis blauer Niederschlag.
Braun:	Man erhält eine gelbbraune Lösung, aus welcher Natronlauge 20° Bé eine grünschwarze Fällung hervorbringt. Beim Ansäuern mit Essigsäure und Filtrieren hinterbleibt ein brauner Rückstand, der mit Salzsäure gelbbraun und mit Natronlauge 20° Bé dunkelviolett wird.

i) Mit konzentrierter Salzsäure.

(Nur bei alizaringefärbten Tuchen anzuwenden.)

Es wird ein Tuchabschnitt mit konzentrierter Salzsäure betupft und nach 5 Minuten zwischen Filtrierpapier abgepreßt.

Tuchsorte.	Prüfungsergebnis.
Schwarz:	Der Ton des Schwarz darf sich verändern, aber nicht in Rot; das Filtrierpapier darf nicht rot werden [1].
Dunkelblaumeliert·	Der Ton des Schwarz darf sich verändern, aber nicht in Rot [1].

k) Mit Essigsäure.

(Nur bei alizaringefärbten Tuchen anzuwenden.)

Es wird ein Tuchabschnitt 2 Minuten in 15-proz. Essigsäure gekocht, die Lösung abgekühlt, mit Äther geschüttelt, mit 2—3 Tropfen Zinnsalzsäure (gleiche Teile Zinnsalz, konzentrierte Salzsäure und Wasser) versetzt.

Tuchsorte.	Prüfungsergebnis.
Grün:	Die obere Ätherschicht nimmt eine gelbrote bis blaurote Farbe an, darf aber keine grüne Fluoreszenz zeigen (Gelbholz). Die untere wässerige Schicht bleibt fast farblos.
Braun:	Die obere Ätherschicht ist gelb gefärbt, darf aber keine grüne Fluoreszenz zeigen. Die untere wässerige Schicht ist farblos.

m) Bei feldgrauen Tuchen.

Deckblatt 316 [2]).

Vorbemerkungen.

1. Zu den nachstehend aufgeführten Prüfungen ist jedesmal ein neuer Tuchabschnitt zu benutzen, der bei den Prüfungen zu II bis IV vorher in destilliertem Wasser anzufeuchten ist.

2. Zum Kochen dürfen nur trockene reine Reagenzgläser verwendet werden.

---

[1]) Rote Färbung zeigt Blauholz an.

[2]) Das Deckblatt Neudruck 316 reicht bis S. 272 einschließlich 8. „Wetterechtheit".

1. Mit Anilinöl.

20 ccm destillierten (hellen) Anilinöls werden zum Kochen gebracht, hierauf ein Tuchabschnitt von $\frac{1,5}{5}$ cm Größe hineingetan und 1 Minute gekocht.

Die Lösung wird blau, der Tuchabschnitt braun bis braunoliv.

2. Mit Essigsäure 1 : 2 oder unverdünnt, Äther und Zinnsalzsäure (gleiche Teile krist. Zinnsalz, konzentrierte Salzsäure und Wasser).

Ein Tuchabschnitt von $\frac{1,5}{5}$ cm Größe wird 2 Minuten in 20 ccm Essigsäure gekocht.

Die Säure färbt sich gelblichgrün bis bläulich; der Stoffabschnitt wird rötlichgrau.

Setzt man der abgekühlten essigsauren Lösung 5 ccm Äther und 3 Tropfen Zinnsalzsäure zu und schüttelt die Mischung, so wird die obere (Äther-) Schicht blau, die untere (essigsaure) Lösung fast farblos (schwach bräunlich oder schwach rötlich).

3. Mit Salzsäure 1 : 3.

Ein Tuchabschnitt von $\frac{1,5}{5}$ cm Größe wird 2 Minuten in 20 ccm Salzsäure 1 : 3 gekocht.

Die Lösung erscheint rötlich bis dunkelviolett und nimmt nach Zusatz von 10 ccm Natronlauge von 20° Bé eine bräunliche bis violette Färbung an.

Der ausgekochte Tuchabschnitt hat eine rötlichblaue bis grünlichblaue Farbe.

4. Mit 10 proz. Sodalösung.

Ein Tuchabschnitt von $\frac{1,5}{5}$ cm Größe wird 1 Minute in 10 proz. Sodalösung gekocht.

Die Lösung darf eine schwachbräunliche Farbe annehmen.

Der Tuchabschnitt bleibt fast unverändert oder nimmt einen etwas gelben Farbenton an.

5. Mit konzentrierter Salpetersäure.

Die mit konzentrierter Salpetersäure betupften Stellen im Tuche werden zunächst violett, dann rost- oder orangegelb, welch letztere Farben nach dem Abbügeln mit einem warmen (nicht heißen) Bügeleisen noch klarer werden.

6. Mit Eisessig.

Ein Tuchabschnitt von $\frac{1,5}{5}$ cm Größe wird 2 Minuten in Eisessig gekocht.

Die Säure färbt sich grünlichblau, der Tuchabschnitt wird rötlichbraun bis dunkelgrau.

Setzt man der abgekühlten Lösung die gleiche Menge Äther und die 3—4-fache Menge Wasser hinzu, so scheidet sich an der Oberfläche der Äther ab, der grünlichblau gefärbt ist.

n) Bei hellgrauem Abzeichentuch.

1. Mit konzentrierter Salpetersäure.

Die betupften Stellen müssen nach dem Abbügeln schwefelgelb werden.

2. Mit verdünnter kochender Salzsäure 1 : 3.

Ein Tuchabschnitt von $\frac{1,5}{5}$ cm wird 5 Minuten gekocht. (1 Gewichtsteil reine Salzsäure zu 3 Gewichtsteilen Wasser.) Die Säure darf sich nicht färben und die Farbe des Tuches sich nicht verändern.

———

7. Die Prüfung auf Säure- und Alkalifreiheit erfolgt auf folgende Weise:

a) Säurefreiheit.

100 qcm Tuch werden in Streifen zerschnitten und in einem Kölbchen aus Glas mit 100 ccm destilliertem Wasser übergossen. Unter mehrmaligem Umrühren läßt man es eine Stunde — bei imprägnierten Tuchen, die nicht so leicht benetzt werden, eine Stunde nach der eingetretenen vollständigen Benetzung — stehen. Das von dem Tuchstreifen abgegossene Wasser muß auf Zusatz einiger Tropfen alkoholischer Phenolphtaleinlösung (1 : 100) durch einen, höchstens zwei Tropfen $^{1}/_{10}$ Normal-Natronlauge rot gefärbt werden.

b) Alkalifreiheit.

Der wässerige Auszug darf nicht deutlich alkalisch gegen rotes Lackmuspapier reagieren. Die Prüfung erfolgt entweder durch Betupfen des konzentrierten wässerigen Auszuges auf Lackmuspapier oder durch Auflegen oder Aufdrücken von feuchtem Lackmuspapier auf trockenen Stoff oder von trockenem Lackmuspapier auf angefeuchteten Stoff. Das rote Lackmuspapier darf sich in keinem Fall blau färben.

Wetterechtheit.

8. Außer den zu Ziff. 6 für die Abnahmen vorgeschriebenen Farbenprüfungen müssen sämtliche Tucheinlieferungen alljährlich durch Aushänge- bzw. Belichtungsversuche einer vergleichenden Prüfung unterzogen werden. Die Berechtigung zur nachträglichen Rückgabe der Tuche bei ungünstigem Ausfall dieser Versuche ist indessen hieraus nicht herzuleiten.

II. Leinen- und Baumwollenstoffe für die Truppen.

S. 181, Beilage 6, II.

§ 4. Oberhalb des am sichtbaren Ende des Stückes befindlichen Vorschlages muß die Firma des Unternehmers und die laufende Fabriknummer eingenäht oder in unvergänglicher Farbe aufgestempelt sein.

S. 184, Beilage 6, II.

§ 8, Abs. 3. Für vereinzelte fehlerhafte Stellen, welche die Brauchbarkeit des ganzen Stückes nicht beeinträchtigen (außergewöhnlich dicke Fäden oder Knoten, filzige Stellen, Schäben, Löcher und andere Webefehler, Beschädigungen der Webekante, auch Schmier- und Schmutzflecke usw.) ist das Bekleidungsamt berechtigt, eine entsprechende Vergütung vom Metermaß abzurechnen. Die Fehler sind bei der Abnahme an der Webekante mit Garn zu kennzeichnen.

§ 10. Abs. 2 ff. Jedem Stück ist eine Papptafel haltbar anzuheften, welche Firma, Fabrikationsnummer und Meterzahl angibt. Fehlerhafte Stellen, welche nach Ansicht des Unternehmers der Brauchbarkeit des ganzen Stückes keinen Eintrag tun (s. § 8, Abs. 3), sind von demselben durch eingeknüpftes farbiges Garn an der Webekante zu kennzeichnen; die von ihm hierfür zu gewährende Vergütung bleibt auf der Papptafel und im Verzeichnis in folgender Weise zu vermerken: 39,70 für 39,20 m. — Als kleinste Maßeinheit gilt das Dezimeter, so daß 1 bis 9 an einem Stück überschießende Zentimeter außer Betracht bleiben. — Die Stücke müssen so gelegt und gebunden werden, daß das Schauende mit Firma und Nummer freiliegt.

§ 11. Der Unternehmer bleibt, so lange das Stück noch vollständig ist, jederzeit für die Richtigkeit der von ihm angegebenen Meterzahl haftbar (§ 10). Wird die Unrichtigkeit der Angaben nach erfolgter Abnahme festgestellt, so kann — ebenso wie bei späterem Hervortreten solcher Fehler, die sich bei der Abnahme nicht ermitteln ließen — die Rückgabe der Sendung oder einzelner Stücke auch noch nach Erteilung der Abnahmebescheinigung oder nach Zahlung erfolgen. — Für die Güte der Stoffe haftet der Unternehmer 7 Jahre nach der Abnahme.

Beschreibung und Zusätze.

(Zu § 3 der „Besonderen Lieferungsbedingungen".)

S. 186, Beilage 6, II.

A. Beschreibung.

Bemerkungen:

1. Bei den Angaben über die Garn nummern und die Fadenzahl beziehen sich die Zahlen über dem Strich auf das Garn der Kette und die unter dem Strich auf das zum Schuß benutzte Garn.

2. Die angegebenen Garnnummern sind in englischer Einteilung verstanden.

3. Die Länge der Stücke richtet sich nach der im Handel für „volle Stücke" bei gleichen oder ähnlichen Stoffsorten üblichen Länge.

4. Im Gewicht ist bei sonst probemäßiger Beschaffenheit der Ge webe usw. ein Spielraum von $\pm$ 3 % zulässig.

Zusätze zu a.

1. Die für Leinenstoffe verwendeten Garne müssen aus reinen, nicht mit fremden Faserstoffen vermischten Flachsfasern bestehen und frei von holzigen und schilfigen Teilen und Schäben sein.

2. Unter den in der Beschreibung mit „Flachs" bezeichneten Garnen sind solche Garne zu verstehen, welche aus der langen gehechelten Faser des Flachses gleichmäßig und fest gesponnen und in der Industrie „linegarne" genannt werden. Die mit „Werg" bezeichneten Garne sind solche, welche aus den zurückbleibenden kürzeren Fasern (Werg) hergestellt und auch „towgarne" genannt werden.

3. Die mit „¾ gebleicht" bezeichneten Garne müssen ein gutes Weiß haben; sie dürfen nicht verbleicht sein und müssen haltbar und ohne holzige Teile sein.

4. Gebleichte und cremierte leinene Kettgarne dürfen nicht stärker geschlichtet sein, als für die Verarbeitung unbedingt erforderlich ist. Rohe leinene Kettgarne und sämtliche Schußgarne dürfen überhaupt nicht geschlichtet werden.

5. Die Gewebe müssen gut und gleichmäßig gewebt, die Webekanten (Leisten) ganz sein. — Bei Handweberei sind geringe Schönheitsfehler oder Ungleichmäßigkeiten kein Grund zur Zurückweisung.

6. Zur Herstellung der Gewebe dürfen nur die in der Beschreibung bezeichneten Garnnummern verwendet werden. Die Verwendung anderer Garnnummern oder Garnarten ist als eine beabsichtigte Täuschung anzusehen und hat bei erbrachtem Beweise die Ausschließung des Unternehmers für den Bereich der Heeresverwaltung zur Folge.

7. Rohe, leinene Gewebe dürfen außer der vorgeschriebenen Mangel und der benötigten Reinigung von Schäben usw. keinerlei Appretur zeigen und keinen höheren als den natürlichen Feuchtigkeitsgehalt besitzen.

a) Leinenstoffe.

b) Baumwollstoffe.

Lfd. Nr.	Stoffe	Breite in cm	Art des Garnes	Nummer des Garnes	Fadenzahl auf 1 qcm	Gewicht für das laufende Meter in Grammen	Ausrüstung[3]	
							Ob roh, nach-gebleicht, gefärbt	Ob gemangelt und in welchem Grade
1	2	3	4	5	6	7	8	9
1	Drillich	83/84	roh grau Flachs[1]	25	26—27	290—3(0	roh	mittlere Mangel
2	weiße Leinwand zu Hosen	83/84	roh grau Werg 3/4 gebleicht Flachs	25 25	22—23 $20^1/_2$—$21^1/_2$	195—205	nachgebleicht	schwere Mangel
3	graue Futter-leinwand	75/76	3/4 gebleicht Flachs roh grau Werg roh grau Werg	28 18 20	$19^1/_2$—$20^1/_2$ $14^1/_2$—15 16—17	210—220	roh	desgl.
4	Köper zu Unter-hosen [2]	83/84	Baumwolle	18—19	36—40	190—200	entschlichtet	leichteMangel
5	Farbige Futterkali-kos m.Doppelkette	83/84	desgl,	16—17 18—19 18—19	24—26 21—23 21—23	175—185	echtfarbig	desgl,
6	Weißer Futterkaliko mit Doppelkette	83/84	desgl.	18—19 18—19	21—23 21—23	205—215	roh	mittlere Mangel
7	grauer Köper — Croisé — zu Halstüchern	84/85 oder 172/173	Macco-Baumwolle	28/45 französ.	33—35 62—65	a) bei 84/85 115—125 $\pm\,3\,\%$ b) bei 172/173 230—250 $\pm\,3\,\%$	echtfarbig	ganz leichte Mangel
8	farbiger Köper	83/84	Baumwolle	18/19	36—40	190—200	echtfarbig	leichte Mangel
9	wasserdichtes Zwirntuch	92/93	Baumwolle	16/17 32 r Water 2fach 20 r Water einfach	24—26 38—40 38—40	250—255 $\pm\,3\,\%$	graugelb gefärbt, imprägniert	leicht kaland. oder gemangelt

Anmerkungen siehe nebenstehend S. 275.

8. Gebleichte und nachgebleichte Gewebe dürfen nicht verbleicht und nicht mehr mit Stärke und anderen Mitteln belastet werden als die Proben.

9. Das Kalandern der Gewebe (Glätten der einfachen Gewebelage zwischen Walzen) an Stelle des Mangelns ist unzulässig.

10. Jedes Stück muß an beiden Enden mit einem Vorschlag (etwa 20 Schußfäden, welche von dem im Gewebe verwendeten Schuß in der Farbe abweichen) versehen werden.

Zusätze zu b.

1. Die Garne, welche für die Baumwollenstoffe verwendet werden, müssen aus guter, reiner, langfaseriger Baumwolle gleichmäßig gesponnen und gut gedreht sein; sie sollen keine holzigen Teile und möglichst wenig Schäben haben.

2. Schußgarne dürfen garnicht, Kettgarne nur insoweit geschlichtet sein, als dies für die Verarbeitung unbedingt erforderlich ist. Die Beimengung mineralischer Füllstoffe zur Schlichte ist unbedingt untersagt.

Köper zu Unterhosen darf nur mit einem Schlichtegehalt[4]) von höchstens 2,5 g auf 1 qm behaftet sein.

3. Wie Zusatz 5 zu a.

4. Wie Zusatz 6 zu a.

5. Die Ausrüstung der Gewebe — auch hinsichtlich der Appretur und des Mangelgrades — muß der der Proben entsprechen.

6. Die farbigen Futterstoffe dürfen, mit weißem Papier abgerieben, nicht erheblich mehr als die Proben abfärben.

Deckblatt 318.

Ein Abschnitt des Kalikos oder Köpers, mit weißem unappretierten Baumwollstoff zusammengeheftet, wird eine Viertelstunde lang mit destilliertem Wasser gedrückt und gequetscht, bleibt alsdann eine halbe Stunde darin liegen, wird ausgepreßt und kalt über Nacht oder aber bei etwa 40° C entsprechend der Körperwärme, getrocknet. Nach dieser Behandlung darf der Kaliko und Köper keine wesentliche Abweichung in der Farbennuance (Farbenintensität) zeigen, auch darf der aufgeheftete weiße Stoff nicht angefärbt sein.

7. Jedes Stück muß an beiden Enden mit einem Vorschlag (etwa 20 Schußfäden, welche von dem im Gewebe verwendeten Schuß in der

---

[1]) Gekocht. Es ist auch gestattet, Drillich aus rohgelbem Flachs herzustellen.

[2]) Rohbreite 78/79 cm; Gewicht für das laufende Meter 188—198 g.

[3]) Zur Ausrüstung gehört:
    1. Die Appretur.
    2. Die Bleiche und Färbung.
    3. Herstellung von Glanz und Glätte durch Mangel.

[4]) Deckblatt 320. Die Untersuchung erfolgt durch die hygienisch-chemische Untersuchungsstelle beim Sanitätsamt; § 85 F. S. O.

18*

Farbe abweichen oder bei den farbigen Stoffen aus wesentlich dickeren Garnen bestehen) versehen sein.

Die Haltbarkeit der farbigen Futterstoffe darf durch Bügeln mit einem heißen Eisen, wie es in der Werkstatt gewöhnlich Verwendung findet, nicht beeinträchtigt werden.

B. 1. Abnahmevorschriften ausschl. Zwirntuch.

Deckblatt 319.

1. Die einzelnen Stücke werden beim Bekleidungsamt mit der Fabriknummer, nach Bedarf auch mit einer laufenden Nummer geführt.

Bei der Einlieferung ist vor der Annahme des Gutes darauf zu achten, ob Beschädigungen durch Einwirkung von Nässe, Fett usw. oder durch Anwendung eiserner Haken stattgefunden haben. Werden solche vor der Abnahme des Gutes wahrgenommen, so darf die Übernahme desselben im Interesse des Unternehmers nur unter ausdrücklichem Vorbehalt erfolgen, damit die Haftbarkeit der Bahnverwaltung oder des Spediteurs aufrechterhalten bleibt.

2. Das Spinnmaterial ist durch Auszupfen, Aufdrehen und Zerteilen einzelner Fäden auf seine Art (ob Flachs Baumwolle oder andere Fasern) und auf seine Güte (ob langfaserig, haltbar usw.) zu prüfen.

Flachsgarn läßt sich auch durch seine Gleichmäßigkeit und seinen Glanz leicht von dem ungleichmäßigen, rauheren und stets etwas knotigen Werggarn unterscheiden, indem man das Gewebe gegen das Licht hält oder einige Fäden aus demselben herausnimmt.

Die etwaige Beimischung anderer Faserstoffe als Flachs (oder Werg) zu den Leinwandgeweben ergibt sich aus der mikroskopischen Untersuchung.

Für eine gründliche Ausführung der letzteren ist folgendes zu beachten [1]):

Vorbereitung des Stoffes.   Etwa je 5 Ketten und Schußfäden von 10 cm Länge werden ¼ Stunde in ½ proz. Ätznatronlösung gekocht, die Fäden darauf herausgenommen und von der anhaftenden Lauge durch Waschen in Wasser befreit.

Bereitung des Objekts.   Von jedem der Schuß- und Kettenfäden wird mit Hilfe eines kleinen Messers ein kleiner Teil abgeschabt; dieses Geschabsel bringt man auf einen Objektträger, auf dem sich 1—2 Tropfen Jod-Jodkalium-Lösung befinden (20 g Wasser, 1,15 g Jod, 2 g Jodkalium, 2 g Glyzerin), und zerteilt es mit Präpariernadeln, soweit es angeht; nachdem dann ein Deckgläschen aufgelegt und die überschüssige Jod-Jodkalium-Lösung durch ein Löschblatt aufgenommen ist, betrachtet man das Objekt bei etwa 300 facher Vergrößerung.

Nähere Angaben hierüber sowie Abbildungen finden sich in „Herzbergs Leitfaden für Papierprüfung"; ferner in „Tabelle II leinene und baumwollene Gewebe" vom Intendanturassessor Braune.   Buchhandlung von Heinrich, Straßburg i. E.   Preis 1,50 M.

Es empfiehlt sich, zum Vergleich Geschabsel von Flachs, Baumwolle, Jute usw. in besonderen, mit destilliertem Wasser gefüllten Fläschchen vorrätig zu halten.

3. Von besonderer Wichtigkeit ist es, festzustellen, daß bei den Garnen hinsichtlich der Schlichte, bei den Geweben hinsichtlich der Appretur den zu a und b der Beschreibung gegebenen Zusätzen entsprochen wird.

Hierfür gewährt die Ermittelung des Trockengewichts von Stoffabschnitten vor und nach vier- bis fünfmaligem gründlichen Kochen, Waschen und Spülen einen Anhalt [1]).

Bei weiterer Prüfung läßt sich das Vorhandensein mineralischer Zutaten durch Bestimmung des Aschengehalts feststellen, während vegetabilische, insbesondere Stärke, auf chemischem Wege nachzuweisen sind.

Zur Ermittlung des Aschengehalts werden etwa 2 g Stoff abgewogen und in einem unbedeckten Platin- oder Porzellantiegel von bekanntem Gewicht so lange über einer Spiritus- oder Gasflamme geglüht, bis keine kohligen Teile mehr wahrzunehmen sind. Nach dem Erkalten wird der Tiegel nebst Inhalt auf einer genauen Wage gewogen und das Gewicht der Asche in Prozenten des Stoffgewichts berechnet. Bei baumwollenen Stoffen darf der Aschengehalt 3 % nicht übersteigen.

Um festzustellen, ob der Stoff mit Stärke beschwert worden ist, werden 3 an verschiedenen Stellen des Stückes entnommene Abschnitte von je etwa 1 qcm Fläche ¼ Stunde lang mit 1 Liter destilliertem Wasser gekocht. Demnächst werden 5 Tropfen Jodlösung (20 g Wasser, 1 g Jod, 2 g Jodkalium) dem erkalteten Wasser zugesetzt. Wird letzteres hierdurch blau gefärbt, so war in den Abschnitten Stärke vorhanden.

Erwecken diese Versuche den Verdacht der unerlaubten Beschwerung, so ist das Gutachten der hygienisch-chemischen Untersuchungsstelle beim Sanitätsamt [2]) im Hinblick auf die Folgen einer derartigen seitens des Unternehmers beabsichtigten Täuschung einzuholen, bevor die ganze Lieferung zurückgewiesen und von dem Vorkommnis Meldung erstattet wird.

4. Die Fadenzahl wird mit Hilfe des Fadenzählers festgestellt, doch dürfen die Kettfäden nicht nahe an den Kanten des Gewebes und die Schußfäden nicht am Anfang und Ende des Stücks gezählt werden.

5. Die Ausrüstung des Stoffs wird durch Vergleich mit der Probe geprüft. Es ist hierbei zu berücksichtigen, daß durch schwere Mangel der Stoff griffiger, geschlossener und undurchsichtiger erscheint, während leichte Mangel das Gewebe offener läßt. Ein sehr guter Griff stark gemangelten Stoffs ist darum nicht immer ein Beweis der guten Beschaffenheit des letzteren.

6. Die mit den farbigen Futterstoffen vorzunehmenden Farben-

---

[1]) Bei Baumwollenstoffen darf der Gewichtsverlust 10 %, bei weißer Leinwand zu Hosen 2 % nicht übersteigen.

[2]) Deckblatt 321.

prüfungen ergeben sich aus den unter Zusatz 6 zu b an deren Durchfärbung gestellten Anforderungen.

Die Wahl der Farbmittel steht den Unternehmern frei, es muß aber gefordert werden, daß die Stoffe nicht mehr oder nicht erheblich mehr als die Proben abfärben und durch Bügeln mit einem heißen Eisen, wie es in der Werkstatt gewöhnlich Verwendung findet, in ihrer Haltbarkeit nicht beeinträchtigt werden.

Da es in der Färberei nicht möglich ist, bei den Futterstoffen immer den gleichen Farbenton zu treffen, so muß diesem Umstande bei der Abnahme billige Rechnung getragen werden.

7. Über den Umfang der vorzunehmenden Prüfungen gilt folgendes:

Von jeder Einlieferung ist mindestens der zehnte Teil, jedoch nicht weniger als 4 Stücke zu prüfen. Es ist hierbei nicht erforderlich, daß jedes Stück auf sämtliche, durch den Vertrag festgesetzte Eigenschaften geprüft wird, vielmehr ist es zulässig, die verschiedenen Stücke auf verschiedene Eigenschaften hin zu untersuchen. Zeigt sich hierbei, daß einer der Bedingungen nicht entsprochen wird, so ist die Untersuchung nach dieser Richtung hin fortzusetzen und zutreffendenfalls nach Ziff. 5 der „Allgemeinen Vertragsbedingungen" (V. V. Anl. II) zu verfahren.

B. 2. Abnahmevorschriften für das wasserdichte Zwirntuch zu den Taschen in den Vorderschößen der Waffenröcke.

Deckblatt 322.

Das Zwirntuch, ein geköpertes Gewebe, muß nachstehenden Anforderungen entsprechen:

1. Für Kette und Schuß muß im Strang graugelb gefärbtes und imprägniertes, aus guter, langfaseriger Baumwolle gesponnenes Garn verwendet sein.

Lassen sich andere Spinnmaterialien als Baumwolle nachweisen, so ist die ganze Lieferung zu verwerfen.

2. Das Gewebe muß ein gleichmäßiges sein.

3. Schlichten[1]) der Garne und Appretieren des Stoffes ist unzulässig.

4. Die Zerreißfestigkeit muß in der Kette mindestens 80, im Schuß mindestens 65 kg betragen.

Die Länge der Prüfungsstreifen ist 50 cm, die Breite genau ausgezupft, 5 cm. Die Streifen müssen ohne Webekante sein. Maßgebend für die Beurteilung der Zerreißfestigkeit ist der Durchschnitt der Prüfungsergebnisse von je 3 Prüfungsstreifen der Ketten- und Schußfadenrichtung.

5. Über die Prüfung auf Wasserdichtigkeit siehe S. 221, Ziffer e [2]).
S. 192 ff., Beilage 6, III.

---

[1]) Die Untersuchung erfolgt durch die hygienisch-chemische Untersuchungsstelle beim Sanitätsamt; § 85, F. O. S.

[2]) Die Einlieferung der zu dieser Prüfung erforderlichen Stoffabschnitte muß in den Verträgen vorgesehen sein.

III. Leinen- und Baumwollstoffe für Kasernen- und Lazaretthaushalt sowie für die Lehr-Institute.

1. Stoffe.

A. Die **Lieferungsbedingungen** sind denen zu II entsprechend aufzustellen, jedoch unter Bezugnahme auf nachstehende Beschreibung und Zusätze.

Beschreibung.

a) Leinenstoffe.

Laufende Nummer	Stoffe	Breite in cm	Art des Garnes	Nummer des Garnes	Fadenzahl auf 1 qcm	Gewicht für den laufenden Meter in g.	Ausrüstung	
							ob roh, kremiert, garnweiß, nachgebleicht, gefärbt	ob gemangelt und in welchem Grade
1	2	3	4	5	6	7	8	9
1	Graue Leinwand zu Leibstrohsäcken und Leibmatratzenhülsen (für Kasernen- und Lazarettbedarf)	100	roh grau Werg / roh grau Werg	12 / 10	11 / $12^1/_2$	395—405	roh	ungemangelt
2	Graue Leinwand zu Kopfpolstersäcken (Kasernenbedarf) und Kopfmatratzenhülsen (Lazarettbedarf)	83	roh grau Werg / roh grau Werg	12 / 10	11 / $12^1/_2$	325—335	roh	ungemangelt
3	Graue Leinwand zum Futtern der gewöhnlichen Krankenröcke und Krankenhosen	70	roh grau Werg / roh grau Werg	20 / 22	14 / $15^1/_2$-16	170—180	roh	ungemangelt
4	Graue Leinwand zu Schürzen	100	roh grau Werg / roh grau Werg	16 / 16	14 / 15—16	335—345	roh	ungemangelt

Laufende Nummer	Stoffe	Breite in cm	Art des Garnes	Nummer des Garnes	Fadenzahl auf 1 qcm	Gewicht für den laufenden Meter in g	Ausrüstung	
							ob roh, kremiert, garn-weiß, nachge-bleicht, gefärbt	ob ge-mangelt und in welchem Grade
1	2	3	4	5	6	7	8	9
5	Weiße Leinwand zu gewöhnlichen Bettlaken ohne Naht	136	³/₄ gebleicht Werg	18	16	340—360	garn-weiß	unge-mangelt
			³/₄ gebleicht Werg	20	16			
6	Weiße Leinwand zu gewöhnlichen Decken- und Kopfpolsterbezügen	84	³/₄ gebleicht Werg	20	17	215—225	garn-weiß	unge-mangelt
			³/₄ gebleicht Werg	20	17			
7	Weiße Leinwand zu feinen Bettlaken ohne Naht	136	³/₄ gebleicht Flachs	25	21—22	320—340	nach-ge-bleicht	mittlere Mangel
			³/₄ gebleicht Flachs	28	20—21			
8	Weiße Leinwand zu feinen Decken- und Kopfpolsterbezügen	84	³/₄ gebleicht Flachs	25	21—22	200—210	nach-ge-bleicht	mittlere Mangel
			³/₄ gebleicht Flachs	28	20—21			
9	Stoff zu feinen Handtüchern	42	³/₄ gebleicht Werg	20	21	130—140	garn-weiß	unge-mangelt
			³/₄ gebleicht Werg	18	21—22			
10	Stoff zu gewöhnlichen Handtüchern	52	kremiert Werg	12	16	215—225	kre-miert	unge-mangelt
			kremiert Werg	12	15-15½			
11	Blau und weiß karrierte Leinwand zu gewöhnlichen Decken- und Kopfpolsterbezügen	84	³/₄ gebleicht Werg echt indigo blau gefärbt Werg	18 / 20	16	235—245	garn-weiß und gefärbt	unge-mangelt
			³/₄ gebleicht Werg echt indigo blau gefärbt Werg	20 / 20	17—18			

Laufende Nummer	Stoffe	Breite in cm	Art des Garnes	Nummer des Garnes	Fadenzahl auf 1 qcm	Gewicht für den laufenden Meter in g	Ausrüstung	
							ob roh, kremiert, garnweiß, nachgebleicht, gefärbt	ob gemangelt und in welchem Grade
1	2	3	4	5	6	7	8	9
12	Blau und weiß gestreifter Drillich zu Krankenröcken und Krankenhosen[1])	72	³/₄ gebleicht Flachs und echt indigo blau gefärbt Flachs ³/₄ gebleicht Flachs	20 20 18	24 18	245—255	garnweiß und gefärbt	ungemangelt
13	Weiße Leinwand zu Taschentüchern für Lazarettkranke	50/51	⁴/₄ gebleicht Flachs ⁴/₄ gebleicht Flachs	30	20—21 19—20	102—105	garnweiß	leicht gemangelt
14	Weiße Leinwand mit eingewebten roten Streifen zu Taschentüchern für Lazarettkranke mit ansteckenden Krankheiten	50/51	⁴/₄ gebleicht Flachs ⁴/₄ gebleicht Flachs	30	20—21 19—20	102—105	garnweiß	leicht gemangelt

b) Baumwollenstoffe.

Laufende Nummer	Stoffe	Breite in cm	Art des Garnes	Nummer des Garnes	Fadenzahl auf 1 qcm	Gewicht für den laufenden Meter in g	Ausrüstung	
15	Barchent zum Futtern der Krankenröcke	81	Baumwolle	16—17 3—4	13—15 17—19	310—320	roh	gerauht
16	Barchent, gebleichter, zu Unterjacken	77	desgl.	16—17 3—4	14—15 17—19	260—270	gebleicht	gerauht

[1]) Auch für Küchenanzüge verwendbar.

Laufende Nummer	Stoffe	Breite in cm	Art des Garnes	Nummer des Garnes	Fadenzahl auf 1 qcm	Gewicht für den laufenden Meter in g	Ausrüstung ob roh, kremiert, garnweiß, nachgebleicht, gefärbt	ob gemangelt und in welchem Grade
1	2	3	4	5	6	7	8	9
17	Köper zu Unterhosen[1])	75/76	Baumwolle	18—19 / 16—17	36—40 / 24—26	175—185	entschlichtet	leicht gemangelt
18	Baumwollener Stoff zu Halstüchern	83	desgl.	33—34 / 42—44	31—33 / 29—31	110—120	gebleicht	appretiert
19	Blau und weiß karrierter baumwollener Stoff zu gewöhnlichen Decken- und Kopfpolsterbezügen	84	ungebleicht, echt indigo gefärbt / ungebleicht, echt indigo gefärbt	16 / 16	23—24 / 23—24	152—162	ungebleicht und gefärbt	ungemangelt

c) Wollstoffe (Flanelle).

Laufende Nummer	Stoffe	Breite in cm	Art des Garnes	Nummer des Garnes	Fadenzahl auf 1 qcm	Gewicht für den laufenden Meter in g	Ausrüstung ob roh, kremiert, garnweiß, nachgebleicht, gefärbt	ob gemangelt und in welchem Grade
20	Flanell zu Leibbinden	125	Streichgarn aus Wolle / desgl.	$11-11^1/_2$ / $8—8^1/_2$	20—21 / 15—16	320—330	gewaschen, gewalkt, leicht gebläut	doppelseitig gleichmäßig gerauht

Bemerkungen.

1. Bei den Angaben über die Garnnummern und die Fadenzahl beziehen sich die Zahlen über dem Strich auf das Garn der Kette und die unter dem Strich auf das zum Schuß benutzte Garn.
2. Die angegebenen Garnnummern sind in englischer Einteilung verstanden.
3. Die Länge der Stücke richtet sich nach der im Handel für „volle Stücke" bei gleichen oder ähnlichen Stoffsorten üblichen Länge.
4. Im Gewicht ist bei sonst probemäßiger Beschaffenheit der Gewebe usw. ein Spielraum von $\pm 3^0/_0$ zulässig.
5. Das Gewicht des zu Leibmatratzenhülsen für den Kasernenhaushalt erforderlichen Stoffes, welcher 104 cm breit sein muß, beträgt 410—420 g für das laufende Meter; im übrigen ist der Stoff derselbe wie zu 1.

---

[1]) Rohbreite 78/79 cm; Gewicht für das laufende Meter 188 bis 198 g.

Zusätze.

Die Zusätze unter II A zu a und b (ausschließlich b 6) gelten in gleicher Weise zu vorstehender Beschreibung.

Das Kremieren der Stoffe zu groben Handtüchern muß in folgender Weise geschehen:

1. Vorbehandlung.

a) Einweichen des Bleichgutes in Sodalauge oder in kaltem Wasser, oder Brühen in heißem Wasser mit etwas Sodazusatz;

b) Büken in einer Soda- oder Natronlauge unter mäßigem Druck.

2. Chloren.

Die Stärke und Dauer des Chlorbades muß sorgfältig ausprobiert sein.

3. Nachbehandlung

mit einem Entchlorungs- und einem Entsäuerungsmittel.   Nach jeder dieser Operationen muß sorgfältig gespült werden.

B. Abnahmevorschriften.

Die Farbechtheit der blau karierten Stoffe ist durch wiederholtes (4- bis 5-maliges) Waschen festzustellen. — Prüfung der Kremierung s. o. Ziffer 1 bis 3. — Bei einem schlecht oder falsch behandelten Garn ist der Faden rauh und struppig, auch ist der anhaftende Geruch kennzeichnend für etwaige Rückstände an Bleichmitteln.   Die chemische Untersuchung auf diese Rückstände gibt einen weiteren Anhalt zur Beurteilung der ausgeführten Kremierung.

1. Prüfung auf Chlor.

Bei Vorhandensein von Chlor färbt sich frisch hergestelltes Jodzinkstärkepapier blau, wenn es zwischen das angefeuchtete Gewebe gelegt und kräftig angepreßt wird.

2. Prüfung auf freie Säure und freies Alkali.

Man preßt wie bei 1 je einen Streifen rotes und blaues Lackmuspapier zwischen benetztem Gewebe aus.   Bei Anwesenheit von Säure (und sauren Salzen, d. Verf.) färbt sich das blaue Lackmuspapier rot, bei Anwesenheit von Soda, Pottasche oder Natronlauge — das rote Papier blau.

3. Prüfung auf Schwefelsäure und Kalk.

Von Zeit zu Zeit ist in Stichproben der Gehalt an Schwefelsäure und Kalk durch die hygienisch-chemische Untersuchungsstelle beim Sanitätsamt [1]) feststellen zu lassen.   Es dürfen hiervon in den Geweben keine größeren Mengen als in Naturleinen enthalten sein.

Abnahmevorschriften im übrigen wie zu II B.

---

[1]) Deckblatt 322 a.

2. Fertige Stücke.

a) Allgemeines.

2. Jeder Lieferung ist vom Unternehmer zu Prüfungszwecken je ½ m der verschiedenen Stoffsorten unentgeltlich beizufügen. Die genaue Übereinstimmung dieser Abschnitte mit den zur Anfertigung der Stücke verwendeten Stoffen sowie etwa mit den den Angeboten zugrunde gelegten eigenen Mustern gilt hierbei als unbedingte Voraussetzung.

3. Im übrigen ist bezüglich der Näharbeit, der Form, der Masse und des Schnitts völlige Übereinstimmung der Stücke mit den Proben und der Beschreibung zur Bedingung zu machen.

4. Für die Näharbeit ist die Anwendung sowohl der Maschinen- wie der Handnäherei zu gestatten.

b) Beschreibung

der Proben von den im Kasernen- und Lazaretthaushalt etatsmäßigen Wäsche- usw. Stücken.

Die Dienstanweisung für die Bekleidungsämter (S. 199—203) gibt hier genaue Anweisungen für die Herstellung fertiger Stücke, den Stoffverbrauch u. a. m. Es wird zwecks näherer Orientierung auf das Original verwiesen.

S. 210, Beilage 6, V.

V. Fertige Stücke.
A. Beschreibung.

Die nähere Beschreibung der einzelnen Stücke enthält Bkl.-O. II.

B. Abnahmevorschriften.
a 1) Trikothemden.

Deckblatt 328. 1. Alle Nähte können Hand- oder Maschinenarbeit sein, vorausgesetzt, daß für die letztere dasselbe Nähmaterial verwendet wird wie bei der Handnaht und daß die Haltbarkeit der Maschinenarbeit nicht geringer ist als die der Handarbeit.

2. Das Gewebe soll aus zweifach zwanziger gekämmtem (peigniertem) Makogarn bestehen, gleichmäßig dicht und von Webefehlern möglichst frei sein. Es ist besonders darauf zu achten, daß nicht minderwertiges, sogenanntes kardiertes Garn verwendet wird.

3. Die eingeforderten Muster sind in der Weise zu prüfen, daß die Hemden nach einstündigem Einweichen in Seifenbrühe durchgewaschen und alsdann etwa ·2 Stunden gekocht werden. Muster und Lieferung müssen die Farbe in gleicher Weise halten.

4. Zur Anfertigung der Knopflöcher und zum Befestigen der Knöpfe ist vierfaches, zur Herstellung der Nähte dreifaches bestes Baumwollengarn von grauer Farbe zu verwenden.

5. Das Nachmessen der Hemden erfolgt mittels Holzmaßstabes; die Hemden werden hierbei flach aufgelegt. Als Rumpflänge gilt die Entfernung von der Schulternaht (dort, wo diese den Halsbund trifft) bis zum unteren Rande des Rumpfes, als Ärmellänge, die von der Armlochnaht bis zur Ärmelbandnaht, längs der Ärmelnaht gemessen.

6 u. f. Jedes Hemd muß mit Größennummer, Halsweite und Firma des Fabrikanten gestempelt sein. Bei der außerordentlichen Dehnbarkeit des Gewebes sind Abweichungen bis zu 3 cm zulässig. Die Abweichungen vom vorgeschriebenen Gewicht sind bis $\pm$ 15 g zulässig. Von jeder Einlieferung müssen mindestens 25 % geprüft werden.

a 2) Köperhemden[1]).

1. Die Hemden sind aus entschlichtetem Köper gefertigt. Für das Gewebe gelten die Vorschriften für entschlichteten Köper zu Unterhosen in Beilage 6, II der Bekl.-D.

2 ff. Musterhemden sind einzufordern. Für die Herstellung der Nähte sind Maschinen zulässig. Zur Anfertigung der Knopflöcher ist als Oberfaden Obergarn Nr. 30, als Unterfaden Obergarn Nr. 50, zur Herstellung der Nähte Obergarn Nr. 50 — oben und unten — und zur Befestigung der Knöpfe Häkelgarn Nr. 40 zu verwenden; letztere müssen gut umwickelt sein.

Nachmessen der Hemden, Stempelung usw. wie bei a 1.

Abweichungen von $\pm$ 3 % im Gewicht sind zulässig. Von jeder Einlieferung muß mindestens der zehnte Teil geprüft werden.

b) Trikotunterhosen.

1. Das Gewebe soll aus vierfach dreizehner gutem amerikanischen Baumwollengarn bestehen, gleichmäßig dicht und von Webefehlern möglichst frei sein. Der Zwickel wird aus fünffachem Faden gestrickt.

2. Gewebe, Bundstoff, Hosenträgerhalter und die Besatzstreifen des Leibschlitzes und der Gesäßnähte müssen die gelbe Naturfarbe der Rohbaumwolle haben. Die halbleinenen Schutzbänder (reinleinener Kettfaden, baumwollener Schußfaden) des Kreuzschlitzes und der Beinschlitze usw. sind von graubrauner Farbe. Über geringe Farbtonabweichungen kann hinweggesehen werden.

4. Der Bund, die Hosenträgerhalter, die Besatzstreifen und die Ösen am Kreuzschlitz müssen mit gutem vierfachem, die Knopflöcher und Knöpfe mit sechsfachem, weißem, bzw. rohgelbem Baumwollengarn genäht sein

---

[1]) Deckblatt 329.

Maschinen sind (für Nähte, Knopflöcher, Ösen, Befestigung der Knöpfe) zulässig.

5. Zeichnung der Hose mit Firma, Größennummer und Zahl der halben Bundweite. Das Nachmessen geschieht mit Holzmaßstab, wobei die Hosen flach aufgelegt werden. Abweichungen im Gewicht sind bis $\pm$ 30 g zulässig.

d) Helm-, Tschako- und Tschapkaüberzüge.

1. Der Stoff muß vollkommen krumpfrei, braucht indessen nicht wasserdicht zu sein. Fadenzahl auf den Quadratzentimeter: In der Kette 15, im Schuß 13—14. Über geringe Abweichungen im Farbton, der Probe gegenüber, kann hinweggesehen werden.

2. Das Gewicht beträgt für Helm- oder Tschakoüberzug 30 g, zulässig $\pm$ 3 g, für Tschapkaüberzug 40 g, zulässig $\pm$ 5 g. Bei leichtem Recken dürfen die Nähte nicht einreißen [1]).

Zur Anfertigung ist graugrünes Nähgarn zu verwenden.

e) Tornister.

5. Die Nähte, Knopflöcher und knopflochartigen Einschnitte an den Beuteln, sowie die sogenannten französischen Nähte sind mit zweifachem braunen Leinenzwirn herzustellen. Sämtliche Nähte (außer den Saumnähten, den Knopflöchern und den umsäumten Einschnitten an den Stoffklappen und den Beuteln) sowie die sogenannten französischen Nähte müssen mit der Hand gefertigt sein.

6. Der braune Stoff des Tornisters und Zeltzubehörbeutels ist an Stoffabschnitten, die aus fertigen Stücken herausgenommen sind, zu prüfen. Er muß folgenden Anforderungen genügen:

a) Es muß im Strange braun gefärbtes, aus guter langfaseriger Baumwolle gesponnenes Garn verwendet sein, und zwar:

für Kette 32 er Water 2-fach,
für den Schuß 18 er ,, 2-fach.

Die Kettfäden liegen doppelt, so daß sich, in der Richtung des Schusses gesehen, 2 Kettfäden (1 Doppelfaden) nebeneinander und abwechselnd mit einem Schußfaden oben befinden. Lassen sich andere Spinnmaterialien als Baumwolle nachweisen, so wird die ganze Lieferung verworfen.

b) Das Gewebe muß ein gleichmäßiges sein; die Fadenzahl beträgt auf 1 qcm in der Kette 38—40, im Schuß 18—19. Das Schlichten der Garne und das Appretieren des Stoffes ist unzulässig; letzterer darf leicht kalandert oder gemangelt sein.

c) 1 qm des Stoffes muß 310 g wiegen; Spielraum von $\pm$ 3 % zulässig.

d) Die Zerreißfestigkeit muß in der Kette mindestens 78, im Schuß

---

[1]) Decklblatt 335.

mindestens 75 kg betragen. Bei jeder Prüfung sind mindestens 3 Streifen von 5 cm Breite in der Ketten- und Schußfadenrichtung zu prüfen und die Durchschnittszahlen der Beurteilung zugrunde zu legen.

e) Die Wasserdichtigkeit wird geprüft, indem ein quadratischer Abschnitt von 50 cm [1]), welcher muldenförmig in einen Rahmen gespannt ist, mit soviel Wasser beschwert wird, daß seine Höhe an der tiefsten Stelle 75 mm beträgt. Nach 24 Stunden darf das Wasser zwar durchschwitzen, aber nicht tropfen. Zur leichteren Erkennung etwa durchgelassenen Wassers wird unter den Stoffabschnitt ein Bogen Papier gelegt.

f) Das Färben der Garne muß mit echtem Katechu und mit entsprechender Deckung von Holzfarben, sowie unter Zusatz von Tonerde erfolgt sein. Das Fixieren der Katechufärbung darf mit Bichromat bewirkt sein; jedoch muß das Gewebe frei von in Wasser löslichen Chromverbindungen sowie Kupfersalzen und sonstigen schädlichen Beimengungen sein. — Ein Kupfergehalt bis zu 0,2 g auf 1 qm ist noch zulässig. — Die Farbe des Stoffes muß der Probe entsprechen; kleine Abweichungen sind zulässig.

g) Die Farbenprüfung wird derart vorgenommen, daß ein Stoffabschnitt von 10 cm im Quadrat ¼ Stunde bei Zimmertemperatur in eine 8 proz. Oxalsäurelösung (8 g konzentrierte Oxalsäure und 92 g destilliertes Wasser) gelegt, sodann ausgewaschen und getrocknet wird. Der Stoffabschnitt darf alsdann nicht heller sein als die ausgegebene, auf gleiche Weise behandelte Probe.

Zur Feststellung etwaiger in Wasser löslichen Chromverbindungen wird ein Abschnitt von etwa 20 cm im Quadrat in kleine Stücke zerschnitten ½ Stunde in ½ Liter destillierten Wassers gekocht. Sodann wird das Wasser abgegossen, auf 15 ccm eingedampft und filtriert. Demnächst gießt man einige Tropfen essigsauren Bleioxyds hinzu. Bei vorschriftsmäßiger Färbung tritt dadurch eine schwache Trübung des Wassers ein, während sich bei Vorhandensein von Chrom sogleich ein gelber Niederschlag [2]) bildet, welcher sich nach Zusatz von einigen Tropfen Kali ohne Veränderung der Farbe zunächst löst; ist kein Chrom vorhanden, so bildet sich durch genannten Zusatz ein schmutzig-weißer Niederschlag.

Hinsichtlich des Untersuchungsverfahrens zur Feststellung wasserlöslicher Kupferverbindungen in Tornister-, Zelt- und Brotbeutelstoffen dient folgender Anhalt: 400—500 qcm [3]) des zu untersuchenden

---

[1]) Die Einlieferung der zu dieser Prüfung erforderlichen Stoffabschnitte muß in den Verträgen vorgesehen sein.

[2]) Um sicher zu gehen, ist dieser noch näher als Chromat nachzuweisen, beispielsweise vermittels der sehr scharfen Wasserstoffsuperoxydreaktion (Bemerkung des Verf.). S. a. Heermann, „Färbereichemische Untersuchungen".

[3]) Siehe Anmerkung zu e.

Stoffes werden mittels einer Schere in kleine Stücke zerschnitten, in einen Literkolben gebracht, mit ½ Liter destilliertem oder auch Brunnenwasser übergossen und über einem Bunsenbrenner auf einem Drahtnetz odei einer dünnen Asbestpappe eine Stunde lang unter Ersatz des verdampfenden Wassers gekocht. Die Flüssigkeit wird durch ein Papierfilter abfiltriert, in einer Porzellanschale auf etwa 100 ccm eingedampft und zur Abscheidung von organischen Stoffen längere Zeit stehen gelassen, sodann nochmals filtriert. Ein Teil der filtrierten Lösung wird in einem Reagenzglas von etwa 1,8—2 cm Weite mit etwa 10 Tropfen reiner Salzsäure angesäuert und mit einem kleinen blankgescheuerten eisernen Nagel versetzt. Das mit Papier lose bedeckte Reagenzglas wird 24 Stunden beiseite gestellt. In dieser Zeit schlägt sich das in der Flüssigkeit gelöste Kupfer auf dem blanken Nagel als rötlicher Anflug nieder. Beim Reiben mit einem wollenen Tuch tritt die charakteristische Kupferfärbung noch deutlicher hervor. — Dieses Verfahren genügt für einen qualitativen Kupfernachweis. In zweifelhaften Fällen muß eine eingehende Untersuchung durch die hygienisch-chemische Untersuchungsstelle beim Sanitätsamt [1]) erfolgen.

h) An Stelle der unter Ziffer 8 der Allgemeinen Vertragsbedingungen vorgesehenen Kommission entscheidet in allen Fällen, in denen es sich um die Beschaffenheit des Stoffes handelt, die Königlich technische Zentralstelle für Textil-Industrie [2]) in Berlin endgültig. Derselben sind vom Bekleidungsamt diejenigen Stücke, deren Untersuchung das für die Zurückweisung maßgebende Ergebnis lieferte, sowie einige neue Stücke, die nicht durch die Untersuchung gelitten, zu übersenden. Die Veisendungs- und Untersuchungskosten trägt der unterliegende Teil.

g. 1.) Patronentasche 87/88 [3]).

2. Die sämtlichen Nähte müssen mit starkem, zweifachem, verpichtem roh-grauem Hanfgarn hergestellt sein; Stichzahl auf 1 cm mindestens 3.

g. 2.) Patronentasche 09 [3]).

5. Die vorderen Ecken der Deckel müssen besonders sorgfältig vernäht sein.

9. Zu sämtlichen Nähten wird graues Hanfgarn benutzt, und zwar: a) zu den Handnähten der Täschchen = Sattlergarn Nr. 8/2 fach, b) zu den Handnähten der vorderen Deckelecken = Maschinenfaden Nr. 18/4 fach,

---

[1]) Deckblatt Nr. 336a.

[2]) Die Prüfstelle der Zentralstelle für Textilindustrie ist aufgehoben und in dem Königlichen Materialprüfungsamt der Technischen Hochschule, Berlin-Lichterfelde, aufgegangen. Letzteres käme sonach für die endgültigen Entscheidungen in Frage (Anmerkung des Verf.).

[3]) Deckblatt 340.

c) zu den Verbindungsnähten unten am Boden = Maschinenfaden Nr. 30/
3 fach, d) zu den Verbindungsnähten der Deckel mit der Rückwand =
Maschinenfaden Nr. 18/3 fach.

i) Brotbeutel.

Abnahmevorschriften.

1. Der Brotbeutelstoff muß nachstehenden Anforderungen entsprechen: a) Für Kette und Schuß muß im Strange braun gefärbtes, aus
guter langfaseriger Baumwolle gesponnenes Garn Nr. 10, zweifach gezwirnt, verwendet werden. Lassen sich auch nur in einem Stück der
Lieferung andere Spinnmaterialien als Baumwolle nachweisen, so ist die
ganze Lieferung zu verwerfen.

b) Die Fadenzahl auf 1 qcm soll für die Kette 23—24, für den Schuß
$12\frac{1}{2}$—$13\frac{1}{2}$ betragen und wird mit Hilfe des Fadenzählers festgestellt. —
Die Kettfäden sind doppelt zu nehmen, so daß in der Richtung des Schusses
gesehen je 2 Kettfäden (1 Doppelfaden) nebeneinander und abwechselnd
mit einem Schußfaden oben liegen. Das Gewebe darf nicht ungleichmäßig
und fehlerhaft sein.

c) 1 qm des Stoffes muß 500 g wiegen; Spielraum von $\pm$ 3 % zulässig.

d) Die Zerreißfestigkeit, welche in gleicher Weise wie beim Tornisterstoff festgestellt wird (e Ziffer 6 d), muß in der Kette mindestens 115 kg,
im Schuß mindestens 75 kg betragen.

e) An die Ausrüstung, Färbung und Wasserdichtigkeit sind die
gleichen Anforderungen wie beim Tornisterstoff zu stellen; auch erfolgt
die Farben- usw. Prüfung wie bei letzterem (e Ziffer 6 e bis h).

2. Die Außenteile des Brotbeutels, die Schlaufen, die Strippe und das
Trageband sind so zu schneiden, daß die Kette in der Längsrichtung
läuft.

3. Die sämtlichen Saumnähte am Beutel werden mit der Maschine
hergestellt; im Inneren müssen sie doppelt abgesteppt sein (sogenannte
französische Nähte). Die Klappe ist mit dem Hinterteil des Beutels durch
eine Steppnaht verbunden, deren Einschlag mit der Hand gesäumt oder
nachgenäht sein muß.

4. Die Lederkappe für den Ring zum Befestigen der Feldflasche
muß mit zwei Handnähten angenäht sein; Stichzahl mindestens je 6.

6. Die Knopflöcher dürfen mit der Maschine hergestellt, die Knöpfe
müssen mit der Hand angenäht sein.

8. Zu sämtlichen Nähten ist brauner Leinenzwirn zu verwenden,
und zwar:

a) Zu den Maschinen-Saum- und Knopflochnähten Nr. 12 zweifach; b) zu den Hand-Saum- und Knopflochnähten Nr. 40 zweifach;
c) zum Annähen des Lederbesatzes, der Messingknöpfe und Metallschieber

am Trageband Nr. 12 zweifach; d) zum Festnähen der oberen Klappenecken und des Hakenteils Nr. 10 dreifach.

9. Das Gewicht des Beutels einschließlich Trageband beträgt 350 g, zulässig ± 30 g.

10. Jeder Brotbeutel muß auf der Rückseite der Strippe, an welcher der Messinghaken befestigt ist, mit dem Firmenstempel des Fabrikanten versehen sein.

k) Tragbare Zeltausrüstung.

Abnahmevorschriften.

1. Der Zeltstoff soll folgenden Anforderungen entsprechen:

a) Für Kette und Schuß ist im Strange braungefärbter Baumwollenzwirn bester Sorte Nr. 20 zweifach gezwirnt, gleichmäßig und gut gesponnen, zu verwenden. Lassen sich in auch nur einem Stücke der Lieferung andere Spinnmaterialien als Baumwolle nachweisen, so ist die ganze Lieferung zu verwerfen.

b) Die Fadenzahl in 1 qcm soll für die Kette und für den Schuß 20—21 betragen und wird mit dem Fadenzähler festgestellt. In der Richtung des Schusses gesehen, muß abwechselnd je ein Ketten- und ein Schußfaden oben liegen.

c) Der Zeltstoff ist in einer Breite von 94—95 cm, das Stück nach der im Handel üblichen Länge und in einem Gewicht von 265 g auf das laufende m, mit einem Spielraum von ± 3 % herzustellen. Bei Lieferung in Stücken muß jedes Stück an beiden Enden mit einem Vorschlag (etwa 20 ungefärbten Schußfäden) versehen sein.

d) Die Zerreißfestigkeit, welche in der gleichen Weise wie beim Tornisterstoff festgestellt wird (e Ziffer 6 d), muß in der Kette mindestens 60 kg, im Schuß mindestens 65 kg betragen.

e) An die Ausrüstung, Färbung und Wasserdichtigkeit sind die gleichen Anforderungen wie beim Tornisterstoff zu stellen; auch erfolgt die Farben- usw. Prüfung wie bei letzterem (s. e. Ziffer 6 e bis h).

3. Jede Zeltbahn muß unterhalb einer der großen Ösen mit der Firma des Fabrikanten und dem Jahr der Lieferung [1]) gestempelt sein (mit einer den Stoff nicht zerfressenden Farbe).

4. Das Gewicht muß betragen:

a) der Zeltbahn . . . . 1160 g, zulässig ± 40 g;
b) der Zeltleine . . . . 25 „   „   ± 2 „;
e) einer vollständigen Zeltausrüstung . . . . 1620 „   .,   + 70 , ;

---

[1]) Deckblatt 341.

m) Feldflaschen[1]).

Der Filzüberzug.

7. Der Filzüberzug muß aus reiner ungefärbter Schafwolle, ohne Beimischung von Pflanzenstoffen, hergestellt sein und darf nicht einlaufen[2]).

8. Die Nähte müssen mittels Leinenzwirn hergestellt, die Enden gut verstochen sein.

q) Halsbinden[3]).

Abnahmevorschriften.

1. Zur Herstellung der Halsbinde ist halbwollener Lasting von nachbezeichneter Beschaffenheit zu verwenden:

Kettgarn: Wolle. Nr. 44 metrisch, zweifach, hartgedrehter Weft, 4800 Kettfäden in der ganzen Breite.

Schußgarn: Baumwolle. Nr. 20 englisch, einfach, Water, 91 Schußfäden auf 1 Zoll englisch = 36 Fäden auf 1 cm.

Bindung: 7 bindiger Kettatlas.

Breite: 89 bis 90 cm in fertiger Ware.

Gewicht: Mindestens 290 g für das laufende Meter.

Färbung: Echtschwarz.

2. Einlage: Nicht zu dicht gewebtes Leinen oder zweihaariger Roßhaarstoff; letztere Einlage ist am oberen und unteren Rande mit einem schmalen Kattunstreifen eingefaßt.

3. Futter: Grauer geköperter Kattun, möglichst säureecht.

4. Vorstoß vorn innen: Bestes Wachsleinen.

5. Latz: Vom Stoff und Futter der Binde, etwa 9 cm breit und 5 cm lang, nach unten abgerundet.

6. Die obere Kante und die beiden Seitenkanten der Binde sind mit Schappeseide Nr. 100/3 fach als Unterfaden und mit Flachszwirn Nr. 60/3 fach als Oberfaden gesteppt.

7. Die Prüfung der Farbechtheit des Lastings geschieht in folgender Weise:

a) Man bringt $\frac{1}{4}$ qm der Ware in eine 50° C warme Lösung von 20 g Schmierseife in 1 Liter Wasser, knetet sie fünf Minuten lang kräftig mit der Hand und läßt sie sodann noch 30 Minuten lang in der Seifenbrühe liegen. Diese Seifenbrühe darf dann nur ganz schwach gefärbt sein.

---

[1]) Nach Deckblatt 348 sind an den Filzüberzug der Labeflaschen (6. V. s.) dieselben Ansprüche zu stellen.

[2]) Deckblatt 343 a.

[3]) Das ganze Kapitel über Halsbinden ist als Neudruck, Deckblatt 348, hergestellt.

Das gewaschene Muster darf sich im Farbenton nur ganz wenig geändert haben.

b) Die Ware wird in verdünnte kalte Salzsäure (1 Teil Salzsäure 20° Bé und 3 Teile Wasser) eingelegt, nachdem sie vorher gut genetzt und abgequetscht war. In der Säure verbleibt die Ware drei Minuten, wird dann mit Wasser gespült und noch eine halbe Stunde in Wasser eingelegt. Die Salzsäure und auch das Wasser dürfen dann nicht angefärbt sein, die Farbstärke und der Farbenton des Musters sich nur minimal verändert haben.

8. Die Höhe der Halsbinde wird in der Mitte des Latzes gemessen; auf diesem ist Höhe und Weite in Zentimetern sowie die Firma eingestempelt.

9. Für alle Näharbeiten an der Halsbinde sind nur vorschriftsmäßige Nähmaterialien (Abschnitt VIII) zu verwenden.

B. Halsbinde zum Schnallen.

1. Die Schnalle ist außen auf der Binde aufgesteppt mit Flachszwirn 60/3 fach als Unter- und Oberfaden.

2. Der Schnallriemen ist innen auf der Binde, etwa 13 cm vom rechten Ende entfernt, aufgesteppt mit Schappeseide 100/3 fach als Unterfaden und mit Flachszwirn Nr. 60/3 als Oberfaden.

3. Die Schnur am rechten Ende zum Befestigen am Haken ist von gedrehtem, echtschwarzem Eisengarn und mit Flachszwirn Nr. 60/3 fach auf der Einlage aufgenäht.

C. Halsbinde zum Durchziehen.

1. Die etwa 35 cm langen und etwa 2 cm breiten baumwollenen Bänder an den Enden der Halsbinde sind säureechtschwarz und mit Flachszwirn Nr. 60/3 fach auf der Einlage aufgenäht. Das Ende des linken Bandes ist mit Schappeseide 100/3 fach umsäumt, am Ende des rechten Bandes ist eine etwa 5 cm lange Einlage von Steifleinen oder Roßhaarstoff mit gleicher Seide eingenäht.

2. Das linke etwa 10 cm lange Ende der Binde ist mit Flachszwirn Nr. 60/3 fach angenäht und mit der Hand riegelartig verstochen.

D. Halsbinde zu Waffenröcken usw. mit Klappkragen.

Betreffs des Stoffes, der Einlage, des Futters und der Nähmaterialien gelten die Festsetzungen unter A, im übrigen sind die Bestimmungen in der Bekl.-O. II bzw. die ausgegebenen Proben maßgebend.

E. Feldgraue Halsbinden.

1. Zur Herstellung der Halsbinde ist baumwollener Lasting von nachbezeichneter Beschaffenheit zu verwenden:

Kettgarn: Makobaumwolle Nr. 40 englisch, zweifach; auf 1 cm 56
bis 57 Fäden (etwa 5100 Kettfäden in der ganzen Breite).
Schußgarn: Baumwolle Nr. 20 englisch, einfach, Water, 36 Schuß-
fäden auf 1 cm.
Bindung: 5 bindiger Kettatlas.
Breite: 89 bis 90 cm in fertiger Ware.
Gewicht: etwa 225 g für das laufende Meter.
Färbung: echt feldgrau.
Farbprüfung. Der Stoff darf, mit weißem Papier abgerieben, nicht
erheblich mehr als die Probe abfärben.

Ein Abschnitt des Lastings, mit weißem, unappretiertem Baumwollstoff zusammengeheftet, wird eine Viertelstunde lang mit destilliertem
Wasser gedrückt und gequetscht, bleibt alsdann eine halbe Stunde darin
liegen, wird ausgepreßt und kalt über Nacht oder aber bei etwa 40⁰ C
entsprechend der Körperwärme getrocknet. Nach dieser Behandlung
darf der Lasting keine wesentliche Abweichung in der Farbstärke und
im Farbenton zeigen, auch darf der angeheftete weiße Stoff nicht angefärbt sein.

Mit Kernseife und lauwarmem Wasser gewaschen und demnächst
wieder getrocknet, darf die Farbe nur wenig heller werden. Auch darf
sich die Farbe nicht merklich verändern, wenn Stoffabschnitte 2 bis 3 Minuten
in verdünnte kalte Salzsäure (1 Gewichtsteil reine Salzsäure zu 3 Gewichtsteilen Wasser) gelegt und, nachdem sie ganz durchnäßt, sofort in kaltem
Wasser ausgewaschen werden.

2. Einlage für den Mittelteil der Halsbinde:
Segelleinwand, 75/76 cm breit.
Kette: rohgelb Flachs, Nummer des Garnes 16, Fadenzahl 15½ bis
16 auf 1 cm.
Schuß: rohgelb Werg, Nummer des Garnes 14, Fadenzahl 16 bis 17
auf 1 cm.
Gewicht: 290 bis 300 g für das laufende Meter.
Ausrüstung: roh, leichte Mangel.

3. Futter: grauer Köper wie zu Halstüchern nach der unterm
26. 8. 1907 Nr. 692/8. 07. B 3 ausgegebenen Probe.

Vorstoß: Bestes graues Wachsleinen, schräg geschnitten verarbeitet.

6. Die obere Kante der Binde und die beiden Enden sind mit leicht
und bügelecht gefärbter grauer Schappeseide 3 fach als Unterfaden und
mit grauem Maschinengarn Nr. 50/4 fach als Oberfaden gesteppt. Eine
gleiche Steppnaht ist im Mittelteil, etwa 5 mm vom unteren Rande entfernt, zur besseren Befestigung der Einlage (Ziffer 2) anzubringen.

7. Die Durchzugsöffnung und die obere Kante des Absatzes an der
rechten Seite des Mittelteils sind mit echter realer Seide gut zu verriegeln.

Beilage 6, VII, S. 247.

e) Schnüre, Borten, Litzen, Fransen und Stickwolle.

Material:

1. Zu Abzeichenschnur für Gefreite usw., zu Plattschnur für Attilas und zum Quast der Säbeltroddel u. a. m.: Wolle.

Die feldgrauen [1]) Schnüre und Borten müssen:

    1. luft-, licht- und wetterecht,

    2. wasserecht und

    3. schweißecht sein.

Prüfung zu 1: Vgl. Beilage 6. I. 8. S. 180.

    „   „ 2: Ein Stück der Schnur wird 24 Stunden in kaltes destilliertes Wasser gelegt. Nach dieser Zeit soll das Wasser weder merklich angefärbt sein noch darf die Schnur nach dem Trocknen die Farbe merklich verändert haben.

    „   „ 3: Ein Stück der Schnur oder Borte wird in kalte 1 proz. Salzsäure, ein anderes in kalte 1 proz. Ammoniaklösung $\frac{1}{4}$ Stunde lang hineingelegt, dann herausgenommen, gespült und getrocknet. Die Farbe darf nach dem Trocknen bei beiden Stücken von der ursprünglichen Farbe nicht merklich abweichen.

2. Zu Nummerschnur: Wolle mit echtfarbigem gezwirnten Einlauffaden aus Baumwolle.

3. Zu Schützenabzeichen, Kantenschnur zu Attilas, weißer Borte zu Schwalbennestern der Linie und Ärmelabzeichen für Trompeter der Leibgendarmerie, zu Reithosen für Husaren und Jäger zu Pferde, Abzeichen für zweijähriges Kommando zum Militär-Reit-Institut, zum Band der Säbeltroddel und zu Borte für Beschlagschmiede: Halbwolle (Einlage: Baumwolle, Decke: Wolle).

4. Zu Borte für Unteroffizier-, Oberfahnenschmied-, Kapitulanten- und Fechter-Abzeichen, sowie für Abzeichen der im Telegraphendienst Ausgebildeten: Baumwolle, schwarzer Streifen echtfarbig.

5. Zu Kollerborte: a) Farbige Streifen: Wolle; weiße Borte, Einlage: Leinen, Decke: beste gezwirnte Baumwolle. b) Prüfung der Kollerborte: 1. Je ein Streifen Borte wird, zwischen weißem baumwollenen und weißem wollenen Stoff befestigt, 1—2 Stunden in lauwarmes Wasser gelegt, dann ausgedrückt und an der Luft getrocknet. Das Wasser und der weiße Stoff dürfen sich nach dieser Zeit nicht angefärbt haben; 2. Streifen der Kollerborte, ausgenommen grüne und karmesinrote, werden wie unter 1 in Verbindung mit weißem Stoff während 20 Minuten in 8° Bé starke Essig-

---

[1]) Deckblatt 361.

säure (käufliche, technische Essigsäure) eingelegt. Die Säure darf sich nach dieser Zeit etwas angefärbt, der Farbenton der Borte aber nicht verändert haben.

6. Zu Litzen und Fransen für Spielleute. Weißes Leinen oder gelbes Kamelgarn.

7. Die Stickwolle wird aus bestem 6 fachen Kammgarn hergestellt und in Strähnen geliefert. Sie muß einen weichen und ergiebigen Faden haben, walkecht gefärbt sein und bei einem Wollgewicht von 50 g eine Fadenlänge von etwa 250 m haben. Zur Farbenprüfung ist durchfeuchtete Wolle zwischen zwei weißen Tuch- oder Baumwollstreifen heiß zu bügeln oder in zweifelhaften Fällen, fest geheftet, etwa 6 Stunden in heißes Wasser zu legen. Eine Farbenabsonderung ist hierbei unzulässig.

S. 249 ff. Beilage 6. VIII.

VIII. Bestimmungen
betreffend die zu verwendenden Nähmaterialien
und das Strippenband [1]).

A. Schneiderwerkstatt.

I. Beschreibung der Nähmaterialien.

1. Die Flachszwirne. Sie müssen aus bestem, reinem Flachs ohne Beimischung fremder Stoffe, frei (soweit technisch möglich) von Knoten und Andrehungen in 3 facher Drehung hergestellt und dürfen geglättet sein, wenn die Fadenlängen hierdurch nicht beeinflußt werden. Die Färbung muß eine echte sein. Jede Beschwerung ist unstatthaft.

a) Der schwarze Flachszwirn muß bezüglich seiner Färbung alle Echtheitseigenschaften und Vorzüge besitzen, die der reinen Indigofärbung eigen sind, insbesondere seif-, licht-, luft- und säureecht sein.

Bei 10 Minuten langem Kochen in Salzsäure 1 : 3 darf die Farbe sich nicht verändern, die Flüssigkeit keine oder nur geringe Trübung zeigen.

b) Die Prüfung der farbigen Flachszwirne wird durch Anwendung von Seifenbädern bewirkt. Bezüglich vorgebleichter Zwirne gilt das bei d Gesagte.

c) Die rohgrauen Flachszwirne sind in Naturflachsfarbe zu liefern.

d) Die weißen Flachszwirne dürfen durch die Bleiche unter keinen Umständen an Haltbarkeit verlieren. Die eingelieferten Zwirne dürfen keine wirksamen Rückstände an Bleichmitteln aufweisen. Das Vorhandensein solcher Rückstände wird nachgewiesen durch:

---

[1]) Als Neudruck, Deckblatt 362, erschienen.

α) Jodzinkstärkepapier (s. III. 1. B. 1, S. 195),
β) schwefelsaure Diphenylaminlösung. Eine geringe Menge der Lösung wird in eine Porzellanschale gegossen und der Faden 1 Minute hineingelegt. } Es tritt Blaufärbung ein.

2. Die Baumwollzwirne:

Bezüglich der Färbung, Farbprüfung und der Bleiche gilt das zu 1 a bis d Gesagte.

a) Die Baumwollnähzwirne Nr. 70 müssen aus besten, reinen Makogespinsten ohne Beimischung von indischer oder amerikanischer Baumwolle, frei (soweit technisch möglich) von Knoten und Andrehungen in 3×3 facher Zwirnung, Schlußdrehung links hergestellt und geglättet sein.

b) Die Baumwollzwirne Nr. 30 (ungeglättet) müssen ebenfalls aus Makobaumwolle wie vor in 4 facher Drehung hergestellt sein.

c) Die Heftbaumwolle (ungebleicht) wird in 2 facher möglichst gleichmäßiger Drehung in der Stärke Nr. 20 verwendet.

3. Die Nähseiden:

a) Echte Knopflochseide.

Sie muß aus bester, langfaseriger, reiner Naturseide gefertigt, sauber geputzt und gleichmäßig gezwirnt sein. Die Färbung geschieht mit Alizarin- bzw. Holzfarben; sie muß eine echte sein, der Gewichtsverlust darf 20 bis 25 v. H. für farbig und 12 bis 15 v. H. für schwarz betragen. Die Farbenprüfung wird durch Seifenbäder und mittels des Bügeleisens (Legen des Fadens zwischen Stoff und Bügeltuch) vorgenommen.

b) Schappeseide.

Zu ihrer Herstellung müssen gesunde Rohmaterialien von der sogenannten ersten Länge, die zu einem gleichmäßigen und kräftigen Faden gesponnen sind, verwendet sein.

Ihre Färbung sowie die Farbenprüfung geschieht in der gleichen Weise, wie bei der echten Seide angegeben ist.

Die Beschwerung von Nähseiden wird zunächst in der Weise festgestellt, daß man den Faden anbrennt. Leicht gefärbte Seide wird im allgemeinen bei der Berührung mit einer Flamme schnell aufflackern (1—3 cm weit) und die Asche ein schwarzes Kügelchen bilden bzw. sich zusammenringeln. Beschwerte Seide brennt ganz verschieden. Mitunter glimmt sie nach Berührung mit der Flamme weiter, mitunter bildet sie ein unverbrennliches Skelett von weißer, creme-, ockerartiger, grüner [1] usw. Farbe, je nach dem angewandten Färbeverfahren. Ausschlaggebend für die Beurteilung ist lediglich der Aschengehalt, der 2 v. H. nicht übersteigen darf.

Prüfung s. II B. 3, 4. Absatz, S. 190.

---

[1]) Bzw. graugrüner Farbe (Bemerkung des Verf.).

4. Außer den zu Ziffer 1 bis 3 für die Abnahme vorgeschriebenen Farbenprüfungen sind die Einlieferungen der einzelnen Unternehmer alljährlich einmal einer Prüfung auf Lichtechtheit der Färbung zu unterziehen (Legen des Fadens zwischen zwei Glasplatten und 3 bis 4 Wochen dem Sonnen- bzw. Tageslicht aussetzen).

Die Berechtigung zur nachträglichen Rückgabe der Nähmaterialien bei ungünstigem Ausfall dieser Versuche ist jedoch hieraus nicht herzuleiten. Die Ergebnisse der letzteren dienen als Anhalt bei weiteren Beschaffungen.

5. Die eingelieferten Nähmaterialien müssen an kühlen, (zimmer-) trockenen Orten bei möglichst gleichmäßiger Temperatur gelagert werden.

II. Fadenlänge, Gewicht, Festigkeit und Dehnbarkeit der Nähmaterialien.

	Benennung	Nummer	Fadenlänge in m auf		Bei 1 m Fadenlänge	
			50 g Zwirngewicht	25 g Seidengewicht	Festigkeit in kg [1]	Dehnbarkeit in mm [1]
					mindestens	
Flachszwirn	farbig	} 25/3	210—230	—	4,500	} 20[2]
	weiß		265—275	—	3,500	
	farbig	} 60/3	550—580	—	2,000	} 35
	weiß		650—680	—	1,900	
Baumwollzwirn	farbig	} 70/9	470—500	—	2,000	} 40
	weiß		510—540	—	1,900	
	farbig	} 30/4	750—780	—	} 0,800	50
	weiß		830—860	—		
	Heftbaumwolle . . .	20/2	750—780	—	0,600	40

[1] Die festgesetzten Zahlen sind für die Messungen mit dem Michaelisschen Apparat maßgebend. (Das Kgl. Materialprüfungsamt benutzt die Schopperschen Apparate. Bem. d. Verf.)

[2] Bei geglätteten Flachszwirnen auf Holzrollen kann bei sonst probemäßiger Beschaffenheit über eine etwas geringere Dehnbarkeit hinweg gesehen werden.

		Fadenlänge in m auf		Bei 1 m Fadenlänge	
Benennung	Num-mer	50 g Zwirn-gewicht	25 g Seiden-gewicht	Festig-keit in kg.	Dehn-barkeit in mm
				mindestens	
Nähseide Echte Knopflochseide für Maschine . . . schwarz . . . . . andere Farben . .	} 3 fach	— —	520—550 570—600	} 1,500	135
für Hand . . . . schwarz . . . . . andere Farben . .	} 3 fach	— —	230—240 250—260	} 3,000	150
Schappeseide . . . . schwarz . . . . . andere Farben . .	} 3 fach	— —	700—750 750—780	} 1,000	90

III. Lieferung.

1. Sämtliche Nähmaterialien müssen mit dem Firmenzeichen des Fabrikanten versehen sein.

Es sind zu liefern:

a) Flachszwirn, Baumwollzwirn Nr. 30/4 fach und Nähseiden auf Holzrollen oder Kreuzspulen (Pappe),

b) Baumwollnähzwirn Nr. 70/9 fach auf Holzrollen.

c) Heftbaumwolle auf Kreuzspulen.

2. Verpackungsweise:

a) Flachs- und Baumwollzwirn: 10 Holzrollen oder Kreuzspulen zu je 50 g Zwirngewicht in einem Packet zu 500 g.

b) Nähseiden: Holzrollen oder Kreuzspulen zu je 25 g Seidengewicht in Papierhüllen, 10 Kreuzspulen oder Holzrollen in einer Pappschachtel zu 250 g.

3. Für die Beschaffenheit der Nähmaterialien haftet der Unternehmer zwei Jahre.

IV. Verwendungsart[1]).

Soweit nachstehend ersichtlich gemacht, ist den Bekleidungsämtern die Wahl zwischen Flachs- und Baumwollzwirn freigestellt.

---

[1]) Die Farbe der Nähmaterialien richtet sich im allgemeinen nach der Farbe des zu verarbeitenden Stoffes oder den bei der Probe verwendeten Nähmaterialien. Bei dunkel- und kornblumenblauen sowie dunkelgrünen

1. Rohe Heftbaumwolle Nr. 20/2 fach:
    zum Heften.
2. Flachszwirn Nr. 25/3 fach:
    zum Annähen der Knöpfe und Kokarden
    zum Sticheln,
    zu Riegeln,
    zu Ösen,
    zum Aufnähen der Lederbesätze auf Reithosen,
    als Vorpaß.
3. Flachszwirn Nr. 60/3 fach oder Baumwollzwirn Nr. 70/9 fach:
    zum Staffieren,
    zu den Maschinennähten mit der Ausnahme zu 2 (Reithosen-
       besätze),
    zu den Steppnähten mit den Ausnahmen zu 5.
    zu Knopflöchern an den leinenen und baumwollenen Be-
       kleidungsstücken sowie am Schlitz der Tuch-, Reit- und
       Stiefelhose, zu den letzteren 3 jedoch nur, soweit nicht Eigen-
       tümlichkeiten der Maschine die Verwendung von echter
       Seide bedingen,
    zu Schnürlöchern.
4. Echte Knopflochseide:
    zu Knopflöchern an den Tuchbekleidungsstücken mit den Aus-
       nahmen zu 3,
    zum Verriegeln der Knopflöcher,
    zum Festnähen der Taillenhaken und -Knöpfe am Grundtuch,
    zum Überspinnen der Riegel und Ösen.
5. Schappeseide 3 fach (als Unterfaden Flachszwirn Nr. 60/3 fach oder
Baumwollzwirn Nr. 70/9 fach bzw. 30/4 fach):
    zu den Steppnähten am Waffenrock usw., dem Mantel und
       Umhang,
    zum Aufsteppen der Litzen und Tressen,
    zum Aufsticheln von Schnur.

B. Schuhmacherwerkstatt.

I. Beschreibung der Materialien.

1. Stepp- und Durchnähgarne müssen aus bestem langfaserigem
Flachsmaterial, trocken und lose gesponnen sein, damit sie von flüssigem
Öl oder Pech genügend durchtränkt werden. Die Garne müssen unge-

---

Stoffen sind — mit Ausnahme der bei kornblumenblauem Tuch zur Verwendung kommenden Nähseiden — schwarze, bei feldgrauen und graugrünen Stoffen solche Nähmaterialien zu verwenden, deren Farbe derjenigen
des farbigen Köpers (vgl. S. 186 Nr. 8) entspricht.

bleicht, frei von Knoten, in gleichmäßiger Stärke und elastisch sein, sich sehr fest und beim Zerreißen nicht wie abgeschnitten, sondern langfaserig zeigen.

    a) Steppgarn ist in Nr. 18/3-, 4-, 5 fach und in Nr. 25 und 30/3 fach,

    b) Durchnähgarn 9- und 10 fach zu verwenden.

    2. Hanfgarn Nr. 5, einfach, muß aus bestem langfaserigem Hanf, trocken gesponnen hergestellt sein. Sonst wie 1.

II. Drehung und Fadenlänge.

	Steppgarn								Durchnäh-garn		Hanf-garn Nr. 5
	Nr. 18			Nr.25	Nr.30	Zur Closing-Maschine			garn		
	3 fach	4 fach	5 fach	3 fach		4 fach	5 fach	9 fach	10fach		
Drehung	rechts			rechts		links		rechts oder links		links
Fadenlänge auf 50 g Garngewicht in Metern	165 bis 175	120 bis 130	95 bis 100	210 bis 230	245 bis 250	135 bis 140	112 bis 116	50 bis 65	45 bis 50	235 bis 240

Die Reißfestigkeit der Durchnähgarne 9/10 fach muß mindestens 24/29 $\pm$ 2 kg betragen. Die Prüfung erfolgt auf dem Kraftmesser für Tuche. Den Bekleidungsämtern bleibt es überlassen, hinsichtlich der übrigen Garnsorten den Lieferanten Bedingungen über die Festigkeit und Dehnbarkeit vorzuschreiben.

III. Lieferung.

Wie zu A III.

IV. Verwendungsart.

Zum Steppen der Stiefelschäfte usw. (Ober- und Unterseite): Steppgarn Nr. 18/3- und 4 fach. Zum Steppen der Kappen usw.: Steppgarn Nr. 18/4- und 5 fach. Zum Steppen der Schnürschuhlaschen: Steppgarn Nr. 25 und 30/3 fach. Zum Einbinden des Schuhzeuges: Hanfgarn Nr. 5. Zum Aufnähen der Sohlen: Durchnähgarn 9- und 10 fach.

V. Strippenband.

Die Festigkeit des Strippenbandes ist auf dem Kraftmesser bei einem Kulissenabstand von 30 cm zu prüfen; sie muß mindestens betragen bei solchem für Stiefel: 100 kg, für Schuhe: 65 kg.

C. Ausrüstungsstücke.

Die Nähmaterialien für diese sind entsprechend den betreffenden Proben, entweder schwarz oder grau, orange, juchtenrot und schilffarben zu wählen.

Materialvorschriften der deutschen Kriegsmarine. [1]

Ausgabe 1908.

Nr. 103.　Asbestmaterialien (S. 141 der Vorschriften).

I. Allgemeines. a) Im allgemeinen mustergemäß. b) Bei der Bestellung wird angegeben, ob blauer oder weißer Asbest zu liefern ist. Bei Fabrikaten und Füllungen (z. B. Asbestmatratzen) muß Hülle und Füllung aus Asbest der gleichen Farbe bestehen. c) Nur reine Asbestfaser ohne fremde Beimengungen wie Baumwolle usw. zu verwenden. (Brennprobe einzelner Fasern bei der Abnahmeprüfung: im Feuer einer Schmiedeesse oder im Glühofen.) d) Wenn Material in Rollen bestellt, sollen dieselben nicht unter 1 m breit und etwa 10 m lang sein. Auf Rollen Anzahl der Quadratmeter anzugeben.

II. Asbestnähgarn. Aus 3 Garnen Asbestfaser und je 1 Seele von feinem Messingdraht zusammenzudrehen. Durchmesser etwa 2,0 mm.

III. Asbestschnur. Aus mehreren Asbestfäden von einer dem Schnurdurchmesser entsprechenden Stärke ohne Einlage zusammenzudrehen. Die Schnur muß sich leicht in ihre einzelnen Fäden aufdrehen lassen. In Längen von etwa 100 m zu liefern. Durchmesser 10—40 mm.

IV. Asbestschlauch. a) Die Schläuche sind aus gedrehten Asbestfäden dicht zu klöppeln und je nach Bestellung mit einer Füllung von Asbestfasern oder Kieselguhr zu versehen. Durchmesser 10—40 mm Länge nicht unter 10 m. b) Die Klöppelung muß so fest sein, daß wesentliches Durchstäuben der Füllung nicht erfolgt. c) Füllung des Schlauches muß locker sein und darf sich nicht dicht oder feucht anfühlen. Asbestfäden dürfen nicht zu fein zerzupft werden, sondern müssen stark und lang sein. Stopfung des Schlauches muß so fest sein, daß eine Probe von 1 m Länge bei einer Zugbelastung von 10 kg um nicht mehr als 10 % ihres Durchmessers zusammengedrückt wird.

V. Asbestband. Aus gedrehten Asbestfäden in Breiten von 200 bis 500 mm und Längen von nicht unter 10 m ohne Einlage dicht und fest zu weben.

VI. Asbestpappe. Aus wenigstens 95 % reiner Asbestfaser ohne Drahteinlage mit Wasserglas als Bindemittel in glatten Tafeln von etwa

---

[1] Vorschriften für die Lieferung und Prüfung der hauptsächlichsten Materialien und Apparate des Kriegsschiffs- und Torpedobootsbaues, 1908, Siegfried Mittler & Sohn, Berlin, Kochstraße 68/71. — Die Vorschriften über Tauwerk sind nicht aufgenommen, soweit die Bedingungen nicht von textiltechnischen Laboratorien nachgeprüft zu werden pflegen.

1 qm Größe herzustellen. Gewicht von 1 qm Pappe etwa 0,5, 1, 2, 3 und 4 kg bei den Dicken von 0,5, 1, 2, 3 und 4 mm.

VII. **Asbestdrahtplatte.** Aus Messingdrähten, welche mit Asbestfäden umsponnen sind, fest zusammenzuweben und in Rollen anzuliefern. Die Gummierung auf den Außenseiten der Platte und bei größeren Dicken auch das Bindemittel zwischen den einzelnen Lagen — darf nur ganz dünn aufgetragen sein.

VIII. **Asbesttuch.** Aus gedrehten Asbestfäden ohne Einlage mittelfein fest und dicht zu weben.

IX. **Asbestmatratzen.** a) Aus zwei Asbesttuchen (Nr. VIII) mit einer Zwischenlage von reinen Asbestfasern herzustellen usw. b) Asbestfaserfüllung muß locker sein und darf sich nicht dicht oder feucht anfühlen; Fäden dürfen nicht zu fein zerzupft werden, sondern müssen möglichst stark und lang sein. c) Dicken der Matratzen: 20—50 mm, gemessen bei einer Belastung von 80 kg auf 1 qm. Normalmaß 1 m lang und 1 m breit.

X. **Asbeststopfbüchsenpackung.** Aus Tuch von reinem Asbest festgewickelt in runder Form herzustellen. Bindemittel der einzelnen Lagen darf nur ganz dünn aufgetragen sein oder aus einzelnen dünnen Schnüren von reinem weißen Asbest, welche um einen inneren geflochtenen Asbestkern je nach der Dicke der runden Packung in einer oder mehreren Lagen übereinander geflochten werden.

XI. **Asbestmannlochband.** Aus reinem festen Asbestgewebe mit Bleidrahteinlage oder mit Messingseele, diagonal- und festgewickelt herzustellen. Bindemittel der einzelnen Wickelungen des Bandes darf nur ganz dünn aufgetragen werden; jedoch müssen Wickelungen fest aneinanderhaften. Außenflächen des Bandes sind dünn zu gummieren und mit einem Graphitanstrich zu versehen.

XII. **Kieselguhrasbestmasse.** Kieselguhrkomposition in Pulverform, bei welcher nicht Haare oder Seidenfäden, sondern Asbestfasern als Bindemittel zu verwenden sind.

Nr. 104. Schläuche aus Gummi, Baumwolle und Hanf.

I. **Allgemeines.** a) Im allgemeinen mustergemäß. b) Bestellmaße für den Schlauchdurchmesser beziehen sich auf den inneren Durchmesser.

III. **Gummierte Hanf- und Baumwollenschläuche.** a) Aus bestem Material dauerhaft herzustellen und innen — je nach Bestellung — rot oder schwarz zu gummieren. Länge nicht unter 15 m. b) Bei der Prüfung sind nur einige Stichproben zu entnehmen und diese einem inneren Wasserdruck von 15 kg auf 1 qcm zu unterwerfen, wobei dieselben völlig dichthalten müssen.

Nr. 105. Packungen aus Baumwolle und Hanf.

I. Allgemeines. a) Mustergemäß. b) Hanf und Baumwolle dürfen keine verunreinigenden Beimengungen, wie Hülsenteile usw., enthalten.

II. Baumwollene Packung. Mit Gummikern je nach Bestellung rund oder vierkantig zu liefern. Das Baumwollengeflecht muß in einer Lage fest um den Gummikern geflochten sein. Dicke des Gummikernes etwa $\frac{1}{3}$ der Dicke der Packung.

III. Packungsgarn aus Baumwolle. Aus reiner Baumwolle, in losen zusammengedrehten Strängen herzustellen, welche aus etwa 130 gesponnenen Fäden zu bestehen haben. Gewicht für 100 m: etwa 1 kg.

IV. Packungsschnur für Kondensatorrohre. Aus reiner Baumwolle und einer der verlangten Dicke entsprechenden Anzahl Garnen, welche durch ein dichtes festes Gewebe aus feinen Fäden zusammengehalten werden, herzustellen.

V. Hanfene Packung. Aus feinem, starkem und möglichst langem Hanf in 7 Garnen lose zusammengeschlagen und in Zöpfen von 1 kg zu liefern, von denen 10 zu einem Ballen zu vereinigen sind.

VI. Tuckspackung, hanfene. Rund oder vierkantig aus gummierter Hanfleinwand zu rollen und je nach Bestellung mit oder ohne Gummikern zu liefern. Leinwand soll neu sein und festes, dichtes und gleichmäßiges Gefüge haben. Gummikern darf sich bei einer dauernden feuchten Hitze von 150° C nicht auflösen und nicht die Packung verschmieren. Stärke des Gummikerns: bei Packungen von 22—29 mm: 8 mm, bei Packungen von 32—38 mm: 9 mm, bei Packungen von 41—49 mm: 10 mm.

Nr. 106. Filz.

I. Allgemeines. a) Nach festgesetzter Probe. Größe der Probeplatte wenigstens 0,25 qm (0,5 × 0,5 m). b) Beimengungen von Stroh oder Bast und Verunreinigungen durch Sand usw. sind nicht gestattet.

II. Kesselfilz. a) Filzplatten sind aus Kuhhaaren ohne fremde Beimengungen in guter langhaariger Beschaffenheit locker herzustellen, müssen jedoch so fest sein, daß sie, ohne zu reißen, gehandhabt werden können. Platten müssen die gleichmäßige bestellte Dicke namentlich an den Rändern — haben und sind nicht zu teeren. b) Gewicht von 1 qm Filzplatte in trockenem Zustande bei 30 mm Dicke etwa 5 kg. c) Anlieferung in Tafeln von 1,5 × 2,0 m Größe und 30—50 mm Dicke.

III. Filz geteert. Aus Jute und Haaren in gleichmäßiger Dicke von etwa 3—4 mm bzw. 8 mm so fest zusammenzuarbeiten, daß der Filz nur bei sehr kräftigem Zuge mit der Hand reißt. Filz muß mit reinem Holzteer durch und durch getränkt, jedoch so ausgepreßt sein, daß beim Anfassen kein Teer an den Fingern haftet. Anlieferung in Rollen von mindestens 0,6 m Breite und etwa 10 m Länge.

IV. Filz, weißer (Pfortenfilz). In guter Beschaffenheit möglichst langhaarig, sehr gut gewalkt, ohne Bindemittel, weich und elastisch und in gleichmäßiger Dicke von etwa 9—10 mm herzustellen. Anlieferung in Tafeln von 1,0 × 1,0 m Größe.

Nr. 109. Tauwerk aus Hanf und Manila.

I. Material und Herstellung. a) Hanf und Manila. Hanftauwerk muß von bestem, reinstem Hanf gefertigt sein. Auch zur Seele darf schlechteres Material nicht verwendet werden. Der zur Verarbeitung gelangende Manilahanf muß gleichfalls unverfälscht, dabei langfaserig, glatt, glänzend und von weißer Farbe sein. b) Teer. Zum Teeren ist allein bester schwedischer Holzteer zu verwenden. c) Herstellung. Die verwendeten Garne dürfen Maschinen- oder Handgespinste sein. Tauwerk muß in den Garnen, nicht im ganzen Stück und überall gleichmäßig geteert sein. Ermittelung des Teergehaltes geschieht vermittels des Teergehaltsprobers. Beim Verspinnen des Manilahanfs darf eine Vermischung von Robbenöl mit Wollfett verwendet werden, jedoch darf die Gesamtmenge der Mischung 3 % nicht übersteigen. Zum Zusammenbinden der Trossen dürfen nur Bändsel von vorschriftsmäßigen Leinen oder Kabelgarne von vorgeschriebener Beschaffenheit verwendet werden; das Gewicht derselben darf nur ½ % des Gewichts der betreffenden Trosse betragen. d) Fabrikmarke. Alles Tauwerk ist durch ein von der Werft mit dem Fabrikanten zu vereinbarendes, in den Kontrakt aufzunehmendes Fabrikzeichen, in einem farbigen Faden bestehend, zu kennzeichnen usw.

II. Maß- und Gewichtsgrenzen. a) Länge. Gemäß Bestellung, andernfalls nach Tabellen-Angabe. Die genauen Längen werden entweder durch Nachmessen des ganzen Taues festgestellt oder nach dem tatsächlichen Gewicht der für die Proben gekappten Enden berechnet. b) Umfang des Taues. Für Taue von 2 cm und mehr Umfang mit einem 5 mm breiten Stahlbande zu messen, für geringere Umfänge mit einer Schublehre oder einem Taster zu messen. Die statthaften Abweichungen s. Tabellen. c) Die Anzahl der Garne im Tau. Die Tabellen-Angaben sind maßgebend. d) Rundungen. Zur Feststellung der Härte des ganzen Taues sind die in den Tabellen angegebenen Rundungen maßgebend. e) Gewicht der Trossen mit Bändsel. Angaben der Tabellen maßgebend.

III. Tabellen [1]).

IV. Proben. Zerreißproben, Belastungsproben mit einzelnen Garnen und dem ganzen Tau s. Tabellen [1]).

---

[1]) S. Original der Materialvorschriften für die Kriegsmarine S. 158 bis 173. Dieselben sind hier nicht aufgenommen, weil sie für textiltechnische Laboratorien wenig in Frage kommen.

Nr. 111. Segeltücher, Köpertücher, Bramtücher und Persenningtücher.

I. Das Material. Sämtliche Segel-, Köper- und Bramtücher dürfen nur aus Flachs angefertigt werden. Sowohl Aufzug (Kette) als auch Einschlag (Schuß) sind ausschließlich nur aus den langen Fasern des Flachses zu fertigen. — Es sind nur geweichte (d. h. im Wasser geröstete) Flächse zu verwenden. — Es sind sowohl Aufzug (Kette) als auch Einschlag (Schuß) aus den langen Fasern des friesischen, westfälischen, rheinischen oder des russischen, holländischen oder flämischen Flachses zu fertigen. — Von den verschiedenen Arten des Flachses wird von seiten der Marine dem friesischen der Vorzug gegeben, da derselbe wegen seiner langen starken Fasern und seiner sonstigen vorzüglichen Beschaffenheit sich besonders zur Anfertigung von Segeltüchern eignet. — Der Langflachs ist auf der Vor-, Mittel- und Feinhechel derartig zu bearbeiten, daß die schwarzen und holzigen Teile sämtlich entfernt werden; außerdem ist jedes Beimischen von kurzem Flachs oder Werg streng untersagt. — Sämtliche Garne, sowohl die Ketten- als auch die Schußgarne sind auf Trockenspinnstühlen gut und glatt zu spinnen und gehörig zu drehen. — Die Verwendung naßgesponnener Garne ist nicht gestattet, auch wird eine chemsiche Bearbeitung der zu verwebenden Garne untersagt. — Sämtliche zur Verwendung kommenden Ketten- und Schußgarne sind zum Zwecke der Befreiung von allen vegetabilischen Bestandteilen als Pflanzenleim usw. sorgfältig in nachstehend angegebener Weise zu kochen. Der Kochprozeß findet im Wasser, welches fortwährend kochen muß, unter Zusatz von 98 bis 100 proz. kalzinierter Soda statt. — Die Garne sind zunächst während der Dauer von 2 Stunden unter Zusatz von 8 % kalzinierter Soda, d. h. zum Kochen von 100 kg Garn sind 8 kg Soda zu verwenden, auszukochen. — Nachdem die Brühe abgelassen, sind die Garne in reinem Wasser zu spülen und auszudrücken. Erst nachdem dieses geschehen, sollen die Garne dem zweiten Kochprozeß unterworfen werden. Die Dauer desselben beträgt gleichfalls 2 Stunden bei fortwährendem Kochen und soll in reinem Wasser unter Zusatz von 7 % kalzinierter Soda, d. h. auf 100 kg Garn sind 7 kg kalzinierter Soda zuzusetzen, geschehen. Nach Beendigung des Kochens sind die Garne wiederholt in reinem Wasser zu spülen und auszupressen, dann zu trocknen und, nachdem sie gemangelt, zum Verweben bereit.

Für die Garne derjenigen Segel-, Köper- und Bramtücher, welche in weißer Farbe zur Ablieferung kommen sollen, ist eine Chlorbleiche gestattet, durch welche jedoch die Haltbarkeit der Tücher nicht leiden darf. — Eine Naturbleiche ist unter denselben Bedingungen gestattet. — Es wird unter allen Umständen für weiße Tücher mindestens Halbbleiche verlangt. — Die Persenningtücher sind aus Flachswerggarnen anzufertigen.

II. Das Herstellungsverfahren. Bei der Herstellung sämtlicher Segel-, Köper-, Bram- und Persenningtücher ist die Anwendung jedes Schlichtematerials, als Stärke, Talg, Kleister oder dgl. untersagt. — Jedes Stück muß vollkommen gleichmäßig gearbeitet sein, d. h. es muß das Gewebe im ganzen Stück gleich fest und nicht etwa an einer Stelle loser gewebt sein, als an einer anderen. Die Einschlaggarne müssen im rechten Winkel zu den Kettengarnen (nicht im Bogen) eingewebt sein. — Für die Bearbeitung der Tücher ist vorsichtiges Scheren zur Entfernung der sich bildenden wolligen Ansammlungen auf dem Gewebe (Duhm) usw. sowie ein leichtes Mangeln unter hölzernen Walzen gestattet, dagegen Pressen oder Kalandern mit eisernen und heißen Walzen streng untersagt.

Das braune Köper- und Bramtuch muß im Garn gefärbt werden. Den Farbenton bestimmt die kontraktschließende Werft.

Fabrik sowie die zugehörigen oder benutzten Spinnereien, Kochanstalten und Bleichen der Lieferanten müssen zu jeder Zeit den mit der Kontrolle über die Anfertigung von Marine-Segeltüchern beauftragten Personen zugänglich sein.

III. Die Abmessungen der Tücher. Länge der einzelnen Stücke soll bei sämtlichen Sorten von Segel-, Köper-, Bram- und Persenningtüchern etwa 35 m betragen, Breite der Tücher ist für jede Sorte aus der Tabelle ersichtlich.

IV. Die Prüfungsbelastung. Die Prüfungsbelastung ist diejenige Belastung, welche ein Segeltuchstreifen von 5 cm Breite und 36,5 cm Länge halten muß, ohne zu brechen. — Das eingelieferte Segeltuch usw. ist 3 Tage in dem Annahme-Amt der empfangenden Werft an einem trockenen, den direkten Sonnenstrahlen nicht ausgesetzten Orte (nicht im Keller) zu lagern. — Danach erfolgt die Prüfung auf dem Schopperschen Zerreißapparat in einem nach Norden gelegenen Raume bei normaler Tagestemperatur. Im Winter bei + 15 bis 16° C. Von jeder Sendung sind jedem zwanzigsten Stück gleicher Nummer oder Gattung an 3 Stellen (an den beiden Enden und in der Mitte, ebenso wie bei dem Prüfungsverfahren des Kgl. Materialprüfungsamts in Groß-Lichterfelde) je ein Probestreifen Kette und Einschlag zu entnehmen, die Fäden zu zählen, und die Bruchbelastung festzustellen. Sind weniger oder mehr Stücke als durch die Zahl 20 teilbar angeliefert, so hat für die Prüfung derselben dasselbe Verfahren stattzufinden. — Die Mittelwerte der so erhaltenen Bruchbelastung aus den Ketten- und Schußproben, jede für sich, müssen die in der Tabelle geforderte Prüfungsbelastung mindestens ergeben, andernfalls erfolgt die Verwerfung der ganzen Sendung gleicher Sorte oder Nummer. Wird nur eine Bedingung erfüllt, so ist die Ware zu verwerfen, selbst wenn die Summe beider Festigkeiten erreicht oder sogar überschritten wird. Dem Lieferer oder seinem Vertreter ist es gestattet, bei der Prüfung zugegen zu sein, jedoch soll eine Verzögerung in der Abnahme der Lieferung dadurch nicht stattfinden.

V. Das Gewicht. Die Stücke, welchen die Probestreifen entnommen werden sollen, werden vorher gewogen. Wird das in der Tabelle angegebene größte Gewicht überschritten oder das in derselben Tabelle angegebene niedrigste Gewicht nicht erreicht, so ist das Stück zu verwerfen.

VI. Die Anzahl der Fäden in Kette und Einschlag. Die geringste zulässige Fadenzahl in jeder Tuchsorte ist durch die Tabelle festgesetzt. Es wird dem Lieferer jedoch freigestellt, die Anzahl der Fäden in Kette und Einschlag zu erhöhen, wenn die übrigen Bedingungen erfüllt werden. Eine geringere Anzahl der Fäden schließt von der Prüfung aus.

VII. Die Untersuchung der eingewebten roten Fäden. Die zur Einlieferung gelangenden Segel- und Persenningtücher müssen durch Einziehung zweier der Länge nach durchgehender rot und weiß gezwirnter Fäden auf je einem Dritteil der Breite des Stückes als Eigentum der Kaiserlichen Marine gleich bei der Herstellung gekennzeichnet werden. — Bei den Segeltüchern Nr. 8 und 9 befindet sich ein solcher Faden in der Mitte der Breite des Tuches. Köpertuch und Bramtuch werden ohne diese Fäden geliefert. — In jede Sorte Segeltuch. Köpertuch und Persenningtuch ist außerdem an jeder Seite der Länge nach ein doppelter roter Faden als Nahtfaden einzuweben, welcher bei den verschiedenen Nummern, wie in der Tabelle angegeben, vom Rande entfernt sein muß. — Zu diesen gefärbten Fäden dürfen nur Flachsgarne verwendet werden. Das Einlegen von baumwollenen Fäden wird streng untersagt. Auf die Echtheit der roten Farbe wird besonderes Gewicht gelegt, auch darf dieselbe beim Naßwerden oder Waschen der Tücher nicht auslaufen. Bramtuch wird ohne diese Fäden geliefert.

VIII. Die Untersuchung der Fabrikationsmarke. Jedes Stück Segeltuch ist mit dem darin enthaltenen Maß, ferner mit der betreffenden Nummer, dem Namen und Wohnort des Fabrikanten, sowie mit dem Monat und der Jahreszahl der Ablieferung deutlich und haltbar in 2,5 bis 3,5 cm großen Buchstaben oder Ziffern zu bezeichnen. — Für diesen Zweck ist nur eine gute, schwarze, waschechte Stempelfarbe zu verwenden. Diese Kennzeichnung muß sich in jedem Stück mindestens 3 m vom Ende desselben entfernt befinden.

IX. Besondere Bestimmungen. Wird gegen die Entscheidung der Prüfungskommission betreffs der Festigkeit des Tuches oder des dazu verwendeten Materials Einspruch erhoben, so unterliegt es der Entscheidung des Oberwerftdirektors, eine zweite Prüfung des Tuches vornehmen zu lassen. — Die zweite Prüfung geschieht dann durch das Kgl. Materialprüfungsamt oder im Laboratorium der Kgl. Webeschule zu Sorau i. L. Die Kosten für die Prüfung durch eine dieser Anstalten trägt der unterliegende Teil.

X. Tabelle.
Segeltücher, Köpertücher,
Material:

1.	2.	3.	4.	5.	
Art des Tuches	Breite des Tuches	Länge der einzelnen Stücke	Der Naht-streifen ist vom Rande entfernt	Gewicht des Tuches	
				für 1 qm	für ein Stück von 35 m Länge
	cm	m	cm	kg	kg
Segeltuch Nr. 0. .	61	35	3,5	1,000	21 bis 22
„ „ 1. .	61	35	3,5	0,930	19,5 „ 20,5
„ „ 2. .	61	35	3	0,860	18 „ 19
„ „ 3. .	61	35	3	0,790	16,5 „ 17,5
„ „ 4. .	61	35	3	0,720	15 „ 16
„ „ 5. .	61	35	2,5	0,650	13,5 „ 14,5
„ „ 6. .	61	35	2,5	0,580	12 „ 13
„ „ 7. .	61	35	2,5	0,510	10,5 „ 11,5
„ „ 8. .	40	35	1,5	0,510	7 „ 8
„ „ 9. .	40	35	1,5	0,393bis0,429	5,5 „ [6
Köpertuch, weißes	56	35	2	0,790	15 „ 16
„ braunes	56	35	2	0,890	17 „ 18
Persenningtuch Nr. 1	76	35	3	0,790	20,5 „ 21,5
„ „ 2	76	35	3	0,720	18,5 „ 19,5
Bramtuch, weißes	70	35	—	0,440	10,5 „ 11,5
„ braunes	70	35	—	0,500	12 „ 13

Lieferungsbedingungen und Abnahmevorschriften der Artilleriewerkstätten. [1]

Form. B. 10. a) **Baumwollenes Band.** Rein baumwollen, festes und dichtes Gewebe, 29—30 mm breit. b) **Leinenes Band.** Geköpert, Breite wie a), Gewebe fest und dicht, reine Flachsfasern.

Form. B. 11. **Baumwolle.** Reines Material, gleichmäßiger Ursprung, weiße Farbe. Kein Gemenge von Baumwollabfällen und Rohbaumwolle,

---

[1] Die Angaben der Lieferungsbedingungen und Abnahmevorschriften sind zwecks Raumersparnis nachfolgend meist nur abgekürzt, bzw. in Stichworten wiedergegeben. Z. B. statt: „Das zu liefernde Band muß von reinem, baumwollenem, festem und dichtem Gewebe und 29—30 mm breit sein“ wird gesagt: „Band, reinbaumwollen, festes und dichtes Gewebe, 29—30 mm breit“ usw.

Bramtücher, Persenningtücher.
Flachs .

6.		7.		8.		9.
Anzahl der Fäden auf 1 qm		Anzahl der Fäden in einem 5 cm breiten Kontrollstreifen		Prüfungsbelastung eines 5 cm breiten und 36,5 cm langen Kontrollstreifens		Bemerkungen
in der Kette Doppelfäden	im Einschlag Einzelfäden	in der Kette Doppelfäden	im Einschlag Einzelfäden	in der Kette kg	im Einschlag kg	
1000	600	50	30	340	320	
1020	660	51	33	320	300	
1040	720	52	36	300	280	
1060	780	53	39	280	260	
1080	840	54	42	260	240	
1100	900	55	45	240	220	
1120	960	56	48	220	200	
1140	1020	57	51	200	180	
1140	1020	57	51	200	180	
1500	1320	75	66	160	145	
1120	1120	56	56	300	280	
1120	1120	56	56	300	280	
1000	720	50	36	190	190	
1020	780	51	39	170	170	
{ Einzelfäden 1200	1200	{ Einzelfäden 60	60	150	120	
1200	1200	60	60	150	120	

wenig Verunreinigungen (Sand, Papier, Samenkapseln usw.); ohne besonderes Reißen zum Nitrieren verwendbar. Muster maßgebend. Feuchtigkeitsgehalt höchstens 9 %, Fettgehalt höchstens 0,5 %, Aschengehalt höchstens 1 %, Spuren von Chlor, Holzgummigehalt höchstens 2 %. — 1 g muß auf Mischsäure in 3 Minuten untersinken. Mischsäure: 20—25 % Salpetersäure und 68—60 % Schwefelsäure; Baumwolle darf beim Nitrieren keine breiige Beschaffenheit annehmen und nicht zur Zersetzung neigen. Durchschnittsprobe aus etwa 10 % der gelieferten Ballen.

Form. B. 12. Baumwollentuch. Aus guter Baumwolle, Ketten- und Schußfäden dreidrähtig. Schlichtefrei, Ketten- und Schußfäden gleich stark; Gewebe so dicht, daß es weich gerieben und angespannt gegen das Licht betrachtet, nur ganz vereinzelte Lichtpünktchen durchläßt. Fadenzahl 150—170 auf 1 qcm. Knoten, filzige Stellen und Schäben nur vereinzelt gestattet. Zerreißfestigkeit der Kettenrichtung mindestens 140 kg, der *Schußrichtung* mindestens 165 kg (5 cm breite Streifen). Wasserdichtigkeit: 300 mm hohe Wassersäule 1 Stunde; hierbei nur vereinzelte Tropfen am

Boden zulässig und Wasserverlust in 1 Stunde nicht mehr als 10 mm. Breite des Tuches: 84 cm.

Form. B. 13. Beutelgaze. Reine Seide, Maschen quadratisch, Stoff nicht verlegen.

Form. B. 16. I. Bindfaden usw. für Betriebszwecke. Bindfaden und Zwirn aus Hanf oder Flachs, gut gehechelt, langfaserig, gleichmäßig stark und fest gesponnen, gut geglättet und gestreckt; keine Schäben und lose oder verfilzte Stellen; Knoten nur vereinzelt. Zwirn aus Flachs, Bindfaden aus italienischem, deutschem oder russischem Hanfgespinst (außer fest drelliertem Bindfaden, welcher auch aus Flachs gesponnen sein darf). Auf Haltbarkeit wird der Zwirn durch probeweise Verarbeitung mittels Maschinen- oder Handnäherei geprüft. Die 4 Hauptarten müssen folgenden Bedingungen entsprechen.

Sorte		Durchmesser in mm	Anzahl der Litzen bzw. Fäden	Gewicht von 1000 m in kg		Der Bindfaden darf nicht zerreißen bei einer Belastung von
				größtes	kleinstes	kg
feiner	gewöhnlicher	0,8	2 Fäden	0,80	0,50	7
	fest drellierter		3 Litzen à 2 Fäden			
mittelfeiner . .		1	2 Fäden	1,15	0,70	14
mittlerer . . .		1,3	2 Fäden	2,00	1,50	20
starker		2	2 Fäden	4,40	3,35	35

II. Bindfaden für Munitionszwecke. Aus langfaserigem Hanf, zweifach.

	Durchmesser mm	Gewicht von 1000 m kg	Zerreißbelastung kg
Feiner Bindfaden .	0,8	0,64 $\left\{ \begin{matrix} -0,06 \\ +0,07 \end{matrix} \right\}$	7
Mittlerer Bindfaden	1,3	1,69 ± 0,17	20
Starker Bindfaden .	2	4 ± 0,4	35

Die Festigkeit wird an 0,5 m langen Stücken ermittelt.

Form. B. 28. Drillich oder Zwillich. Geköpertes, reines Leinengewebe, stärker und dichter als Leinewand. Flachs und Hanf kann zusammen verwendet werden. Ketten- und Einschlagfäden gleichmäßig stark. Langfaseriger Flachs oder Hanf und Flachs, gleichmäßig stark und fest gesponnen.

Schäben, Knoten oder filzige Stellen nur vereinzelt gestattet. Gewebe ohne lose Fäden und dünne Stellen. Drillich ungebleicht, nicht hart anzufühlen. Festigkeit: Kettenrichtung: 150 kg. Schußrichtung 130 kg (50 cm lange, 5 cm breite, genau ausgezupfte Streifen, 3 Reißversuche). Baumwollen- oder Jutefäden, bzw. -Fasern untersagt. Baumwolle nach der Kindtschen Schwefelsäureprobe [1]), Jutefäden nach der Salpetersäureprobe zu ermitteln. Breite des Drillichs: 78,83 und 100 cm. Fadendichte: 350—400 auf 1 qcm. Vor den Zerreißversuchen wird Drillich 48 Stunden bei 50 bis 65 % rel. Feuchtigkeit und etwa 20^0 C ausgelegt.

Form. B. 85. Filz. Dichtes und festes Gewirre von tierischen Haaren oder Wollfasern (bei Baumwollfilz Baumwollfasern), ohne Klebemittel (Leim usw.) und ohne Drehung oder Verknüpfung auf mechanischem Wege miteinander verbunden; elastisch und gleichmäßig stark; fest zusammenhängend, keine Hautfetzen oder Verunreinigungen (Sand, Staub usw.), frei von Mottenfraß, haltbar. Platten von bestimmten Abmessungen, angegebenes Maß genau innehaltend; Tafeln in möglichst großen handelsüblichen Abmessungen (im Angebot anzugeben). Dicke mittels eines leicht angedrückten Kalibermaßstabes zu messen; ganz vereinzelt vorkommende kleine schwächere oder stärkere Stellen gestattet. Abweichungen in der Dicke höchstens ± 0,5 mm (außer Filzen von 10—12 mm Dicke zu Verpackungszwecken).

Form. B. 88. Hanfgarn (auch Webegarn genannt). Eindrähtiges reines Hanf- oder Flachsgespinst, feiner gleichmäßiger Faden aus langfaserigem guten Hanf oder Flachs (nicht zu fest). Keine Schäben, Knoten und lose Stellen; sich nicht von selbst aufdrehend. Ungebleicht. Nicht feucht. Baumwolle untersagt.

Form. B. 89. Schwarzes drelliertes Hanfgarn (Segelfaden). Langfaseriger Hanf oder Flachs, nicht zu hart gesponnen. Schäben und Knoten untersagt, Schlichte und Jute nicht zu verwenden. Nicht zu scharf drelliert, unbedingt gleichmäßige Dicke, geglättet und gereckt. Die 3 Hauptsorten müssen folgenden Bedingungen entsprechen.

Sorte	Durchmesser	Anzahl der Litzen oder Fäden	Gewicht v. 1000 m in kg		Bruchlast; der Faden darf nicht zerreißen bei einer Belastung von kg
			größtes	kleinstes	
Dreifach drelliert	0,8 mm	3	0,8	0,50	10
Vierfach „	1,0 „	4	1,15	0,70	15
Fünffach .,	1,2 mm	5	1,5	1,00	20

Im trockenen Zustande zu liefern. Zu bezahlendes Gewicht: Befund nach 72 stündiger Lagerung in einem Raum bis auf 19^0 C. In verdächtigen Fällen Lagerung auf 10 Tage zu verlängern.

---

[1]) P. Heermann, Färbereichemische Untersuchungen S. 22.

Form. B. 90. Jutegarn. Fadenstärke möglichst gleichmäßig, sehr fest; möglichst wenig Knoten und Wulste. Fettgehalt gering; in bester handelsüblicher Qualität zu liefern.

Form. B. 91. Maschinengarn. Gut gehechelter, langfaseriger Hanf oder Flachs, fest und gleichmäßig gesponnen und geglättet. 3 oder 5 drähtig, ohne Knoten oder starke Stellen zusammengedreht, weich. Das schwarze M. muß so geschwärzt sein, daß Faden nicht angegriffen wird. Zu bezahlendes Gewicht wie B. 89 (mindestens 19⁰ C).

Form. B. 104. Deckengurt. Verwendete Bindfaden aus gut gehecheltem, langfaserigem Hanf oder Flachs gleichmäßig stark und fest gesponnen, geglättet. Schäben, Knoten, lose und verfilzte Stellen untersagt. Breite: 78 mm, Stärke: 3 bis 3,5 mm. Normalgewicht für 100 m: 14,65 kg (nicht geringer als 13 kg). Tragfähigkeit des Gurtes von 1 m Länge: 700 kg.

Form. B. 105. Gurt. Breite: 90 mm, Stärke: 3,5 mm. Verwendete Bindfaden wie B. 104. Fertiger Gurt ist auch zu glätten, Schäben, Knoten usw. wie B. 104.

Gurt	Kette Fäden		Schuß auf 100 mm Länge	Zerreißfestigkeit kg
90 mm breit	72		20—22 Fäden	min. 800
	2/4 rechts	2/4 links		

Trocken zu liefern. Mindestens 3 Stücke von je 1,4 m Länge von jeder Lieferung zu zerreißen. Gurt in aufgewickelten Scheiben durch 1,8 m teilbar, jedoch nicht unter 54 m Länge zu liefern. Beim Einweichen von 1 m Gurt 5 Stunden in weichem Wasser darf sich das Wasser nicht gelb färben. Nach Abtropfen des Wassers darf Gurt, nur um etwa ⅓ des ursprünglichen Gewichts zunehmen. Farbe: durchweg gleichmäßig graubraun, wetterbeständig. Vorhandene Farbentafeln maßgebend. Präparationsart freigegeben; doch feuergefährliche, giftige und schädliche Stoffe in Präparation und Farbe verboten.

Form. B. 106. Brauner Köpergurt. Breite: 10 mm. Stärke: 3 mm. Einlage von 8 einfachen Hanffäden und 86 ± 5 gezwirnten Kettenfäden aus Flachs. Schuß: 3 fache Zwirnfäden aus Flachs. Betreffs Flachsart, Schäben, Knoten usw. wie B. 104. Zerreißfestigkeit: 200 kg; mindestens 3 Stücke von je 500 mm Länge zu prüfen. Farbe wie B. 105. Stücke von nicht unter 50 m Länge zu liefern.

Form. B. 107. Plangurt. Aus nicht drelliertem und ungeglättetem Bindfaden (einfache Fäden) herzustellen. Hanf oder Flachs; sonst wie B. 104. Breite: 32 mm, Stärke: 2,5 bis 3 mm. Normalgewicht für 100 m:

5,6 kg (nicht geringer als 4,9 kg). Tragfähigkeit bei 1 m Länge: 200 bis 250 kg.

Form. B. 108. Verstärkte Kreuzleinen. Der Köpergurt soll 27 mm breit und 4 mm stark sein. Einlage von drellierten Hanffäden und aus gezwirnten zweifachen Kettenfäden aus Flachs; Schuß aus 5 fachen Zwirnfäden aus Flachs herzustellen. Flachs- und Hanfart, Schäben usw. wie B. 104. Zerreißfestigkeit: mindestens 500 kg; mindestens 3 Stücke von je 0,5 m Länge zu prüfen. Mindestgewicht für 100 m: 6,8 kg. (Zweitägige Lagerung in einem Raum von etwa 20° C). Gurte dürfen weder gefärbt noch irgendwie imprägniert sein. Die Materialien müssen inländischen Ursprungs sein, worüber Attest beizubringen ist.

Form. B. 113. Russischer Hanf. Möglichst gleichmäßig stark, lang und bandartig, weich anzufühlen, lebhaft glänzend. Farbe: bläulich-silbergrau. Stockflecken nicht gestattet. Einmischung von dunkelgelben, bräunlichen oder rötlichen Fasern unstatthaft. Mindeste Faserlänge: 1,2 m. Hanf wird auf seinen Gehalt an Kern, Bart und Abfall geprüft. Kerngehalt: mindestens 63 %, Abfall: höchstens 12 %, Zerreißfestigkeit: 2400 kg (für ein aus dem Kern des Probehanfes gefertigtes 20 mm starkes Tau, 2 Probestücke von 2 m Länge).

Form. B. 113a. Kolonialhanf. Muß auf deutschem Gebiet gewachsen sein. Beschaffenheit sonst wie 113, darf in Bunden nicht strähnenartig zusammengeheftet sein. Farbe: weiß glänzend, Länge: 0,80—1,50 m. Einzelne Köpfe frei von Schäben, und von zusammengeballten, verfilzten und zu kurzen Fasern. 95 % zum Tau verwertbar; Zerreißfestigkeit 20 mm starker und 2 m langer Taue: 2400 kg.

Form. B. 114. Italienischer Hanf. Vollständig schalenrein, weiße Farbe, weich, geschmeidig, Fasern mindestens 1,2 m lang. Docken im Innern keine kurzen Büschel (Einlagen) enthaltend, sich trocken anfühlend.

Form. B. 129. Cocosfaser. Farbe: hellbraun. Gut getrocknet, frei von Schäben, nicht dumpfig riechend. Länge der einzelnen Fasern: 200—300 mm. Stärke: wie kräftige Schweinsborsten; kurz umbiegbar und kniffbar ohne zu brechen: Gebogene Fasern müssen elastisch zurückfedern; müssen mit heller Flamme verbrennen und dunkelgefärbte Asche hinterlassen.

Form. B. 170. Flachsleinewand. Glattes reines Leinengewebe aus gleichmäßig starken Ketten- und Schußfäden. Aus langfaserigem Flachs stark und fest gesponnen. Vereinzelte Knoten, filzige Stellen und fest eingewebte Schäben gestattet; lose Fäden und dünne Stellen untersagt. Ungebleicht. Geruch und Farbe von gutem Flachs zeigend. Nicht hart anzufühlen; event., ausgerieben und ausgeklopft, weich werdend. Zerreißfestigkeit: Kette 100 kg. Schuß 90 kg. (Je 3 Streifen von je 50 cm Länge und von genau ausgezupfter 5 cm Breite. Baumwollen- und Jutegehalt untersagt. (Prüfung wie oben.)

Form. B. 171. Packleinewand. Im Inlande hergestellt; möglichst gleichmäßiges festes Gewebe aus Hanf, Garn oder aus Jute. Stücklänge: 50 m, Breite: 1 m; roh und ungebleicht. Fadenzahl: Kette etwa 46, Schuß etwa 48 auf 10 cm. Gewicht: 30 kg für je 100 qm, — 2 %.

Form. B. 173. Linoleumplatten. Nicht brüchig, mustergemäß, besonders in bezug auf Weichheit und Elastizität.

Bleigehalt: höchstens 2 %. Im Inlande hergestellt. 10 Jahre in ungeheizten Räumen unveränderlich, besonders nicht hart und brüchig werdend. Garantiezeit im Angebot anzugeben.

Form. B. 176. Makostoff. Graugrünes, dichtes fest geschlagenes Gewebe in Segeltuchbindung; sogenannte ägyptische Baumwolle zu verwenden. Gleichmäßig starke gezwirnte, 3 drähtige Ketten- und Einschlagfäden, im Garn gefärbt und imprägniert. Knoten und Kapseln vereinzelt gestattet, filzige Stellen und Schäben unstatthaft. So dicht gewebt, daß durchsichtige Stellen nicht vorhanden. Fadenzahl: 320—370 Maschen auf 1 qcm. Gewicht: 410 g $\pm$ 10 % für 1 qm. Zerreißfestigkeit: Kette 150 kg, Schuß 120 kg (je 3 Stück 50 cm lange und 5 cm breite Streifen). Vor dem Zerreißen sind Proben 48 Stunden bei 60—70 % rel. Feucht. und 15—19⁰ C auszulegen. Wasserdichtigkeit: Gewebe wird 3 Tage in weichem Wasser eingeweicht und dann getrocknet: alsdann darf durch 1 Stück (50 × 50 cm) Wasser höchstens im Anfang nur durchschweißen, nicht durchlaufen oder durchtropfen, später muß absolute Dichtigkeit eintreten (Probedauer 5 Stunden). Farbe: gleichmäßig graugrün, möglichst wetterbeständig und fäulniswiderstandsfähig. Prüfung auf Wetterbeständigkeit: 3 Monate den Witterungseinflüssen auszusetzen. Streifen und Flecke im Stoff untersagt; Farbe beiderseitig gleich. Verdeckung von Schönheitsfehlern durch Bestreichen des Stoffes mit Kupfersalzlösungen u. ä. unstatthaft. Stoff darf weder im trockenen noch im nassen Zustande abfärben und beim Klopfen, Reißen und Bürsten nicht stäuben. Gewebe muß weich und geschmeidig bleiben. Giftige und schädliche Beimischungen zu Färbe- und Imprägnierungsmitteln verboten. Wasserunlösliche Metallverbindungen gestattet. Nachweis wasserlöslicher Metallverbindungen: 25 g Gewebe 6—8 Stunden bei 50⁰ C in Wasser stehen lassen; der filtrierte und eingedampfte Auszug wird geglüht, Rückstand gelöst und auf giftig wirkende Metalle (wie Kupfer, Chrom, Zink, Blei), die nur in Spuren gestattet sind, geprüft.

Form. B. 196. Nesseltuch. Breite: nicht unter 600 mm, weiß, frei von Appretur. Möglichst dicht, einzelne Fäden fest und dauerhaft.

Form. B. 250. Polsterwolle. Reine, nicht zu kurze Wollabfälle ohne fremde Beimengungen. Nicht mit Haaren untermischt, nicht feucht und verfilzt. Staubfrei.

Form. B. 252. Putzlappen. Je nach Erfordern aus wollenen, baumwollenen, leinenen, halbleinenen oder anderen Geweben bestehend. Keine Appretur und harte Nähte enthaltend. Öle leicht aufsaugend. Rein und sandfrei, noch ungebraucht, nicht von Kleidungsstücken herrührend. Öllöslicher Farbstoff nicht gestattet. $\frac{1}{4}$—$\frac{1}{3}$ der gelieferten Lappen min destens 0,25 qm groß. Desinfektionsschein ist jeder Lieferung kostenlos beizufügen.

Form. B. 253. Putztücher. a) Seidene Putztücher. Aus rohem Seidenabfallgarn bestehend, weder Appretur noch Nähte enthaltend Größe: etwa 40/60 cm Durchschnittsgewicht: 50 g. b) Baumwollene Putztücher. Aus reiner, ungebleichter Baumwolle von genügender Haltbarkeit (Zerreißversuch mit der Hand) gewebt. Größe: Quadratisch, etwa 0,25 qm Durchschnittsgewicht: 35 g. a und b ohne Webekante, haltbar gesäumt. a und b Öle leicht auffsaugend, rein und sandfrei.

Form. B. 268. Im Garn braungefärbtes Segeltuch. Kette und Schuß ungebleichter langfaseriger Kernflachs. Gleichwertiger Langhanf nur für Schuß gestattet; Baumwolle, Werg, Hede, Jute usw. verboten. Faser frei von holzigen Teilen, kurzer Faser und Beigemisch. Garne sind glatt zu spinnen und fest zu drehen. Gleichstarke Fäden; keine ungleichmäßigen, knotigen Stellen, Schäben, dünne Stellen. Weichgerieben und ausgespannt, gegen das Licht betrachtet, nur vereinzelte Lichtpünktchen durchlassend. Fadenzahl bei starkem Segeltuch: Kette 11—12 Doppelfäden, Schuß 9—10 Einzelfäden. Fadenzahl bei feinem Segeltuch: Kette 15 bis 16 Doppelfäden, Schuß 12—13 Einzelfäden auf 1 cm. Zerreißfestigkeit bei starkem Segeltuch; Kette und Schuß 260 kg, bei feinem Segeltuch: Kette und Schuß 200 kg. (je 3 à 50 cm lange und 5 cm breite Streifen). Vor der Prüfung sind Proben 48 Stunden bei 60—70 % rel. Feucht. und 15—19° C frei aufzuhängen. Weichheit wie Form. B. 170. Im nassen Zustande müssen sich Poren schließen. Wasserdichtigkeit: Probe (50 × 50 cm) in den Ecken aufgehängt und mit Wasser gefüllt Wasser darf nur im Anfang durchtropfen, später muß völlig dicht werden. Probedauer 5 Stunden. — Im Garn braun gefärbt, gleichmäßige wetterbeständige Farbe. Farbenton nach Proben. Prüfung auf Wetterbeständigkeit: 3 Monate. Giftige und schädliche Stoffe verboten. In Streitigkeitsfällen entscheidet das Kgl. Materialprüfungsamt oder Pulverfabrik Spandau. Atteste inländischer Spinnereien über entsprechenden Garnkauf beizubringen.

Form. B. 269. Wasserdichtes, graubraunes unverstocklich präpariertes Segeltuch. Kette und Schuß aus bestem, ungebleichtem langfaserigem Kernflachs; gleichwertiger Langhanf nur für Schuß gestattet. Baumwolle, Werg usw. verboten; holzige Teile usw. wie Form. B. 268. Garne glatt zu spinnen und fest zu drehen. Trocken gesponnene Garne vor dem Verweben durch Soda u. ä. zu reinigen. Säure, Chlor und andere schädliche und ätzende Stoffe verboten. Gewebedichtigkeit bei starkem Segeltuch auf 1 cm: Kette 11—12 Doppelfäden, Schuß 9—10 Einzelfäden; bei feinem Segeltuch: Kette 15—16 Doppelfäden, Schuß 11—12 Einzelfäden. Zerreißfestigkeit wie bei Form. B. 268. Dauerhaftigkeit der Präparation: Stoff wird 3 Tage in weichem Wasser geweicht und dann getrocknet usw. wie Form. B. 176. Präparationsart freigegeben; nur dürfen Paraffin u. ä. leicht brennbare Stoffe nicht verwendet werden. Farbe graubraun, wetterbeständig und fäulniswiderstandsfähig. Prüfung auf Wetterbeständigkeit 3 Monate. Prüfung der Fäulniswiderstandsfähigkeit: Ein Stück der Probe wird 4 Wochen mindestens ½ m tief an nicht zu feuchten Stellen in die Erde ausgebreitet vergraben; das äußere Ansehen darf nach dieser Zeit keine erhebliche Veränderung erlitten haben, und der Verlust an Festigkeit darf nicht mehr als die Hälfte der ursprünglichen vorgeschriebenen Zerreißfestigkeit betragen. — Streifen und Flecke untersagt. Farbe beiderseitig gleich; Imprägnierungsmasse darf nicht abbröckeln oder sich abkratzen lassen. Abfärben und Stäuben wie bei Form. B. 176 verboten. Leim oder Stärke nicht zu verwenden. In der Wärme (40⁰ C), beim Zusammenlegen und im nassen Zustande darf Segeltuch nicht kleben. Für Farbenton Proben maßgebend. Giftige Stoffe in Präparation wie Farbe verboten. Attest inländischer Spinnereien wie Form. B. 268.

Form. B. 270. Brauner doppelter mit Gummilösung verbundener Stoff besteht aus einer Lage braun gefärbtem, feinem, wasserdicht präpariertem Segeltuch und einer Lage braun gefärbtem, feinem, baumwollenem Stoff. Beide Lagen sind durch Gummilösung so fest zu verbinden, daß sie homogen erscheinen. Verbindung muß bei beiden Lagen in der Kettenrichtung erfolgen. Segeltuch, Kette und Schuß ungebleichter, langfaseriger Kernflachs; gleichwertiger Langhanf nur für Schuß gestattet. Werg, Hede usw. verboten. Holzige Teile usw., Drehung, Glätte wie Form. B. 268 und 269. Vorbehandlung der Garne mit Soda usw. wie Form. B. 269. — Baumwollentuch aus guter Baumwolle; nur reines Garn ohne jede Schlichte zu verwenden. — Beide Gespinste gleich starke lange Fäden, ohne knotige Stellen, Schäben, dünne Stellen usw. Gewebedichtigkeit auf 1 cm beim Segeltuch: Kette 13—14 Doppelfäden, Schuß 11—12 Einzelfäden; beim baumwollenen Stoff: Kette 19—20 Doppelfäden, Schuß 19—20 Einzelfäden. Zusammengeklebte Stoffe dürfen keinerlei Blasen oder Hohlräume enthalten. Als Klebemittel ist erwärmte Gummilösung zu verwenden. Durchschnittliche Zerreißfestigkeit: Kette 200 kg. Schuß 150 kg (je drei 50 cm lange und 5 cm breite Streifen) zu prüfen. Proben sind vor der Prüfung 48 Stunden bei 60—70 % rel. Feucht. und bei 15—19⁰ C aufzuhängen. Wasserdichtigkeitsprüfung wie Form. B. 176 und 269. Präparationsart wie Form. B. 269. Farbe gleichmäßig braun. Für Farbenton Proben maßgebend. Streifen und Flecke untersagt. Trocken und naß nicht abfärbend, giftige bzw. schädliche Stoffe in Präparation und Farbe verboten.

Form. B. 271. Seidengarn. Bunde von etwa 2 m Umfang, 5 Fäden zu je 1 Faden drelliert. Faden ohne Knoten, nicht unter 300 m lang. Auf je 150 m höchstens 1 Knoten. Zerreißfestigkeit: über 4 kg (0,5 m lange

Fäden zu reißen). Fettgehalt höchstens 1,5 %. Etwaiges mehr an Fett wird am Gewicht gekürzt. Nur mit Soda verseifbare Fette verwendbar; durch Auskochen in Sodalösung muß sich auf mindestens 0,2 % Fett entfetten lassen. Nach dem Entfetten muß Zerreißfestigkeit noch mindestens 4 kg betragen.

Form. B. 274. Seilerwaren. Nur russischer, süddeutscher oder italienischer Hanf oder deutscher Kolonialhanf zu verarbeiten, mit Ausnahme der Gurte (Kette und Schuß), zu welchem auch Flachs verwendbar ist. Über russischen Hanf und Kolonialhanf siehe Form. B. 113 und 113 a. Für süddeutschen und italienischen Hanf gelten sinngemäß die Bedingungen für russischen. Genaueres über die zu liefernden Seilerwaren: 1. Sackband und Schnur, 2. Stränge, 3. Leinen, 4. Taue, 5. Gurte, siehe Original.

Form. B. 277. Scheiben aus Cocosfaser. Gesunde, langfaserige Cocosfaser; andere Fasern unzulässig. Fest und gleichmäßig. Stärke: 7—8 mm. Lose Stellen und Knoten nicht gestattet. Einfassung aus wasserdicht präpariertem, graubraunen, feinem Segeltuch zeichnungsgemäß herzustellen. Segeltuch ist von den Firmen zu beziehen: Gottschalk & Co., Kassel; Baumann & Lederer, Kassel; Fröhlich & Wolff, Kassel.

Form. B. 278. Scheuerlappenzeug (Biber). In handelsüblicher Länge und Breite von 0,60 m zu liefern. Dichtes, weiches, beiderseitig gerauhtes Baumwollengewebe. Öl leicht aufsaugend; nach dem Waschen nicht hart werdend und nicht einlaufend. Fadenzahl: 45 im Schuß, 50 in Kette auf 10 cm. Probe praktischem Gebrauch zu unterwerfen.

Form. B. 278 a. Scheuerlappentuch. Hanf oder Baumwolle so, daß Kette Hanf oder Flachs, Schuß Baumwolle und daß Bindung der Schußfäden, welche 2 Kettenfäden fassen sollen, bei 2 untereinanderliegenden Schüssen versetzt ist. Kettenfäden möglichst kräftig. Gewebebreite ohne Straffziehen: 600—800 mm. Grauweiß, nicht gerauht, gute Wasseraufnahmefähigkeit. Gewicht von 1 qm: mindestens 0,4 kg. Probe praktischem Gebrauch zu unterwerfen nud nur bei günstigem Ausfall abzunehmen.

Form. B. 298. Flaggentuch. a) Zu Neutralitätsflaggen gutes, dichtes, reinwollenes, echtfarbiges Tuch. b) Bezugsstoff zu Signalrahmen aus rein baumwollenem, echtfarbigem, dichtem und festen Gewebe (Nessel oder Satin).

Form. B. 303. Werg. Nur aus beim Haspeln abgesonderten kurzen, wolligen und verworrenen Fasern des Hanfes oder Flachses bestehend. Sich trocken anfühlend, nicht dumpfig riechend, frei von Sand oder sonstigen Verunreinigungen. Fasern nicht zusammenbackend, beim Klopfen nicht stäubend.

Woilachs. 1. In der Hauptsache aus guter Schurwolle; Beimischungen von Baumwolle, Kunstwolle aller Art, Sterblingswolle, früher schon verarbeiterer Wolle, sowie gefärbter Wolle und anderen Stoffen nicht gestattet. 2. Mischung von 13—15 % naturbrauner, 13—15 % weißer und 74—70 %

grauer Wolle zur Erreichung eines gleichmäßig grauen Farbtones erforderlich.
3. Gleichmäßig dichtes, geschlossenes, nicht fadenscheiniges, aus einfachem
Schuß- und Kettenfaden hergestelltes Gewebe; ohne eingezogene Fäden oder
Streifen von stärkerem Garn. Knoten im Schuß nicht gestattet. Sogenannte
Weberknoten in Kette vereinzelt erlaubt, wenn klein und genügend weich.
Webekanten nicht zerrissen und geradlinig. Woilachs gut gerauht und gewalkt.
4. Farbton höchstens unwesentlich vom Muster abweichend. 5. Länge:
2330 mm. Breite: 2000 mm. Gestattete Abweichung: + 50 mm. Mindestgewicht 3167 g, Höchstgewicht 3700 g. (Nach 24 stündiger Lagerung bei
15—20⁰ C.) 6. Prüfung des Stoffes: a) Wollfasern mit Lupe und durch chemische Untersuchung zu prüfen. b) Gewebedichtigkeit bei 20 mm: Kette
mindestens 17, Schuß mindestens 14 Fäden. Gegen das Licht gehalten,
einzelne Fäden nicht sichtbar (auch nicht nach dem Aufstreichen der Wolle).
Zerreißfestigkeit: Kette mindestens 27 kg, Schuß mindestens 22 kg (je 3
Streifen von 200 mm Länge und 50 mm Breite). Zu verwendender Apparat:
Tarnogrockische Gewebe-Zerreißmaschine. 7. Für die Prüfung (siehe 6)
ist vom Lieferanten für jede angefangenen 500 Stück ein Stück kostenlos
mitzuliefern. Beim Verlangen von Angebotsproben ist ein Stück von mindestens 400 × 250 mm mit einzusenden, sowie ein ganzer Woilach, der nach
der Prüfung zurückfolgt. 8. Ersatz verworfener Decken hat in 3 Wochen
zu erfolgen. 9. Hinsichtlich der Brauchbarkeit der Lieferung unterwirft
sich Lieferant dem Urteil der Werkstätten-Revisions-Kommission.

Woilachs für das Artillerie-Depot Magdeburg. Im wesentlichen dieselben Bedingungen wie oben die der Direktion der Artillerie-Werkstätten.

Wichtigste Abweichungen: Deutsche Schurwolle vorgeschrieben,
im Inlande hergestellt. Maximalgewicht nicht vorgeschrieben. Woilachs
sind gerade und rechtwinkelig zuzuschneiden. Anzahl der zu prüfenden
Woilachs: bei Lieferung von 10—500 Stück: 1 Stück. Bei mehr als 500 Stück:
0,2 % der Stücke.

Lieferungsbedingungen des Königlich Preußischen Eisenbahn-Zentralamtes für Dienstkleidungs-Materialien. [1]

A. Tuche und wollene Futterstoffe.

Aus reiner gesunder Schurwolle ohne Beimischung von Baumwolle,
Kunstwolle, Scherhaaren und dergleichen in gleichmäßigem dichten Gewebe. Die Tuche mit Ausnahme des Diagonal-Hosenstoffes (Strumpftrikot)

---

[1] Für die Lieferungsbedingungen der außerpreußischen deutschen
Staatsbahnen sind folgende Verwaltungen zuständig: 1. Kaiserliche Generaldirektion der Eisenbahnen in Elsaß-Lothringen, Straßburg i. E. 2. Ma-

sowie des schwarzen und orangefarbigen Besatztuches in der Wolle mit licht- und tragechten Farben gefärbt sein und dürfen nicht schmutzen. Echte Teer- und Alizarinfarben sind zulässig. Die stückfarbigen Tuche müssen gleichmäßig ausgefärbt und vollständig durchgefärbt sein. Das Diagonaltuch (Strumpftrikot) aus reinem Streichgarn gearbeitet.

Stücke 20—30 m lang, an beiden Enden mit einem Schlag versehen, in dem Firma und die Fabrikationsnummer vor der Walke mit weißem oder gelbem Wollfaden eingenäht ist. Möglichst fehlerfrei und mustergemäß. Gewicht für 1 m: blauen Tuches I. Güte: 630 g; blauen Tuches II. Güte: 700 g; schwarzen Diagonaltuches (Trikot): 700 g; schwarzgrauen gekörperten Tuches I. Güte: 800 g; schwarzgrauen geköperten Tuches II. Güte: 830 g; blauen Sommerstoffes (Serge) I. Güte: 520 g; blauen Sommerstoffes (Serge) II. Güte: 540 g; dunkelgrauen Sommerstoffes für Hosen: 540 g; schwarzen Tuches: 600 g; orangefarbigen Tuches: 520 g; schwarzgrauen wasserdichten Mantelstoffes: 400 g; schwarzgrauen wasserdichten Tuches für Dienstmäntel: 1000 g; dunkelgrauen wasserdichten Mantelstoffes (Melton): 540 g; hellen und dunklen Lamas (Flanell): 500 g; Köper-Marengofutters: 660 g

Wenn sich Stoffe durch bessere Wolle usw. besonders empfehlen, so dürfen an dem Gewicht bei dem schwarzen und orangefarbigen Tuch 10 g und bei allen anderen Stoffen 20 g für das Meter fehlen.

Sämtliche Stoffe krumpfrei (nadelfertig) in Breite von 140 cm bei allen Tuchen, 170 cm bei den Lamas, und 180 cm bei dem Köper-Marengofutter ± 1 cm ohne Leisten einzuliefern.

Zerreißfestigkeit für Streifen von 9 cm Breite (doppelt zusammengelegt) bei 30 cm Kulissenabstand:

	Festigkeit Kette u. Einschlag	Dehnbarkeit Kette u. Einschlag
Blaues Tuch I. Güte	45 kg	50 mm
Blaues Tuch II. Güte, schwarzgraues geköpertes Tuch I. und II. Güte, dunkelgrauer Sommerhosenstoff und Mantelstoff (Melton)	56 ,,	75 ,,
Schwarzes Diagonaltuch und schwarzgraues Tuch für Dienstmäntel	75 ,,	75 ,,
Blauer Sommerstoff (Serge) I. und II. Güte .	50 ,,	75 ,,
Schwarzes und orangefarbiges Tuch	40 ,,	50 ,,
Helles und dunkles Lama	25 ,,	65 ,,
Köper-Marengofutter	30 ,,	65 ,,

schinenkonstruktionsamt der Königlich Bayerischen Staatseisenbahnen, München. 3. Königliche Generaldirektion der Sächsischen Staatseisenbahnen, Dresden. 4. Generaldirektion der Königlich Württembergischen Staatseisenbahnen, Stuttgart. 5. Großherzogliche Generaldirektion der Badischen Staatseisenbahnen, Karlsruhe. 6. Großherzogliche General-Eisenbahndirektion in Schwerin (Mecklenburg). 7. Großherzogliche Eisenbahndirektion in Oldenburg (Großherzogtum).

Bei Stoffen, für welche Wollfarbe vorgeschrieben ist, muß Leiste erkennen lassen, daß der Stoff in der Wolle gefärbt ist. Überfärben der Ware im Stück unzulässig. Leisten nicht von Kälberhaaren und ebenso wie Schläge in Schwere und Farbe mustergemäß.

B. Drillich und Baumwollenstoffe.

Garne aus guten reinen Flachsfasern bzw. langfaseriger Baumwolle gleichmäßig gesponnen und gut gedreht. Mustergemäß.

Gewicht (für 1 m) und Breite beim: weißen Waschzeug: 220 g, 68/70 cm; grauen Waschzeug: 265 g, 75/76 cm; Zanella: 200 g, 140 cm; grauen und schwarzen Glanznessel: 170 g, 80/82 cm; gestreiften Ärmelfutter: 120 g, 98/100 cm; Ärmelfutter-Eisengarn: 170 g, 98/100 cm; Taschenfutter: 190 g, 80/82 cm; Wattierleinen: 270 g, 70/73 cm; blauschwarzen Lindener Samt: 170 g, 68/70 cm.

Zerreißfestigkeit für Streifen von 9 cm Breite (doppelt zusammengelegt) bei 30 cm Kulissenabstand:

| | Festigkeit | | Dehnbarkeit |
	Kette	Einschlag	Kette u. Einschlag
Zanella	40 kg	60 kg	15 mm
Grauer Glanznessel	80 „	60 „	30 „
Schwarzer Glanznessel	80 „	60 „	25 „
Gestreiftes Ärmelfutter	50 „	50 „	15 „
Ärmelfutter-Eisengarn	130 „	28 „	15 „
Taschenfutter	45 „	100 „	15 „

C. Sonstige Materialien.

In allen Tressen, Flachschnüren und Achselschleifen muß Metallfaden echt und im Feuer vergoldet sein, an Silber $^{972}/_{1000}$ und an Gold $^{18}/_{1000}$ Gewichtsteile aufweisen und in den in der Ausschreibung geforderten Mengen enthalten sein. In allen Tressen muß der Unterschuß aus realer Seide bestehen und in den 8 und 4 mm breiten Tressen, den Flachschnüren und Achselschleifen der Metallfaden um reale Seide gesponnen sein. — In den Achselstücken, welche aus einer 30 mm breiten mit 2 blauseidenen Längsstreifen durchwirkten Goldtresse und einem 2½ mm breiten Vorstoß, sowie Futter von orangefarbenem Tuch zu fertigen und in Längen von 11—15 cm zu liefern sind, muß der Metallfaden versilbertes und im Feuer vergoldetes Kupfer sein und $^{13}/_{1000}$ Gewichtsteile Feingold aufweisen. Der Metallfaden muß als Draht (massiv) verwebt sein. Bei Prüfung sich etwa ergebende Minderfeingehalte an Silber bis zu $^{5}/_{1000}$, an Gold bis zu $^{2}/_{1000}$, sowie Mindergewichte an Metall bis zu 10 vom Hundert sind zulässig.

Lieferungsbedingungen der Preußischen Staatseisenbahnverwaltung.

C. XVII. Zu den **Schmirgelleinen** muß festes Baumwollengewebe und zu dem **Schmirgelpapier** zähes Papier und unverfälschter Levantiner, der Naxosschmirgel verwendet werden. Die einzelnen Bogen werden in der Größe von 210 × 290 mm im Packen zu 100 Stück verlangt; abweichende Abmessungen müssen im Angebot vom Bewerber angegeben werden. Jeder Bogen muß das Firmenzeichen der Fabrik tragen.

Zu dem **Flintsteinpapier** und **Glaspapier** ist zähes Papier bester Beschaffenheit zu verwenden. Größe der einzelnen Bogen: 230 × 300 mm; Packen zu 100 Stück; abweichende Abmessungen im Angebot anzugeben. Firmenzeichen auf jedem Bogen.

Filz in Tafeln ist in nachstehenden Sorten nach ausgelegten Mustern, in gleichmäßiger Stärke und nach vorgeschriebenen Maßen rechtwinkelig beschnitten zu liefern. a) **Haarfilz zur Dichtung, Isolierung und Schalldämpfung** aus Kuhhaaren, weich und elastisch, ohne Binde- und Beschwerungsmittel hergestellt, sich nur schwierig spaltend und auseinanderziehen lassend. b) **Wollfilz zu Dichtungen.** Aus weißer Schafwolle, sonst dem Haarfilz entsprechend. c) **Der Schleiffilz.** Fester weißer Haarfilz von 10 mm Stärke, muß sich nur schwierig spalten oder auseinanderziehen lassen. d) **Unterlagsfilz.** Aus grober Schafwolle, gewalkt, stark gepreßt, mit neutralen Erdölfetten getränkt, mit gehärteter Oberflächenschicht versehen. Filz soll fest und dauernd elastisch sein.

Filzringe. Nach ausgelegten Mustern, genau aus gleichmäßig starkem, gut gewalktem Haarfilz herzustellen; dürfen sich nur schwierig spalten und auseinanderziehen lassen.

C. XVIII. **Wagendecken.** Ungetränkt oder wasserdicht. Aus reinem Flachs- oder Hanfgarn sauber und fehlerfrei hergestellt. Fadenzahl in 1 qcm: Kette 10—12 Doppelfäden, Schuß 8—10 Fäden. Jute-Beimischung untersagt. Art des Materials im Angebot anzugeben. Zerreißfestigkeit nach 24 stündigem Auslegen bei 60—65 % rel. Feucht.: Kette und Schuß mindestens 185 kg (40 mm breite mit an beiden Seiten je 5 mm freien Fadenenden und 360 mm lange Streifen). Gewicht: Ungetränktes Gewebe: höchstens 800 g; getränktes (wasserdichtes) höchstens 900 g für 1 qm. Garn oder Segeltuch durch mindestens 4 stündiges Kochen in Sodalösung zu reinigen. Ungetränktes Segeltuch durch Tränken in lauwarmem Wasser krumpfrei zu machen. Appretieren oder Glätten des Stoffes untersagt. Bei getränkten Decken ist Tränkungsverfahren anzugeben. Getränkte Decken sind durchaus trocken zu liefern. Wasserdichtigkeit: Auf ein Gestell gespannt darf Wasser bis zu 10 cm Höhe 24 Stunden lang nicht durchtropfen. Firmenzeichen und Lieferungsjahr an jeder Decke anzubringen.

Heermann, Mech. u. physik.-techn. Textilunters.   21

Segeltuch (ungetränktes und getränktes) muß den Gütevorschriften des Segeltuches für lose Wagendecken entsprechen.

Segeltuch zu Lokomotiv- und Wagendächern. (Doppeldrell): Gleichmäßig festes, geköpertes Gewebe aus Flachs oder Hanf mit langen Fasern ohne Beimischung von Hede, Jute oder Baumwolle. Art des Materials im Angebot anzugeben. Fadenzahl auf 1 qcm: Kette etwa 9 Doppelfäden, Schuß etwa 11 zweifach gezwirnte Fäden. Gewicht von 1 qm: mindestens 850 g. Zerreißfestigkeit: Kette und Schuß mindestens 125 kg (5 Versuche, 40 mm breite mit an beiden Seiten je 5 mm freien Fadenenden und 360 mm lange Streifen).

Handtuchstoffe. Mustergemäß. Aus Flachsgarn fehlerfrei gewebt (reinleinener Stoff).

Hanfschläuche Aus bestem gleichmäßig starkem Hanfgarn sauber und dicht gewebt. Müssen einen Wasserdruck von 15 Atm. ohne Nachteil aushalten.

Graue und Polsterleinwand (Hedeleinen). Mustergemäß aus knotenfreiem Flachsgespinst. Der zum Überziehen der Schafwollwatte dienende Nessel muß mustergemäß und besonders dicht gewebt sein. Die Appretur ist durch Waschen zu entfernen. Gewicht des Nessels nach dem Waschen für 1 qm: 200 g.

Wachstuch (Wachsbarchent), Ledertuch, Linoleum. In Farbe und Aufdruck mustergemäß. Wachstuch darf bei 20—25⁰ C weder kleben, noch bei mehrfachem Zusammenfalten brechen. Aufdruck (Muster) beim Abwaschen mit lauwarmem Wasser unveränderlich. Grundgewebe baumwollener, auf Rückseite gerauhter Barchent (3 bindiger Kreuzköper). Aufdruck sorgfältigst ausgeführt, darf nicht versetzt sein. Zur Lackierung bester Ölkopallack zu verwenden, auch beim längeren Lagern nicht blind oder rissig werdend. Für Ledertuch dieselben Bedingungen sinngemäß gültig. Stücklänge von Wachs- und Ledertuch im Angebot anzugeben. Linoleum soll dichte, glatte, undurchlässige und porenfreie Oberfläche zeigen, widerstandsfähig gegen Abnutzung und möglichst geruchfrei sein. Muß sich glatt legen lassen. Grundgewebe soll Jute und mit Deckmasse so innig verbunden sein, daß sich beide Teile nur schwer voneinander trennen lassen. Bruchfläche soll innige und feste Verbindung von feinem Korkmehl zeigen. Auf Rückseite ist Linoleum mit Ölfarbenanstrich zu versehen.

C. XIX. Plüsch. Mustergemäß. Grundgewebe aus bester Leinenkette und bester Mule (Baumwollschuß) Der rote Plüsch. Ein plüschbildendes Obergewebe aus bestem Mohairgarn; der gestreifte Plüsch muß ein solches aus bestem Weftgarn (Wollgarn) haben. Die Bindung des Polfadens muß 2 polig sein und 2 Schuß auf die Florstellung (Rute) und im Grundgewebe Doppeltafteinbindung haben; ebenso muß die Grundbindung der Leinenkette in Doppeltaft bestehen. Auf 1 qcm des Gewebes sollen beim roten Plüsch 13—15 Polfäden und ebensoviel Grundkettenfäden und 14—15 Flor-

stellen gleich 14—15 Doppelschußfäden, beim gestreiften Plüsch 11—12 Polfäden und ebensoviel Grundkettenfäden und 13—14 Florstellen gleich 13 bis
14 Doppelschußfäden entfallen. Der Flor des Plüschs, über dem Grundgewebe gemessen, muß 2 bis 2,5 mm hoch und gleichmäßig geschoren sein.
1 qm des roten Plüschs soll bei mindestens 60 % Gehalt an Mohairwolle
530—580 g und 1 qm des gestreiften Plüschs bei mindestens 50 % Gehalt an
Wolle 410—450 g wiegen. Der Plüsch darf keinen Webefehler oder keine Flecke
zeigen, die Farben müssen durchaus lichtbeständig und so waschecht sein,
daß sie sich beim Waschen mit Ammoniak (Salmiakgeist mit 17 % Ammoniakgehalt) in einer Mischung mit Wasser (97 Teile Wasser, 3 Teile Ammoniak) bei einer Wärme von etwa 20⁰ C weder verändern, noch bei dem gestreiften Plüsch ineinanderlaufen.

Teppiche und Teppichstoff. Sollen lichtbeständig sein, eine
über dem Grundgewebe zu messende Florhöhe von 5 mm erhalten und in
der Ausführung den nach Brüsseler Art hergestellten Teppichen sowie den
ausgelegten Mustern entsprechen Für das Grundgewebe sind Ketten-
und Füllfäden aus Baumwolle, Schußfäden aus Flachs oder Hanf und Florfäden aus Wolle zu verwenden. Die Bindung der Florfäden muß durchaus
fest sein. Die Teppiche sind mit eingewebter Bezeichnung K. P. E. V. zu
versehen.

Roßhaarläufer. Mustergemäß. Zur Herstellung des Roßhaargarns
sind Pferdemähnen mit langen Ziegenhaaren (mindestens 50 % Pferde-
mähnenhaar) solange auf mechanischem Wege zu mischen, bis ein Flor oder eine
Watte entsteht. Diese Watte soll gesponnen und dann mechanisch gezwirnt
werden. Das Roßhaargarn ist bei dem Spinnen ohne Fettzusatz zu verarbeiten und findet zu der Oberkette des Läufers Verwendung Die Webung
der Läufer sowie die Bindung und Vereinigung der verschiedenen Arten
der drei Kettenfäden ist in gleicher Weise wie bei anderen Teppichen auszuführen. Die Festigkeit der Läufer soll so groß sein, daß sie das Reinigen
mittels einer Klopfmaschine oder einer ledernen Klopfpeitsche aushalten,
ohne Beschädigungen zu zeigen. Die Farben der Läufer müssen lichtbeständig und so waschecht sein, daß sie bei der Reinigung mit Ammoniak
(Salmiakgeist mit 17 % Ammoniakgehalt) in einer Mischung mit Wasser
(99 Teile Wasser, 1 Teil Ammoniak) sowie bei der Einwirkung heißer Wasser-
dämpfe von 150—200⁰ C sich weder verändern noch verblassen.

Gardinenstoff (Wollenzeug). Aus reiner Schafwolle. Darf keine
Webefehler besitzen, muß das Eigentumsmerkmal K. P. E. V. sowie den
heraldischen Adler eingewebt erhalten und mustergemäß sein.

Wollgarn zu Schmierdochten. Mustergemäß aus reiner weißer
Schafwolle, darf nicht zu scharf gedreht sein. In haltbaren Packen von 2,5 kg
Inhalt mit 25 Strängen zu je 100 g zu liefern.

Schmierpolster. Mustergemäß. Der Zwischenraum zwischen je 2
m Zusammenhang gewebten Polstern soll bei allen Sorten 50 mm betragen.

Pferdehaare (Krollhaare). Lang, unverfälscht und in Strängen gesponnen.

Schafwollwatte. Aus fabrikmäßig gewaschener, gesunder, langfaseriger und elastischer Schurwolle; Beimischungen von Sterblingswolle, Gerberwolle und Kunstwolle sind unzulässig. Das Krempelverfahren soll ordnungsmäßig durchgeführt sein· die Wolle darf also nicht klumpig sein. Die Wollwatte muß beiderseits eine Auflage von je 10—15 % Baumwolle haben, so daß sie aus 70—80 % Schafwolle und 20—30 % Baumwolle besteht. Die Größe der Wattetafeln soll etwa 200 × 60 cm und ihre Dicke etwa 3 cm betragen. Gewicht von 1 qm: 350 g ± 20 g.

Waldwolle. Aus frischen Kiefernnadeln (pinus sylvestris) herzustellen, rein, elastisch und langfaserig.

Gurte. Mustergemäß. Polstergurte aus Jute, Gurte zu Fensterzügen aus Hanf, fest und gleichmäßig.

Naht-, Platt-, Feder-, Säge-, Rund- und andere Schnur, Fensterzugborden und Quasten. In Material, Farben, Abmessungen und Zeichnung nach Mustern zu liefern. Ausführung muß sauber und fehlerfrei, Farben der verwendeten Materialien, insbesondere die der roten Seide müssen waschecht und lichtbeständig sein.

Netze (Hutnetze). Sauber, fehlerfrei, mustergemäß.

Netzschnur. Mustergemäß in Bunden von 250 g.

Bindestricke. Aus Hanf, 4 strähnig, an einem Ende mit fester Öse zu versehen, das andere Ende gleichmäßig spitz zulaufend. Mustergemäß, sorgfältig, durchaus gleichmäßig gedreht. Etwaige andere Fasern (wie Jute) im Angebot anzugeben.

Knöpfe. Mustergemäß. Der Überzug der bezogenen Knöpfe aus waschecht und lichtbeständig gefärbtem Material (Seide oder Plüsch).

Ringe. Mustergemäß in sauberer fehlerfreier Ausführung.

C. XX. Asbestmatratzen. Mustergemäß. Einer Brennprobe zu unterziehen. Für Gewebe, Faser, Näh- und Steppgarn ist nur reine Asbestfaser ohne Beimischung von Baumwolle oder irgend sonstigen fremden Stoffen (bei Blauasbest auch ohne Weißasbestzusatz) zu verwenden. Das Asbestnähgarn ist aus zwei Garnen reiner Asbestfaser mit je einer Seele von feinem Messingdraht zusammenzudrehen Die Stärke des Nähgarns soll etwa 1,5 mm betragen. Das aus gedrehten reinen Asbestfäden zu fertigende Asbesttuch soll ohne Zusatz von fremden Stoffen in Kette und Schuß aus zweifachem Garn, ohne Einlage, mittelfein, fest und dicht gewebt sein. Die Asbestmatratzen sollen aus zwei Asbesttuchen mit einer Füllung von reiner Asbestfaser hergestellt sein. Die Matratzen sind, um ein Verschieben der Füllung zu verhindern, mit Asbestnähgarn zu durchsteppen. Die zur Füllung zu verwendende Asbestfaser soll gut geöffnet (kardiert) und elastisch sein; sie darf sich nicht feucht anfühlen. Die Stärke der Matratzen, die 10 bis 70 mm betragen soll, wird gemessen bei einer Belastung von 80 kg für 1 qm.

Asbestschnur und Asbestpappe. Aus langfaserigem, weichem Asbest, sogenanntem Bostonit, oder technisch gleichwertigem Material, welches Schwerspat, Kreide, Gips, Holzstoff oder sonstige fremde Stoffe nicht enthalten darf.

Asbestschnur. Gleichmäßig geflochten. In zusammengerollten, sorgfältig umhüllten Stücken von höchstens 20 kg.

Asbestpappe. Gleichmäßig stark. In glatten, zwischen Brettern verpackten Tafeln zu liefern. Die Pappe soll sich nicht spalten und in angefeuchtetem Zustande zusammenbiegen lassen, ohne zu zerbrechen. Geschnittene Streifen sollen sich, stark durchnäßt, im ganzen Zustande gut auf die Dichtflächen bringen lassen, ohne in Stücke zu zerfallen. Das spezifische Gewicht soll 1 nicht überschreiten, d. h. 1 qm Pappe von 1 mm Stärke darf nicht mehr als 1 kg wiegen. Spezifisches Gewicht im Angebot anzugeben.

Lieferungsbedingungen der Eisenbahn-Brigade für wasserdichte Wagendecken für Feldbahnwagen.

Das zu verwendende Segeltuch in Kette und Schuß aus bestem Rohflachs oder Hanf; frei von holzigen Teilen, jedem Beigemisch und kurzen Fasern. Garne sind glatt zu spinnen und fest zu drehen; gleich starke Fäden, dichtes Gewebe. Fadenzahl auf 1 cm: Kette 11—12 Doppelfäden, Schuß 9—10 Einzelfäden. Vor dem Verweben mit Sodalösung zu kochen. Decken vollständig wasserdicht präpariert. Tränkungsverfahren ist anzugeben. Prüfung auf Wasserdichtigkeit: Drei Tage in Wasser eingeweicht und getrocknet. Etwa 1 qm über ein Gefäß gespannt und 24—48 Stunden mit Wasser von 50 mm Höhe belastet. Sodann wird Stoff während einer Woche ins Freie gehängt und nochmals ebenso geprüft. Wasser darf hierbei höchstens anfangs durchschweißen, keinesfalls durchsickern oder durchtropfen. Später muß absolute Dichtigkeit eintreten. Dreijährige Garantie für Wasserdichtigkeit. — Farbe: gleichmäßig, wetterbeständig, graugrün, ebenso wie Teertränkung nicht abfärbend. — Gewicht im wasserdichten Zustande für 1 qm: nicht mehr als 960 g. Zerreißfestigkeit: Kette und Schuß 260 kg im Mittel (5 cm breite mit 5 mm seitlichem Überstand und 36 cm lange Streifen, Zerreißmaschine auf + 1 % genau anzeigend.) — Bei Meinungsverschiedenheiten entscheidet (nach Wunsch der abnehmenden Offiziere) das Kgl. Materialprüfungsamt. — Gestattete Abweichungen der Decken-Abmessungen: — 3 und + 10 cm. — Decken sind mit Firma und Jahreszahl zu versehen.

Befestigungsleinen, 25 m lang, aus geteerten Hanflitzen. Durchmesser: 15 mm, aus 3 Litzen zu je 8 Fäden zu drehen · Drehung gleichmäßig. Tragfähigkeit: 180 kg. Beimengungen von Jute usw. untersagt. Nachträgliches Zusammenschrumpfen darf nicht stattfinden.

Vorschriften der Kolonialverwaltung über Lieferungen für das Bekleidungsdepot der Schutztruppen.
(Gültig vom 1. Oktober 1910.)

§ 2. Für die Beschaffungen kommen im allgemeinen ausschließlich deutsche Bezugsquellen in Frage. Falls beabsichtigt wird, ausländische Fabrikate zu liefern, müssen die Angebote einen entsprechenden Vermerk enthalten. — Von den im Inlande hergestellten Waren werden bei gleicher Preislage und Güte diejenigen bevorzugt, deren Rohstoffe, sofern solche überhaupt in Deutschland erzeugt werden, nachweisbar heimischen Ursprungs sind. Das Gleiche gilt von den Erzeugnissen deutscher Kolonien. — Hinsichtlich der Art und Güte der zu liefernden Waren sind die vom Bekleidungsdepot gegebenen besonderen Vorschriften und Proben maßgebend.

§ 8. Erweist sich bei der Prüfung der vierte Teil der Lieferung (auch Teillieferung) als nicht abnahmefähig, so kann die ganze Lieferung (Teillieferung) zurückgewiesen werden, ohne die übrigen drei Viertel derselben einer Prüfung zu unterwerfen.

§ 9. Meinungsverschiedenheiten werden durch ein Schiedsgericht entschieden. Dieses setzt sich zusammen aus drei Schiedsrichtern, von denen jede Partei einen und diese den dritten ernennen. Können sich die Schiedsrichter über die Wahl des Dritten nicht einigen, so ist der Vorsitzende der Handelskammer Berlin auf Antrag einer Partei zur Ernennung berechtigt. — Auf das schiedsgerichtliche Verfahren finden die Vorschriften des zehnten Buches der Zivilprozeßordnung Anwendung, soweit das Schiedsgericht nichts anderes beschließt.

Die Vorschriften über Kakistoff und Heimatstuch stehen fest; diejenigen über Lodenstoff für Askarilitewken, Beinbinden, weißen Köper zu Anzügen usw. stehen noch nicht fest [1].

Kakistoff.

Für die Lieferung des Kakistoffes gelten die Festsetzungen in Beilage 6 II der Bekleidungs-Dienstanweisung sinnentsprechend.

---

[1] Mitteilung des Bekleidungsdepots der Schutztruppen vom Februar 1912.

1. **Material:** Das Garn muß aus I a langstapeliger Baumwolle gesponnen sein — bestes Watergarn Nr. 12.

2. **Gewicht:** 215—225 g für das laufende Meter.

3. **Breite des Stoffes:** 73/74 cm.

4. **Fadenzahl auf 1 qcm:** Kette 32/34, Schuß 23/25.

5. **Zerreißfestigkeit:** Kette 100 kg, Schuß 70 kg.

6. **Färbung:** Gute Vorbleiche, echt kakifarben. Der Stoff wird nach englischem Verfahren mittels Chrom und Metallsalzen gefärbt. Die Echtheit der Färbung wird durch Betupfen mit Salzsäure 22° Bé und mit konzentrierter Salpetersäure geprüft Beim Betupfen mit Salzsäure entstehen grüne, mit Salpetersäure weiße Flecke.

Heimatstuch.

Heimatstuch soll den nach Beilage 6 I, Seite 167 ff. der Bekleidungs-Dienstanweisung für das dunkelblaue Grundtuch gestellten Bedingungen entsprechen, Färbung jedoch alizarin im Stück.

Gewicht für das Meter: 765 g $\pm$ 20 g.

Zerreißfestigkeit: Kette 60 kg, Schuß 60 kg.

Dehnbarkeit: Kette 14 cm, Schuß 12 cm.

Fadenzahl auf 1 qcm: Kette 19, Schuß 14.

Prüfung:

a) **Salzsäure.** Mit verdünnter kalter Salzsäure getränkt (1 Teil Salzsäure: 3 Teile Wasser): Die Farbe wird etwas grauer, die Säure färbt sich nicht.

b) **Kochende Salzsäure.** 3 Minuten mit 1 : 3 verdünnter Salzsäure gekocht: Der Stoff wird hellgrau. Die Säure färbt sich schwach rötlich-violett.

c) **Konzentrierte Salpetersäure.** Mit konzentrierter Salpetersäure betupft: Der Fleck wird gelb und zeigt einen roten Rand.

d) **Anilinöl.** Mit Anilinöl 1 Minute gekocht: Der Stoff wird grün.

Lieferungsbedingungen der Kaiserlichen Ober-Postdirektion.

(Gültig vom 1. April 1909 ab.)

Die zu liefernden Dienstkleider und Mützen müssen in ihrer Beschaffenheit, was Güte, Stärke, und Farbe der Stoffe betrifft, genau den von der Ober-Postdirektion gewählten und bei ihr ausliegenden Mustern entsprechen. Die Grundstoffe sämtlicher Dienstkleidungsstücke und der zum Mantel verwandte Futterstoff müssen aus reiner Naturwolle gefertigt *sein und dürfen weder Kunstwolle noch Wollsurrogate enthalten.* Die Farben der Stoffe müssen durchweg echt sein. Die Hosen sind aus dunkelgrauem Tuch, das ungerauht sein kann, anzufertigen. Die Winterröcke werden aus dunkelblauem Tuch hergestellt. Die Sommerröcke werden aus leichtem dunkelblauen Wollstoff hergestellt. Für die Röcke dürfen nur indigofarbene Stoffe verarbeitet werden. Die Umhänge werden aus schwarzem, wasserdicht imprägniertem Tuch oder tuchähnlichem Stoff hergestellt. Die Mäntel werden aus dunkelgrauem Tuch gefertigt. Der aus dunkelblauem Tuch hergestellte Umlegekragen wird mit dunkelgrauem Tuch gefüttert und mit orangefarbenem Vorstoß versehen.

Jeder Lieferung muß eine Abnahme der zu liefernden Gegenstände vorhergehen. Die Abnahme hat sich zu erstrecken auf die Probemäßigkeit der Stoffe und die Probemäßigkeit der Arbeit. Um die Abnahme vorzubereiten, sind die zu verwendenden Stoffe, namentlich die Tuche, schon vor der Bearbeitung zur Abnahme im Stück vorzulegen. Wo der Schaukommission ein Zugdynamometer zur Verfügung steht, können die Stoffqualitäten wie bei der Militärverwaltung bezüglich der Dehnbarkeit und Festigkeit durch Stichproben geprüft werden.

Die zu liefernden Briefbeutel und Paketsäcke müssen im Inland im eigenen Geschäftsbetriebe des Lieferanten hergestellt sein. Jeder Beutel muß aus grauem Leinengarn von doppeltem Gewebe und ohne Naht gefertigt sein. Die Beutel IV. Sorte (133 cm lang, 83 cm breit) sind außerdem aus durchgängig mit vierfachen Querfäden aus Flachswerggarn verstärktem Gewebe herzustellen. In den oberen Rand jedes Briefbeutels ist, um ein Durchziehen des Beutelrandes durch die Umschnürung zu verhindern, eine feste Schnur von 2 cm Stärke einzuweben. Die Schnurenden müssen genau zusammenstoßen und vor dem Einweben haltbar aneinander geheftet sein; der obere Rand des Beutels muß nach beiden Seiten über die eingewebte Schnur hinweg mit einem Besatze von grauem Bande dauerhaft gefaßt sein. In die Beutel müssen mit den Seitenrändern gleichlaufende, breite, schwarz-weiss-rote Streifen und zwischen diesen, in gleichmäßigen Abständen bis zu 8 cm, rote Streifen mit weißer Einfassung eingewebt sein. Die Paketsäcke müssen am Boden mit einem Segeltuchbesatz von 28 cm Breite, am oberen Rande mit einem solchen von 7 ½ cm Breite, ferner am Boden mit einer Handhabe aus Hanfstrick und am oberen Rande mit einer metallenen Öse versehen sein.

Einige zolltechnische Bezeichnungen, Unterscheidungen usw.

Aufmachungen für den Einzelverkauf. Garn aus Wolle oder anderen Tierhaaren als in Aufmachungen für den Einzelverkauf ist anzusehen: 1. Das in Strähnen eingehende, welches eine über die für Webzwecke notwendige Fitzung mit lose durchlaufenden (nicht geknoteten und die Gebinde nicht umschließenden) Fitzfäden hinausgehende Abteilung zeigt: 2. das in Wickeln (auf Rollen, Papptäfelchen, Pappspulen, Scheibchen, Ringen o. dgl.) oder ohne Einlage (z. B. in Knäueln) eingehende, ohne Rücksicht auf das Gewicht der einzelnen Aufmachung, mit Ausnahme desjenigen in Cops oder in Kreuzspulen.

Baumwoll-Zwirn als in Aufmachung für den Einzelverkauf ist anzusehen: wie oben bei Wollgarn, mit Ausnahme desjenigen in Cops oder in mehr als 200 g schweren Kreuzspulen

Leinen-Garn (eindrähtiges aus Flachs oder Flachswerg) als in Aufmachung für den Einzelverkauf ist anzusehen: das in anderer Form als in Strähnen eingehende, ohne Rücksicht auf das Gewicht der einzelnen Aufmachung, mit Ausnahme desjenigen in Cops oder in mehr als 1 kg schweren Kreuzspulen. Desgleichen Leinen-Zwirn: der in Strähnen eingehende, welcher eine über die für Webzwecke notwendige Fitzung usw. (wie bei Wollgarn) zeigt, ohne Rücksicht auf die im Strähn enthaltenene Fadenlänge, sowie solcher Leinenzwirn, der im Strähn eine ununterbrochene Fadenlänge von weniger als 2500 m enthält. Sonst wie bei Wollgarn 2.

Desgleichen Ramiegarn und Ramiezwirn: 1. wie bei Wollgarn; 2. wie bei Wollgarn mit Ausnahme desjenigen in Cops oder in mehr als 1 kg schweren Kreuzspulen. — Hanfgarn und Hanfzwirn wie Leinengarn und Leinenzwirn. Jutegarn und Jutezwirn: in Cops weniger als 1 kg schwer, Kreuzspulen weniger als 3 kg schwer. — Seidenzwirn: 1. wie bei Wolle; 2. wie bei Wolle, jedoch ohne Ausnahme der Cops und ohne Rücksicht auf das Gewicht der einzelnen Aufmachungen.

Alpakagarne s. Mohairgarne.

Brillantwolle ist ein mit edlen oder unedlen Metallfäden um wickeltes (nicht umsponnenes) Wollgarn.

Brokatstoffe sind Gewebe ganz oder teilweise aus Seide mit eingewebten Metallfäden.

Buchbinderzeugstoffe sind Gewebe aus pflanzlichen Faserstoffen, die durch Appretur und Prägung lederähnliches Aussehen erhalten haben und für Kleider- und Futterstoffe ungeeignet sind.

Filz ist ein Erzeugnis, das ohne Weben oder Wirken, sondern lediglich durch Verfilzen unversponnener (loser) Haare hergestellt ist.

Filofloß ist eine aus Rohseide hergestellte, gefärbte Stickseide.

Filoselle ist eine aus Florettseide hergestellte, gefärbte Stickseide.

Flechtwaren sind alle (geflochtenen) Korbwaren, auch wenn sie aus mehreren Teilen zusammengestellt und mittels Gespinstfasern verbunden sind.

Florett- oder Schappeseide. Von dem äußersten und dem innersten Teil des Kokons ist eine längere zusammenhängende Faser nicht zu gewinnen. Die aus diesen Kokonteilen stammenden kürzeren Faserstücke werden durch ein besonderes Spinnverfahren zu Florettseide, auch Schappe-, Flock- oder Galett-Seide genannt, verarbeitet. Zur Florettseide wird auch die Abfallseide vom Haspeln und Zwirnen der Rohseide vom Kämmen der Florettseide (Seidenkämmling, Stumba, Bourette), vom Spinnen, Haspeln, Zwirnen der Florettseide, vom Weben oder Wirken der Seide, sowie die Zupfseide (Seidenshoddy) verwendet.

Geflechte sind band- oder streifenförmige, lediglich durch Zusammenflechten von Flechtstoffen (Fischbein Haaren, Holzspan, Bast, Stroh, Blättern, Wurzeln u. dgl.) hergestellte und in sich zusammengehaltene Erzeugnisse. Geflechte, die durch Gespinste zusammengehalten werden, sowie band- und streifenförmige Erzeugnisse, die in anderer Weise als durch Flechten (z. B. durch Nähen) zusammengefügt sind, werden als Flechtwaren betrachtet (s. a. Sparterie).

Genappes- (Ispahan-) Garn ist ein in nassem Zustande fest gezwirntes (wenigstens zweidrähtiges) und danach gesengtes Tierhaargarn (Wolle, Mohair, Alpaka usw.) und unterscheidet sich von nicht genappiertem Garn durch seine sehr scharfe Zwirnung, ferner durch seine glatte, von hervorstehenden Fasern freie Oberfläche und durch harten, meist rauhen, strohigen Griff.

Grisaillegarn ist ein ganz oder teiweise aus mehrfarbigen oder mißfarbigen Abfällen (Lumpen) hergestelltes Kunstwollgarn (Shoddy). Infolge seiner Herstellung aus Abfällen der bezeichneten Art besitzt es eine trübe oder unbestimmte Färbung, welche die Verwendung des Garnes ohne weiteres Färben im Strang oder Stück unmöglich macht.

Grobe Tierhaargarne sind Garne aus Rindvieh-, Hirsch-, Hunde-, Schweine- oder ähnlichen groben Tierhaaren, Tast- und Stichelhaaren des Schafes, der Ziege und des Kamels, auch mit anderen tierischen oder pflanzlichen Spinnstoffen oder Gespinsten, ausschließlich Seide und Baumwolle, gemischt. Zu den groben Tierhaaren gehören auch Pferdehaare, die nicht aus Mähne oder Schweif stammen. — Bei Garn aus Rindvieh- oder ähnlichen groben Tierhaaren bleiben Beimischungen von Wolle, Kunstwolle oder anderen Tierhaaren ohne Einfluß, wenn das Garn nicht dadurch seine Eigenschaft als Garn aus groben Tierhaaren verloren hat. — Grobe Tierhaargarne sind aus längeren Haaren genannter Art nach Kammgarnart gesponnen und können sowohl eindrähtig als auch mehrdrähtig sein.

Haarmischgarne sind im allgemeinen zweifach, scharf gedreht, meist aus kurzen, mürben und stark markhaltigen Rindvieh-, Hirsch-, Hunde-, Schweine- (und Ziegen-)Haaren, unter Beimischung mehr oder weniger guter Wollen oder haarähnlicher pflanzlicher Fasern, gesponnen. Dagegen fehlen die feinen Wollhaare (Flaumwolle) ganz. Die Beimischung von Wolle (nur als Bindefaser) soll nicht über 30 Gewichtsprozent betragen. Die Oberhaare (Grannenhaare), die Tasthaare (von Augen, Lippen u. dgl.), sowie die Stichel- und Schielhaare (nicht gekräuselte, starke, markhaltige Haare) des Schafes, der Ziege und des Kamels sind als den groben Tierhaaren gleichwertig anzusehen.

Harte Kammgarne aus Glanzwolle über 20 cm Länge sollen aus feiner, langer, glatter und glänzender Wolle bestehen und frei von pflanzlichen Spinnfasern und Seide sein. Ihre Prüfung erfolgt nach besonderem Verfahren (s. S. 145).

Jaspierte Garne sind solche, bei denen zwei oder mehr Vorgarnfäden von verschiedener Farbe beim Feinspinnen von einer Spindel zu einem Faden versponnen sind. Beim Aufdrehen eines solchen Garnes dürfen die einzelnen Partieen keine feste Drehung zeigen. Geflammte oder flammierte (durch Flammdruck hergestellte) Garne bezeichnet man ebenfalls als Jaspe-Garne.

Krollhaare sind durch scharfes Drehen oder Einflechten und darauffolgendes Dämpfen gekräuselte Roßhaare (Pferdehaare aus Mähne und Schweif), zuweilen auch grobe Tierhaare. Sie finden Verwendung bei Polstermöbeln. Mitunter bezeichnet man unter Krollhaaren auch gesponnenes Roßhaar.

Kunstseide oder künstliche Seide ist die Nachahmung natürlicher Seide aus pflanzlichen oder tierischen Stoffen. Sie hat meist größeren Glanz als natürliche Seide, ist aber weniger elastisch und widerstandsfähig. Gespinste aus pflanzlichen Spinnstoffen, die durch nachträgliche Bearbeitung seidenähnlich gemacht worden sind, z. B. merzerisierte oder nitrierte Baumwollgarne, fallen nicht unter den Begriff der Kunstseide (s. a. S. 50).

Lacets sind schmale, flache geklöppelte oder geflochtene Litzen ganz oder teilweise aus Seide.

Lammetta ist eine aus leonischem Draht hergestellte, besonders dünne und schmale Art Lahn, die gekräuselt und zuweilen lackiert ist.

Ledertuch ist ein dichtes Gewebe aus pflanzlichen Spinnstoffen, welches durch Auftragen von mit Farbe gemischtem Leinöl o. dgl. und durch Einpressen von Narben lederähnliches Aussehen erhalten hat.

Linkrusta ist ein linoleumartiger Wandbespannstoff, dessen Füllmasse auf ein Grundgewebe aufgetragen ist.

Malerleinwand oder Malertuch ist ein mit einem nicht wasserlöslichen Überzug (von Leim, Kreide, Gips o. ä.) versehenes glattes Gewebe.

Marceline ist ein leinwandbindiges Seidengewebe (Taft), dessen Kette ungefärbte Grège oder gefärbte Organzin und dessen Schuß im Faden gefärbte Trameseide mit weniger als 250 Drehungen auf 1 m ist.

Mehrdrähtiges Garn. Als ein-, zwei- oder mehrdrähtiges Garn aus Wolle oder anderen Tierhaaren oder aus pflanzlichen Spinnstoffen (ausschließlich Baumwolle) ist solches Garn anzusehen, welches aus soviel einfachen Fäden, durch einmaliges Zwirnen verbunden, besteht. (Näheres s. u. Drehung S. 149). Geschleiftes Garn s. S. 154.

Mohair- und Alpakagarne. Bei diesen bleiben Beimischungen von Wolle, Kunstwolle oder anderen Haaren sowie von pflanzlichen Spinnstoffen (ausschließlich Baumwolle) ohne Einfluß, wenn die Garne dadurch nicht die Eigenschaften von Mohair- oder Alpakagarn verloren haben. Das gleiche gilt auch für Gespinste aus den Haaren des Kamels und des eigentlichen Lamas.

Netzstoffe sind nach Art der Wirkwaren hergestellt, jedoch mit dem Unterschiede, daß hier die Schleifen (Maschen) fest verknotet sind.

Pflanzendaunen (Kapok) sind die Frucht- und Samenfasern verschiedener Wollbaumarten. Sie werden hauptsächlich als Stopf- und Polstermaterial verwendet.

Plüsch s. Sammet.

Rohseide. Unter Seide wird die feine Faser verstanden, die von der Seidenraupe beim Verpuppen zur Herstellung des Gehäuses (des Kokons) aus Kopfdrüsen gepreßt wird und alsbald erhärtet. Technisch verwendet wird namentlich die Seide des Maulbeerspinners, des Eichen- und Tussahspinners. Organzinseide ist eine als Kettseide dienende Rohseide, die aus 2—3 in einem Arbeitsgange vereinigten, zuvor aber einzeln für sich gedrehten Grègefäden besteht. Trameseide ist eine als Einschlagsseide oder zur Herstellung von Schnüren oder dgl. dienende Rohseide, welche entweder aus nur einem mäßig gedrehten oder aus 2—3 nicht gedrehten, schwach zusammengezwirnten Rohseidenfäden besteht.

Sammet und Plüsch. Als Sammet und Plüsch, sowie sammet- und plüschartige Gewebe sind alle Gewebe zu verzollen, bei denen neben den das Grundgewebe bildenden Fäden besondere Ketten- oder besondere Schußfäden (Polfäden) eingewebt sind, die an der Gewebe-Oberfläche Faserbüschel (Flor), eine glatte Decke (Flordecke) oder hervorstehende Schleifen, Schlingen, Noppen bilden, wie z. B. bei den Krimmer-, den Schleifen-, Noppen- oder Frottiergeweben. Diese Gewebe sind daran zu erkennen, daß beim Herausziehen der Polfäden (des Flors) das Grundgewebe nicht zerstört wird. Gewebe, die durch bloßes Rauhen o. dgl. eine florartige Oberfläche erhalten haben, sowie die Chenillegewebe und die durch Wirken hergestellten sammet- oder plüschähnlichen Stoffe gehören sämtlich nicht zu den sammet- oder plüschartigen Geweben. — Für die Unterscheidung des Sammets vom Velvet dient als Kennzeichen, daß die Oberfläche der Webkante bei Sammet die Kettfäden, bei Velvet die Schußfäden zeigt. Ist keine Leiste vorhanden, so läßt sich durch Ausziehen von Kett- bzw. Schußfäden leicht erkennen, ob Sammet oder Velvet vorliegt. Bleibt der Flor auf den ausgezogenen Kettfäden haften, so ist es Velvet, während bei Sammet der Flor am ausgezogenen Schußfaden haften bleibt.

(In der Praxis bzw. Textil-Industrie unterscheidet man Plüsch vom Sammet durch die Höhe des Flores. Gewebe mit kurzem Flor bezeichnet man als Sammet, solche mit langem Flor — als Plüsch, ganz ungeachtet, ob dieser Flor durch besondere Ketten- oder besondere Schußfäden gebildet worden ist. Die Länge des Flors, bei der Sammet aufhört und Plüsch beginnt, ist nicht festgelegt und deshalb bis zu einem gewissen Grade Willkür. Der französische Zolltarif legt die Grenze auf 1,5 mm fest; alle Florgewebe mit bis zu 1,5 mm langem Flor sind Sammete, alle Gewebe mit mehr als 1,5 mm langem Flor — Plüsche. Florgewebe mit noch längerem Pol als bei Plüschen nennt man wiederum Felbel usw.)

Sarsenet ist Marceline, s. d.

Schappe s. u. Florett-Seide.

Schnüre. Geflochtene, geklöppelte, zusammengedrehte Schnüre gelten, sofern sie eine Seele (Kern) haben, als Posamenten.

Sparterie sind Geflechte aus Stroh, Bast u. dgl. Pflanzenfasern (au schließlich Gespinstfasern), die mit Roßhaaren, Metall-, Glas- oder anderen Fäden durchzogen sind. Waren, bei denen die lose nebeneinanderliegenden Pflanzenfasern oder Faserbündel nicht untereinander verflochten, sondern von durchgezogenen oder durchgeflochtenen Roßhaaren, Gespinst-, Metall- oder Glasfäden zusammengehalten werden, zählen nicht zu den Sparterie-, sondern zu den Flechtwaren.

Steckmuschelseide, die aus den Drüsenabscheidungen verschiedener Muschelarten besteht, hat einen seidenartigen Goldglanz und wird meist mit anderen Seiden zusammen versponnen und zur Herstellung von Wirk waren verwendet.

Vigognegarn ist aus Baumwolle mit oder ohne Beimischung von Wolle, anderen tierischen Spinnstoffen (ausschließlich Seide) oder anderen pflanzlichen Spinnstoffen hergestelltes Garn, das sich von den gewöhnlichen Baumwollgespinsten durch sein, dem wollenen Streichgarn ähnliches Aus sehen unterscheidet. (Vigogne ist streng genommen die feine seidenartige Wolle der in Südamerika heimischen Kamelziege oder des Kamelschafs Auchenia Vicunna, s. S. 70).

Violettgarn ist ein Florettseidengespinst, das aus Abfällen der Seidenweberei hergestellt ist, die, um die Aussonderung anderer Spinnstoffe zu ermöglichen, mit einem auf diese nicht übertragbaren Farbstoff violett gefärbt sind. Wegen seiner unregelmäßigen Färbung wird das Violettgarn vor weiterer Verwendung meist schwarz gefärbt.

Wirkwaren sind solche Stoffe, bei denen entweder nur eine Fadenreihe durch nicht verknotete Schleifen (Maschen) verschlungen ist (Kulirware), oder bei denen viele parallel liegende Fadenreihen miteinander durch nicht v rknotete Schleifen (Maschen) verschlungen sind (Kettenware). Wie Wirkwaren werden auch alle gehäkelten und gestrickten Waren, sofern sie nicht zu den Spitzen zählen, behandelt.

In der Textilindustrie gebräuchliche (z. T. früher gebrauchte)

Maße und Gewichte.

(Fuß = ′, Zoll = ″, Linie = ‴).

1 Kilometer, km	= 1000 m
1 Meter, m, = 100 Zentimeter (cm) = 1000 Millimeter (mm)	= 100 cm
1 Yard, y, = 3 feet (Fuß à 30,48 cm) = 36 engl. Zoll (″ à 2,54 cm) oder inches	= 0,9144 m
1 franz. Elle (aune ancienne) = 3 pieds de roi de 1868 (= Umfang des Mailänder und Turiner Haspels).	= 1,1884 m
1 Wiener Elle = 2,465 österr. Fuß (a 31,611 cm) . . .	= 0,77921 m
1 Stab (aune)	= 120 m
1 Berliner oder preußische Elle	= 0,667 m
1 Leipziger oder sächsische Elle	= 0,565 m
1 Bayerische Elle	= 0,833 m
1 Böhmische Elle	= 0,600 m
1 Brabanter Elle	= 0,695 m
1 Pariser Fuß = 12 Zoll	= 0,3248 m
1 Preußischer Zoll	= 2,615 cm
1 Sächsischer Zoll	= 2,36 cm
1 Bayerischer Zoll	= 2,432 cm
1 Badischer Zoll	= 3,0 cm
1 Württembergischer Zoll	= 2,865 cm
1 Hannoverscher Zoll	= 2,433 cm
1 Hamburger Zoll	= 2,39 cm
1 Englischer Zoll	= 2,54 cm
1 Pariser oder französischer Zoll = 12 Linien (à 2,2725 mm)	= 2,707 cm
1 Österreichischer Zoll	= 2,634 cm
1 Russischer Arschin = 16 Werschok . . . . (1 Russische Werst = 1500 Arschin = 1,067 km).	= 0,7112 m
1 Sqare yard (□ yard, q yard) = 9 square feet	= 0,836 qm
1 Cub yard = 27 cub feet	= 0,7645 cbm
1 Kilogramm, kg = 2 (metrische) Pfund	= 1000 g
1 Pfund, ℔, Zollpfund, deutsches, metrisches Pfund . .	= 500 g
1 Englisches Pfund (lb, pound) = 16 Unzen (ounces, ozs) = 7000 grains (gr.)	= 453,6 g
1 Französiches Pfund, altes Pariser Pfund	= 489,5 g
1 Altes preußisches, sächsisches Pfund, altes Berliner Handelspfund, württembergisches Pfund	= 467,7 g
1 Bayerisches Pfund	= 560,— g
1 Wiener Pfund, österreichisches Pfund = 32 Lot . .	= 560,6 g

1 Russisches Pfund = 96 Solotnik à 96 Doli . . . . . = 409,5 g
   (1 Russisches Pud = 40 russ. Pfund = 16,38 kg).
  :Denier, legales oder internationales . . . . = 0,05 g
1 Altes Mailänder denier . . . . = 0,0511 g
1 Altes Turiner denier . . . . = 0,05336 g
1 Altes Lyoner denier . . . . = 0,05311 g
1 Japanische Momme . . . . = 3,75 g
   (1 Kwan = 1000 Momme = 3,75 kg).

Firmen, welche Apparate und Hilfsapparate für textiltechnische Prüfungen herstellen und in den Handel bringen.

Henry Baer & Co., Zürich III, Elisabethenstraße 12.

Cook & Co., Manchester.

Goodbrand & Co., (vorm. Goodbrand & Holland)
   Fabrik: Stalybridge, Britannia Foundry.
   Lager: Manchester, Victoria Street 19.

Jacques Guggenheim & Co., Basel.

Hasler, A.-G. (vorm. Telegraphenwerkstätte von G. Hasler), Bern (Tuch-
   abreibemaschine).

W. Hoffmeister, Berlin N. 4, Hessischestr. 4 (Rubnersche Apparate).

Max Kohl, A.-G., Werkstätten für Präzisionsmechanik und Elektrotechnik,
   Chemnitz i. S., Adorferstraße 20.

Wilh. Lambrecht, Göttingen (Hygrometer, Polymeter, Barometer).

Lefort & Duvau (ancienne maison L. G. Perreaux), Paris, Rue de Bourg-
   Tibourg 14.

Leppin & Masche, Berlin SO. Engelufer 17. (Porosimeter, Glasutensilien).

Oscar Leuner, Dresden, Technische Hochschule, Klarastr. 16.

John Nesbitt (vorm. Francis P. Walker), Manchester, Market Street 42.

F. R. Poller, Leipzig, Waldstraße 20.

Jules Richard (vorm. Richard Frères), Paris XIXe, Rue Melingue 25.

Riehlé Bros., U. S. Standard Testing Machines, Philadelphia, P. A. U. S.
   A. North Ninth Street 1424.

M. Schoch & Co., Wien.

Louis Schopper, Leipzig, Arndtstraße 27.

Alb. v. Tarnogrocki, Essen—Ruhr.

Ulmann, Zürich.

Th. Usteri-Reinacher (vorm. v. Hottinger & Co.) Zürich, Trittligasse 34—36.

Vereinigte Fabriken für Laboratoriums-Bedarf G. m. b. H., Berlin N. 39.
   Laboratoriumsapparate, Glasutensilien, Thermometer, Wagen usw.

Literatur.

Appelt - Behrend, Kommentar zum Deutschen Zolltarif. Wittenberg 1897, Herrosés Verlag.

C. v. Bach, Elastizität und Festigkeit. Berlin 1898, Julius Springer.

Begründung zu dem Entwurf eines Zolltarifgesetzes.

H. Behrens, Anleitung zur mikroskopischen Analyse, Hamburg und Leipzig, 1896.

H. Brüggemann, Die nötigen Eigenschaften der Gespinste und deren Prüfung. Stuttgart 1897, Arnold Bergsträsser.

H. Brüggemann, Die Spinnerei, ihre Rohstoffe, Entwickelung und heutige Bedeutung. Leipzig 1899.

Dienstanweisungen für die Bekleidungsämter, Berlin 1904, Ernst Siegfried Mittler und Sohn.

Fr. Donat, Großes Bindungs-Lexikon. Hartlebens Verlag, Wien und Leipzig.

Paul Gardner, Die Merzerisation der Baumwolle und die Appretur der merzerisierten Gewebe, Berlin 1912, Julius Springer.

F. Grashof, Theorie der Elastizität und Festigkeit. Berlin 1878, Rudolph Gaertner.

Hager - Mez, Das Mikroskop und seine Anwendung. Berlin 1904, Julius Springer.

E. Hanausek, Grundriß der allgemeinen Warenkunde. Leipzig, Joh. Ambrosius Barth.

Fr. Hanausek, Lehrbuch der technischen Mikroskopie. Stuttgart 1900.

H. Hartl, Einführung in die Wetterkunde. Göttingen 1903, W. Lambrecht.

P. Heermann, Färbereichemische Untersuchungen. Berlin 1907, Julius Springer.

P. Heermann, Koloristische und textilchemische. Untersuchungen. Berlin 1903, Julius Springer.

Heiden, Wörterbuch der Textilkunde.

T. Hemmerling, Festigkeitseigenschaften der Garne und Gewebe und deren Prüfung.

W. Herzberg, Papierprüfung. Berlin, Julius Springer.

J. Herzfeld, Die technische Prüfung der Garne und Gewebe. Wien und Leipzig 1896, Hartlebens Verlag.

A. Herzog, Die Unterscheidung von Baumwolle und Leinen. Sorau 1904.

A. Herzog, Die Unterscheidung der natürlichen und künstlichen Seiden. Dresden 1910.

A. Herzog, Mikrophotographischer Atlas der technisch wichtigen Faserstoffe. München 1908.

F. v. Höhnel, Die Mikroskopie der technisch verwendeten Faserstoffe.
Wien und Leipzig, Hartlebens Verlag.
O. Johannsen, Handbuch der Baumwollenspinnerei. Leipzig 1902,
Bernh. Friedr. Voigt.
Karmarsch & Fischer, Handbuch der Mechanischen Technologie III.
Karmarsch und Heeren, Technisches Wörterbuch (Artikel: Baum-
wolle, Gespinstfasern usw.).
Kataloge verschiedener Apparate-Werkstätten (s. a. Liste der Apparate-
Werkstätten).
F. Kohlrausch, Leitfaden der praktischen Physik. Leipzig, B. G. Teubner.
Kolliker, Handbuch der Gewebelehre.
W. Lambrecht, Luft-Feuchtigkeitsmessungen. Göttingen, Eigenverlag.
Lieferungs-Bedingungen verschiedener Behörden (s. a. Anhang).
C. H. Löbner, Studien und Forschungen über Wolle und andere
Gespinstfasern. 1898, Verl. d. Deutschen Wollengewerbes.
S. Marschik, Moderne Methoden und Instrumente zur Prüfung von
Textilprodukten. Leipzig 1906, Klepzig.
S. Marschik, Physikalisch-technische Untersuchungen von Gespinsten
und Geweben, Wien 1904, Karl Gerolds Sohn.
A. Martens, Handbuch der Materialienkunde für den Maschinenbau
(Kapitel: Das Materialprüfungswesen usw.). Berlin 1898, Julius
Springer.
A. Martens, Über die technische Prüfung der Ballonstoffe im Königl.
Materialprüfungsamt zu Gr. Lichterfelde. Sitzungsberichte der Preuß.
Akademie der Wissenschaften 1911, VI.
A. Martens, Über den Zuverlässigkeitsgrad von Festigkeitsversuchen.
Mitteilungen a. d. Kgl. Materialprüfungsamt, 1911, Heft 5 und 6,
S. 249 ff.
W. Massot, Anleitung zur quantitativen Appretur- und Schlichte-Analyse.
Berlin 1911, Julius Springer.
Material-Vorschriften der Deutschen Kriegsmarine. Berlin 1908, Reichs-
marine-Amt, käuflich bei Ernst Siegfried Mittler und Sohn, Berlin.
E. Müller, Handbuch der Spinnerei. Leipzig 1892, Baumgärtners Buch-
handlung.
E. Müller, Handbuch der Weberei. Leipzig 1892, Baumgärtners Buch-
handlung.
Nachrichtenblatt für die Zollstellen. Herausgegeben vom Reichsschatzamt.
A. Oppel, Die Baumwolle. Leipzig 1902, Duncker & Humblot.
E. Pfuhl, Die Jute und ihre Verarbeitung. Berlin 1888, Julius Springer.
Reiser und Spennrath, Handbuch der Weberei und Spinnerei. II. Band:
Die Kompositionslehre. Verlag von Arthur Felix in Leipzig.
Rohn, Die Spinnerei in technologischer Darstellung. Berlin 1910,
Julius Springer.

Satzungen und Bestimmungen der Konditionierungs-Anstalten (Elberfeld-
 Barmen, Crefeld, Aachen, Leipzig, Wiener Börse usw.).
H. Schacht, Die Prüfung der im Handel vorkommenden Gewebe. Berlin.
J. Schams, Handbuch der gesamten Weberei nebst Atlas.
H. Silbermann, Die Seide, ihre Geschichte, Gewinnung und Verarbeitung.
 Dresden 1897.
J. Spennrath, Materiallehre für die Textilindustrie.
C. Süvern, Die künstliche Seide, ihre Herstellung, Eigenschaften und Ver-
 wendung. Berlin 1912, Julius Springer.
J. Vinzenz, Bindungslehre und Dekomposition. Verlag Ludwig Degener,
 Leipzig.
Warenverzeichnis zum Zolltarif. Berlin 1906, R. v. Deckers Verlag.
J. Wiesner, Einleitung in die technische Mikroskopie. Wien 1867.
J. Wiesner, Die Rohstoffe des Pflanzenreiches. Leipzig 1903, Wilhelm
 Engelmann.
O. Willkomm, Beiträge zur Frage der Luftbefeuchtung in Spinnereien
 und Webereien. Leipz. Monatsschr. f. d. Textilindustrie 1909.
A. und H. Wolpert, Die Methoden der Hygrometrie. Berlin 1898, Löwen-
 thal.
J. Zipser, Die textilen Rohmaterialien. Wien und Leipzig 1905, Deuticke.

Sachregister.